우주의 소프트웨어

우주의 소프트웨어

초판 1쇄 인쇄 2025년 1월 5일
초판 1쇄 발행 2025년 1월 10일

지은이 엄기성
펴낸이 金泰奉
펴낸곳 한솜미디어
등 록 제5-213호

편 집 김태일
마케팅 김명준

주 소 (우 05044) 서울시 광진구 아차산로 413(구의동 243-22)
전 화 (02)454-0492(代), 454-0542
팩 스 (02)454-0493
이메일 hansom@hansom.co.kr
홈페이지 www.hansom.co.kr

ISBN 978-89-5959-592 1 (03470)

*값 16,000원

*잘못 만들어진 책은 구입하신 서점에서 바꿔드립니다

유신론적 관점의 과학에 대한 수상록
우주의 소프트웨어

엄기성 지음

| 머리말 |

　이 책을 막연하게나마 생각으로만 구상하기 시작했던 것은 어림잡아 30년 전으로 기억됩니다. 물론 그때는 지금보다는 지식과 생각이 많지가 않았기 때문에 생각만 머리에서 맴돌았을 뿐 글로 남기는 시도는 함부로 시작을 하질 못했습니다. 막연하기는 했습니다만 '소프트웨어'라는 책의 제목은 그때부터 생각한 것입니다. 그러다가 본격적으로 이 글을 쓰기 시작한 계기가 된 것은 그로부터 10년 정도가 지나서, 미국으로 건너와서 몇 년 지나고 제가 지금도 살고 있는 워싱턴DC 인근에서 활동 중인 한국인 크리스천 과학자들의 조그마한 모임이 있었는데 그 모임이 개설했던 블로그 페이지에 어떤 글을 게재하게 된 것이었습니다. 그 글은 지금 이 책의 서장 부분의 일부로 실려 있는데 물론 그동안 수많은 수정이 가해졌기 때문에 이 당시의 원문과는 아마도 많이 다른 내용이 되었을 것입니다.

　당시 그 글은 연재 형식으로 의도된 것이나 어떤 큰 의도를 가지고 썼던 것은 아니었고 그저 한편의 수필 같은 형식으로 편한 마음으로 썼던 글이었기 때문에 어떤 큰 기대가 있었던 것도 아니었고, 다른 사람들에게 큰 방향을 울린 것도 아니었기 때문에 곧바로 잊혀지고 말았습니다. 그런데 그렇게 몇 달이 지난 뒤에 어떤 과학자 한 분과 가벼운 이야기를 하는 중에 "왜 다음 글 안 올리세요?"라는 질문을 받고 어떤 영감 같은 것이 떠오르는 것이 있어서 그날로 무작정 생각나는 것을 쓰기 시작했습니다. 시작하기 전에 어떤 형식이나 목적 같은 것이 있었다면 그 굴레 때문에 아마도 쉽게 시작을 하지는 못했을 것 같은데 그렇게 자유로운 생각으로 시작했던 것이었기 때문에 어떻게 보면 함부로 시작을 할 수가 있었던 것 같습니다.

그렇게 용감하게 시작은 했지만 부족한 지식과 식견 때문에 쓰다 말다를 반복하다가 그래도 세월에는 장사가 없는지 20년 가까운 시간동안 썼던 글을 모아보니 생각보다 많은 글들이 쌓이게 되어 이렇게 빛을 보는 때까지 이르렀습니다. 특히 본격적으로 글을 많이 썼던 시기는 코로나 시기 이후인데 출퇴근 없이 집에서 원격으로 일하게 되면서 그 시간만큼 남아도는 시간에 원래부터 '집돌이'의 성격을 갖고 있던지라 하루 종일을 넘어 늦은 밤까지 이른바 '방콕'을 하게 되면서 글을 쓰는 분량이 많아지게 되었습니다. 아마도 이 글의 절반 이상이 코로나 이후에 작성된 것이 아닌가 싶습니다. 물론 누구에게나 그랬을 것이지만 저에게도 코로나 시기는 어려운 시기임에는 분명했지만 이 책만으로 생각해 본다면 어떻게 보면 그 시기로부터 오히려 많은 도움을 받았다는 역설이 있는 것 같습니다.

이 글을 쓰는 저자로서의 집필 의도나 독자 분들에 대한 바람은 다음에 이어질 서장(프롤로그) 부분에서 소상히 말씀드릴 예정이라 이곳에서는 생략하겠지만 한 가지, 가장 강조하고 싶은 것은 이 책은 수상록이라는 형식을 가지고 있음을 알고 읽어 주십사 하는 바람입니다. 수상록(隨想錄)은 글자 그대로 '생각을 따라가면서 쓴 글'입니다. 지식을 전달하는 목적으로 하거나 또는 어떤 사실을 주장하고 설득하기 위한 글은 아니라는 것을 알아주시면 감사하겠습니다. 물론 내용 중에 어떤 사실을 주장하는 내용도 많이 포함되어 있기는 합니다만 그것은 독자 여러분들을 설득하기 위함이 아니라 그저 저의 생각을 말씀드리는 것으로서, 그것들 중에 어떤 것을 이해하고 받아들이신다면 저야 당연히 감사한 일이 되겠지만 혹여 그렇지 않은 내용이 보이더라도 읽으시는 분들께서는 "아, 이 사람은 이렇게도 생각하는구나…"라고 가볍게 넘어가 주시기를 바라겠습니다. 저는 어떤 논쟁을 일으키려고 이 책을 쓴 것은 아닙니다.

그리고 나름대로 최선의 검증 과정을 거치기는 했지만 비전공자로서 주제넘게 하는 이야기도 많이 있다는 점도 저 스스로 알고 있습니다. 따라서 올바르지 못한 내용들도 어쩌면 있을지도 모르겠습니다만 그것 역시도 넓은 아량으로 이해해 주시면 감사하겠습니다. 여느 과학에 관련된 책처럼 딱딱하게 논리적인 형식으로만 쓴 것이 아닌 보다 자유스러운 방식으로 어떤 때는 과학을 다루는 책과는 어울리지 않게 감성적인 내용과 형식이 없는 산문 형태의 부분도 눈에 보일지도 모르고 그것이 일부 독자 분들에게는 불편하게 느끼실 수도 있을 것 같습니다. 그 역시도 단지 글을 쓴 사람의 개인적 성향이 그렇겠지 라고 이해를 해 주시길 부탁드립니다. 그리고 이 책을 읽으시면서 하나님과 우주 그리고 이 둘을 관찰하는 관찰자로서의 인간의 모습을 어렴풋하게나마 이해되는 것이 있으시다면 저자로서 굉장히 행복할 것 같습니다.

마지막으로 감사의 말씀을 올리자면,
무엇보다도 먼저 지금까지 이 글에 수많은 영감을 허락해 주시고 지금 이렇게 마칠 수 있도록 인도해 주신 하나님께 감사와 찬양을 드립니다.

또한 이 글을 출판하도록 여러모로 도와주신 출판사 분들과 다른 관계자 분들께 감사의 말씀을 드립니다.

그리고 꽃다운 나이에 나에게로 와서 평생 동안 곁을 지키고 도와준 아내에게도 이 지면을 통해서나마 고마웠다는 말을 전하고 싶고 그리고 아내의 힘겨운 출산과정을 통해서 우리 집의 일원이 된 자랑스럽고 든든한 두 아들 정용이와 세용이 그리고 이들을 사랑해 주고 평생 반려로 받아준 고맙고 사랑스럽고 자랑스러운 우리 집 두 며느리 안드레아와 유진이에게도 이 기회를 빌어서 감사의 말을 전해 주고 싶습니다.

그리고 진짜 마지막으로 이 책이 완성될 즈음에서 우리 가족의 일원이 된 내 첫 손자 태빈이에게 사랑한다는 말을 전하면서 이 책이 할아버지에 대한 태빈이의 자랑스러움으로 조금이나마 남게 되기를 바라면서 장황한 글을 마무리하겠습니다.

니드우드 호수 주변의 짙어가는 가을 단풍을 바라보며

엄기성

| 차례 |

머리말/ 4

프롤로그 – 1. 서로를 바라보는 과학과 성경/ 11
         2. 신앙적 방법과 과학적 방법/ 18

제1부 天地人 중의 人 : 관찰자

제1장 평범한 지구 위의 관찰자/ 31
1. 코페르니쿠스의 법칙/ 31
2. 당사자와 관찰자 – 인간이론/ 37
3. 현대과학이 발견한 관찰자/ 43
4. 해석과 의미 부여/ 51

제2장 관찰자가 바라보는 하나님과 우주/ 59
1. 천지인(天地人) – 하나님과 우주 그리고 관찰자/ 59
2. 필요 이상으로 광대한 우주/ 72

제2부 天地人 중의 天 : 창조주 – 우주라는 시스템의 개발자

제3장 인간과 컴퓨터 그리고 하나님/ 83
1. 시스템 개발자로서의 하나님/ 83
2. 프로그래머로서의 하나님/ 88
3. 객체지향 이론 그리고 진화론/ 96

제4장 종교와 과학 그리고 인간/ 119

1. 유신론과 무신론/ 119
2. 과학 – 또 다른 선악과일까?/ 144
3. 무신론의 그늘/ 149
4. 지금도 계속되는 종교재판/ 158
5. 성경의 무오성(無誤性)과 과학/ 167

제3부 天地人 중의 地 : 우주라는 소프트웨어

제5장 수학적인 우주/ 197

1. 아름다운 수학/ 197
2. 불완전한 대칭/ 209
3. 양자론 – 구현된 디지털의 우주 – 우주의 계획된 헐거움/ 219
4. 플랑크 시간/ 236

제6장 확률이라는 안개/ 240

1. 카오스 – 우주라는 소프트웨어에 숨겨진 하나님의 인터페이스/ 240
2. 끈 이론 – Nothing or Everything/ 263
3. 이신론(理神論, deism), 그리고 이기이원론(理氣二元論)/ 285
4. 논리적 설계와 물리적 구현/ 307

제4부 유저를 찾아서

제7장 우주정보 시스템/ 311

1. 최적화를 따라가는 우주/ 311
2. 시뮬레이션 우주론/ 317
3. 우주의 모든 개체(Object)는 정보 단위이다/ 329

4. 궁창/ 334
5. 하늘을 펼치셨다/ 341
6. 확률의 안개 속에 숨겨진 유저 인터페이스/ 350

제8장 하고 싶은 이야기들/ 358
1. 우연과 필연/ 358
2. 경사 길을 내려가는 우주 그리고 경사 길을 올라가야 하는 인간/ 380
3. 우주의 최종 산출물 - 우리들의 이야기/ 404
4. 생육하고 번성하라/ 419
5. 돌아온 탕자/ 428

에필로그 - 너는 나를 누구라 하느냐?/ 448

부록 : 개념정립 - 컴퓨터와 소프트웨어

부록 A장 컴퓨터라는 나라/ 463
1. 컴퓨터 나라의 몇 마디 말을 배워봅시다/ 463
2. 컴퓨터 나라의 정부기구/ 475

부록 B장 소프트웨어는 어떻게 개발되는가?/ 497
1. 프로그래밍이란?/ 497
2. 객체지향이론(Object Oriented Method)/ 503

찾아보기(Index)/ 517

| 프롤로그 |

— 창조와 진화의 경계선에서

1. 서로를 바라보는 과학과 성경

  제가 이 책을 집필하고자 했던 시점에서 놓여있는 질문이 "과연 성경과 과학은 양립할 수 없는가?"였습니다. 이것은 우리가 익히 알고 있는 아주 뿌리 깊은 논쟁이라 할 수 있는 창조론과 진화론 사이에 놓여있는 근본적인 질문이라고 생각할 수도 있겠지만 저는 이것을 조금 다르게 봅니다. 왜냐하면 '양립(兩立)'이라는 의미 자체가 두 개 모두를 세워 놓고 같이 본다는 의미인데 제가 생각하기에는 두 진영 간 어느 한쪽도 성경과 과학 이 둘을 '충분히' 같이 놓고 보고 있다는 생각이 들지 않기 때문입니다.
  창조론 진영에서 현대과학을 향하는 논지를 보면 과학자들은 절대 동의할 수 없는 논리를 활용하여 '설득'하려는 의도는 전혀 없이 오로지 '공격'만 하는 것으로 보이고 현대과학계는 이러한 창조론 진영의 주장들을 일관적으로 무시하는 방향으로 지금까지 진행되어 옴으로서 어떤 종류의 대화나 타협이 이뤄질 수 없고 이에 대한 과학적 논의는 생각도 못하는 그런 상황에 놓여 있는 것 같습니다. 하지만 중학교 수준의 과학적 지식만을 알고 있는 상태에서 창세기 1장만을 열어보기만 해도 일어나는 자연스러운 그 수많은 의문들에 대해서 '시원하게'는 아니더라도 그래도 어느 한구석이나마 출구가 어렴풋이라도 보여야 하는데 교회 안에는 믿기지 않아서 하는 질문인데도 맹목적으로 믿음만을 강요하는 것 같고 그렇다고 그 질문을 교회 밖으로 갖고 나가면 사람들에게 일방적으로 무시를 당하는 것이 제가 경험했고 또 보아왔던 상황이었습니다. 특히 이러한 지식적 충돌에 대한 갈등은 교회 안의 일부 청소년기의 학생들에게 많은 혼란을 주고 있다는 사실을 많이 봐왔습니다. 그리고 사실 이 책을 쓰고 있는 저 자신도 느끼고 있던 혼란이었습니다. 그리고 이렇게 양자택일을 강요하는 분위기로 혼란을 잠재우질 못하고 신앙을 포기하는 경우도 봤고 아마도 이러한 현상은 한국과 미국의 교회에서 지금도 적잖이 일어나고 있는 일로 생각됩니다.

그런데 제가 지금 가지고 있는 프로그래머라는 직업이 주는 하나의 직업병이라고 할까요? 매사를 시스템으로 보고 들어가고 나가는 것을 데이터 입출력으로 바라보고 그 속의 과정을 하나의 데이터 흐름으로 바라보는 그런 조금 이상하다고 하면 이상한 습관 같은 것이 있었습니다. 물론 지금도 그렇습니다만, 이러한 경향이 과학이라는 창으로 우주를 바라보는 데까지 버릇 삼아 나타났는데 그런 관점에서 보면 "어? 혹시?"하고 문득문득 떠오르는 생각들이 어쩌면 하나의 해답이 될 수 있겠다는 생각이 들어 지금까지도 이러한 생각을 틈틈이 메모를 해왔었습니다. 그런데 그런 것들이 수십 년을 쌓아지니 꽤 많은 분량을 이루게 되었고 나름 정리라는 것을 하게 되면서 뭔가 그렇게 혼란을 느끼시는 분들에게 도움이 될 수 있겠다는 생각이 들었습니다. 그 결과물이 바로 이 책입니다.

물론 해답이 될 수는 없겠지만 그래도 그러한 혼란을 다소 진정시킬 수 있지 않을까 하는 생각이 들게 하는 제가 내린 일종의 '해법'은 다음과 같습니다.

가장 먼저 말씀드리고 싶은 것은 신학적으로도 과학과 성경은 '동격'으로 바라봐야 할 것이 아닐까 하는 점이 제 생각입니다. 중세시대 스콜라철학의 거봉(巨峰) 토마스 아퀴나스(Thomas Aquinas, 1224~1274)에 의해서 정립된 '특별계시'와 '일반계시'가 바로 그 근거가 될 수 있겠는데 쉽게 말씀드리면 성경은 '특별계시' 그리고 우주와 자연현상들은 '일반계시'라 볼 수 있겠는데 이것의 성경적 근거는 시편 19편으로서 1절부터 6절까지는 일반계시로서 '하늘', 우주를 노래하고 있고 이후 부분은 특별계시로서의 '율법', 성경을 노래하고 있습니다. 즉 쉽게 말해서 우주는 하나님의 방법으로 그분이 손수 작성하신 그분의 '직접적인' 메시지이고 성경은 하나님께서 의도하신 바를 사람의 손을 통해서 전달되는 '간접적인' 메시지라는 점입니다.

이런 관점을 놓고 보면 사도와 선지자라는 메시지 전달자를 통해서 특별계시(즉, 성경)가 우리에게 전해진 것처럼 일반계시도 과학자라는 중간 전달자를 통해서 우리에게 전해졌다는 것으로 볼 수도 있을 것 같습니다. 이런 관점에서 보면 우리는 이 둘 중에 하나를 버린다는 생각은 함부로 할 수 없는 것은 아닐까 하는 생각입니다 이에 대해서는 4장에서 자세하게 다뤄보도록 하겠습니다.

두 번째가 "결론을 성급하게 내리지 말자"입니다. 이러한 결론은 제가 성경 욥기를 깊게 생각하면서 얻은 일종의 '응답'입니다만 우리는 성경을 통해서 하나님께서 우리에게 무엇을 바라고 계시는지 "완벽하게 알고 있다"라고 함부로 말할 수 없다는 사실을 먼저 고백해야 할 것 같습니다. 만약 그렇게 말을 한다면 그야말로 '교만'이 되겠지요. 이 책의 마지막 장에서 소상하게 말씀드리겠습니다만 사람들은 자꾸 '쉬운 답'을 찾을 찾으려고 하는 경향이 있는 것 같습니다. 물론 답이 그렇게 쉬운 곳에 있으면 그처럼 좋은 것이 없겠지만 이 세상 모든 일 그리고 모든 과학현상이 다 그렇지가 않다는 것은 누구나가 다 아는 사실입니다. 그러나 창세기 1장에서 3장까지의 내용을 보면서 일어나는 과학에 대한 의문들에 대해서 우리는 '믿음'이라는 것을 지나치게 강조하여 너무 '쉽게' 결론을 내리려고 하고 있는 것은 아닌지 하는 생각을 하게 됩니다. '쉬운 답'에 의존한 '성급한 결론'으로 인해 오히려 '진정한 답'이 가려지고 있는 것은 아닌지 생각해 봐야 할 것 같습니다.

믿음을 강조함으로써 과학에 향해 의심의 눈으로 보는 것은 어쩌면 방향이 올바르지 못한 믿음일 수도 있다는 생각이 듭니다. 믿음은 믿기지 않는 것에 대해 이를 악물고 믿겠다는 결심을 하는 것이라기보다는 오히려 묵묵한 '기다림'에 더 가깝지 않을까 하는 것이 저의 개인적인 경험을 통해서 하는 말입니다. 하나님께서 창조하신 우주라면 그분의 흔적과 사인(signature)이 분명히 남아 있을 것이라고 저는 믿고 있고 언젠가는 그 사실을 부정할 수 없는 과학적 증거가 우리 눈으로 직접 볼 수 있는 날이 반드시 올 것이라고 저는 믿고 있습니다. 제가 살고 있는 동안은 아니더라도 먼 훗날 저의 까마득한 후손 세대에서는 반드시 보게 되겠지요.

세 번째가 어쩌면 20세기 이후의 현대과학이 오히려 성경 쪽으로 가까워지고 있을지도 모른다는 것이 제 생각입니다. "어디서 듣도 보도 못한 소리를 하고 있네"라는 생각이 드실 법도 하겠습니다만 제가 보는 견지에서 이것은 19세기 과학과 20세기 과학의 큰 차이인 것으로 보고 있습니다. 사실은 이것을 주장하고 설명하는 것이 이 책의 가장 주된 내용이 되겠습니다. 한 가지 예를 들자면 여러분들이 잘 알고 있는 '빅뱅이론'은 우주가 하나의 대폭발로서 시작되었다는 내용으로 우주는 분명한 시작점이 있다는 내용입니다. 그런데 이 이론이 처음 나왔을 때는 거의 대부분의 과학자들로부터 어마어마한 비난을 받아야만 했었습니다.

20세기 초반 당시에는 빅뱅이론이라고 하질 않고 팽창우주론이라고 하였는데 이것을 처음으로 주장한 사람이 르메트르(Georges Lemaître, 1894~1966)라는 물리학을 전공한 벨기에의 가톨릭 신부님이었습니다. 그는 밑도 끝도 없이 이런 주장을 한 것이 아닌 아인슈타인의 우주방정식을 바탕으로 나름 근거를 두고 순수한 과학자의 입장에서 이 논문을 발표하였던 것인데 그가 입고 있던 가톨릭 사제복으로 인하여 대다수의 과학자들로부터 그의 주장이 특별한 종교적인 목적을 가지고 있는 것으로 오해를 받았고 그로 인해서 과학계로부터 심한 왕따를 받게 됩니다. 바로 성경의 창세기가 연상된다는 이유였습니다.

그런데 몇 년 뒤 미국의 천문학자 허블(Edwin Hubble, 1889~1953)이 관측에 의해 우주팽창론의 강력한 관측 증거가 발견되었고 이후에 이것을 기초로 하여 빅뱅이론으로 연결되어 지금은 이에 대해 어느 누구도 이의를 제기하지 못하고 있습니다. 너무나도 많은 관측 증거와 수학, 물리학 등에서 매우 탄탄한 이론적 근거를 갖고 있기 때문입니다. 특히 우주의 모든 만물이 오로지 '태초의 빛'만으로부터 시작되었다는 창세기의 기사만큼은 빅뱅이론을 명확하게 설명하는 것으로 몇 천 년 전의 사람들에 의해 '창안'된 이야기라고 도저히 치부할 수 없을 것 같습니다. 이외에도 현대과학에서 볼 수 있는 많은 사례와 해석들을 이 책에서 계속적으로 말씀드릴 예정입니다.

네 번째가 "우주는 인간을 필요로 한다"는 사실입니다. 좀더 엄밀히 말하면 '인간'이라고 하기보다는 '관찰자'가 더 적절한 표현일 것 같습니다만 이에 대해서는 이 책의 첫 부분인 1장과 2장에서 설명할 예정에 있습니다만 "어쩌면 인간이 이 우주에 존재하는 목적이 관찰자로서의 역할에 있지 않을까?"하는 것이 제 생각입니다. 이러한 생각을 갖게 하는 과학적 발견이 20세기 물리학계에 혜성같이 등장한 '양자역학'이라는 물리학의 한 분야로서 고전 물리학기반에 기반한 19세기의 과학적 관념을 통째로 뒤바뀌게 만든 엄청난 충격파를 안겼고 지금도 현대 과학문명에 어마어마한 영향력을 끼치고 있습니다.

이 양자역학의 내용 중에 여기에서 거론하고 싶은 아주 중요한 내용이 있는데 바로 관찰되기 전까지는 상태가 결정되지 않는다는 '불확정성의 원리'이고 그렇게 결정되지 않은 물리적 상태를 많은 분들이 알고 계시는 것처럼 '양자중첩'이라고 합니다. 물론 이것만으로 "우주는 관찰자를 필요로 한다"는 명제가 성립할 수는 없겠지만 '심증'은 가게 만드는 것은 분명한 것 같습니다.

그리고 마지막 다섯 번째로 우주가 하나의 프로그래밍된 시스템일 수도 있다는 생각이 정규 과학계에서 조금씩 꿈틀거리고 있다는 사실입니다. 이 내용은 7장에서 자세하게 다룰 예정이라 여기에서는 자세한 언급은 생략하겠습니다만 제 직업이 프로그래머로서 이러한 과학적 가정을 앞에 놓고 드는 저의 생각은 우주가 하나의 소프트웨어라면 반드시 이것을 개발한 '개발자'가 있어야 할 것이고 그리고 그 소프트웨어가 유효하게 작동되고 있는 시스템이라면 '유저(User)' 즉 사용자가 반드시 있어야 할 것이라는 생각입니다.

　이 말은 결국 우주라는 하나의 정보개체에 대하여 하나님의 존재의 필연성과 연결되는 것으로 저는 보고 있습니다. 물론 현대의 과학적 상황에서 이런 종류의 주장은 아직은 엄청난 비약이 될 수 있기 때문에 저 역시 한사람의 과학자로서 함부로 주장하기에는 아주 조심스러울 수밖에 없습니다. 따라서 이 책이 추구하는 형식이 과학적 내용이나 사실을 주장 또는 전달하는 목적이 아닌 과학과 성경을 주제로 하는 일종의 수상록의 형식을 취하고 있다는 사실을 먼저 말씀드리고 싶습니다.

　수상록(隨想錄)이라는 의미가 '생각을 따라가면 쓴 글'이라는 것에서 알 수 있듯이 이 책에서는 어떤 사실이나 주장을 하더라도 그것에 대한 과학적 논증이나 근거를 제시하는 데는 많이 부족한 면이 많이 있을 줄 압니다만 그것을 하려했다면 충분히 할 수도 없거니와 하더라도 분량이 엄청 늘어날 수밖에 없었을 것이고 또한 제가 죽을 때까지도 이 책을 완성할 수 없었을 겁니다. 너그러이 이해하시고 "이런 생각도 할 수 있는 것이구나"하는 마음으로 읽어 주시면 감사하겠습니다.

　이렇게 바라보는 저의 관점의 결과로서 이 책의 결론을 미리 말씀드리면 "아주 더디긴 하겠지만 과학은 성경 쪽으로 다가오고 있을지도 모른다"입니다. 그래서 성경과 과학 사이에서 혼란을 겪고 있는 분들께 드리고 싶은 말씀은 "쉽게 결론을 내리려 하지 말고 관찰자로서 기다리며 바라보자"로 요약될 수 있을 것 같습니다.

　앞에서도 이미 했던 표현입니다만 반복해서 말씀드리면, 믿음은 결단도 있어야 하겠지만 그보다도 '기다림'이 아닐까 하는 생각을 가지고 있습니다. 즉, 믿기지는 않지만 그 너머에 그것을 더 넓게 품어주는 또 다른 진리가 있음을 '믿고 기다리는 것'이라고 저의 개인적인 경험을 통해서 믿고 있습니다.

그래서 성경과 과학 사이에서 혼란을 겪고 계신 분들에게나 또는 성경을 믿고자 하는 마음에 과학을 마음속에서 버리기로 결심하신 분들께 권하고 싶은 말씀은 "창세기를 믿는 믿음만큼 우주와 과학에 대해서 공부하십시오"입니다. 저는 그것이 우주를 바라보는 관찰자에게 주어진 의무라고 생각합니다. 그리고 이 책의 8장 마지막 부분에서 말씀드리겠습니다만 저는 이 책을 쓰면서 하나님께서는 당신의 모습을 우리에게 관찰될 수 있는 형상으로 우주에 남겨 두셨고 그것이 그분이 세우신 관찰자들에 의해 발견되기를 기다리고 계실 것이라는 믿음이 생겨났습니다. 어쩌면 동산에서 아이들이 보물찾기 놀이를 하는 것을 바라보시는 심정으로 우리를 바라보시는 것은 아닐까 하는 생각을 가져봅니다.

언젠가 아마도 먼 훗날이 될 것으로 여겨집니다만 인류는 언젠가 과학적으로 또는 논리적으로 하나님의 실체를 발견하게 될 것이고 그때에 인류는 코페르니쿠스의 시대 이후 하나님이 아닌 다른 곳으로 돌렸던 눈을 다시 하나님에게 향하게 될 것임을 믿는 믿음이 이 책을 쓰면서 저에게 생겨났습니다.

2. 신앙적 방법과 과학적 방법

먼저 본격적인 논의에 들어가기 전에 원초적이면서도 지나치게 궁극적인 이 질문에 대한 고찰로서 이야기를 시작하고자 합니다.

우리는 크리스천 과학자로서 하나님의 창조사역에 관해서 생각하지 않을 수 없는 일종의 사명을 가지고 있다고 생각합니다. 일부 독자 분들께는 다소 귀에 거슬리는 표현이 될 수도 있다는 사실은 인정합니다만 하나님으로부터의 소명이라느니 하는 확언하게 신앙적이거나 형이상학적인 관점을 배제하고서라도 일단은 자연 세계의 진리 규명이라는 과학자적인 관점과 하나님을 믿는 신앙인으로서 자연스럽게 형성되는 접점은 바로 창세기 1장으로 대변되는 하나님의 창조사역이라고 생각을 하고 있고 이에 대해서는 대부분의 독자들도 인정하시리라 여겨집니다.

하지만 과연 그것이 과학이라는 지극히 인간사고에 의존하는 '방법적 도구'로서 '표현'될 수 있는 것인지에 대해서 우리는 먼저 생각해 볼 필요가 있다고 생각됩니다. 이러한 논점은 그동안 진화론 진영이 창조론에 대해 공격해 왔던 '비과학적인 서술방법'에 대해 이야기하는 것으로 오해는 하지 마시기를 바랍니다. 결론부터 말씀드리면, 역설적으로 창조론은 어쩔 수 없이 비과학적인 방법을 동원할 수밖에 없다는 것을 말하고 싶습니다. 이 논지는 '과연 인간의 논리적인 사고 구조는 완전한 것일까?'라는 의문에서 시작됩니다.

과학적 논리는 전통적으로 연역적인 논리 서술에 기반을 두고 있는 것으로 '증명'이라는 과정을 통하여 진리를 규명하는 노력을 펼쳐왔고 그러한 성과로서 현대를 사는 우리가 보고 있는 것처럼 눈부신 발전을 이루어 왔습니다. 이 연역법적인 서술은 다른 고대 문명과 달리 수학이나 기하학을 단순한 '계산 기술'이 아닌 최고 경지의 학문으로 인식한 그리스 문명에 그 기원을 두고 있는 것으로 알려져 있습니다. 연역법적인 사고과정을 분명하게 관찰할 수 있는 것이 바로 통계학적인 가설 검정이라고 여겨집니다. 많은 독자 분들이 연구 현장에서 광범위하게 사용하는 방법이기 때문에 익히 알고 있겠지만 가설 검정은 하나의 밝히고 싶은 사실을 부정하는 것에서부터 시작합니다. 즉, 진리에 대한 '의문'을 갖고 시작한다는 것입니다. 그러한 의문은 '증명'이라는 과정을 통하여 논리적으로 '모순이 없다'는 것을 분명하게 밝힘으로서 그 사실을 진리로 받아들이는 사고방식입니다.

진리에 대한 이 같은 사고방식은 '하나님께서 말씀하시니', '공자 왈', '석가모니께서 말하되'라는 식으로 논리를 시작하는 방법과는 근본적으로 다른 논리 서술방법입니다. 이는 다분히 '누가 말한 것은 진리일 수밖에 없으니 그저 잠자코 받아들이라'는 식의 방법이니 사실에 대한 의문으로 시작하는 연역법적인 관점에서 보면 출발점부터가 다른 것이고 결국 창조론과 진화론의 갈등은 근본적으로 이에 기인한다고 할 수 있겠습니다.

우리가 창조론을 과학이라는 범주에 집어넣고 그 방법으로 논리를 서술하려면 그 '증명' 과정을 거쳐야 한다는 것입니다. 바로 그 출발점은 창세기 1장 1절에 나온 명제를 연역법적으로 증명해야겠죠. 그러기 위해서는 무엇보다도 먼저 '하나님의 존재'라는 사실을 과학적으로 증명해야 합니다. 그런데 문제는 인간의 논리체계로 과연 그것이 가능한 것인가 하는 겁니다. 이런 점에서 진화론자들은 창조론자 앞에서 항상 득의양양하게 행세해 왔던 것 같습니다.

저 자신도 젊은 시절 나름대로 투철한 신앙인이었지만 창조론에 대해서만큼은 많은 의문을 갖고 있었습니다. 하나님께서 천지를 창조하셨다는 그 사실에 대해서 의문 갖고 있었다기보다는 그

때 당시 창조론 계열의 주 흐름(main stream)이었던 6일 창조론에 대한 의문이었습니다. 한 창조론 세미나에 참석해서 그 이론에 반하는 많은 증거들(예를 들면 퇴적지층의 형성이나 바닷물의 염분 축적 등의 문제들)에 대한 질문을 받았을 때 그 모든 것을 노아의 홍수 때문으로 설명하려하고 그래도 막히면 '하나님께서 창조하실 때 처음부터 그렇게 만드셨다'라는 식으로의 답변을 받았을 때 '창조과학'이라기보다는 차라리 '창조신앙'이라는 제목이 더 어울리지 않을까 하는 생각을 품은 적이 있었습니다. 어찌 보면 현대의 바벨탑적인 구상이라고 할 수 있는 진화론의 출현은 중·근세 시대동안 이어져온 그러한 방식의 강요적인 인간사고에 대한 반동의 한 현상일 수도 있다는 생각이 듭니다.

그렇다면 이제 본론으로 돌아와서 과연 연역법적인 논리체계는 완전할까요? 어찌 보면 연역적인 사고방식도 그 자체가 갖는 모순이 있을 수도 있다고 생각이 드는 것이 모든 사고의 출발점을 '의문'에서 시작함에도 불구하고 자신 스스로 즉, 연역적인 사고방식 자체에 대한 의문은 20세기 초반까지 어느 과학자나 철학자도 가져보지 못했다는 사실입니다. 그러한 의문을 갖고 처음으로 논리적으로 파고 들어간 사람이 바로 괴델(Kurt Gödel, 1906~1978)이라는 뛰어난 수학자였습니다. '불확정성의 정리'로 알려진 그의 '증명'은 결국 연역적인 방법 그 자체 역시 완전하지 못하다는 사실을 증명한 것인데 그 내용은 '수학적으로 참인 모든 명제는 증명이 가능하다'라는 명제가 참이 아니라는 것을 증명했습니다. 그 자신 수학자였고 그의 증명 역시 다분히 수학적인 것임에도 불구하고 그 영향은 전 과학과 철학 영역에 그야말로 센세이션을 일으키기에 충분했습니다. 그럴 수밖에 없는 것이 연역적인 논리에 기반을 둔 대부분의 학문은 수학을 아주 중요한 진리 규명의 도구로 사용하고 있기 때문입니다.

그런데 다른 각도로 생각하면 그럴 수밖에 없다는 생각이 드는 것이 수학의 출발점으로서 '공리(公理, Axiom)'라는 개념이 있습니다. 너무도 당연한 것이기 때문에 증명할 필요가 없는('증명할 수가 없는'이 더 옳은 표현으로 여겨집니다만) 것으로 현재까지 남아있는 수학 최초의 교과서라 할 수 있는 유클리드의 '원론'은 이런 공리부터 나열하고 시작하고 있으니 그야말로 수학의 시작점이라고 할 수 있습니다. 수학적으로 맞는지는 모르겠습니다만, 공리로서 '1' 더하기 '1'은 '2'가 된다는 사실을 예로 들 수가 있을 것 같습니다. 아시겠지만 모든 대수학은 '1+1=2'를 사실로 전제하고 출발합니다. 하지만 사실 이것은 수학적으로 확실하게 증명된 사실이 아닙니다. (저자 주: 물론 화이트헤드(Alfred North Whitehead, 1861~1947)라는 20세기의 위대한 철학자이자 수학자에 의해서 증명되었다고는 하지만 그 증명에도 역시 '1의 다음의 수는 2이다'라는 또 다른 공리가 동원되었기 때문에 공리에 의한 공리의 증명으로 불완전하다고 보는 것이 맞을 것 같습니다.) 단지 지금까지 반증사례(Counter case)가 발견되지 않았을 뿐으로 인식적인 측면이 강한 명제입니다. 이는 결국 인간의 가감승제 연산이 적용되는 모든 수학적인 사실들은 '1+1=2'가 되는 '특정한 세계'에서만 진리로 작용한다고 이야기할 수 있을 것입니다. 수학의 태동기부터 공리라는 개념을 진작부터 적용한 수학에서 괴델의 어찌 보면 '당연한' 증명을 두고 왜들 그렇게 충격에 휩싸였는지 모르겠습니다. 수학의 문외한의 입장에서 보면 잘 이해가 가질 않는 점입니다. 제 개인적으로 내린 결론은 이렇습니다. "1 더하기 1은 2가 된다고 하나님께서 정하셨다." 즉 창조의 시기 전에 하나님께서 그러한 '공리'들을 정하시고 그 다음 세계를 창조해 나가셨다는 것입니다.

여기에서 처음에 제기했던 문제 즉, 창조과학의 출발점으로서 '하나님은 존재한다'는 명제를 과연 과학적으로 증명할 수 있을까 하는 문제로 되돌아오겠습니다. 개인적으로 생각하기에는 '모든 만물은 하나님으로 말미암아 창조되었다'는 명제를 증명하기 위해서는 그 첫 번째 단계로 하나님의 존재성을 증명해야 된다고 생각합니다. 아이러니하게도 이 문제는 불확정성의 정리를 증명하고 난 후 괴델 역시 깊게 연구했던 문제라고 합니다. 그러나 만약 하나님께서 인간을 창조하실 때 그러한 논리사고의 범위를 인간에게 허락하셨는가를 생각하지 않을 수 없습니다. 여기에서 우리는 수학적인 용어로 상호 모순과 유사한 논리적인 한계점에 이르게 되는데 나름대로 설명하자면 창세기에 나와 있는 '우리의 형상대로'라는 표현을 수학적으로 표현하면 '하나님의 속성에 대한 부분집합으로서의 인간'이라고도 할 수 있을 것입니다. 이것은 하나님의 속성에 일정한 경계를 긋고 그 부분만을 인간에게 허락하신 것으로 저 스스로는 이해됩니다. 하나님의 부분집합으로서의 인간이 그 정해진 경계선 너머의 하나님의 속성을 과연 논리적으로 설명할 수 있겠느냐 하는 것입니다. 이 문제는 마치 'A가 참이면 B도 참이고 A 역시 B가 참이면 참이다'라는 상호모순적인 논리적인 무한 반복(infinite loop)의 상태, 즉 '순환 논리의 모순'에 빠지게 되는 것 같습니다.

따라서 인간의 상태에서 하나님의 존재에 대해서는 하나의 공리로서 삼을 수밖에 없어 보입니다. 어찌 보면 허탈한 논리의 귀결입니다만 또 다르게 생각하면 너무도 당연한 것입니다. 아들(또는 딸)만으로서의 한계성이 설정된 상태에서 부모가 '나'를 낳았다는 사실을 나 혼자만의 논리적인 추론만으로 증명할 수 있는 것인 가요? 요즘에서야 유전자 분석 같은 방법이 존재합니다만 그것은 '아들'이라는 논리적 한계를 넘어서는 것일 것이고 순수한 창조 직후의 상태로 놓고 본다면 엄마 뱃속에 있을 때부터의 기억을 갖지 않는 이상 '나'만으로 내가 부모님의 자식임을 증명할 수 있는 방법은 정말로 없어 보입니다. 오로지 '내가 너를 낳았다'라는 부모님의 '증언' 만이 내가 그분들의 자녀라는 사실을 확정되게 만듭니다. 아니 그런 증언이 아니더라도 어쩌면 나라는 존재 그 자체만으로도 부모님의 존재 자체를 증명시킬 수가 있을 것 같습니다. 같은 이치로 수학적인 공리라는 개념이 너무도 당연한 것임을 칭하는 것임을 볼 때 인간이 하나님의 피조물이라는 사실은 인간이 존재한다는 사실 외에 다른 증명 방법이 있을까 하는 의문이 듭니다. 데카르트(Rene Descartes, 1596~1650)의 말을 인용해서 조금 더 유추해 보겠습니다. '나는 생각한다. 고로 나는 존재한다. 따라서 하나님은 존재한다.'

만약 과학이라는 개념이 연역법적인 방법이 동원되는 것에만 국한시킨다면 창조과학은 존재할 수가 없다는 생각이 듭니다. 그러나 가능한 모든 방법을 동원하여 진리를 규명하는 것이 과학이라면 또한 하나님의 존재 역시 진리라고 한다면 얼마든지 과학이라는 용어가 사용될 수 있다고 봅니다. 그것은 신앙적인 차원을 떠나서 진리의 규명이라는 과학 본연의 목적과 아무런 모순이 되질 않습니다. '증명'이라는 과정은 인간의 논리사고 상 가장 확실한 진리 규명의 도구인 것만은 사실이지만 유일한 진리 규명의 도구는 아니기 때문입니다.

진화론 역시 현재로서는 하나의 가설에 지나지 않을 겁니다. 그렇지 않았으면 진작에 '진화 법칙'이라고 불렸겠지요. 물론 과학적 증거가 점점 많아지고 논리적 기반도 시간이 지남에 따라 점점 탄탄해지는 것은 맞습니다만 우리가 옛날의 그 시대로 돌아가질 않는 이상은 그 가설이라는 딱지는 떼기 힘들 겁니다. 단지 현재로서는 진리라고 '여겨질' 따름이지요. 어쨌든 '과학적'이라고 표현합니다. 왜냐하면 많은 사람들에게 사실로 믿게 만드는 나름대로의 과학적인 '증거'들이 있기 때문이지요. 아마도 창조론이 공격받고 있는 것이 이점에서 가장 클 것으로 여겨집니다. 제 개인적으로 생각하기에는 창조론 진영에서 제시하는 증거들 중에 비과학적인 것들이 섞여 있기 때문이라고 여겨집니다.

그 비과학적인 것으로 진화론 진영에서 주장되는 증거 중에 가장 비중이 큰 것이 바로 성경일 것입니다. 제가 지금 성경의 무오성이나 완전성에 대해서 논하는 것은 아님을 독자들은 이해해 주시기 바랍니다. 저는 성경의 저술 목적이 최소한 과학적 사실을 논리적으로 밝히는 목적으로 씌어지지는 않았다는 사실을 주장하는 것입니다. 오히려 '믿기지 않더라도 믿어라.' 하는 식의 비과학적인 서술방식이 많이 사용되고 있습니다. 그러므로 애초부터 성경의 무오성을 증명하기 위한 목적의 논문이 아닌 이상에는 어떤 과학적 사실을 서술하는 데 있어서는 성경에 대한 언급은 가급적 자제해야 한다고 생각합니다. 물론 서론과 결론 부분이라면 내용에 따라서는 이것이 인정되는 경우도 있겠지요.

그런데 20세기에 이르러 현대과학은 상대성이론과 양자역학이라는 이전까지의 사고방식으로는 뛰어 넘을 수 없는 새로운 신세계에 발을 올리게 됩니다. 그중 하나인 상대성이론을 제창했던 걸출한 천재 과학자 아인슈타인(Albert Einstein, 1879~1955)조차 다른 하나인 양자역학을 끝까지 인정하지 하지 않았을 정도로 기존의 과학적 통념으로는 당최 받아들이기 힘들었던 분야였고 그렇다고 해서 상대성이론은 받아들이는 것이 쉬웠냐하면 절대 그렇지 못했죠. 관찰자의 상태에 따라 시간이 다르게 흐를 수 있다는 내용은 지금도 많은 사람들에게는 이해하기 힘든 내용인 것은 분명할 겁니다. 20세기 물리학에 있어서 두 기둥이라 할 수 있는 이 양자역학과 상대성이론의 아주 중요한 관점 요소는 바로 '관찰자'라는 점입니다. 관찰자가 있고 없고의 차이 또는 관찰자가 움직이냐 아니냐의 차이에 따라 상태가 바뀔 수도 있다는 것으로 그때까지의 통념으로는 '무슨 말 같지도 않은' 이야기로 들렸을 겁니다. 사실 이런 내용들은 시간이 백년 넘게 지난 지금까지도 웬만한 사람들은 개운한 머리로 지나가지 못하게 하는 이야기들입니다. 여기서 중요한 사실은 어쨌든 그러한 이유로서 과학에서 '관찰자'라는 개념을 다루기 시작했고 이는 결국 '우주는 관찰자를 필요로 한다'는 생각을 갖기 시작한 것입니다.

그런데 지금 시점에서 우리가 아는 한 우리의 우주에서 우주를 관찰할 수 있는 존재는 오직 인간밖에 없습니다. 그 이전까지 인류사회는 코페르니쿠스(Nicolaus Copernicus, 1473~1543)의 지동설 이래로 이른바 '코페르니쿠스의 법칙'이라고 하는 지구와 인간의 특별함을 하나하나 지워나가는 사조가 진행되어 왔으며 이와 병행하여 인간의 사고영역에서 하나님(신)도 점점 지워나가는 소위 말하는 세속화(世俗化, secularization)가 19세기의 인간 사조에 있어서 아주 큰 흐름이었는데 그러한 흐름에서 제가 보기에는 아직은 단편적인 측면이긴 하겠지만 일종의 역류의 조짐이 살짝 보이기 시작한다고 할까요?

물론 저는 물리학자도 신학자도, 진화론이나 창조론을 제대로 공부한 적이 없는 문외한(門外漢)이라 할 수 있는데 이런 제가 이런 어마어마한 이야기를 감히 꺼낼 수 있을까 하는 걱정이 앞서긴 합니다만 어쩌면 이렇게 바라보는 시선도 있을 수 있다고 할 수 있기에 없는 지식이나마 쥐어짜서 제 머리 속의 생각들을 앞으로 펼쳐 볼까 합니다.

제 전공은 의료정보학(Medical Informatics)입니다. 아마도 많은 분들에게 생경스럽게 들려지는 학문명일 것입니다. 사실 제가 국내 대학에서 의료정보학전공으로 박사 학위를 처음 취득했기 때문에 신생 학문 분야라 할 수 있습니다. 간단하게 말씀드리면 컴퓨터를 이용하여 의료 분야에서 문제해결과 새로운 효능의 창출을 연구하는 분야입니다. 당연히 컴퓨터에 대해서 많이 알아야 하고 물론 프로그램도 많이 작성해야 합니다. 앞으로 계속 이 자리에 올려질 글을 통해서 가장 위대한 시스템 설계가이며 가장 위대한 프로그래머로서의 하나님의 속성을 한사람의 프로그래머의 관점으로 지금까지 생각해 온 바를 이야기하려합니다. 시스템 개발론적인 관점에서 보면 자연세계엔 하나님의 설계(또는 프로그래밍)의 흔적을 많이 관찰할 수 있었습니다. 물론 그것을 이야기하는 것이 딱히 새로울 것도 없는 어찌 보면 진부하고 뻔한 이야기가 될 수도 있겠습니다만 한사람의 프로그래머의 눈으로 보는 프로그래머로서의 하나님을 이야기하는 것도 그리 재미없어 보이지는 않습니다.

한 문외한이 손이 가는대로 씌어진 글이라 간혹 외람되거나 적절치 못한 표현 또는 올바르지 못하고 주제 넘는 이야기가 있을 것 같습니다. 그리고 외람된 말씀입니다만 저 역시 문외한으로 불충분한 지식으로 이 글을 쓰겠다는 어떻게 보면 무모한 도전을 하고 있는지라 배우고 공부하면서 글을 써 내려가야 하는 한사람의 평범한 사람으로 잦은 실수도 예상됩니다만 넓은 마음으로 이해해 주시면 감사하겠습니다.

제1부

天地人 중의 人

관찰자

시작하기 전에 이 책의 구성에 대해서 잠시 말씀드리려고 합니다. 조금 뜬금없게 느끼실 것 같지만 잠시 고등학교 국어시간으로 돌아가 보겠습니다. 아마도 지금의 고등학생들도 같은 내용으로 배울 것으로 여겨집니다만 국어시간에 한글의 창제원리를 배우는 중에 세종대왕님께서 한글 모음의 구성 원리에 적용하셨던 삼재(三才)라고 하는 '천지인(天地人)'을 아마도 기억하시리라 생각됩니다. 이 삼재라는 개념은 동양고전인 중용(中庸)이라는 책에 나오는 내용인데 우주의 기본 구성을 하늘(天), 땅(地) 그리고 사람(人)으로 보는 사상입니다.

이러한 삼재사상에 기반하여 이 책에서는 저는 이것을 창조주(天)와 우주(地) 그리고 관찰자(人)로 나누어 이야기를 진행하려고 합니다. 그렇다면 순서상 창조주에 대한 내용부터 시작해야 하겠지만 이 책에서 제가 중점적으로 강조하고자 하는 내용을 관찰자에 두고 있기 때문에 관찰자에 대한 내용부터 시작하고자 합니다.

제1장 평범한 지구 위의 관찰자

1. 코페르니쿠스의 법칙

　여기에서 한 가지 거론하고 싶은 주제가 하나 있습니다. 바로 칼 세이건(Carl Edward Sagan, 1934-1996, '코스모스'라는 책의 저자로 유명한 미국의 천문학자) 등이 주창한 지구 평범성의 원리라는 것입니다. 즉 태양은 그저 자연 상태에서 여러 가지 과학적 원리에 의하여 우주 성간(星間) 물질이 자체 중력에 응축되어 생성된 평범한 수많은 항성 중의 하나이고 지구 역시 어느 항성이나 몇 개쯤은 갖고 있을 법한 그런 평범한 행성에 지나지 않는다는 내용입니다. 코페르니쿠스(Nikolaus Kopernikus, 1473~1543)의 지동설로서 지구를 태양계의 중심이라는 '특별함'에서 단지 태양계의 '평범한' 세 번째 행성으로 '격하'시켰다는 논리에서 '코페르니쿠스의 법칙'으로 불린다고도 합니다. 한번 시작된 이야기는 많은 경우 시간이 지나면서 부풀어 오르는 것은 동양이나 서양이나 다르지 않은지 지금은 지구뿐 아니라 인간의 유전자 지도를 보아도 다른 생명체와 별 특별함이 없는 형태이기 때문에 인간은 지구상에 존재하는 수백만 종의 생명체 중 하나인 평범한 생명체일 뿐이라는 논리로도 확장되었다고 합니다(저자 주: 이 이야기는 19세기 공산주의의 배경 사상으로 유명한 유물론(Materialism)이 연상되는 내용인데 유행이 되돌아오듯이 20세기 중반 생물학에서 DNA가 발견된 후에 다시 고개를 들고 있는 것 같습니다).

　글쎄요… 이런 논리를 주장하시는 분들은 밑도 끝도 없이 하시는 말씀은 아닐 것이고 나름대로의 과학적 근거와 구조적인 논리 또는 관점을 가지고 이야기를 하신 것이라 이쪽 분야에서는 상식 선의 지식만을 가지고 있는 제가 함부로 어떻다고 이야기하는 것은 섣부른 행동이 될 것 같은 느낌이 듭니다만 지구가 그저 그런 행성이고 인간은 그저 그런 생명체일 뿐이라는 그분들의 주장에 많은 분들이 같은 생각을 가지고 있을 수는 있겠지만 반대로 또 다른 많은 분들께서는 동의하지는 않을 것 같습니다.

먼저 아래 사진을 보겠습니다. [그림 1-1]은 2000년부터 시작된 SDSS(the Sloan Digital Sky Survey)라는 프로젝트에서 작성된 현재까지 인간이 관측 가능한 전체 우주 3차원 지도의 모형입니다. 물론 실제 지도가 이렇다는 것은 아니겠지요. 모르긴 몰라도 이것은 축약도라고도 할 수도 없는 그저 개념도일 것입니다. 지름이 백억 광년 이상이나 되는 광대한 범위의 우주가 이렇게 좁은 2차원 평

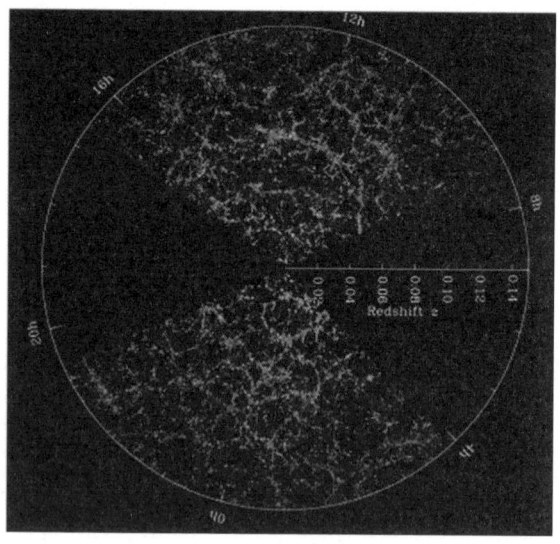

[그림 1-1] SDSS(the Sloan Digital Sky Survey) 개념도.

면에 표현할 수는 없겠지요. 실제 지도는 컴퓨터 데이터 형태의 3차원 공간으로 구현된 것입니다. 이 지도를 얻기 위해서 7년의 기간이 소요됐는데 그 과정이 참 재미있습니다.

이 지도 제작에 들어간 핵심 작업들은 미국 뉴멕시코 주에 위치한 아주 작은 시골마을에서 이뤄졌는데 천문학과는 전혀 관련이 없어 보이는 우리나라로 치면 두메산골과 비슷한 곳이라는 사실에 아이러니가 있습니다. 먼저 이 시골에 위치한 SDSS 전용 천문대에서 전체 하늘을 천체 망원경이 찍을 수 있도록 전체 하늘을 이 망원경이 찍을 수 있는 범위만큼으로 자잘하게 부분 부분으로 나눈 다음 우선 각 부분을 일반적인 영상으로 찍습니다. 여기까지는 기존 천문학적인 관측과 동일합니다만 그 다음부터는 조금 복잡해집니다. 각각의 영상을 알루미늄 판 위에 옮겨 놓은 다음 각각의 은하 영상마다 구멍을 뚫어 분광기와 연결할 수 있도록 광학 섬유를 설치하고서는 이 알루미늄 판을 다시 천체망원경의 필름 위치에 놓고 다시 한번 같은 곳을 촬영합니다. 그러면 각각의 알루미늄 판 위에 설치해 놓은 광학 섬유 위에 다시 상이 맺힐 것이고 이 빛은 연결된 광섬유를 통해서 분광기로 보내져서 각각의 은하들에 대한 스펙트럼 값을 얻을 수 있게 됩니다.

물론 이것을 전체 하늘에 대해서 반복적으로 하는 것이니 수천수만 장의 방대한 양이 되겠지요. 이렇게 얻어진 각 은하의 스펙트럼 자료를 분석하면 '허블의 법칙(Hubble's Law)'에 따라 지구로부터의 거리를 산출할 수 있게 된다고 합니다. 즉 1차 촬영에서는 2차원적인 위치와 방향 정보를 얻게 되는 것이고 2차 촬영에서 각각의 위치 정보에 대한 거리 값을 구하여 3차원 지도를 완성하는 내용입니다. 좀 복잡한 내용이긴 합니다만 천문학에 약간의 관심이라도 갖고 계신 분이라면 쉽게 이해할 수 있으리라 여겨집니다.

이러한 방식으로 7년간의 1차 작업을 통하여 반지름 55억 광년의 3차원 지도를 얻을 수 있었고 이후 8차까지 이르는 사업을 통해 더욱 확장되고 정밀한 우주지도가 작성되었지만 아무래도 지상 망원경에 의한 관측이라는 한계가 있었던 것 같습니다. 그래서 최근에는 이와는 별도로 유럽우주국(ESA)에서 우주지도 작성만을 목적으로 하는 유클리드 우주망원경(Euclid telescope)을 성공적으로 발사를 시켜 보다 확장되고 정밀한 우주지도 작성을 기대하고 있다고 합니다.

그런데 이렇게 작성된 우주지도의 중심은 당연히 지구일 수밖에 없습니다. 태양계에서 가장 큰 목성도 아니고 아름다운 고리가 둘러진 토성도 아니고 또한 태양계의 중심인 태양이 아니라 그저 '평범한 것으로 여겨지는' 태양계의 세 번째 행성, 바로 지구입니다. 최소한 우리 눈에 보이고 관측되고 있는 모든 우주의 중심은 어쩔 수 없이 지구가 될 수밖에 없습니다. 바로 지구에는 '우주의 관찰자'로서의 역할을 하고 있는 인간이 살고 있기 때문입니다.

즉, 관찰자를 품고 있는 행성으로서 지구는 아주 특별한 천체인 것입니다. 혹 어떤 분은 '다른 별에서도 다른 관찰자가 존재할 수도 있는 것 아니냐?'라는 반론을 제기하실 수도 있겠습니다. 물론 얼마든지 추측 가능한 이야기이고 사실 어떤 방향의 합리적 사고로도 일리가 있어 보이는 생각입니다. 하지만 인간에 의해서 관측되어진 인간 이외의 다른 '우주의 관찰자'는 추측과 상상만 할 뿐 아직까지는 과학적으로 확인된 바 없습니다. 또 있다 하더라도 우주에서 최소한 인간만큼의 지능생명체가 존재할 만큼의 확률적으로 드문 것일 것이고 그렇다고 해서 인간에게 주어진 '우주의 관찰자'로서의 지위가 흔들리는 것은 아닐 것입니다. 또 다른 우주의 관찰자가 있는 것일 뿐입니다. 다만 '유일한'이라는 타이틀을 달지 못할 뿐인 것이겠죠.

아주 비과학적으로 보이는 제 생각을 두어 가지 여담 삼아 말씀드리면 외형적으로도 지구는 참 특별해 보이는 점이 있습니다. 먼저 지구의 위성인 달의 존재입니다. 달이 태양계 내의 모든 위성 중에서 가장 큰 위성은 아닙니다만(목성의 위성인 가니메데가 가장 크다고 합니다) 모성의 크기와 비교해서는 기형적으로 큰 위성입니다. 다른 위성은 모성과 크기에서 대부분 수십 수백 분의 일 크기로서 매우 큰 차이를 나타내는데 비해 달은 지구의 크기에 비해 지름 기준으로 4분의 일 가까운 크기입니다. 이것 때문에 달을 지구의 위성이라기보다는 2중 행성에 가깝다고 이야기하는 천문학자도 있다고 합니다.

물론 이 부문에서조차도 달이 태양계에서 1위에 있는 것은 아닙니다. 비록 행성으로서의 지위가 박탈당하기는 했어도 명왕성의 위성인 카론(Charon)이 모성의 절반 크기로서 이 부문에서 1위라고 합니다. 그러니까 이것만 보아서는 '신비롭다'고 할 정도까지는 아니겠지요. 하지만, 우연의 일치라고 하기엔 너무 기적에 가까운 점이 지구 표면에서 보이는 태양과 달의 크기가 거의 같다는 점입니다. 얼마나 일치하는지 일식 때 달은 거의 정확한 크기로 태양을 가립니다. 지구와 달 사이의 거리 변화에 따른 약간의 오차가 있기는 합니다만 개기일식을 보이는 지점에서 달이 태양을 완전하게 가리는 최대 시간이 5분 정도 밖에 지나지 않을 정도입니다.

천문학적 관측에 의하면 달은 지금도 점점 멀어지고 있다고 합니다. 그러니까 먼 옛날에는 달이 지금보다는 크게 보였기 때문에 일식 때 태양을 지금보다는 넉넉하게 가렸을 것이지만 이제 조금 더 먼 미래가 되면 일식 때 달이 태양 한가운데 들어가서 해가 반지 모양으로 보이게 될 겁니다. 그러니까 지금 우리가 볼 수 있는 개기일식은 천문학적인 시간 개념으로 '잠시 후'면 보질 못한다는 것이니까 지금 우리는 해가 달에 의해 딱 맞게 가려지는 아주 기가 막힌, 천문학적으로는 아주 짧은 시대를 살고 있는 것입니다. '하필' 그 짧은 시기 중에 인류 문명이 우주를 관측할 수 있는 수준으로 꽃피우게 된 겁니다. 물론 천문학적으로 작은 확률로 우연의 일치인 것은 분명해 보입니다만 또 한편으로 생각해 보면 너무나도 기가 막힌 우연입니다.

지구에서 볼 수 있는 또 하나의 기가 막힌 우연은 남극과 북극입니다. 북극은 육지에 둘러싸인 바다 한가운데 있고 남극은 바다에 둘러싸인 대륙 한가운데 있습니다. 어떻게 보면 북극을 위해 대륙 한가운데에 바다를 파 놓은 것 같고 남극을 위해 대양 위에 남극 대륙을 얹어 놓은 것처럼 보입니다. 서로 간의 크기도 약 1,400만 제곱킬로미터로서 거의 같습니다.

물론 달리 생각해 보면 지질학상 대륙과 바다의 위치나 모양은 대륙 이동에 따른 변화가 있다는 사실은 익히 알려진 사실이고 그러한 이동과 변화의 과정 중에 일시적(물론 지구 지질학적 관점에서의 이야기입니다)으로 우연찮게 놓인 모양일 것입니다. 그런데 왜 하필이면 지질학적으로 보면 잠깐일 수 있는 그 우연의 시대에 인간이라는 종족이 발생했고 또한 그들이 지구와 우주를 관찰할 정도로 과학이 발전되었는가 하는 겁니다. 이것 역시 단순한 우연의 일치라고 보기에는 그 신비에 가까운 느낌이 드는 것은 사실인 것 같습니다.

2. 당사자와 관찰자 - 인간이론

사실 어떻게 보면 우주라는 존재 자체도 기가 막힌 우연의 일치의 결과입니다. 현재까지의 물리학 이론에 의하면 우주라는 구조 자체를 지탱해 주는 수많은 물리학적 상수 값들, 예를 들어서 뉴턴의 중력상수, 전자의 단위 전하량, 중성자와 양성자를 뭉쳐 있게 만드는 핵력상수 그리고 쿨롱 상수라고 하는 전하의 법칙에 적용되는 힘의 상수 등등, 이중에서 어느 하나라도 아주 약간의 값을 조정하게 되면 우주는 현재의 구조를 유지할 수가 없다고 합니다. 더구나 우주에서 인간 정도의 복잡성을 갖는 생명이 '합성'될 정도의 화학 구조까지를 고려한다면 그때 요구되는 정밀도는 훨씬 높아야 한다는 것입니다.

이런 점에서 우주는 미세하게 조정된 상태에서 출발했다는 '우주 미세조정론(Fine-Tuning theory)'이 등장하게 됩니다. 그 미세하다는 정도가 어느 정도이냐 하면 각각의 상수 하나당 수십조의 수십조 분의 일 정도만이라도 차이가 있으면 우주는 생명체는 물론이고 태양과 같은 항성조차 형성될 수가 없다고 합니다.

또한 이렇게까지 치밀하게 조정된 우주조차 인간정도의 지적생명체가 나타나 우주를 관측하고 해석할 수 있는 수준으로 발달된 과학문명 세계를 이룩할 수 있는 확률을 현재의 물리학 체계에서 계산해 봤더니 그게 10의 500제곱분의 1(물론 어림잡는 수준의 계산일 수밖에 없겠다는 생각이 듭니다만…)이라는 허무맹랑하기 그지없는 숫자가 나왔다는 겁니다. 그러니까 1다음에 0이 500개가 나오는 말도 안 되게 큰 그런 수로 1을 나눈 값이라는 것인데 쉽게 상상이 가지 않는 확률이라 그것을 알기 쉽게 비유하자면 우주의 어떤 공간에서 총을 아무 방향이나 대고 한 발을 쐈는데 그 총알이 100억 광년 떨어진 곳에 놓인 500원짜리 동전에 맞을 확률이라는 겁니다.

심지어 이에 더 나아가서 '인간의 존재가 우주와 자연을 설명한다.'는 인간원리(anthropic principle)라는 이론까지 등장하게 됩니다. 조금 다르게 해석하면 '인간이 있기 때문에 우주의 존재가 인식된다'라는 것입니다. 좀 황당하게 들리는 듯해도 과학을 떠나서 한번 곰곰이 생각해 보면 이게 그저 허황된 이야기만은 아닌 것 같습니다. 우주를 일방적으로 인간의 입장에서만 해석하는 것처럼 보여도 어차피 우주를 보고 우주를 인지하는 존재는 아직은 인간 밖에 없는 것이 사실이니까요.

태양계 밖의 다른 행성계에 사는 인간보다 더 발달된 외계인이 존재한다 해도 그들은 그들 나름대로의 관찰자로서의 지위와 인간은 인간 나름대로의 관찰자로서의 지위를 갖고 있는 것입니다. 만약 서로의 과학기술이 발전되어 어느 접점에 교류하게 되면 서로의 관찰 결과를 공유할 수도 있고 어느 한쪽이 멸망될 수는 있어도 어쨌든 우주는 누군가에 의해서 관찰되고 있는 것입니다. 이러한 이론이 밑도 끝도 없이 불쑥 튀어나온 것은 아닙니다. 어떻게 보면 종교색이 짙은 이론으로 보이기는 해도 이 이론을 좀더 자세히 들여다보면 아주 냉정하고 객관적인 관점에서 비롯된 이론입니다.

여러분의 이해를 돕기 위해서 이에 관한 '5분 뚝딱철학'이라는 유튜버 채널을 통해서 들었던 한 예화를 여기에서 인용할까 합니다.

18세기에 유럽의 어느 나라에서 한 사형수가 여섯 명의 군인에 의해 총살형이 집행되고 있는 상황을 생각해 보겠습니다. 아무래도 그 당시 기계 제작기술이 충분하게 발전되지는 않았을 것이므로 총 한 자루에 고장날 확률을 10%정도라고 하겠습니다. 그런데 그날 집행관의 사격 명령에 따라 여섯 명의 사수가 동시에 방아쇠를 당겼는데도 모두의 총기에 고장이 나서 한 발의 총알도 발사되지 못했다고 합시다. 이럴 경우 사형이라는 형은 이미 법적으로 집행된 것으로 보기 때문에 집행관은 판사의 또 다른 판결이 나오지 않는 한 다시 사격 명령을 할 수가 없다고 합니다. 그러니까 그 사형수는 여섯 명 사수의 총이 동시에 고장이 일어날 확률 즉 백만분의 일의 확률로 살아난 것입니다. 이에 사형수는 감격하여 외칩니다.

"오! 하나님 저에게 이런 기적을 베풀어 주셔서 감사합니다."

그러자 집행관이 차갑게 대꾸합니다.

"무슨 기적 같은 소리야! 이건 백만분의 일의 확률로 언젠가는 일어날 일이었던 거고 단지 그게 너한테 일어났을 뿐인 거야."

그러니까 인간이론의 관점으로는 그 사형집행관이 말했던 것처럼 우주에 관찰자로서의 능력을 발휘하기 충분한 지적능력의 출현 확률은 10의 500제곱분의 1이라는 확률로 엄연히 존재하는 것이고 단지 그것이 인간일 뿐이라는 것이죠. 그리고 그러한 확률적 배경에 의해서 출현한 인간에 의해 우주가 인지되고 있을 뿐인 것이고, 반대로 이 광대한 우주에 끝내 관찰자가 출현하지 않은 상태로 종말을 맞이한다 할지라도 그것에 대해서 안타까워하거나 아쉬워할 수 있는 존재가 없으므로 우주는 그렇게 담담하게 종말을 맞이할 것이라는 이야기입니다. '인간이론'이라는 용어에서 그리고 '인간이 존재하기 때문에 우주가 인지된다'라는 표현에서 오는 뭔가 '인간적'이고 따끈따끈한 내용이 있을 것으로 기대했지만 막상 이렇듯 차갑고 냉정한 이론입니다.

하지만 사형수의 감격에 대해 그렇게 냉정하게 뇌까렸던 그 집행관이 몇 년 뒤에 사형수의 처지가 되어 똑같은 일을 당했다면 그가 집행관이었을 때처럼 냉정하게 지나갈 수 있었을까요? 사형 집행장에서 살아남은 사형수는 그 백만분의 일의 확률의 '당사자'이고 집행관은 그 광경을 바라보는 '관찰자'의 입장일 것입니다. 그러기에 냉정할 수가 있던 것이겠죠.

지금 우주를 바라보는 우리 인간은 우선적으로는 10의 500제곱분의 1이라는 확률의 엄연한 '당사자'일 것입니다. 그런데 그런 바늘 끝보다도 더 작디작은 확률의 목적이 혹시 '관찰자'를 세우기 위함에 있는 것은 아닌지 모르겠습니다. 만약 그렇다면 우주를 바라볼 때 우리는 당사자의 입장에서 감격해야 할지 아니면 관찰자로서 냉정해야 할지, 두 갈래의 길에서 선택해야 하는 어려운 처지에 놓여 있다고 볼 수도 있을 것 같습니다. 물론 이 지구상에 80억 명의 인구가 살아가고 있으니 누구는 당사자의 모습으로만 살아가고 누구는 관찰자의 역할에만 충실하게 살아 갈 수도 있겠지요. 이 두 속성 사이에서 일어나는 갈등과 문제는 지금도 지구상에서 많이 일어나고 있는 문제이고 지금도 제 주위에서도 많이 볼 수 있는 현상인 것 같습니다.

"지구는 우주에 수십조 개가 떠돌아다니고 있는 수많은 행성들 중의 하나일 뿐 '평범한' 것에 지나지 않는다"라고 말한 칼 세이건 박사는 충실한 관찰자의 입장에서 그런 말을 한 것일 것이고 "지구가 우주의 중심이 아닐지는 몰라도 최소한 백억 광년 크기의 Sloan 우주지도의 중심은 바로 지구다. 관찰자를 품고 있는 지구는 그만큼 특별하다"라고 말하는 사람은 당사자의 입장에서 말하는 것일 겁니다.

그런데 관찰자로서의 인간의 속성이 인간에게 유효하게 작용되기 시작한 것은 사실 인류 역사 전체를 놓고 본다면 비교적 최근으로 생각됩니다. 그 전까지는 당연하게 당사자로 살아왔었다는 것이죠. 인간에게 관찰자로서의 역할에 눈을 뜨기 시작했다는 그 시점을 아마도 코페르니쿠스로 보기 때문에 코페르니쿠스의 법칙이라는 용어가 생겨난 것일 겁니다. 물론 시작점을 그렇게 볼 수도 있겠지만 본격적으로 인류 역사에 영향력을 발휘하기 시작한 시기는 뉴턴 이후 근대 과학의 발전과 같이 그 영향력도 같이 확대된 것으로 보고 있습니다. 즉, 지금까지 인류가 이룩한 눈부신 과학의 발전 배경에는 인간이 관찰자로서의 역할을 인식하기 시작하면서부터라고 볼 수도 있다는 것이죠.

앞의 사형수와 집행관의 대화를 보면 사형수는 여섯 명 사수의 모든 총에 고장이 나서 발사되지 못한 것을 보고 하나님을 거론하지만 집행관은 이것에 냉정하게 찬물을 끼얹고 있습니다. 바로 당사자와 관찰자의 근본적 관점 차이는 바로 '인간사에 신을 개입시키는가? 아닌가?'의 차이가 아닐까 생각됩니다. 근본적이라는 표현이 너무 과하다 싶으면 하나의 작용 요소 정도로 생각할 수도 있겠습니다. 그러니까 이것을 다시 생각하면 인류가 하나님으로부터 눈을 다른 곳으로 돌리게 되면서 관찰자로서의 역할이 인류 역사에 작용하기 시작했다는 것이고 그 결과물(또는 부산물?)이 현대 과학 문명일 수도 있겠다는 생각이 듭니다.

이 관찰자는 우주와 자연만을 그 관찰 대상으로 보는 것 같지는 않습니다. 바로 하나님(또는 神)도 관찰의 대상에 포함되어야 할 것 같습니다. '과학'은 신에 대해 아직은 무관심한 것으로 보여집니다. 과학을 논하는 자리에서 신을 언급하는 것은 과학자로서 스스로 무덤을 파는 행위로 간주하기까지 합니다. 하지만 인간으로서 '과학자'는 관찰자이기 이전에 당사자라는 속성을 이미 수천 년의 역사 동안 가지고 있었기 때문에 의식적이던 무의식적이던 신에 대해 관심을 가지고 있는 것 같습니다.

"신은 주사위 놀음을 하지 않는다."

20세기 물리학의 거대한 기둥인 아인슈타인이 한 말이라고 합니다. 양자역학에서 통계적인 해석방법을 적용하는 것에 대한 비판을 목적으로 이 말을 했다고 하는데 그는 유태인임에도 그들의 민족 종교인 유대교를 '미신'이라는 표현을 썼을 정도로 알아주는 무신론자였습니다. 물론 여기에서 아인슈타인이 말한 '신'은 우리가 흔히 생각하는 일반적인 신은 아니라고 합니다만 어쨌든 그는 과학적 논쟁의 현장에서 '신'이라는 용어를 사용했습니다.

코페르니쿠스 이전 시대의 인류는 당연히 당사자로서의 관점이었고 어떤 형태로든 '신'이라는 틀로 인간과 세상을 바라보았는데 관찰자로서의 인간은 우주뿐 아니라 하나님까지도 관찰을 하고 있다고 저는 보고 있습니다. 그리고 책의 후반부에서 차차 말씀드리겠습니다만 어쩌면 그것은 하나님으로부터 '허락된' 것이 아닐까 하는 생각도 가지고 있습니다.

인간이라는 존재에게 우주를 바라보는 관점에 대한 당사자와 관찰자라는 이 두 가지의 속성이 주어진 것이라면 굳이 하나만을 선택하고 나머지 하나는 반드시 버려야만 하는 것인지에 대한 의문이 듭니다.

어쨌든 '인간이론'은 20세기에 들어 양자물리학이라는 새로운 유리창을 통해서 보이는 우주를 해석하는데 동원되는 많은 '공식적인' 이론 중에 포함된 것들입니다. 물론 과학계 안에서도 극단적으로 호불호가 갈리고 많은 반론이 있기는 하지만 그렇다고 마냥 무시를 당하는 그런 이론은 아니라는 사실입니다.

우주에서 수십조 개 행성이 떠돌아다니고는 있지만 그 중에 이러한 논란이 일어나고 있는 지구는 어찌되었든 칼세이건 박사님께는 송구스러운 마음이 들긴 합니다만 일단 제가 보는 관점으로는 평범하지는 않은 것 같습니다. 지구에는 엄연하게 관찰자가 존재하고 있고 그 관찰자가 볼 수 있는 만큼의 우주에 대해서는 중심에 있기 때문입니다.

3. 현대과학이 발견한 관찰자

과학에서 관찰자가 필요하다는 사실은 너무나도 당연한 것이고 이것에 대해서 이의를 제기할 사람은 아마도 없을 것입니다. 과학의 전형적인 방법이라 할 수 있는 관측과 실험은 사실 관찰이라는 행위를 다르게 표현한 것일 터이니까요. 하지만 여기에서 말하는 '관찰자'라는 의미는 과학의 과정에 참여하는 사람으로서의 의미가 아닌 과학적으로 밝혀진 우주의 '작용'에 있어서 관찰자가 가지고 있는 '역할'이 있다는 것입니다. 좀더 구체적으로 말씀드리면 관찰의 유무에 따라 또는 관찰자의 상태에 따라 우주의 '상태'가 달라질 수 있다는 점입니다. 그러니까 총을 쏘고 나서 목표에 명중을 했는지를 확인하는 행위가 있는 것과 없는 것에 따라서 날아가는 총알의 '상태'가 달라질 수 있다는 말로도 들리니까 무슨 말 같지도 않은 말이라는 생각이 들 수 있을 겁니다. 하지만 사실 물리학계에서 양자역학과 상대성이론의 등장 이래 꽤 오랜 기간 동안의 논쟁과 토론을 통해서 지금은 확실한 과학적 사실로 여겨지고 있는 이론입니다.

이 이론 배경을 이해하려면 상당히 먼 시간을 거슬러 올라가야 해서 그 유명한 뉴턴(Sir Isaac Newton, 1643~1727)부터 이야기를 해야 할 것 같습니다. 뉴턴은 그의 만유인력의 법칙이 워낙 유명해서 다른 과학적 업적은 오히려 가리어지는 느낌이 없잖아 있는데 사실 그는 빛을 연구하는 학문인 광학(Optics)을 물리학의 범주에 끌어들여와 뿌리를 내리게 한 장본인입니다. 빛의 반사와 굴절에 관한 그의 공식은 렌즈나 반사거울 같은 광학기기를 설계할 때 지금도 적용되고 있습니다. 그는 빛을 입자라고 주장을 했다가 당시의 다른 물리학자들에게 거센 반발을 받게 되었는데 이것이 바로 이후 수백 년 동안 물리학계의 오랜 논쟁거리가 된 이른 바 '빛의 입자성과 파동성의 문제'의 시작점입니다.

그러다 약 백년 정도가 흐른 뒤 영국의 토마스 영(Thomas Young, 1773~1829)이라는 과학자가 그 유명한 2중 슬릿 실험(Double-slit experiment)을 통하여 빛은 파동의 성질을 갖고 있다는 결론을 내리게 되었고 그것으로 이 논쟁은 일단락이 되는 것처럼 보였습니다.

이 2중 슬릿 실험에 대해서는 이후에 전개될 이야기를 이해하는데 핵심이라는 생각에 좀더 자세하게 설명해 보려합니다. 이 실험

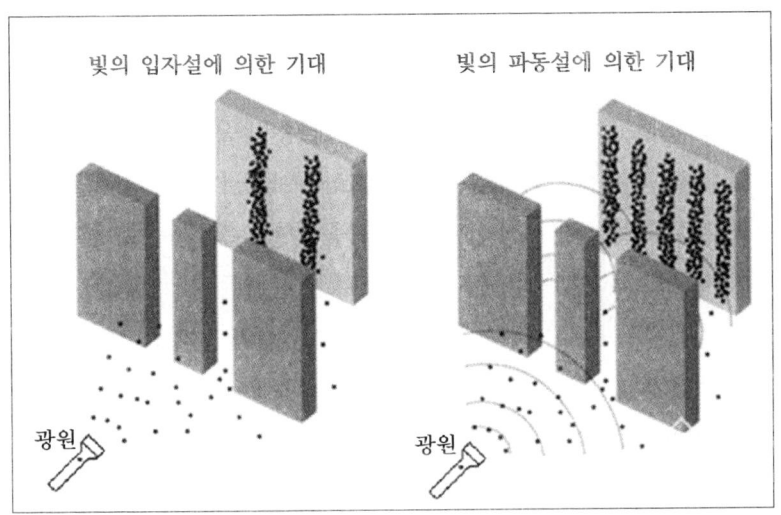

[그림 1-2] 빛의 입자설에 의해 기대되는 결과와 파동설에 의해 기대되는 결과값 비교

은 외형적으로 생각보다 단순합니다. [그림 1-2]처럼 암실에서 두 개의 아주 작은 홈(slits)에 빛을 비추고 그 뒤에 있는 스크린에 비춰진 영상을 본다면 상식선에서는 이 그림의 왼쪽 부분처럼 두 개의 홈 모양이 그림자로 그대로 보이는 것을 기대하게 될 겁니다. 그런데 영의 실험에서는 뜻밖에도 이 그림의 오른쪽 부분처럼 마치 커튼 모양으로 어두운 부분과 밝은 부분이 일정한 간격으로 반복되는 이른 바 '물결무늬'가 보였던 겁니다. 그런데 이러한 의외의 현상은 명쾌하게 설명이 되는데 바로 빛을 파동이라고 한다면 그러한 무늬가 왜 나타나는지가 이해되는 것이죠. 바로 모든 파동에서 볼 수 있는 '간섭무늬'라는 현상으로 [그림 1-3]은 그 원리를 설명하는 것인데 사실 집에서 욕조에 물을 받아놓고 구멍 뚫린 나무판자 두 개를 놓고 물결을 일으키는 간단한 실험으로도 쉽게 확인할 수 있는 현상입니다.

우주의 소프트웨어 45

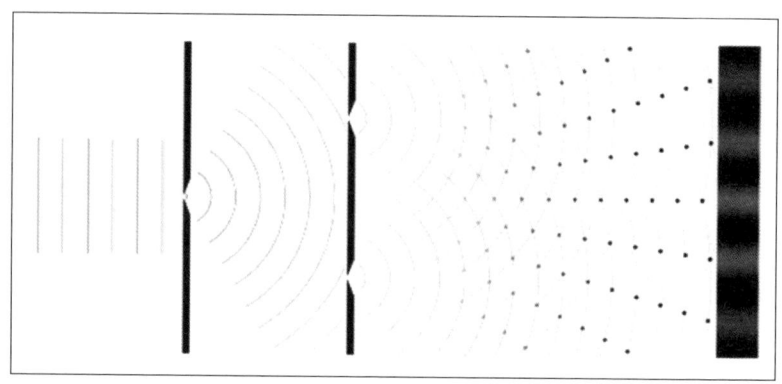

[그림 1-3] 빛의 파동성에 의해 물결무늬가 나오는 원리
(출처: https://javalab.org/youngs_double_slit/)

다시 본론으로 돌아와서 앞에서 얘기한 영의 2중 슬릿 실험으로 빛의 파동설로 그동안의 논란에 종지부를 끊는 듯 보였지만 그로부터 또다시 약 백년이 흐른 후 20세기 물리학의 거두 아인슈타인 (Albert Einstein, 1879~1955)에 의해서 그 결론은 또다시 흔들리게 되는데 바로 그가 발견한 광전효과(光電效果, Photoelectric effect) 때문입니다. 진공상태에서 빛을 금속판위에 쪼이면 금속 표면에서 전자가 튀어 올라오는 현상인 이 현상은 후에 진공관 등에 곧바로 적용이 되어서 20세기 전자공학의 발전에 지대한 영향을 끼쳤고 지금도 태양광 발전에 직접적으로 적용되고 있는 중요한 물리학적 발견인데 빛을 받고 튀어 올라오는 전자를 볼 때 누가 봐도 당구공의 운동이 연상될 만큼 전형적인 빛의 입자성을 나타내는 현상으로 보였던 것이죠. 이것 때문에 이 논쟁은 다시 원점으로 되돌아갔고 그로부터 약 20여년 후에 프랑스의 물리학자인 드브로이 (de Broglie, 1892~1987)가 그의 박사 학위 논문에서 발표한 물질파 (Matter wave) 이론에 의해 빛은 입자성도 가지고 있고 파동성 역시

가지고 있다는 결국 '둘 다 맞음'이라는 다소 허탈하게 느껴질 수 있는 최종 결론에 이르게 됩니다. 사실 '물질파'라는 이론은 그 이름에서 느껴지듯 빛에 대해서 만을 이야기하는 것이 아니라 모든 물질은 입자이기도 하면서 동시에 파동의 성질을 동시에 갖는다는 지금의 관념으로도 상당히 파격적인 내용으로서 당시에도 많은 논란이 일었으나 곧바로 실험적 증거들이 연이어 나오면서 논란은 곧바로 수그러졌고 그는 1929년에 노벨상을 수상하게 됩니다.

그 물질파에 대한 결정적인 실험적 증거 중의 하나가 미국의 두 물리학자 데이비슨(Clinton Davisson, 1881~1958)과 거머(Lester Germer, 1896~1971)에 의한 전자를 이용한 2중 슬릿 실험으로서 실험의 원리는 토마스 영의 실험과 거의 유사하지만 단 하나, 빛이 아닌 전자를 쏘는 것이 다릅니다. 빛은 질량이 없기 때문에 입자냐 파동이냐 하는 논쟁이 일어났던 것인데 전자는 분명한 질량을 가지고 있었기 때문에 당시에는 전자가 입자라는 사실에 누구도 의심을 가지고 있지 않았습니다. 하지만 데이비슨-거머의 실험에서도 영의 실험과 같이 전자가 물결무늬를 만들어 냈던 것이었습니다. 질량을 갖고 있는 전자 역시 파동으로 관측된다는 이 같은 실험결과에 많은 물리학자들은 충격과 동시에 많은 흥미를 불러 일으켰고 이후에 데이비슨-거머의 실험에서 조금씩 변형된 실험들을 여러 가지로 시도하게 되는데 그 중의 하나가 [그림 1-4]처럼 슬릿에 검출기를 부착하는 것이었습니다. 즉 데이비슨-거머의 실험에서 물결무늬가 나온다는 것은 하나의 전자 입자가 두 개의 슬릿 모두를 통과해서 지나갔다는 지금으로서도 이해하기 어려운 사실을 마주하게 되는데 그렇다면 슬릿에 전자 검출기를 설치해서 정말 전자가 두 개의 슬릿에 동시로 지나갔는지를 확인해 보자는 것

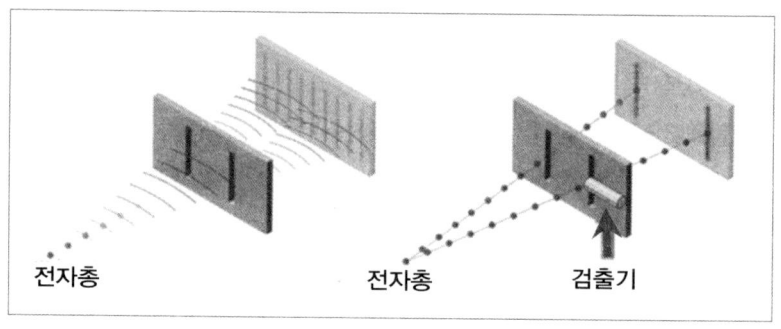

[그림 1-4] 검출기를 설치하기 전과 설치후의 결과 변화 비교

이 실험의 의도였죠.
그런데 그 결과가 더 이해하기가 어려웠던 겁니다. 슬릿에 검출기를 설치하고 전자를 하나씩 쏘아보았더니 [그림 1-4]의 오른쪽 부분처럼 각각의 전자는 둘 중 하나 만의 슬릿으로 지나가는 것으로 나오고 스크린에는 딱 두 줄의 슬릿 그림자가 나왔던 것이죠. 이 결과는 전자를 입자라고 할 때 나오는 결과로서 검출기를 사용하지 않은 실험에서 볼 수 있었던 물결무늬는 전혀 볼 수가 없었던 것입니다. 그래서 다시 검출기를 제거하고 실험을 하면 물결무늬가 나오고 그리고 또 검출기를 달면 두 줄 무늬가 나오고… 실험자들이 보기에는 전자가 살아서 무슨 숨바꼭질 놀이를 하는 것 같이 보였을 겁니다.

그리고 최근까지 이어지고 있는 이후의 실험에서 전자가 너무 가벼워서 그런 것 아닌가 싶어서 점점 질량이 큰 물질들, 그러니까 처음에는 무거운 금속원자를 쏘는 실험도 하고 플로렌(Fullerene)이라고 하는 60개의 탄소 원자로 이루어진 비교적 큰 크기와 질량을 갖고 있는 분자를 이용해서 같은 실험을 했는데 역시 같은 결과가 나오는 것이었습니다. 심지어 최근에는 세포에서 추출된 어떤 유기 화합물 분자를 이용해서 실험을 해봤는데 그 분자는 플로렌의 수천 배 크기였다고 하는데도 결과는 같게 나왔다고 합니다. 그러다가 언젠가는 슈뢰딩거(Erwin Schrödinger, 1887~1961)의 고양이(제6장에서 설명하겠습니다)까지 광속에 가까운 속도로 쏘면 아마도 같은 결과가 나오지 않을까 하는 많은 물리학자들이 생각하고 있다고 합니다. 물론 농담이 섞인 표현이겠지만 그렇다고 100% 농담은 아닌 것 같습니다.

이에 대한 물리학자들의 결론은 전자(또는 실험 물질의 원자, 분자)가 발사될 때는 파동의 형태를 가지다가 슬릿을 지나 최종 스크린에 도달할 때까지 어떠한 형태로든지 다른 '계(係, system)'와 상호작용이 필요한 상태로 진입하게 되면 즉시 입자로 형태가 바뀐다는 다는 것입니다.

여기서 말하는 '다른 계'란 다른 입자 같은 물질이 될 수도 있고 측정을 위한 빛이나 전기장 같은 에너지 장도 될 수 있습니다. 즉, 상호작용이 필요 없는 상태에서는 파동의 형태를 보이다가도 다른 입자와의 충돌이나 어떤 반응이 필요한 에너지를 받았을 때는 입자의 형태로 돌변한다는 것입니다. 이것을 양자역학적인 표현으로 '파동함수의 붕괴'라고 한다고 하는데 이때에 전자는 파동성의 성질은 사라지고 입자로서의 성질을 보인다는 것입니다. 그러니까 검출기가 설치된 슬릿에 전자가 지날 때는 검출기에서 검출을 위한 특정한 에너지 장이 형성될 텐데 그 에너지 장에 대한 상호작용을 보여주기 위해 그 형태가 입자로 변한다는 것인데 전자가 마치 생명체 마냥 주변의 상태 변화를 인지하고 그에 따라 자신의 속성을 수시로 바꾼다는 이야기이니 이 역시도 이해하기 힘든 내용이긴 마찬가지인 듯싶습니다. 하지만 아주 엄밀한 물리학적인 실험으로 입증된 사실이라고 하니 믿어야 하긴 하겠지요.

　이 실험 결과는 인간의 관찰이라는 행동이 우주의 상태(물론 아주 일부분이겠지만)에 영향을 미칠 수도 있다는 지금까지 인간의 관념으로는 도무지 이해를 할 수 없는 결론을 낼 수가 있다고 합니다. 이러한 과학적 발견은 20세기 초반기 물리학계에 뿌리를 내리기 시작했던 양자역학(Quantum Dynamics)에서 관찰이 상태를 결정짓는다는 '불확정성의 원리'와 연결됩니다. 이러한 양자역학 진영의 해석이 도무지 마음에 들지 않았던 아인슈타인이 양자역학 진영의 우두머리 격이었던 보어(Niels Henrik David Bohr, 1885~1962)에게 "달을 보지 않는다고 달이 없다는 것이냐?"라는 질문을 하며 따졌다고 합니다. 이 질문에 보어는 "아직 아무도 보질 않았는데 어떻게 달이 있다고 생각 할 수 있겠습니까?"라고 되물었다고 합니다.

　그러니까 뉴턴 이후 아인슈타인까지의 시대에까지 이어졌던 빛의 입자성과 파동성에 대한 뿌리 깊은 논쟁이 아인슈타인 이후에는 양자역학에서 제기된 관찰이 상대를 '결정'한다는 '불확정성의 원리'에 대한 논쟁으로 바뀐 것이라 할 수 있을 것 같습니다. 하지만 지금은 이후에 현대까지 계속된 실험의 결과에서 불확정성의 원리가 맞는 것으로 대부분 받아들이게 되었으며 특히 최근 들어서는 비록 실험 단계이긴 하나 양자 컴퓨터라고 하는, 실제로 이 원리를 적용하여 실제 생활에서 활용될 수 있는 제품까지 나오고 있는 수준까지 이르렀습니다.

　이렇게 발견된 관찰이라는 행위에 의해 우주의 상태가 결정될 수도 있다는 사실에서 '우주는 관찰자를 필요로 한다'라는 생각을 할 수가 있으며 이는 더 나아가서 우주에서는 관찰자가 가지고 있는 역할이 있을 수 있다는 생각까지 할 수가 있을 겁니다.

4. 해석과 의미 부여

아인슈타인이 양자역학에서 주장하는 '관찰이 상태를 결정한다'라는 논지를 무척 마음에 들지 않아 했다고 앞에서도 이미 말씀드린 바 있지만 사실 그가 주장한 상대성이론에서도 조금 다르긴 하지만 비슷한 내용이 있습니다. 물론 양자역학의 내용과 과학적 원리가 많이 다르기는 하겠지만 동일한 물리적 사건을 관찰하는 서로 다른 관찰자의 '상태'에 따라서 다른 '현상'으로 관찰될 수 있다는 사실입니다. 그러니까 양자역학에서는 관찰이 상태를 결정한다고 했다면 상대성이론에서는 관찰자가 어떤 상태에서 관찰하느냐에 따라 다른 물리현상이 될 수 있다는 것입니다. 여기에서 중요한 것은 하나의 물리적 사실이 다르게 '관측'된다는 이야기가 아니라 아예 다른 '물리적 사실(Physical Fact)'이 된다는 것입니다.

다음 [그림 1-5]에서 내부 정중앙에 카메라의 플래시처럼 반짝하는 빛을 내는 실험 장치가 있고 양끝에는 거울이 설치되어 있는 버스가 있다고 하겠습니다. 그리고 두 관찰자가 있는데 한 사람은 버스 내부에서 빛을 발하는 실험 장비와 동일 선상의 위치에 서 있고 다른 관찰자는 버스 외부에 충분히 먼 거리에서 망원경으로 관찰한다고 하고 양쪽 두 거울은 빛을 받으면 두 관찰자 모두에게 빛을 동시에 반사하도록 만들어졌다고 하겠습니다.

버스가 정지된 상태라면 플래시에서 반짝하고 나타난 빛은 양쪽의 거울에서 동시에 반사되는 것으로 두 관찰자 모두 관찰될 것입니다. 너무나도 당연한 것이겠죠. 하지만 이 버스가 광속의 30%정도 되는 아주 빠른 속도로 움직이고 있다고 가정하겠습니다. 이런 경우에도 버스 내부 관찰자는 변함없이 양쪽 거울 모두

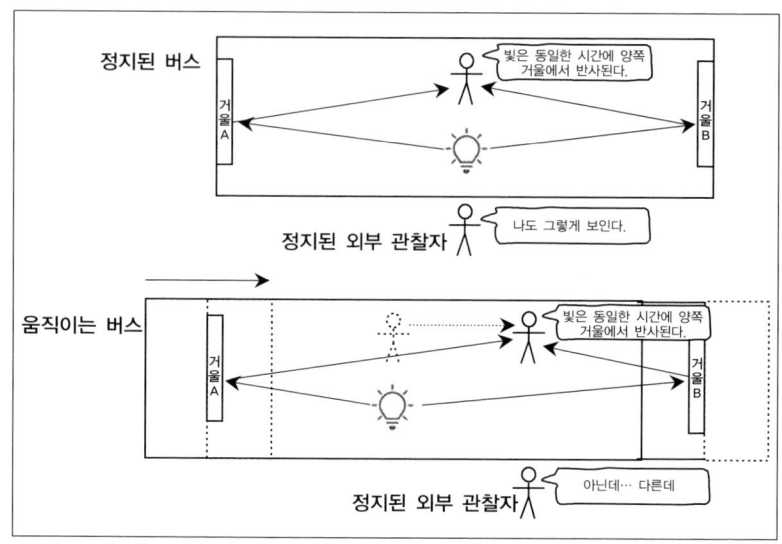

[그림 1-5] 빛의 반사를 바라보는 외부 관찰자와 내부 관찰자

동시에 반사되는 것으로 관찰될 것입니다. 하지만 외부에 정지되어 있는 관찰자는 비록 짧은 시간이긴 하겠지만 뒤쪽 거울이 먼저 반사되고 그 다음 앞쪽 거울이 반사되는 것으로 관찰될 것입니다.

이것은 아인슈타인의 특수 상대성의 원리에 의해 모든 관찰자에게 자신의 운동 상태와는 상관없이 빛의 속도는 동일하기 때문에 나타나는 현상입니다. 즉 관찰자가 운동하고 있는지 정지되어 있는 지의 상태에 따라 동일한 물리적 사실에 대해서 다른 현상으로 관찰될 수 있다는 사실입니다.

여기에서 중요한 것은 이 두 관찰자가 관찰한 서로 다른 두 결과 현상 모두 '맞는' 현상이라는 사실입니다. 하나의 물리학적 사건을 두 사람이 다르게 관찰하였을 때 어느 하나는 반드시 틀릴 것으로 여기게 되는 것이 우리의 상식인데 상대성이론에서는 상이한 두 관찰 결과 모두 타당한 것이라는 사실입니다. 어떻게 보면 모순처럼 보이는 이러한 현상을 앞에 두고 우리는 이러한 의문이 들 수 있을 겁니다.

"그렇다면 실체는 무엇일까?"

이것은 마치 과속을 한 운전사를 붙잡은 경찰이 측정한 속도와 운전사가 인지했던 속도와 서로 다른 데도 둘 다 물리학적으로 맞다고 하면 과속 딱지를 떼야 할지 말아야 할지 결정해야 하는 상황과 비슷할 것입니다. 그리고 이것은 우리가 바라보고 있는 안드로메다 성운의 모습이 안드로메다 성운 안에서 살고 있는 관찰자들(만약 존재한다면)이 보는 것과 다를 수 있다는 것으로도 이해할 수 있습니다.

[그림 1-6]은 하나의 실체가 다르게 관찰되는 것을 이해하기 쉽게 표현한 그림입니다. 이 그림처럼 실체가 원으로 관찰되던 사각형으로 관찰되던 그것은 실체의 어떤 측면만큼은 정확하게 관측된

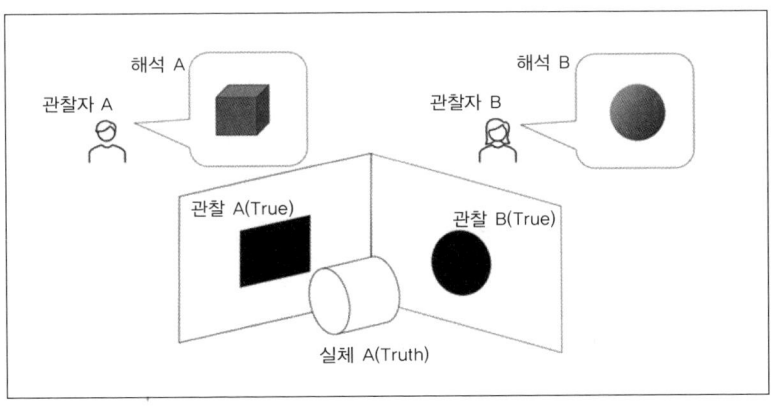

[그림 1-6] 하나의 실체에 대한 다른 관찰과 해석

것입니다만 그것만으로는 실체의 정확한 모습을 나타내는 것은 아닐 것입니다. 그런데 관찰자들 각자는 자신이 관찰한 결과를 바탕으로 실체가 어떨 것이라는 '부정확한' 해석을 내놓을 수 있다는 사실입니다.

시각장애인 여러 명이서 각자가 커다란 코끼리의 부분 부분을 만지고 코끼리가 어떤 모양일 것이라고 서로 싸운다는 옛날이야기는 이미 많은 분들이 알고 계실 텐데 바로 그 이야기가 떠오르는 내용입니다. 사실 이 이야기는 맹인모상(盲人摸象)의 우화라고 하여 불교의 열반경(涅槃經)이라는 경전에 나오는 내용이라고 합니다.

그런데 관찰자 각자가 내놓는 해석은 실체를 정확하게 표현한 것은 아닐지라도 각 관찰자가 나름대로의 확실한 근거에 비추어 내린 것이기 때문에 이를 마냥 무시할 수가 없는 것이고 더욱이 관찰자 자신은 자신이 직접 보고 경험한 것이기 때문에 절대 양보할 수가 없는 것일 겁니다. 아마도 우리들의 일상생활에서 겪고 있는 수많은 논쟁과 분쟁, 다툼 중에 많은 부분이 이에 해당될 것입니다.

앞 절에서 이미 거론한 것처럼 우주에서 관찰자라는 존재는 과학적으로 발견된 실체라는 가정 하에서 각각의 관찰자에게는 '해석'이라는 권리가 주어진 것이 아닌가 하는 생각에 이르게 됩니다. "해석이 없는 관찰은 무슨 의미나 용도가 있을까?"라는 의문을 해보면 이러한 결론에 쉽게 도달할 수 있을 것 같습니다. 해석의 능력이 없는 동물들이 하늘을 바라보는 것을 우리가 관찰이라고 표현하지 않는 것처럼 말입니다.

"인간으로서 우리가 가지고 있는 궁극적인 자유는 우리의 마음이 무엇에 머물도록 허용하거나 요구할지를 선택하는 마음이다."

― 달라스 윌라드(Dallas Albert Willard, 1935~ 2013, 미국 철학자)

그렇습니다. 사실 관찰에는 어떤 형태로든 해석이 따라오게 되어 있는 것 같습니다. 비록 '불확실', '불명확'이라는 딱지가 붙는다 할지라도 나름대로의 해석을 갖다 붙입니다. 그리고 최소한 자신만큼은 해당되는 '실체'에 대해서만큼은 자신이 내린 해석으로 대체하게 됩니다. 잠정적이던 영구적이던 말입니다. 당연하게도 각자가 내놓은 서로 다른 해석 때문에 관찰자, 즉 인간들 사이에서는 어쩔 수 없이 논쟁이 일어나게 마련이라는 사실은 이런 하나의 인식의 과정을 통해서 이해할 수 있을 것 같습니다. 그리고 앞의 [그림 1-6]의 모든 관찰자가 직육면체로 해석하기로 '합의'한다고 했을지라도 그것이 실체를 명확하게 규명된 것은 아닐 수 있을 것입니다. 단지 합의를 함으로서 논쟁이 없어지는 것이 아닌 그냥 더 이상의 논쟁이 일어나지 않도록 눌려진 상태가 된 것일 뿐인 것이겠죠.

그런데 인간 관찰은 단순히 해석하는 것만으로 끝나지 않고 더 나아가 여기에 의미까지 '부여'하게 됩니다. '의미'라는 단어에 '부여'라는 단어를 굳이 붙인 이유는 원래의 그 과학적 실체에는 의미라는 것이 전혀 없기 때문입니다. 아침에 해가 뜨고 저녁에 해가 지는 것은 하나의 천체물리학적인 현상일 뿐입니다. 지극히 과학적이고 아주 정밀하게 규칙적이어서 백년 뒤의 내 생일날에는 몇 시에 해가 뜰지도 초단위의 오차 정도로서 비교적 정확하게 예측할 수 있습니다. 지구가 태양계에 생겨난 이래 이것은 늘 그래왔던 것이고 앞으로도 지구가 존속하는 동안에는 계속 그러할 것입니다. 그런데 유독 해가 바뀌고 첫날, 즉 1월 1일이 되면 강릉에서 동해의 해돋이를 굳이 보겠다고 많은 사람들이 깜깜한 새벽의 영동 고속도로를 피곤함을 물리치며 운전하며 달려갑니다. 그리고 그 새해 첫날이라는 1월 1일조차도 과학적으로 어떤 특별한 날이 아닙니다. 일 년 중 어느 날이건 지구가 태양 주위를 도는 한 바퀴의 시작점이 될 수 있기 때문입니다. 모두가 인간이 부여한 의미일 뿐입니다.

특히 죽음의 문턱까지 갔다가 어렵게 수술 받고 겨우겨우 살아난 사람에게 창밖에 떠오르는 해는 그때까지 살아오면서 그가 바라봤던 어떤 날의 해보다 더욱 의미 있는 것으로 바라볼 것입니다. 그 환자는 그 전까지는 우리의 태양은 우리 은하계에 무수히 깔려 있는 수많은 항성 중의 하나일 뿐이고 지구는 그런 평범한 별에 딸린 천체물리학적으로 평범한 행성에 지나지 않는다고 굳게 믿어왔던 사람이었다 할지라도 최소한 그날만큼은 병실에서 바라보는 아침해를 남다르게 여겼을 것 같습니다.

아무리 스스로를 골수 '관찰자'라고 자처한다고 할지라도 어찌되었든 단 하나의 생명을 가지고 이 지구상에서 살아가야만 하는 '당사자'의 처지를 떠날 수 없으니까요.

불교에서 자주하는 표현으로 일체유심조(一切唯心造)라는 말이 있습니다. "모든 것은 마음으로 인해 만들어진다"라는 이야기인데 원래는 아무런 의미를 가지고 있지 않았던 우주만물 하나하나에 인간 한 사람 한 사람이 자기 나름대로 각각의 의미를 부여하게 되니 결국 각자에게는 자신만의 우주를 만들어간다는 의미도 포함되는 것 같습니다. 즉 각각의 관찰자에게는 자신만의 우주를 만들어 가는 일종의 '선택권'이 주어진 것이 아닐까 합니다.

만약 관찰자가 없다면 우주는 아무런 의미없이 그냥 왔다가 사라지기만 하는 것일 겁니다. 어쩌면 그것이 우주가 관찰자를 필요로 하는 이유가 아닐까 하는 생각이 듭니다. 비록 서로가 바라보는 우주의 모습이 다르고 그래서 해석이 다르고 그것 때문에 서로 치고 박고 싸우고 심지어 전쟁까지 벌어져서 수많은 사람들이 애꿎게 희생당하는 일까지 생기기도 하지만 어쩌면 그런 모습의 관찰자들일지라 할지라도 이 우주가 의미없이 그냥 사라지는 것보다는 나은 것은 아닐까 하는 생각이 듭니다.

"배부른 돼지가 되는 것보다는 배고픈 소크라테스가 낫다"라고 말한 존 스튜어트 밀(John Stuart Mill, 1806~1873 영국의 공리주의 철학자)의 말이 생각납니다만 그래서 이 우주에는 관찰자가 있어야 하는 이유가 되는지 모르겠습니다.

天子者(천자자) : 천자는
與天地參(여천지삼) : 천지와 더불어 존재를 같이 한다.
故德配天地(고덕배천지) : 그러므로 덕이 천지에 미치고
兼利萬物(겸리만물) : 만물과 더불어 이롭게 하고
與日月並明(여일월병명) : 해와 달의 밝음과 함께하여
明照四海(명조사해) : 밝게 온 세상을 비침으로서
而不遺微小(이불유미소) : 아주 작은 것도 버려두지 않는다.

중국의 고서인 예기(禮記)라는 책의 경해(經解) 편에 나오는 한 구절입니다. 이 문구를 저의 이러한 결론과 내용을 맞춰서 아래와 같이 나름대로 해석해 봤습니다.

하늘이 내어준 자(즉, 인간 또는 관찰자)는 우주와 함께 있다.
그가 있음으로서 우주는 존재의 가치가 부여되고
만물이 존재하는 의의가 생기며
온갖 별들이 갖고 있는 빛과 함께하여 온 우주를 봄으로서
그 속의 아주 작은 것일지라도 의미없이 그냥 지나치지 않는다.

여호와 하나님이 흙으로 각종 들짐승과 공중의 각종 새를 지으시고 아담이 무엇이라고 부르나 보시려고 그것들을 그에게로 이끌어 가시니 아담이 각 생물을 부르는 것이 곧 그 이름이 되었더라.
- (창세기 2장 19절)

제2장 관찰자가 바라보는 하나님과 우주

1. 천지인(天地人) - 하나님과 우주 그리고 관찰자

프롤로그 부분에서 이미 언급했습니다만 지금 이 글을 쓰고 있는 사람은 현직 프로그래머입니다. 나이 이야기를 하는 것이 약간 그렇습니다만 지금 이 글을 쓰고 있는 현재가 환갑을 지나 60대 중반으로 가고 있는 노년이라면 노년의 나이에도 현장 프로그래머로 아직까지 일을 하고 있는 것을 보면 "이 정도면 정말 천직이라 할 수 있지 않겠나?"하는 생각이 문득문득 들고 이런 제가 스스로 대견하다는 생각도 들고 아직까지 이렇게 일하게 해주고 있는 제가 속한 연구소에게 정말 감사함을 느끼곤 합니다.

천직이 프로그래머로서 직업병 같은 것이 있는데 어떤 현상(자연현상이든 사회현상이든)을 보게 되면 그것을 프로그램의 알고리즘적인 측면으로 바라보려고 하는 경향이 있습니다. 그런 생각이 모이고 모여서 지금 이 책을 쓰고 있는 것인데 우주도 역시 하나의 시스템적으로 보고 해석하는 경향이 있습니다.

이렇게 생각해 보면 어떨까요? 우주를 하나의 시스템으로 보고 운행하는데 있어 군데군데 별도의 조작이 필요하다면 그것은 우주는 완전하지 않다는 의미와 연결됩니다(이것을 시스템의 인터럽트(Interrupt)라고 합니다). 그런데 창세기에는 하나님께서 천지를 창조하신 후 다음의 말씀으로 창조의 완전성을 표현하고 있습니다.

"보시기에 심히 좋았더라."

저는 한 사람의 프로그래머로서 이때의 하나님의 심정을 얼핏으로나마 이해를 할 수 있을 것 같습니다. 나의 피조물이라 할 수 있는 컴퓨터 프로그램이 내가 의도하고 계획한대로 오류 없이 제대로 작동되는 모습을 보면서 느껴지는 그 뿌듯함과 만족감… 테스트도 할 만큼 했고 더 이상 할 테스트가 없는데도 밤을 새면서 계속 돌려보고 또 돌려보는데도 와야 할 잠은 오지 않고 밥을 안 먹었는데도 배가 고프질 않습니다. 뭐라도 더하고 싶은데 이렇게 돌려보고 또 저렇게 돌려봐도 더 이상 더할 것이 보이질 않는 완전한 상태… 그리고 그것을 내가 만들었다는 사실… 그때 느껴지는 뿌듯함… 아마도 프로그래머로 잔뼈가 굵으신 분이라면 공감이 가는 내용이 아닐까 하는 생각이 듭니다. 물론 구구단 같이 간단하고 단순한 프로그램이라면 그런 생각이 들 리가 없겠지요. 최소한 몇 날 며칠 고생하고, 모르는 것을 만나면 찾아서 몇 밤을 새워 공부도 해가면서, 때로는 이렇게 해야 될지 또는 저렇게 해야 할지 고민도 하는 등, 나름대로 많은 산고(産苦)를 겪어서 만든 프로그램일수록 그런 만족감은 더해질 수밖에 없을 것입니다.

하지만 시간이나 비용 등의 문제로 어느 부분이 만족스럽지 못한 상태에서 사용자에게 납품된 프로그램이라면 그런 생각이 들지 않습니다. 마치 지붕에 구멍이 뚫린 것을 뻔히 알고 있는 상태에서 비가 내리기 시작하는 소리를 듣는 심정이라고나 할까요? 그리고 덜된 밥을 애들에게 먹여야만 하는 엄마의 심정처럼 계속 꺼림칙한 생각이 떠나질 않습니다. 그런 심정에서 무슨 '보기에 좋다'라는 말을 어떻게 함부로 할 수 있겠습니까?

그래서 '보시기에 좋았더라.' 이 구절은 하나님의 창조의 산물은 그만큼 만족스러웠다는 것을 저는 한 사람의 프로그래머로서 느낄 수 있습니다. 그만큼 이 우주와 만물은 섣불리 만들어진 것은 아닐 것입니다. 과학적 단계 단계마다 만날 수 있는 어떤 의문이 생기는 막다른 골목에서 '하나님께서 원래부터 그렇게 만드셨어'라고 생각하는 것은 하나님의 전지전능하심을 믿는 것이라기보다는 하나님의 창조의 산물을 완전하지 못한 것으로 보는 일이 될 수도 있을 것 같습니다. 오히려 그 의문이 드는 과학적 현상 속에 숨겨져 있는 하나님의 창조의 계획, 즉 과학적 원리를 발견하는 것이 하나님의 뜻에 더 가까이 부합하는 일이 아닐까 하는 생각이 듭니다.

그러기 위해서는 오히려 그 의문 앞에서 하나님의 존재를 개입시키면 안 될 것 같습니다. 즉, '하나님의 이름'으로 그분의 '위대한 창조물'을 가리는 어리석은 일이 벌어져서는 안 된다는 것이지요. 하나님의 이름과 그분의 위대한 창조물들은 마땅히 둘 다 '펼쳐' 놓고 찬양을 받아야 하는 것인데 사람들은 자꾸 이것을 '겹쳐' 놓아 하나가 다른 하나를 가리게 만들고 있는 것 같습니다. 하나님의 이름을 앞에 놓으면 근본주의적 창조론이 되고 창조물을 앞에 놓으면 진화론 주의가 된다고 할 수 있을 것 같습니다.

세상 만물은 하나님의 이름을 높이기 위해 창조가 되어서 인간 앞에 놓인 것들입니다. 그러니 인간은 그 피조물들을 살펴보고 그곳에 숨겨진 오묘함과 아름다움을 '발견'하고 그것을 들고 하나님 앞으로가서 그것으로 찬양을 드리는 것이 맞겠죠.

한 이야기를 만들어 볼까요?

아주 솜씨 좋은 목수에게 두 아들이 있었습니다. 그 목수는 두 아들을 너무 사랑해서 아름다운 동산을 손으로 직접 만들어 놓고는 그곳에서 마음껏 뛰어놀게 했습니다. 작은 아들이 재미있게 놀고 난 다음 손에 한 움큼 뭔가를 쥐고는 아버지에게 달려와서는 신나게 재잘거립니다.

"아빠!! 동산에 개울이 있었는데 거기에 파란색 돌들이 바닥에 깔려 있었는데 너무 예뻤어요. 여기 보세요."

하면서 고사리 같은 손을 펴서 가지고 온 파란 돌 몇 개를 아버지에게 보여 주었습니다.

그때 동산에 혹여나 흠이 날까봐 무서워서 들어가지도 못하고 입구에만 얼쩡거리고 있던 큰아들이 동생의 말을 가로채며 핀잔을 주었습니다.

"바보야!! 아빠가 힘들게 만드셨는데 당연히 예쁘겠지… 그리고 아빠가 힘들게 깔아 놓으신 돌인데 이렇게 함부로 가져오면 어떻게 하냐?"

자… 어떤 아들의 말에 아버지가 기뻐했을까요?

동생은 동산에서 신나게 놀고 있을 때는 아마도 아버지를 생각 안 했을 겁니다. 그냥 자신이 신나게 놀 수 있는 놀이터로만 생각했겠지요. 그러나 개울에서 예쁜 돌을 발견했을 때는 아버지가 생각이 났고 그것을 자랑하기 위해 달려왔습니다. 하지만 형은 처음부터 아버지의 눈치를 보고 있었고 그 때문에 아버지가 원하는 것(동산에서 재미있게 노는 것)을 하지 못했습니다. 더구나 그 형은 동생이 아버지 앞에 나와서 자랑하는 것을 막았습니다. 형은 아버지의 원래 모습이 어떠하든 '자신 스스로가 그려 놓은 아버지의 모습'이 있었고 그 모습 때문에 아버지가 그에게 내려준 선물을 충분히 누리지를 못했으며 동생이 아버지에게 달려가는 것을 막기까지 했습니다. '자신이 그려 놓은 아버지의 모습'으로 '아버지의 실제 모습'과 '아버지가 자신을 위해 만들어 놓은 동산'까지도 가리고 만 것이지요.

하나님께서 만물을 창조하시고 모든 생명에게 주신 '생육하고 번성하라'라는 공통명령 이외에 인간에게만 주신 또 하나의 특별한 명령 '다스리라'라는 명령은 과연 무슨 의미였을까요? 목수인 아버지가 놀이터를 만들 때의 목적이 바로 아들들에게 내린 명령이 되겠죠. '마음껏 놀아라.'

'다스리라'는 명령에는 아마도 '봐라'라는 명령도 포함되어 있을 것입니다. 보아야 다스리든 놀든 할 수가 있을 테니까요. 어떻게 보느냐에 따라서 다스리는 방향이 결정되겠지요. 그리고 실제로 만물은 사람에게 '보이게끔' 만들어졌습니다.

"우주가 존재한다는 것 이상으로 기적적인 사실은 인간에 의해서 우주가 해석되고 있다는 사실이다."

아인슈타인이 한 말이라고 합니다. 그가 기적으로 여겼던 것이 바로 이것입니다. 우주는 인간에 의해서 관측되고 해석된다는 사실입니다. 하나님은 인간에게 '관찰자'의 임무를 주셨고, 관찰자에게 필요한 눈을 허락하셨습니다. 특히 과학의 현장에 있는 사람들에게는 직접적으로 적용되는 명령일 것입니다.

그러니 가능한 한 과학적 사실만을 바라봐야 하겠지요. 바로 하나님께서 우주만물에 대해서 인간에게 허락하신 하나의 역할(관찰자)로서의 역할에 충실하기 위해서는 말입니다. 우주, 즉 천지만물의 관찰자 역할로서의 인간은 '과학적 실체로서의 하나님' 이외의 하나님의 모습을 과학적 현상에 개입시켜서는 안 될 것으로 생각됩니다. 마치 뉴턴이 빛을 연구하기 위해서 빛이 없는 암실을 가장 먼저 만들었던 것으로 비유할 수 있을 것 같습니다.

바로 과학자는 그러한 우주만물의 관찰자로서의 인간의 역할에 있어서 가장 최전방의 위치에 있는 사람들일 것입니다. 하나님의 창조의 밑그림을 알기 위해서는 밑그림만을 봐야지 하나님을 바라봐서는 안 될 것 같습니다. 하나님과 만물 사이에 서있는 '객관적인' 관찰자로서의 과학자는 '중립적 관찰을 위한 무신론적 입장'의 자세가 필요할 것으로 여겨집니다. 이것은 '신은 없다'라는 하나의 신념에 기반하여 과학을 바라보는 우리가 흔히 알고 있는 '일반적 무신론'과는 분명히 구분되어야 할 것입니다.

어쩌면 불필요하게 신학적인 논쟁을 야기하는 '긁어 부스럼'의 이야기가 될지는 모르겠습니다만 인간에게 하나님의 형상 일부를 허락하신 그분의 의도를 생각해 봤을 때 그분 스스로의 모습 때문에 그분이 보여주고 싶어하시는 것을 가리는 것을 과연 원하고 계실까? 하는 문제는 한번 생각해 봐야 할 문제라고 생각합니다. 그러니까 우주를 관찰하는 것에 대해서만큼은 인간과 하나님은 '동등한 계약자'의 관계를 가지고 있는 것으로 봐야 하지 않을까? 하는 생각입니다.

유교사상 중의 하나로서 세종대왕님의 한글창제의 기본 사상에 포함된 삼재(三才)라는 것이 있습니다. 바로 하늘(天), 땅(地), 그리고 사람(人)이죠. 어쩌면 이것의 다른 표현이 '하나님, 우주 그리고 관찰자'가 될지도 모르겠습니다.

  이러한 입장에서는 케플러가 아주 좋은 본보기가 될 수 있을 것 같습니다. 과학자가 되기 이전에 한때 루터파 신학생이기도 했던 그는 성경에 대한 폭넓은 지식을 이미 갖고 있었겠지만 그는 그의 과학적 발견 과정에서 하나님과 성경에 대한 것을 언급하지 않았습니다. 오직 티코 브라헤가 남긴 관측 기록 등, 즉 이미 알려진 과학적 사실들만을 바라봤습니다. 하지만 그는 그가 발견한 과학적 사실들을 하나님의 창조의 밑그림으로 받아들였습니다. 우주의 관측자로서 과학을 보고 결론을 내렸지만 그 자리를 떠나 자신의 자리로 돌아와서는 자신이 발견한 것을 하나님께 제물로 드리는 예배자로서 말입니다.

  한사람의 과학자로서 저는 하나님께서 우주를 덕지덕지 붙이는 식으로 창조하지는 않았을 거라는 믿음이 있습니다. 우리가 흔히 하는 표현을 빌리자면 '깔끔하게' 하나의 원리에 바탕을 두고 그 원리대로 자연스럽게 흘러가게끔 만들었을 것이라는 생각을 하고 있습니다. 이것은 하나님은 나와 같은 프로그래머라는 가정 하에 세워진 제 나름대로의 관점입니다.

  프로그래머는 유난히 그 '깔끔함'에 집착을 하는 경향이 있기 때문입니다. 그 프로그래밍의 깔끔함을 한 가지 예로 들자면, 가령 구구단도 여러 방법으로 프로그램을 만들 수 있겠습니다. 그야말로 깔끔함을 아예 무시하고 프로그램 내부에 여든한 가지의 모든 경우의 수를 'if then else' 구문을 무식하게 나열해서 만드는 것도 한 방법이 되겠습니다만 프로그래머라면 누구나 그런 식으로 하는 것을 병적으로 싫어할 것이 분명합니다. 프로그래머라면 누구나가 곱셈 연산 구문 한 줄로서 '깔끔하게' 해결하고 싶어 할 겁니다. 바로 앞의 것에는 프로그램 속에 미리 결과를 집어넣어야 하지만 뒤의 것에는 전혀 그렇게 할 필요가 없이도 같은 결과를 얻을 수 있기 때문입니다.

앞의 것은 그야말로 어떤 정해진 결과를 미리 '덕지덕지' 붙여 놓은 것을 흔히 '하드코드(Hard code)'라고 해서 프로그래머들 사이에서는 아주 저질로 보는 코딩 형태입니다. 이것은 프로그램의 길이나 타이핑의 횟수와는 상관이 없습니다. 타이핑의 횟수가 많아지거나 프로그래밍에 소요되는 시간이 길어지더라도 정해진 원칙에 따라 '깔끔하게' 처리되는 것을 원합니다. 프로그래머에게 있어 이것은 일종의 직업병입니다. 그냥 한번 쓰고 버릴 프로그램이라서 누가 뭐라 할 것도 아니고 결과 값도 뻔한 경우라면 미리 결과값을 '하드코드' 형태로 입력해 놓고 프로그래밍을 하면 삼십 분이면 충분할 것을 밤을 새워서 결과를 유도해 내는 로직을 짜고 앉아있습니다. 내가 봐도 한심하고 미친 짓을 하고 있는 것인데 그렇게는 도저히 마음이 용납이 되질 않습니다.

저 역시도 뭘 모르는 초급자 시절 하드코드를 너무 많이 쓴다고 동료 프로그래머들로부터 타박을 많이 받았습니다. 하드코드가 많으면 일단 유지보수가 어려워지기 때문입니다. 그리고 도박의 속임수나 사람들에게 '눈 가리고 아웅'하는 식으로 보여주기 위한 좋지 않은 목적의 프로그램일수록 이런 하드코드가 많이 보이게 마련입니다. 미리 의도된 '작위된 결과'를 만들어야 하기 때문입니다.

이러한 프로그래밍의 깔끔함을 일컫는 말로 '알고리즘(Algorithm)'이라는 용어가 있습니다. 예술가에게 작품의 이름이 남겨지듯이 유명한 프로그래머에게는 그가 남긴 알고리즘의 이름이 있습니다. 프로그래머들의 세계에서는 알고리즘이 마치 예술작품으로 인정을 받고 있는 셈이지요. 우주도 그런 '깔끔한' 원리에 따라 창조되었다는 것이 저의 생각인데 저만의 생각이 아니고 그 유명한 아인슈타인과 스티븐 호킹도 비슷한 생각을 했었다고 여겨집니다. 특히 아인슈타인은 현재까지 나와 있는 물리학의 4대 힘, 즉 중력, 전자기력 강한 핵력, 약한 핵력 이 네 가지 힘을 하나의 수학 구조로 묶을 수 있지 않을까 하는 생각으로 이른 바 '통일장 이론(Unified Field Theory)'을 제창하고 그의 인생 후반부를 이에 대한 연구로 올인하였지만 결국 그가 죽을 때가지도 결과를 얻지 못하였고 지금까지도 후세의 어느 학자도 해결하지 못한 채 물리학계의 오랜 숙제로 남아 있다고 합니다. 이 책의 다른 부분에서 다시 소상하게 설명하겠습니다만 이 숙제는 '끈 이론(String Theory)'이라고 하는 물리학계의 커다란 가지 하나를 이루게 됩니다. 하지만 아직까지는 여러 가지 측면에서 심증만 갈뿐 아직 확실한 물증은 발견하지 못했다고 합니다.

그러니까 각각의 힘을 확실하게 설명하는 물리학적인 공식이 이미 나와 있음에도 불구하고 이들 모두를 한꺼번에 설명하는 그 너머의 또 다른 물리학적 공식(또는 수학 구조)이 있을 것이라고 생각하는 것은 프로그래머의 관점으로는 우주는 하나의 알고리즘에서 출발한 것이 아닌가 하는 생각과 같은 것으로 보고 있습니다. 그러니까 물리학자나 프로그래머나 추구하고 바라는 것은 비슷할 것으로 생각하는 것이죠.

이에 대해서 한 가지 예를 하나 거론하려고 합니다. 바닷물이 짠 이유를 해석하는 데 두 가지의 주장이 있습니다. 6일 창조론을 주장하시는 분들은 '원래부터 바닷물은 짜게 창조되었다'라고 주장하시는 분도 있고 창세기에 나오는 궁창위의 물 주변에 분포되어 있던 산성 성분의 구름이 노아의 홍수 때 같이 내려와서 그렇다고 해석하시는 분들도 있다는데 어쨌든 '하나님께서 원래 그렇게 만드셨다'는 논지에 있어서는 다르지 않아 보입니다. 사실 18세기 중반까지 이러한 논지에 이론(異論)을 제기하는 사람들이 아무도 없었습니다. 바닷물이 짠 것은 마치 사과가 아래로 떨어지는 것과 같은 '당연한' 것이었기 때문입니다.

그런데 에드먼드 핼리(Edmond Halley, 1656~1742, 핼리 혜성을 발견한 영국의 천문학자)라는 영국의 과학자가 나타나서 이러한 생각에 이의를 제기합니다. 그의 말인즉슨 빗물 같은 '자연 상태'의 물에는 소금이 들어있지 않으니 원래의 바다도 짠물은 아니었을 것이라는 것이 그의 생각이었습니다. 그는 바닷물이 짠 이유를 육지 표면의 소금기가 바다로 흘러 들어갔기 때문이라고 주장했습니다. 빗물은 순수한 물이지만 강물을 이루어 땅 위를 흐르면서 미량이나마 땅에 있는 소금 성분이 녹아 들어가게 되고 그것이 바다에 흘러 들어가게 되는데 태양빛에 의해 바닷물이 증발할 때는 소금 성분은 같이 증발하지 못하고 바다에 남아있게 되니 결국 오랜 기간에 걸쳐 현재의 농도로 농축하게 되었다는 이론입니다.

그는 강물의 평균 소금 농도를 정밀하게 측정해서 현재의 바닷물의 소금 농도로 농축하는데 걸리는 시간을 계산하였는데 10억 년이라는 결과가 나왔다고 합니다. 물론 당시의 시대 상황상 소금 농도 측정을 위한 강물 샘플도 전 지구적이 아닌 유럽의 지극히 한정적인 곳에서 채취할 수밖에 없었을 테니 이 계산 결과는 지금의 과학적인 관점으로는 아마도 어림잡는 수준이었을 것 같습니다만, 우주 나이를 6,000년 정도로 생각하고 있던 당시 사람들에게는 정말로 터무니없는 이야기로 여겨졌다고 합니다.

저는 여기에서 어느 것이 옳다 그르다를 주장하기 위해서라기보다는 프로그래머의 관점에서 어느 것이 이론 전개상 보다 더 깔끔한 지를 비교하기 위해서입니다. 누구의 관점으로는 6일 창조론 진영의 이론이 옳다고 느껴질 수도 있고 또 다른 사람의 관점으로는 핼리의 주장에 동의하시는 분들도 있을 것입니다만 프로그래머 입장에서 저는 핼리의 이론이 보다 깔끔해 보입니다.

6일 창조론 진영의 주장은 원래부터 그렇게 있어야 하는 전제된 사실이 필요합니다. 그리고 그 전제된 사실에 대한 '왜'의 질문에 어떤 합리적인 답변보다는 또 다른 '원래부터 소금물'이라는 전제가 필요할 수밖에 없습니다. 즉 프로그래밍의 측면에서 보면 '하드코드'와 비슷한 개념이 적용되고 있는 것이죠. 그렇지만 핼리의 주장에도 하드코드가 아주 없는 것은 아닙니다만 '비'라는 자연 현상과 '육지의 토양과 암석에는 소금 성분의 함유되어 있다'라는 '원래부터 소금물'보다는 보다 단순하고 이해되어질 만한 전제라는 사실로부터 시작된다고 할 수 있겠습니다. 그리고는 그러한 몇 가지 전제에서 출발한 논리적 프로세스(실험과 측정, 그리고 수학적 계산이라는 과정)가 포함되어 있습니다. 그러니까 알고리즘이라 할 수 있는 과학적 과정을 갖고 있는 것이죠.

하지만 어느 분은 10억 년이라는 긴 세월을 필요로 하는 것이 뭐가 깔끔해 보이냐고 이의를 제기할 수도 있습니다. 꼭 그런 것은 아닙니다만 알고리즘 수립에 있어 매우 중요하게 고려되는 관점이 정해진 '자원(Resource)'의 효율적 활용입니다. 여기에서 자원이라고 하는 것은 컴퓨터의 처리 용량과 소요되는 기억 공간 등을 이야기하는 것으로서 시간도 물론 무시할 수 없는 중요한 자원인 것만큼은 분명합니다. 프로그래머들 사이에 회자되는 유명한 알고리즘 중에는 처리 시간 단축의 효과로서 유명해진 것들이 꽤 많이 있으니까요.

하지만 프로그래머가 하나님이시라는 관점에서 생각해 보면 과연 하나님에게 우주의 시간이라는 자원이 하나님의 세계에서 고려해야 할 만큼의 중요한 자원이었을까를 생각해 봐야 할 것 같습니다. 하나님에게 있어서 우주의 시간은 자원이 아닌 그 역시 프로그래밍의 대상에 지나지 않는다는 사실입니다. 스타그래프트라는 게임을 해보신 분들은 아시겠지만 게임의 흐름을 빨리 또는 느리게 조절을 할 수 있습니다. 즉, 게임 속의 시간과 인간의 시간은 세계가 다른 만큼 다르게 흘러간다는 사실입니다. 게임 속에서의 100년을 단 1초 만에 지나가게 할 수도 있습니다. 컴퓨터의 처리 능력이 충분히 따라만 가준다면 그래도 결과는 동일하게 나옵니다. 그러니 하나님의 입장에서는 10억 년이라는 피조물 세계 내부의 시간은 그렇게 큰 고려의 대상은 아닐 것이라는 생각이 듭니다. 오히려 프로그램 내부에 어떤 정해진 '하드코드'를 만들어 프로그램을 지저분하게 만드는 것은 프로그래머에게 있어서는 어떻게든 피하고 싶은 것일 겁니다.

'인샤알라' - '알라신의 뜻'이라는 아랍어라고 하는데 중동지역에 가면 다반사로 듣게 되는 말이라고 합니다. 좋은 의미로 사용될 때도 있지만 실수를 하거나 잘못을 저질렀을 때 변명보다 앞서서 습관처럼 나오는 말이라고 합니다. '이렇게 된 것도 다 알라신의 뜻이다. 그러니 신의 뜻에 따라 너도 이해하고 넘어가라'는 의미가 아닐까 합니다. 다른 문화권의 사람들에게는 자신의 잘못이나 실수를 이 말 한마디로 무턱대고 덮고 가려는 모습이 도무지 이해가 가지 않는 모습이라고 합니다.

르네상스 이전 중세시대의 유럽을 암흑시대라고 합니다. 전 유럽의 모든 사람들이 외형적으로는 하나님을 믿었던 시절이었는데도 그리스-로마시대의 찬란했던 문명은 철저하게 단절되고 문화적으로 극도의 침체 상태에 있던 시대였습니다. 왜 그랬을까요? 하나님을 그렇게 철저하게 믿었다고 여기던 시대였는데… 모든 것을 하나님의 뜻으로 돌리고 보이는 모든 현상들을 원래 하나님께서 그렇게 만드셨다고 여기고는 더 이상 한 발짝도 나가지를 않는 그런 기계적인 모습, 과연 그것이 합당한 신앙일까요? 과연 그것이 하나님의 뜻이라면 하나님께서는 왜 당신의 형상을 인간 속에 심어 놓으셨을까요? 하나님께서 인간에게만 특별하게 주신 당신의 형상, 지정의(知情意)를 땅속에 파묻고 있는 인간의 모습을 좋은 심정으로 바라보지는 않으셨을 것이라는 생각이 듭니다. 예수님의 달란트 비유에서 그런 모습을 이렇게 말씀하셨습니다.

'악하고 게으른 종아!'

하나님을 부정하는 것도 물론 나쁘지만 모든 것을 기계적으로 습관적으로 하나님의 뜻으로만 받아들이려 하는 것도 하나님께서 원하시는 모습은 아닌 것 같습니다. 무턱대고 성경을 들이대면서 과학을 부정하는 분들이 아마도 중세 암흑시대를 사모하는 마음에서 그러는 것은 아닐 거라 믿고 있습니다. 이렇게 필요 이상으로 광대한 우주를 창조하시고 우리에게 그것을 볼 수 있는 능력을 주신 이유가 과연 무엇일까요?

2. 필요 이상으로 광대한 우주

우리는 우리가 왜 이 세상에 나타나게 되었는지는 알 수 없지만 이 세상이 어떻게 이루어져 있는 지는 알아낼 수 있다.
(We do not know why we are born into the world, but we can try to find out what sort of a world it is - at least in its physical aspects.)

- 에드윈 허블(Edwin Powell Hubble, 1889~1953)

[그림 1-7]은 허블 우주망원경이 1995에 촬영한 허블 딥 필드(Hubble Deep Field)라고 명명된 사진입니다. 지상에 있는 망원경은 물론이고 우주에 떠있는 허블망원경에서조차 일상적인 관측으로는 전혀 아무것도 보이지 않는 방향으로 일부러 맞춰 놓고 무작정 몇 주 정도의 시간동안 무턱대고 노출시켜서 어렵게 얻어낸 사진이라고 합니다.

이 촬영을 계획한 사람은 당시 허블망원경 운영의 최고 책임자였던 윌리암스 박사(Robert Williams, 1940~)였다고 하는데 당시 극심한 비난에 시달렸다고 합니다. 그도 그럴 것이 시간 단위로 억대 사용료의 '가치'가 있는(물론 공식적인 사용료를 요구하지는 않는다고는 합니다만) 그 비싼 우주망원경을 몇 주씩이나 아무것도 보이지 않는 곳을 촬영한다고 하니 저 같아도 '뭔 개 풀 뜯어먹는 소리야?' 이런 말이 나왔을 것 같습니다.

수많은 연구소와 천문대에서 이 유일한 우주 망원경을 사용하고 싶어서 줄을 선 행렬이 몇 달치는 밀려 있었을 텐데 난데없이 "아무것도 보이지 않는 곳을 찍으려 하니 몇 주만 더 기다려 주십시오"라는 말을 들었을 때 그 과학자들은 얼마나 황당했겠습니까? 누구나 아무것도 보이지 않으니 아무것도 없을 것이라고 생각했을 겁니다.

그런데 막상 찍고 나서는 보는 누구나 입을 다물지 못하는 이런 사진이 나온 것입니다. 어떤 분은 이 사진을 보고 "이게 뭔데? 그냥 별 사진 아냐?" 하시겠지만, 사진에 찍혀진 단순한 점을 포함한 보이는 모든 것 하나하나가 우리가 살고 있는 10만 광년 크기의 은하계와 유사한 독립된 은하계라고 합니다.

이 사진에만 수백 개의 은하가 담겨 있는 것이니 그야말로 어마어마한 세계를 품고 있는 사진인 것입니다. 아무것도 보이지 않아서 아무것도 없으리라고 여겨지던 곳이 말이지요. 사진의 가로의 폭이 보름달의 50분의 1정도 크기라니까 바늘을 쥐고 팔을 쭉 뻗었을 때 하늘에서 그 바늘구멍의 크기 정도를 확대해서 찍은 것이랍니다.

더 놀라운 점은 망원경을 우주의 어느 방향에 놓고 찍어도 이정도 밀도의 초 은하군의 영상을 구할 수 있다는 것입니다. 물론 앞을 가리는 다른 천체가 없다면 말입니다. 허블망원경이 최초의 우주망원경으로서 지상의 망원경으로는 찍을 수 없는 수많은 유명한 천문사진을 남겼고 천문학의 발전에 어마어마한 기여한 것은 분명한 사실이지만 지금은 허블 망원경하면 딥 필드로 대표된다고 할 수 있을 만큼 90년대 천문학계에 이 사진이 주는 충격파는 실로 엄청난 것이었습니다. 실제로 그 시기의 기술로서 가장 먼 거리를 찍은 천문사진으로서 빅뱅 초기의 우주를 연구하는데 많은 기여했다고 합니다.

우주는 이와 같이 정말 광대합니다. 어떻게 보면 인간의 관찰과 사고 능력 이상으로 광대합니다.

[그림 1-7] Hubble Deep Field - eXtreme Deep Field(XDF)

내가 내 영광을 위하여 창조한 자를 오게 하라. 그들을 내가 지었고 만들었느니라.

- (이사야 43:6-7)

이 성경 구절의 말씀처럼 하나님의 영광을 나타내 보이실 목적으로 우주를 창조하신 것이라면 지금의 과학 능력 수준으로도 태양계 정도만으로도 충분히 그 광대하심에 대하여는 찬양받으실 수 있다고 생각합니다. 사실, 현재의 과학 수준에서 만약 우주가 태양계만하다고 가정할 때 과연 어느 인간이 감히 '우주가 겨우 요거 밖에 안 돼?'라고 함부로 말할 수 있을까요? 태양계를 감히 '작다'라고 표현하는 것은 지금까지 인간이 발견하고 관측한 우주의 크기와 비교해서 그렇지 태양계 정도의 크기만으로도 인간의 사고 능력으로는 따라잡기가 힘든 크기인 것만큼은 사실인 것 같습니다.

인간이 사고할 수 있는 우주의 범위가 태양계를 넘어선 것도 19세기에 이르러서입니다. 은하계 정도로 범위가 넓혀진 것도 20세기 초반이니까 이제 겨우 백년 정도가 된 셈입니다. 사실 할로우 섀플리(Harlow Shapley, 1885~1972)가 1918년에 처음으로 은하계의 크기를 3만 광년이라고 어림잡아 발표할 때만 하더라도 그 크기가 현재 알려진 것에 비해서 훨씬 작았음에도 불구하고 당시 사람들의 반응은 '그가 미쳤다'였다고 합니다. 사실 몇 광년이라는 단위만으로도 벅차하던 당시 사람들에게 몇만 단위의 광년은 사실 받아들이기가 쉽지 않았을 겁니다.

그런데도 몇 년이 채 지나지도 않아서 허블에 의해서 당시만 해도 은하계 내부 구조로만 알고 있던 소용돌이 성운이 우리 은하계와 같은 성격의 독립된 은하 구조라는 사실이 밝혀지면서 그 단위가 단숨에 몇 천만 단위로까지 확장하게 됩니다. 아마 당시 사람들은 우주에 대해서 이야기만 하면 정말 정신없어 했을 것 같습니다.

물론 지금이야 백억 광년 단위도 눈 하나 깜빡 안하고 당연한 듯이 이야기합니다만 이때만 하더라도 아무리 분명한 과학적 사실이라 할지라도 기존의 관념을 바꾸기가 생각처럼 쉽지는 않았을 것 같습니다. 사실 그게 지금 생각에서 말이 쉬운 거지 1광년이 1조 킬로미터라는 사실에도 긴가민가했을 당시의 사람들에게 수십만 광년이라는 거리는 쉽게 상상할 수 있는 것은 아니었을 겁니다.

그런데 재미있는 것은 이런 혁신적인 우주의 크기에 대한 관점

변화를 가능케 했던 것은 헨리에타 스완 리비트(Henrietta Swan Leavitt, 1868~1921)라는 한 여성 때문에 가능했습니다. 그녀는 당시 시간당 30센트의 급료를 받고 있던 하버드 대학 천문대의 단순 고용인(요즘 말로 알바생 수준이었던 것 같습니다. 고용 초기에는 그 조차도 무급이었다고 합니다)에 지나지 않았는데 그녀의 업무가 천체망원경에서 찍혀진 필름에서 별의 수를 세고 그 밝기를 재서 기록으로 남기는(재미있는 사실은 이 일을 하는 사람들의 직책 명칭이 'Computer'였다고 합니다. 물론 지금의 컴퓨터가 최초로 만들어지기 훨씬 전의 이야기입니다) 일이었는데 매일매일 필름 위에 찍혀진 점을 세다가 마젤란 성운의 어느 한 별에서 찍힐 때마다 밝기가 바뀌는 현상을 발견하게 됩니다. 그녀는 천문대의 정규 연구원도 아니었고 심지어 학생도 아닌 그야말로 단순 노동직의 여성이었는데도 이 별을 끈질기게 추적하고 연구해서 후에 리비트 곡선이라 일컬어지는 변광성 광도 변화 주기율표를 만들어 냅니다.

지금은 케페이드형 변광성으로 알려진 이런 유형의 별은 일정한 주기로 밝기가 변하는데 그 주기가 길면 길수록 그에 비례하여 최대 밝기도 밝아진다고 합니다. 그러니까 밝기 변화 주기도 관측이 가능하고 그 주기에 따라 그 별이 갖는 절대 최대 밝기가 계산이 가능할 것이고, 그렇게 되면 계산된 절대 밝기와 지구에서 관측되어지는 상대 밝기와의 차이를 통해서 그 별의 거리를 계산해 낼 수 있다는 것입니다.

이 케페이드형 변광성은 모든 별에서 일어나는 현상은 아니고 아주 일부 별에서 볼 수 있는 노화에 따른 자연스런 팽창 현상 중의 하나라고 합니다. 그러니 웬만한 규모의 별의 무리에서는 많지는 않겠지만 이런 케페이드형 변광성이 있기 마련일 것이고 그

거리를 알고 싶으면 이별의 밝기 변화 주기만 알아내면 되는 것입니다.

어떻게 보면 단순한 우주의 거리 측정법이라고 가볍게 넘어 갈 수도 있겠지만 전통적인 별의 거리 측정법이었던 연주오차(지구 궤도 범위의 시차를 이용해 거리를 측정하는 방법)에 의한 방법은 최대 몇 십 광년 정도였던 것이고 그 이상의 거리에 있는 별은 그냥 '멀리 있는 별'일 뿐이었습니다. 즉, 거리 측정 능력에 따라 인간이 관측할 수 있는 우주의 크기가 결정되는 것입니다. 그것이 바로 인간이 보는 우주의 지평선이라고 할 수 있을 것 같습니다.

결국 섀플리나 허블의 연구로서 우주 크기에 대한 인간의 사고 범위가 혁신적으로 넓어지게 된 것도 리비트의 발견이 있었기에 가능했던 것이고 더 나아가서 허블이 발견한 '팽창하는 우주'와 그에 따른 빅뱅이론까지도 가능하게 됐던 것입니다. 정식 연구원도 천문학자도, 하다못해 학생도 아닌 그저 필름에 찍힌 별의 개수를 세기 위해 고용된 단순 노동자에 불과했던 그녀로 인해서 말입니다.

한 가지 안타까운 점은 그녀의 공로가 뒤늦게 인정되어서 그녀가 사망한 뒤인 1924년 노벨상 후보에 오르지만(당시 노벨상 위원회는 그녀의 사망 사실을 몰랐다고 합니다) 사후 수여는 하지 않는다는 노벨상의 원칙 때문에 결국 수상하지는 못했다고 합니다.

이제 본론으로 돌아와서 처음 부분에서 제기된 과연 하나님께서 창조하신 우주라면 왜 이렇게 우주를 '필요 이상으로' 넓게 만드셨을까 하는 의문에 대해서 이야기해 보겠습니다. 사실 '필요 이상'이라는 표현은 현재를 살고 있는 우리의 관점입니다. 우주를 만드신 하나님의 입장에서는 분명한 필요 또는 목적이 있으셔서 이렇게 넓고 광대하게 만드셨을 겁니다. 그렇다면 어차피 상상하는 것에 세금이 매겨지는 것은 아니니까 하나님의 의도를 한번 상상을 해보도록 하겠습니다. 지금까지 몇 번을 언급한 내용입니다만 '인간의 형상은 하나님 형상의 부분 집합(Subset)'이라는 관점에서 하나님의 무한성(Infinity)을 인간의 형상에도 포함시키신 것을 아닐까요? 객체지향 이론적(부록의 두 번째 장 참조)인 표현을 빌리면 하나님 클래스로부터 부분 상속을 받은 인간의 속성 중에는 하나님의 무한성이 포함되어 있는 것이 아닐까 하는 생각입니다.

　인간은 유한하고 미약한 존재로 대부분의 분들이 알고 계시리라 여겨집니다. 그래서 인간의 속성 중에 무한성이 존재한다는 말이 선뜻 받아들이기가 쉽지 않은 내용일 것입니다. 사실 인간의 삶은 유한합니다. 태어났으나 언젠가는 죽는 것은 정해진 이치이고 움직일 수 있는 공간도 사실 지구 표면이라는 한정된 공간을 거의 벗어날 수 없습니다.

　물론 우주선에 탑승해서 지구 궤도에 상당 기간 머물렀던 사람도 꽤 있고 달에도 몇 사람이 갔다가 돌아오기는 했었습니다만 사실 지구의 중력권을 벗어난 것은 아니었습니다. 이렇게 유한성에 갇혀 있는 인간에게 무한성이 있다니요? 하지만 다시 한번 생각해 보면 유한성은 신체로서의 인간, 즉 하드웨어로서의 인간에게만 해당되는 것이라는 것을 알 수 있습니다.

　우리의 사고와 관념은 무한을 품을 수가 있습니다. 수학에도 무한대, 무한소라는 개념이 존재하고 실제 수학 풀이에서 적용되고 있는 것을 볼 수 있습니다. 물론 실생활의 계산에서 적용되는지는 다른 각도로 생각하여야 하겠지만 말입니다. 이에 대해서는 다른 장에서 좀더 논의하도록 하겠습니다.

또한 우주 만물은 하나님께서 인간에게 보여주시는 하나님 형상의 한 단면일 것입니다. 물론 하나님 형상 그 자체일 수는 없겠지만 인간에게는 하나님의 형상과 속성을 가늠해 볼 수 있는 일종의 조망통로(照望通路, Scope)로서의 역할도 있을 것입니다. 왜냐하면 모든 인간들에게 내보여지는 유일한 하나님의 직접적인 손길이기 때문입니다. 즉 인간의 관점에 맞추어진 하나님 형상의 한 단면일 수 있을 것입니다.

신학적으로 이를 '일반 계시'라고 표현한다고 합니다. 무한의 속성을 갖고 계시는 하나님께서 인간의 눈에 내보여 주신 가시적(visible) 속성을 가진 유일한 하나님의 형상이 우주일진데 그 우주가 유한성을 보일 수는 없는 것이 아닐까 합니다. 현대 천문학적인 관점으로는 우주는 유한하지만 인간에게는 그 한계는 관측할 수 없을 것이라고 합니다. 그것은 우리가 지구 표면이라는 일정한 면적을 가지는 2차원의 공간에서 살고 있지만 우리는 지구 표면의 끝을 찾을 수는 없는 것과 유사한 이치라는 것입니다. 그렇게 우주를 끝이 안 보이는 형태로 창조하심으로 무한을 생각하고 바라볼 수 있는 도구를 인간에게 허락하셨다는 것이 제 생각입니다.

"창조주의 입장에서 우주가 왜 필요 이상으로 이렇게 넓어야 하는가?"라는 질문에 대하여 다음으로 상상해 볼 수 있는 이유로는 "우주를 하나의 '기억저장소'로서의 역할을 주기 위함에 있지 않을까?"하는 생각입니다. 어쩌면 많은 분들이 의아해하실 것 같습니다만 실제로 우리는 현대 천문학을 통해서 백 몇 십억 년 전의 우주를 지금도 볼 수 있습니다. 바로 우주의 크기에 비해서 '턱없이' 느린 '빛의 속도' 때문입니다.

우주의 소프트웨어　79

이렇게 우주가 광대하기 때문에 우리는 빅뱅우주론을 생각할 수가 있었고 까마득히 먼 곳에 있는 아주 옛날의 우주를 바라보면서 그 빅뱅우주론의 관측적 증거를 적지 않게 찾을 수 있었습니다. 우주가 우리 은하계 만한 크기였다면 아마도 그런 상상은 도저히 할 수가 없었음이 분명한 사실일겁니다. 어쩌면 그만큼 "하나님은 창조 당시의 우주를 관찰자에게 보여 주고 싶어하시는 것은 아닐까?" 하는 생각을 해봅니다.

그리고 마지막으로 어쩌면 가장 주장하고 싶은 저의 상상으로는 그렇게 우리의 눈에 보여지는 무한성 속에 하나님의 손을 '확률의 안개' 속에 감추시기 위한 의도가 있는 것이 아니겠는가? 하는 생각을 가지고 있습니다. 이 생각은 이 책에서 주장하고자 하는 가장 중요한 내용 중에 하나이므로 그것을 설명하기에는 지금이 이 책의 초반부라서 아직은 거론하기에는 이른 것 같아서 다른 이야기를 좀더 진행한 후에 제6장과 7장에서 본격적으로 자세하게 거론하도록 하겠습니다.

제2부

天地人 중의 天

창조주
– 우주라는 시스템의 개발자

이 부분에서는 천지인이라는 삼재(三才)의 요소 중에 天을 하나님, 즉 신으로 보고 제 생각을 이야기해 볼까 합니다. 이 책을 주 제목에 소프트웨어가 들어가 있는 것은 우주를 하나의 소프트웨어, 즉 시스템으로 보고 프로그래머로서의 저의 관점에서 이 책을 쓰기 시작한 것입니다. 그리고 그 우주를 소프트웨어라고 보았을 때 개발자(developer)는 필연적으로 존재할 것인데 우주의 개발자로서의 하나님을 이 부분에서 이야기하고자 합니다.

그런 개념이다 보니 이 부분에서는 컴퓨터와 프로그래밍에 관련된 개념과 용어가 여러 차례 사용되고 있습니다. 이에 관해서 이미 익숙하신 분들도 계시겠지만 아마도 많은 분들에게는 그렇지 못할 수도 있겠다는 생각에 이 책의 끝부분에 부록으로 컴퓨터와 프로그래밍에 관련된 내용을 첨부해 두었습니다. 가벼운 마음으로 그 부분을 먼저 읽고 이 부분을 읽으시면 보다 많은 이해에 도움이 될 것 같습니다.

저 역시도 이 우주에서 먼지보다도 못한 존재라 할 수 있는 수십억 명의 인간 중의 하나일 뿐이지만 이 광대하고 복잡한 우주를 하나의 시스템으로 보고 그것을 개발하신 분을 하나님으로 보는 이 관점이 어떤 분이 보시기에는 허황되다고 여겨질 수 있다는 생각도 듭니다만 이것이 어떤 법적으로 허가를 받아야 하는 사항도 아닌, 모든 관찰자에게 해석의 자유가 있다고 이미 앞부분에서 이야기한 바 있습니다. 이것을 이해해 주시고 끝까지 읽어 주시면 감사하겠습니다.

제3장 인간과 컴퓨터 그리고 하나님

1. 시스템 개발자로서의 하나님

"태초에 하나님이 천지를 창조하시니라."

성경은 이 짧은 문장 하나로 시작됩니다. 하나님과 만물의 관계를 아주 간결하지만 강렬하게 표현하고 있는 한마디입니다. 성경 첫 페이지를 열면 바로 보이는 문장이기 때문에 굳이 기독교인이 아니더라도 많은 분들에게 성경에 대한 첫 인상으로 남아있는 구절로 여겨집니다. 이 구절을 시스템 공학적인 측면으로 해석하면 하나님은 천지, 즉 우주라는 시스템을 개발하신 '개발자'로서의 하나님의 모습을 엿볼 수 있습니다.

앞장에서도 언급했습니다만 이 글을 쓰는 사람의 전공은 '의료정보학'이라는 학문 분야로 의료계에서 컴퓨터를 어떻게 사용해야 할 것인가를 연구하는 일종의 신생 학문 분야입니다. 목수가 공구를 잘 알고 이해하여야 솜씨를 발휘할 수 있듯이 의료정보학자는 당연히 컴퓨터를 잘 이해하고 있어야 합니다. 더구나 지금은 미국에서 의학 및 생물학 분야 연구사업에서 전문 개발자로서 밥벌이를 하고 있으니 그만큼 배워야 할 것이 많습니다. 아시는 분은 아시겠지만 컴퓨터 분야는 조금 과장을 곁들여서 하루가 멀다 하고 새로운 기술이 등장합니다. '새로운 기술'이라고 말은 쉽게 할 수 있지만 그 기술들은 최소한 저보다는 똑똑한 여러 명(경우에 따라서는 수십 명)이 몇 달 또는 심지어 몇 년 동안 나름대로 고뇌하면서 심혈을 기울여 만든 것일 것입니다. 그런데 그것을 적용하고 사용하려면 지금 당장 그분들의 생각을 따라잡아야 하니 정말 죽을 맛이죠. 지금도 컴퓨터 기술 분야의 인터넷 사이트에서 무슨 새로운 용어가 튀어나오면 또 무슨 중요한 숙제가 떨어진 것 아닌가 하는 마음으로 긴장하며 열어 보곤 합니다.

직업마다 어려움이 없는 직업이 없겠지만 그 어려움이 때로는 자부심으로 연결되기도 합니다. 해병대나 특수부대 훈련이 고되고 힘들다는 것이 그들에게는 그만큼 자부심으로 나타내어지는 것과 마찬가지로 말입니다. 저 또한 개발자로서, 좀 더 구체적으로 말하자면 프로그래머로서 느껴지는 자부심이 있습니다. 바로 내가 지금 짜고 있는 프로그램, 좀 더 나아가서는 시스템은 전에는 전혀 존재하지 않았던 '실체(Object)'를 '창조'하고 있다는 사실입니다. 비록 단순한 구구단을 푸는 프로그램이라 할지라도 어디 가서 복사하거나 베껴온 것이 아닌, 머릿속에서 직접 구성하고 손으로 타자를 쳐서 짜낸 프로그램이라면 전에는 전혀 존재하지 않던 것이 새로 생겨난 것이 분명합니다. 그러니 그 프로그램에 있어서는 저는 바로 '창조자'가 되는 것입니다. 물론 소설가나 화가 같은 분들도 그런 의미에서는 작품이라는 피조물을 창조하는 창조자로서의 모습이 있기도 합니다만 그분들이 창조하신 피조물들은 창조 직후의 상태에서 변화가 일어나지 않는 '정지(state)' 상태의 피조물이지만 프로그래머의 피조물들은 반드시 '동작(dynamic)'이 있어야 한다는 것입니다. 즉 꿈틀거리는 뭔가를 만들어낸다는 것이죠. 바로 그 '꿈틀거림'이 내가 프로그램을 짜는 이유인 것입니다.

'꿈틀거림'이라는 표현에 의아스러워하시는 독자 분들이 계실 것 같아 부연 설명을 드리자면 특정한 자극(Stimulus, input)이 주어지면 그에 대한 반응(response, output)이 있다는 것을 꿈틀거림이라고 표현한 것입니다. 즉 구구단 프로그램이라면 4와 7이라는 두 개의 값을 입력했을 때 28이라는 반응이 있다는 것입니다. 수학적으로는 표현하면 주어진 두 개의 변수 값(4와 7)에 대한 '답' 또는 '해(解)'라고 표현하지만 컴퓨터를 만지는 사람들의 표현으로는 두 개의 입력 파라미터(Parameter)에 대한 출력(Output)값이라고 말합니다. 바로 그 출력 값을 내어주는 '동작'이 프로그래머에게는 그 프로그래밍의 이유이자 목적이 되는 것입니다. 하나의 고정된 출력 값만을 만들기 위해서 프로그램을 만드는 일은 거의 없습니다.

이 책을 읽으시는 일부 독자 분들에게는 하나의 지나친 비약으로 들릴지 모르겠습니다만, 그리고 첫 장에서부터 이 책의 결론을 먼저 거론하는 것이 조금은 이상합니다만, 일단 한번 하나님을 프로그래머의 입장으로 바라보고 그의 모든 피조물 하나하나를 그의 프로그램 즉, 소프트웨어로 보자는 것입니다. 의료 분야의 입장에서 컴퓨터를 바라보는 의료정보학을 전공하고 있는 사람으로서 이러한 관점은 전혀 근거가 없는 이야기는 아닌 것으로 여겨집니다만 그 이유에 대해서도 차차 말씀드리도록 하겠습니다.

먼저 그것을 바라보고 추론적으로 '관측'하는 하나의 도구로서 제가 제시하고 싶은 것이 바로 인간이 컴퓨터를 만들고 소프트웨어를 '창조'해 나가는 과정을 한번 따라서 가보자는 것입니다. 이러한 추론적 논리의 성경적 근거를 제시하고자 하면 바로 '우리의 형상'이라는 표현입니다. 이미 알고 계시겠지만 하나님께서 인간

을 창조하실 때 '하나님의 형상'을 '인간의 형상'에 주입(Embed)시
키셨다는 표현으로 해석해도 그리 큰 하자는 없을 것입니다. 사실
'형상'이라는 단어는 실제로 소프트웨어공학에서 사용되는 용어이
기도 합니다만 창세기에서의 형상과 IT 전문 용어로서의 형상의
영어 원문은 'image'와 'configuration'으로 개념적으로 정확하게
일치하는 것은 아닙니다. 하지만 인간에게 체감되고 관리되어지
는 소프트웨어의 형태라는 관점에서 'configuration'을 '형상'으로
번역한 것에는 크게 무리가 되지는 않는다고 여겨집니다.

소프트웨어라는 개념에 대해서는 앞장에서 자세하게 거론된 바
있습니다만 사실 소프트웨어는 '물리적'인 형상이 존재하지는 않
습니다. 그렇지만 그 존재와 역할이 '체감'은 됩니다. 바로 앞에서
도 언급한 내용입니다만 소프트웨어라는 존재의 다이내믹한 특성
때문에 그렇습니다. 바로 인간이 갖고 있는 그러한 다이내믹한 특
성 중에는 하나님의 형상 일부를 '상속' 받은 것이 있다는 것입니
다. 방금 표현한 '상속(inheritance)'이라는 개념에 대해서도 이미 앞
장에서 설명한 것이지만 먼저 '형상'이라는 것이 무엇인지 알아보
도록 하겠습니다.

젊은 시절 창세기 성경공부를 할 때 '우리의 형상'이라는 구절을
하나님의 지(知), 정(情), 의(意)라는 것으로 배운 기억이 납니다. 즉
인간이 알고, 느끼고, 판단하는 과정은 하나님으로부터 물려받은
것이고 이는 최소한 지구상의 다른 생명체로부터는 발견되지 않
는 것들입니다. 신학적인 견지에서는 죄라는 속성으로 그 '형상'이
일부 손상되고 오염되었을지는 몰라도 인간은 지금도 그 형상을
간직하고 있을 것입니다. 그러니까 지구상에서 만물의 영장으로

살아가고 있는 것이겠지요. 즉 인간이 생각하고 추론하고 배우고 판단하는 등의 다른 생명체에서는 발견할 수 없는 능력들은 하나님의 형상으로부터 온 것이고 따라서 인간의 사고 체계는 하나님의 그것들과 전혀 다르지는 않다는 가정을 세울 수가 있을 것 같습니다. 즉 상당한 '유사성'이 존재한다고 저 개인적으로는 믿고 있습니다. 그러한 근거로 우리가 '하나님의 자녀'라는 표현을 쓸 수가 있는 것이겠지요. 부모님을 닮지 않은 자녀는 분명 없을 테니까요. 이러한 관점에서 본서는 아래의 명제를 전제로 기술하기 시작했습니다.

'하나님은 인간을 창조하셨고 인간은 컴퓨터를 창조했다.'

컴퓨터라는 기계는 그것이 최초로 만들어진 1940년대 이전에는 분명히 존재하지 않았던 것이었습니다. 인간이 만든 최고의 걸작품이 전쟁의 산물이라는 기가 막힌 아이러니가 있습니다만 그 이전 시대의 존재물 중에서 개념적 유래(由來)나 유사원물(類似原物)을 찾을 수가 없으니 인간에 의해서 밑바탕의 개념적 단계에서부터 '창조'되어진 물건인 것만큼은 분명합니다. 인간에 의한 피조물로서 지식, 추리, 계산 등의 인간 지적사고와 관련된 유사 행동을 하는 지구상에서 인간 이외의 유일한 존재입니다. 물론 그 행동들은 모두 인간의 사고 논리에 근거하여 프로그래밍이라는 과정을 통하여 컴퓨터에 '주입'된 것들입니다. 바로 인간이 갖고 있는 형상의 일부분이라고 할 수 있을 것입니다. 그리고 지금도 많은 컴퓨터 전문가들이 인간의 지, 정, 의 능력을 컴퓨터에 더 많이 주입하고자 치열하게 연구하고 있습니다. 가히 인간에 의해 창조된 피조물 중에서 가장 공들인 피조물이라고 해도 지나침이 없어 보입니다.

심지어 인간은 컴퓨터를 통하여 새로운 공간, 나아가서는 새로운 세계를 지금도 만들어 가고 있습니다. 각종 컴퓨터 게임이나 시뮬레이션 프로그램 등을 보면 분명히 우리가 사는 세계와는 전혀 다른 '세계'를 볼 수 있고 실제로 인간은 그 세계를 '사용'하고 있습니다. 그 세계에서 만큼은 인간은 그 세계의 창조주가 되는 셈이지요. 어쩌면 그저 망상이나 허상에 지나지 않을 수도 있습니다만, 인간이 그렇게 한 세계의 창조주가 되어나가는 과정을 통해서 하나님께서 우주를 창조하시고 인간을 지어내신 과정을 제 나름대로의 상상의 날개를 펴서 되짚어 나가는 것도 나름대로 흥미 있는 일이 아닐까 하는 생각이 듭니다.

2. 프로그래머로서의 하나님

어떻게 보면 하나님께 대한 외람된 표현이 될 수 있는 표현인 것 같습니다만 필자의 직업이 프로그래머이다 보니 일종의 직업병적인 현상인 것 같습니다만 언제부터인지는 몰라도 하나님의 천지창조 과정을 하나의 프로그래밍 과정으로 보기 시작했습니다.

젊은 청년 공군장교 시절 어느 목사님께서 사역하시는 고아원을 여러 차례 방문한 적이 있었는데 그 목사님은 솜씨가 아주 좋으셔서 그 고아원의 옷장이며 문짝 같은 것을 손수 직접 짜기도 하고 현판이나 벽걸이 판화 조각 같은 것도 직접 만드시는 분이었습니다. 실제로 그 목사님은 그 동네에서 부업 삼아 직업 목수로서의 일도 하셨는데 그 분과 처음 만나던 날 저에게 자신을 목수라고만 소개하셔서 한동안 진짜 고아원 목수로만 알고 있었을 정도였습니다. 그 목사님은 자신이 예수님과 같은 직업을 갖고 있다는 사실에 너무나도 감격스럽다고 말씀하셨는데, 그런 점에선 저도 하나님과 같은 프로그래머라는 직업을 갖고 있다는 사실이 참으로 감격스럽고 황송하기까지 합니다.

물론 하나님은 프로그래머이시기만 한 것은 아닙니다. 우주라는 광대한 시스템을 설계하시고 창조하신 천체물리학자이기도 하고 인간의 언어 체계를 만드신 가장 위대한 언어학자이기도 하시지요. 그뿐이겠습니까? 모든 생명체를 설계하신 가장 위대한 생물학자이기도 하시고 가장 위대한 해양학자, 가장 위대한 기상학자, 등등… 인간이 가진 모든 직업 분야에 대해서 '가장 위대한'을 붙여야 마땅하겠지요.

하지만 제가 가진 프로그래머로서의 자부심은 하나님은 그 모든 것을 '구현(Implementation)'하신 분이라는 것입니다. 설계만 잔뜩 하고 이를 프로그램으로 만드는 구현과정이 없다면 시스템은 절대로 만들어지지 않습니다. 물론 하나님께서 인간의 관점처럼 설계와 구현이라는 구분된 단계를 거쳐 이 우주를 창조하셨다는 가정 하에서이겠지만 말입니다. 하지만 지금 나와 내가 살고 있는 지구를 비롯한 우주는 분명히 존재하고 어떤 특정한 법칙에 의해 '작동'되는 것을 보면 하나님께서도 설계와 구현이라는 단계를 거치셨을 것이라는 것은 거의 확실시되는 '추정'입니다.

즉, 하나님도 어떤 방법으로든 '설계'하신 바대로 '구현'을 하셨을 것이고 그 구현하신 흔적을 그분의 피조물 중 어느 구석엔 가에 숨겨 놓으셨을 것이라는 저 나름대로의 추측을 하고 있습니다.

그것은 단순한 추측이 아닙니다. 모든 피조물은 나름대로의 원리대로 '작동'되고 있고 그 작동 원리는 어느 부분엔 가에 숨겨져(Embedded)있는 형태로 존재하여 그 세계를 '지배'하고 있을 것이라는 생각입니다. 그리고 이미 과학은 하나님의 숨겨진 프로그래밍 흔적을 발견한 적이 있습니다.

'호랑이는 죽어서 가죽을 남기고 프로그래머는 죽어서 코드(Code)를 남긴다.'

프로그래머들 사이에서 우스갯소리로 떠도는 말입니다만 틀린 말은 아닌 것 같습니다. 호랑이 가죽이 있다면 그 호랑이가 한때는 살아있었다는 분명한 증거가 될 것입니다. 마찬가지로 프로그래밍 코드가 보인다면 그 프로그램을 짠 프로그래머가 존재했었다는 분명한 증거가 되겠지요.

인류는 전혀 인위적인 것이 아닌 순수 자연계에 존재하는 프로그래밍 코드를 발견한 적이 있습니다. 바로 1960년 미국의 왓슨(James D. Watson, 1928~)과 크릭(Francies Crick, 1916~2004)이 발견한 DNA 나선구조 모형입니다. 프로그래머의 입장에서 볼 때 DNA 코드는 4진수의 일차원적인 배열 구조를 갖는 분명한 프로그래밍 코드입니다. 형태만 그런 것이 아니라 분명한 프로그래밍 코드로서의 역할이 분자생물학적으로 규명되어 있습니다. 인간의 것과 기능적인 형태가 완전하게 일치한다고 이야기할 수는 없겠지만 흔히 유전자(Gene)라고 일컬어지는 일정한 구역(Sector)마다 부여된 기능이 있다는 것이 프로그래밍 코드로서의 역할이 분명히 존재한다는 것을 증명합니다.

　더구나 DNA는 그 자체만으로는 어떠한 생화학적인 작용이 없는 오직 '정보'로만 존재한다는 것입니다. DNA는 mRNA라는 생화학적인 부분 복제물(프로그래밍 용어로 'Clone'이라고 표현할 수 있습니다)을 통해서 세포핵 바깥으로 전달이 되고 전달된 정보를 바탕으로 해서 아미노산과 단백질 등이 합성하게 됩니다. 바로 생물체에 생리학적인 '작용'은 이러한 아미노산과 단백질에 의해서 이뤄집니다. 즉 DNA는 정보만 제공할 뿐 직접적인 '작용'을 하지는 않습니다. 컴퓨터에 저장된 코드도 마찬가지입니다. 프로그래밍 코드는 보조 기억장치가 저장되어 있다가 먼저 작업공간이라 할 수 있는 RAM에 복제(Cloning)되어 'Load'되고 모든 작용은 그곳에서 일어나게 됩니다.

　컴퓨터는 인류가 DNA라는 존재를 발견하기 전에 발명되었습니다. 그러니까 초창기 컴퓨터 설계자들은 DNA의 작용 구조를 참고할 수가 없었습니다. 그런데 그 작용하는 메커니즘이 이처럼 상당히 유사합니다. 그리고 또 다른 유사성이 있습니다. 바로 DNA의 정보 배열구조는 바로 1차원 선형구조를 갖고 있다는 것입니다. 좀 더 쉬운 표현을 사용하면 정보를 면(面)이나 체(體)가 아닌 선(線)에 기록했다는 것입니다.

　[그림 2-1]은 선에 기록된 정보와 면에 기록된 정보를 알기 쉽게 비교하기 위해 하나의 예로 그려낸 것입니다. 선에 기록된 정보라면 양쪽 모두 같은 정보를 갖고 있습니다만 만약 정보가 면에 기록된 것이라면 이 두 사각형이 갖고 있는 정보는 완전히 다른 정보가 됩니다. 일차원의 정보라면 앞 글자와 뒷글자만이 그 상관관계가 있고 아래 글자와 위 글자는 아무 연관성이 없겠지만 면에 기록된

ABCDEFGHIJKLMNOPQRSTUVWXYZ ABCDEFGHIJKLMNOPQRSTUVWXYZ ABCDEFGHIJKLMNOPQRSTUVWXYZ ABCDEFGHIJKLMNOPQRSTUVWXYZ ABCDEFGHIJKLMNOPQRSTUVWXYZ	ABCDEFGHIJKLMNOPQRSTUVWXYZABCDE FGHIJKLMNOPQRSTUVWXYZABCDEFGHIJK LMNOPQRSTUVWXYZABCDEFGHIJKLMNO PQRSTUVWXYZABCDEFGHIJKLMNOPQRST UVWXYZ

[그림 2-1] 선(1차원)에 기록된 정보와 면(2차원)에 기록된 정보의 개념비교

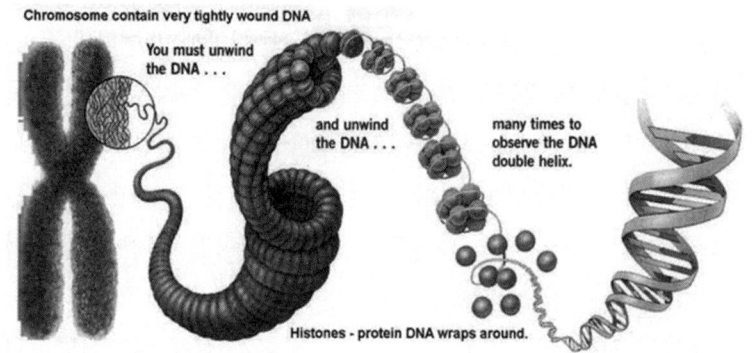

[그림 2-2] 선에 기록된 DNA가 여러 단계로 꼬여지면서 염색체로 압축되어가는 과정
(그림출처 http://biology4alevel.blogspot.com/2014/09/29-dna-structure.html)

정보라면 아래 글자와 위 글자도 상관관계가 있기 때문입니다.

그리고 [그림 2-2]는 1차원 형태의 DNA가 반복적인 '꼬임'의 과정을 통해서 염색체라는 하나의 고분자 덩어리로 형태가 바뀌어 가는 과정을 잘 설명해 주고 있습니다. 자연계에서 많이 관찰되는 '자기복제'의 한 현상으로서 많이 인용되는 내용인데 '부분이 전부의 모형'이라는 자기복제의 모습처럼 전체적으로 한 줄 한 줄이 '꼬임 다발'이지만 그 꼬임 줄 역시 하나의 꼬임 다발입니다.

이러한 수십 단계의 자기 반복적인 꼬임으로 세포라는 작은 공간에 있을 수 있는 것이지만 이를 직선상에 펼쳐 놓으면 길이 1.5미터 정도에 이른다고 합니다. 그러니까 그 정도의 정보 분량을

하나의 손실이나 훼손 없이 단 수백만분의 일밀리미터 수준으로 '압축'시켜 놓은 것입니다(사실 흔히 'zip' 파일로 알려진 파일압축 기법 역시 자기 반복적인(recursive) 패턴 압축 과정으로 압축을 시킵니다). 하지만 아무리 꼬이고 꼬여 하나의 독특한 3차원의 '체(體)'로서의 모양은 갖고 있지만 그 정보의 배열 형태는 하나의 줄에 나열되어 있는 것입니다.

즉 수학적인 토폴로지(topology) 모형은 단순 1차원 배열이라는 것입니다. 컴퓨터 역시 모든 정보는 '선'에 기록됩니다. 독자 분들 중에는 CD나 하드 디스크는 면을 이용하기 때문에 컴퓨터는 '면'에 정보를 기록하는 것으로 오해를 하실 수가 있을 텐데요. 면을 이용하는 것은 맞습니다만 컴퓨터가 읽고 쓰는 것은 선을 이용합니다. 과거 LP 레코드를 보신 분은 아시겠습니다만 한 면 가득 홈이 패여 있어도 그것들은 각자 분리된 것이 아닌 완전히 연결된 하나의 줄입니다. CD, 하드디스크 등의 컴퓨터의 보조기억장치 대부분은 이와 거의 비슷한 개념으로 기록이 됩니다.

보조기억장치 뿐이 아닙니다. 주기억장치와 마이크로프로세서, 심지어 2차원 면으로 보이는 컴퓨터 모니터의 내부정보 처리방식 역시 모두 1차원적인 정보배열에 기반을 두고 있습니다. 다만 그 1차원적인 배열이 여러 가닥(channel)으로 구성될 수는 있긴 합니다. 그것은 컴퓨터의 모든 기억소자는 기억장소를 지정하는 주소지정(addressing) 방식이 오직 하나의 수치로서만 사용할 수 있도록 되어 있기 때문입니다. 중고등학교 수학시간에 '차원'이라는 개념을 공부할 때 점의 위치(좌표)를 하나의 수로 표시가 가능하면 1차원이고 두 개의 숫자가 필요하다면 2차원 공간이라고 배우셨을 겁니다.

즉 컴퓨터가 다차원의 공간을 구현하고 실제로 모니터를 통해서 그것이 보인다고 해도 그것은 하나의 처리 결과에 지나지 않습니다. 어느 기억소자이건 하나의 어드레스만으로 접근(access)이 이뤄진다는 사실은 컴퓨터 내부의 실제 작용은 1차원적인 공간이라는 것입니다.

인간이 사용하는 언어 또는 문자라는 정보교환의 형태는 1차원의 배열 형태를 가지고 있습니다. 프로그래밍 용어를 사용하면 일차원적인 '흐름(Streaming)'의 형태를 갖고 있는 것입니다. 그렇기 때문에 인간이 컴퓨터에서도 정보를 1차원 배열의 형태로 저장을 하고 있다는 사실은 열 손가락을 가진 인간이 10진수를 사용하고 있는 것처럼 아주 자연스러운 모습입니다. 그런데 DNA를 프로그래밍한 '프로그래머'도 역시 1차원 배열을 자신의 정보저장의 형태로 선택했다는 사실이 참으로 흥미롭습니다.

아직 전문적으로 공부하신 분들을 통해서 확인된 생각은 아닙니다만 DNA의 이 같은 1차원적인 정보배열 형태로 인해 세포 입장에서는 정보를 활용(Access)하는데 있어서 2차원적인 형태보다는 훨씬 복잡한 과정이 요구된다는 생각이 듭니다. 만약 DNA 정보가 2차원의 토폴로지를 갖는다면 마치 도장을 찍어내는 형태로의 손쉬운 정보복제가 가능했으리라고 여겨집니다. 하지만 1차원적인 정보형태로 인해 세포는 분열할 때마다 또는 그 내용을 읽을 때마다 그렇게 수십 겹으로 꼬일 대로 꼬여진 내용을 일일이 풀어서 복제하고 또 다시 수십 단계로 꼬아서 복원하는 생화학적으로 매우 복잡한 과정을 필요로 하게 됩니다. 즉 세포 입장에서는 2차원의 DNA 정보구조가 복제 또는 정보의 사용(Access) 등의 측면에서 1차원적인 형태보다는 훨씬 간편하고 이는 프로그래머 입장에서도 마찬가지일 것으로 여겨집니다. 최소한 풀었다가 그것을 다시 수십 차례에 걸쳐서 꼬고 꼬는 그 복잡한 과정은 생략할 수 있었을 테니까요. 그런데 DNA의 프로그래머는 그 번잡함에도 불구하고 고집스럽게 1차원의 방식을 선택했습니다. 왜 그랬는지 한 사람의 프로그래머 입장에서는 참으로 이해하기 어려운 점입니다. DNA를 프로그래밍 할 수 있는 수준의 능력이라면 2차원적 정보 저장 구조를 구현하지 못할 리는 없다는 생각이 들기 때문입니다.

하지만 이것을 관찰하고 발견해 내야하는 인간의 입장에서는 좀 얘기가 달라질 것 같습니다. 생화학이나 분자생물학을 공부하시는 분들은 어떻게 생각하실지 모르겠습니다만 만약 DNA 정보가 '선'이 아닌 '면'의 형태로서 존재했었다면 아마도 인간은 그 실체를 파악하는데 훨씬 많은 시간과 노력이 필요했으리라 생각되어집니다. 아니 어쩌면 1차원적인 정보사고체계를 가진 인간이 그렇지 않아도 방대하고 복잡하기 이를 데 없는 DNA가 2차원의 정보구조를 갖고 있었다면 아마도 이를 발견하고 그 실체를 파악하는 것이 어쩌면 불가능했을지도 모르겠습니다. 왜냐하면 2차원 면에 있는 정보라면 어디서부터 어디까지가 하나의 기능을 갖는 단위 Sector가 되는지 파악하는 것이 1차원일 때보다 훨씬 어려울 것이 분명하기 때문입니다.

어쩌면 누군가에게 보여 주고 싶어서 그 번잡스러움을 무릅쓰고 굳이 1차원으로 프로그래밍한 것은 아닐까요? 하릴없는 생각이긴 하지만 프로그래머 입장에서는 궁금하기 짝이 없는 사실입니다.

3. 객체지향 이론 그리고 진화론

이 부분은 컴퓨터와 프로그래밍에 관련된 용어가 많이 사용되고 있어서 이에 익숙하지 않은 분들은 이해에 다소간에 어려움이 있지 않을까 염려됩니다. 혹시 그런 분들은 부록을 먼저 참조하시길 바랍니다.

(1) 간섭(interrupt)과 완전 프로그래밍

아마도 컴퓨터에 상당한 조예가 있는 분이라도 객체지향, 또는 OOP(Object Oriented Programming)라고 하는 용어에 대해 낯설게 느끼시는 분들도 많으리라 여겨집니다. 뿐만 아니라 컴퓨터 분야에 직업을 갖고 계신 분들 중에서도 이야기는 많이 들어보셨는지는 몰라도 이것에 대해 이해를 하고 계신 분은 생각보다 그렇게 많지가 않습니다. 저 역시도 나름대로 컴퓨터를 남보다 많이 공부했고 전문가 행세도 하고 다니기도 했었습니다만 OOP는 한때 커다란 벽처럼 느껴진 때가 있었습니다. 그리고 지금까지도 그것이 완전하게 해소된 것은 아닙니다.

제가 한참 컴퓨터를 공부하던 80년대는 우리나라에 OOP가 아직 본격적으로 소개되기 전이었습니다. 때문에 90년대에 하나의 기술적 사조처럼 OOP가 몰려들어 왔을 때 심한 기술적 괴리감을 느낀 경험이 있습니다. 단지 새로운 프로그래밍 언어를 배우는 수준이었으면 그렇게 어렵게 느껴지지는 않았을 텐데 OOP는 그전 프로그래밍 개념과는 생각하는 방법을 밑바닥부터 바꿔야만 했습니다. 이미 프로그래밍에 대한 고정된 생각의 틀을 갖고 있는 상태에서 그것을 바꾸는 것은 정말로 어려운 일이었습니다.

컴퓨터에 대한 전문기술을 전달하려는 것이 이 책의 목적이 아니기 때문에 지금 OOP라는 프로그래밍의 전문 용어가 이렇게 오랫동안 언급되는 것조차 의아해하시는 분들이 없지 않아 계시리라 여겨집니다. 사실, 이 장에서 이야기하고자 하는 것은 진화론입니다. 종의 기원이 출간된 이래 종교와 과학 간에 벌어진 논쟁에 있어서 진화론은 가장 뜨거운 감자로서 지난 2백년 가까운 기간 동안 계속 논란이 되어오고 있습니다.

개인적으로도 진화론을 통해서 파생된 과학으로 위장된 진화론주의는 인간이 바벨탑을 세우려고 했던 사건의 현대적 발로(發露)라는 생각을 갖고 있습니다. 어차피 시작된 논쟁이고 세상이 뒤집힐 정도의 강력한 증거가 나오질 않는 이상 아마도 예수님께서 다시 오시기 전까지는 계속 끌고 가야하는 논쟁일 것 같습니다만 저도 이 자리에서 어떤 결론을 내보자고 이 민감한 것을 건드리는 것은 아닙니다. 다만 우리가 진화론을 바라보는 관점을 조금 바꿔서 볼 수 있지 않을까 하는 생각을 갖고 조심스러운 마음으로 논거를 끌어내보려고 합니다. 그렇게 바꿔서 볼 수 있는 하나의 창으로서 조금 독특하다면 독특할 수 있는 OOP라는 개념을 한번 적용해 볼까 합니다. 이것을 이해하기 위해서는 OOP에 대해서 대충으로라도 알아야 할 것 같아서 이 책의 마지막 부분인 부록 B장에 OOP의 개념에 대해서 비교적 간략하게(다른 전문서적들에 비해서는) 설명을 남겨 놓았습니다.

먼저 거론할 문제는 과연 진화론은 창조론의 반대 개념인가 하는 문제입니다. 저도 나름대로 청년시절부터 창조과학에 관심을 두고 관련된 책 여러 권을 읽었습니다만 대부분 창조과학권 내에서 진화론을 다루는 것 자체를 금기시하는 것 같은 느낌을 많이 받았습니다. 하지만 하나님의 창조과정을 하나의 프로그래밍 과정으로 보면 환경 변화에 맞게 종 스스로가 변화를 해나가는 개념은 전혀 모순되지 않습니다. 오히려 프로그래머가 추구하는 '완전 프로그래밍(Perfect programming)'에 더 가깝습니다.

여기서 말하는 완전 프로그램은 간섭(Interrupt)이 필요 없는 프로그램을 말합니다. 모든 소프트웨어는 개발이 끝났다고 해서 프로그래머의 손길을 더 이상 필요로 하지 않는 것은 아닙니다. 오히려 본 게임이 남았는데 그것이 바로 '유지보수(Maintenance)'라는 단계입니다. 유지보수 작업에는 오류의 정정이나 성능개선 등도 물론 포함되지만 가장 중요한 작업은 환경변화에 대한 적응입니다. 어떤 이유로든 유지보수를 위한 모든 행위 하나하나는 '간섭'이라 할 수 있습니다. '간섭'이란 말도 하나의 컴퓨터 전문 용어인데 컴퓨터가 작동하는데 있어서 어떤 문제점이 발생했을 때 컴퓨터 스스로가 해결하지 못해서 사람의 손길로 해결해야 하는 것을 의미합니다.

프로그래머는 프로그램을 짜면서 그것이 작동할 때 발생할 수 있는 가능한 한 모든 문제점을 예상해서 그에 대한 해결책을 프로그램에 포함시켜야 그 '간섭'을 줄일 수가 있습니다. 사실 그 프로그래밍의 목적이 되는 핵심기능(Main Functionality, 엔진이라는 표현을 쓰기도 합니다)을 위한 코드보다 예상되는 문제점을 예방하기 위한(즉 에러 방지 프로세스) 기능이나 사용자에게 편리성을 부여하기 위한 기능의 코드가 훨씬 많은 것이 일반적인 경우입니다. 그야말로 '배보다 배꼽이 크다'라는 표현이 딱 맞는데요. 상업적으로 판매가 된다든지 아니면 인터넷 게임처럼 대중에게 공개가 되는 프로그램인 경우는 그 정도가 훨씬 심해집니다. 사용자가 불특정 다수이다 보니 발생할 수 있는 문제점도 그야말로 '불특정 다수'가 되기 때문이죠. 수십만 건의 문제들을 예측해서 프로그램에 꼼꼼하게 안전장치를 걸었다고 해도 예측하지 못한 아주 사소한 하나의 문제 때문에 그 프로그램을 운영하는 회사 전체에 난리가 날 수도 있습니다. 그렇기 때문에 테스트 기간이 개발기간보다 훨씬 더 긴 경우도 많습니다. 이 모든 것이 '프로그래밍의 완전성'의 문제이고 이는 결국 간섭을 배제하기 위함입니다. 즉, 많은 간섭이 필요하다는 의미는 그 프로그램이 다루기에 거추장스럽고 허점이 많다는 것을 의미하고 프로그래밍이 '완전하다'는 의미는 '간섭'이 필요하지 않게 프로그램을 짰다는 의미입니다.

(2) 경로탐색 알고리즘 : 생육하고 번성하라.

그런데 '진화'란 생명체의 '종'이라는 개념을 하나의 프로그래밍 실체로 봤을 때 주어진 환경변화에 대해서 스스로 적응해 나간다는, 즉 외부로부터의 간섭을 배제하는 지극히 완벽한 프로그래밍 기법으로 볼 수도 있습니다. 이것은 일종의 경로탐색 알고리즘과 유사합니다. 경로탐색 프로그램은 대학의 프로그래밍 과목에서 과제물로 많이 내주는 주제이기도 한데요. 이를 쉽게 접할 수 있는 가장 대표적인 프로그램이 바로 '스타크래프트'라는 게임입니다. 게이머는 지상 이동 유닛에 대해 그저 어디로 이동하라는 명령만 내릴 뿐 그 경로에 대해서는 별도의 컨트롤(즉 간섭)을 주지 않습니다. 명령을 받은 유닛은 자기가 길을 찾아서 갑니다. 하지만 '종'에게 주어진 명령은 어디로 이동하라는 것이 아닌 '생육하고 번성하라(창1:22)'는 것입니다. 인간을 포함한 지구상의 모든 생명체는 오직 이 명령만을 따를 뿐으로 자신의 '종'을 후대에 전해 주기 위한 방법을 찾아나가는 어떻게 보면 하나의 '경로탐색'적인 특성을 가지고 있는 것으로 여겨집니다. 그리고 인간은 이 명령 위에 '만물을 다스리라'는 또 다른 명령을 부여받은 것이지요.

생물학에 대해서는 전공을 공부하기 위한 상식선에서 조금 높은 수준의 지식만을 알고 있는 비전문가입니다만 그러한 경로탐색의 중요한 수단이 바로 '형질'의 다양성으로 저는 알고 있습니다. 바로 생물학적 '형질'이라는 것은 개별 생명체라는 객체(Object)가 갖고 있는 생물학적인 '속성' 집단이라고 표현할 수 있겠습니다. 인간의 얼굴이나 지문도 그 형질 중의 한 가지일 텐데 확실한 객체 식별(Object identification)의 도구로서 활용될 만큼 같은 '종'이라 할지라도 같은 '형질'을 갖는 다른 개체가 발견될 확률은 매우 낮습니다. 물론 쌍둥이 같은 경우는 예외이겠지만요. 어떻게 보면 이렇게까지 다양할 필요가 있을까 싶을 정도로 개체의 형질 분포는 매우 복잡하고 다양합니다. 그런데 이러한 형질의 다양성은 경로탐색 프로그램의 '탐색의 범위(Span of searching)'의 경우와 비슷한 역할을 하는 것 같습니다.

경로탐색 프로그램은 앞에서 '스타크래프트' 게임에서 예를 보인 것처럼 어디로 가라는 명령에 대해서 별도 인간의 간섭 없이 목적지를 찾아 가는 프로그램을 말합니다. 그러려면 먼저 목표 방향으로 지향을 해야 하고 그 방향으로 이동 중에 발생할 수 있는 여러 가지 상황(예를 들어 막다른 길을 만났을 경우 혹은 여러 갈래 길을 만났을 경우 등과 같은)에 어떻게 행동하라는 내용을 프로그램에 포함시켜야 합니다. 이렇게 예측된 상황이 많으면 많을수록 그리고 그 대처방법이 다양하면 다양할수록 양질의 경로탐색 프로그램이라고 할 수 있겠지요(이렇게 예측된 상황들과 각 상황마다의 대처방법을 지정해 놓은 것을 인공지능이라는 학문에서 다루는 '지식베이스'라고 합니다). 그러한 예측된 경우의 수를 '탐색의 범위'라고 표현할 수 있겠고 예측하지 못한 경우를 일컬어 '탐색의 범위를 벗어났다'고 말할 수 있을 것입니다.

마찬가지로 지구라는 환경은 고정되어 있지 않은, 수시로 변화가 일어나고 있는 상태에서 어떤 변화는 생명체에게 있어서는 마치 막다른 길목과 같을 수도 있겠지요. 하지만 그 생명체가 갖고 있는 형질의 다양성 중에 이를 이겨낼 수 있는 특이 형질을 극히 일부의 개체만이라도 갖고 있다고 하면 그 종은 멸종의 위험에서 벗어날 수 있겠지요. 과연 그 '종'이 갖고 있는 어떤 형질적 특성이 그런 위기에서 구해 줄 수 있는 열쇠가 될지는 아무도 모르겠지만 다양하게 구비되어 있으면 있을수록 그 '종'은 '생명력이 강하다'라고 표현할 수 있을 것입니다.

이에 대한 좋은 예가 칼 세이건(Carl Edward Sagan, 1934~1996) 박사의 유명한 저서 '코스모스'에서 인용한 바 있는 바로 '헤이께(平家) 게'에 대한 이야기인데요, 우리나라로 치면 고려의 초기쯤 되던 시절에 일본에서 실제로 있었던 역사적 사실이라고 합니다. 그 시기 일본은 무척 혼란한 시기였는데 어느 나라 역사에나 있기 마련인 왕위 계승문제로 인해서 당시의 두 유력 가문 간의 내전이 벌어졌다고 합니다. 그 두 가문 간의 최후의 일전이 단노우라(壇の

浦)라는 바다에서 해전으로 벌어지는데 그 두 가문 중 하나인 '헤이께(平家)'라는 가문의 군대가 패색이 짙어지자 휘하의 무사들이 그들이 옹립한 왕(당시 겨우 일곱 살이었다고 합니다)과 함께 바다에 뛰어들어 옥쇄하는 사건이 벌어집니다.

  이후에 그 지방의 어부들이 그 바다에서 게를 잡을 때 몸통 무늬가 무사의 투구 모양으로 보이면(처음에는 물론 무작위 무늬(Random pattern)이었겠지만 보는 사람마다 다르게 보이는 심리학적 연상현상이 가미되었겠지요) 꺼림칙한 마음이 생겨서 다시 바다에 놓아주곤 했는데 그러기를 몇백 년이 계속되다보니 그 지역의 게는 하나같이 투구 모양을 하고 있더라는 겁니다. 세이건 박사는 이 사례를 거론하면서 뒤에 첨언하기를 '신은 할 일이 없었다'라면서 이것을 일종의 진화의 강력한 증거인양 이야기를 했습니다.

  사실 이것은 자연선택(Natural Selection)과 대비되는 인위 선택(Human Selection)의 한 형태로 볼 수 있는데 지금도 농축산학 분야에서 다반사로 벌어지고 있는 품종개량의 개념과 다를 바 없는 현상입니다. 세이건 박사는 의도한 것이든 아니든 논리적으로 엄청난 비약을 범한 것으로 보입니다만 어쨌든 종을 하나의 경로탐색 프로그램으로 비유할 수 있는 하나의 좋은 사례로 여겨집니다.

  그리고 백번 양보해서 그러한 과정이 수백만 년 또는 수천만 년에 걸쳐 반복적으로 일어나서 다른 종으로 변환이 되었다고 하더라도(이것이 진화라는 것이죠) '종'을 하나의 프로그램으로 놓고 봤을 때 그 장구한 세월동안 성공적으로 '경로탐색' 이뤄내어 궁극적으로 종을 보존(또는 발전)시켰다는 점에서 최초 프로그래머의 의도를 벗어난 것으로 보이지는 않습니다. 화석이라는 극히 단편적인 증거만을 가지고 수만, 수십만, 수백만 년이라는 장구한 세월에 걸쳐서 어떻게 어떻게 해서 진화가 이루어졌다라고 이야기하는 것 자체가 '추측'이라는 범주를 아주 벗어날 수는 없을 것 같습니다. 다만 그 추측이 과학에 기반하고 있고 합리적인 선에서 이루어져야 한다는 전제가 필요한 것이겠지요.

그렇다면 한번 현대의 조류(새 종류)가 티라노사우르스나 벨로키랍토르 같은 수각룡 류에서 진화해 왔다는 추론을 한번 되짚어 보겠습니다. 척추동물의 형태적인 토폴로지 상에서 새의 날개는 앞다리와 연결이 되겠지요. 이 부분에 대해서는 아마도 다른 이론은 없을 것 같습니다. 하지만 대부분의 수각룡 류에서 앞다리는 거의 기능을 가지고 있지 않거나 극히 제한된 기능만을 갖는 일종의 퇴화된 기관입니다. 퇴화까지는 아니더라도 최소한 앞다리가 뒷다리만큼은 발달되어 있어야 날개를 파닥거리는 흉내라도 낼 수 있을 것인데 현재까지 발견된 수각룡의 화석 중에는 그런 모습을 가진 화석이 아직 발견되지 않았다고 합니다.

이미 종의 자연적 선택에 의해 이미 '버려진' 기관이나 다름없던 앞다리가 어떤 환경적 변화 요소로 인하여 날개라는 기가 막히게 '긴요한' 기관으로 바뀌게 된 것일까요? 어쨌든 '론(論)'으로 끝나는 이야기들은 추측에 불과한 것(물론 과학적이고 합리적이라는 '모양새'는 갖춰져 있겠지만)이니까 그냥 '그런가 보다'하고 넘어가도 되긴 하겠지만 개인적으로는 이해가 안가는 점이 있기는 합니다. 사실 비록 문외한인 제가 보기에는 이와 비슷한 논리적 허점이 진화론 곳곳에 숨어있는 것 같습니다. 좀더 쉽게 표현하자면 제가 이해가 되지 않는 점들이겠죠. 지금도 진화론에 기반한 고생물학자들은 그러한 논리적인(즉 과학적인) 허점들을 메울 수 있는 '연결 고리'들을 찾는 것이 그들의 가장 굵직한 연구 분야인 것 같습니다.

경로탐색 프로그램에는 제한적이기는 합니다만 '학습' 기능도 포함되어 있어야 합니다. 여기에서 학습이라는 것은 프로그래밍의 기법에서는 기록의 저장과 저장된 기록의 사용을 말하는 겁니다. 즉, 경로선택에 대해서는 막다른 길을 만나서 되돌아 나온 골목은 다시 반복해서 선택되는 일이 없도록 해야 하는 일종의 '실패학습' 기능입니다.

만약 그것이 없으면 한번 가서 되돌아 나온 막다른 길에 또다시 들어갔다가 나오기를 반복하는 이른바 '무한 루프(Infinite Loop)'에 빠질 수가 있습니다. 이에 비해서 생물종이 갖고 있는 경로탐색 프로그램은 '성공학습'적인 성격을 가지고 있는 것으로 여겨집니다. 즉, 환경 적응에 성공한 개체가 생존하게 되어 그 성공한 형질을 후대에 전해 주는 형태로 말입니다. 실제로 진화라는 과정을 컴퓨터 프로그래밍 알고리즘으로 보고 이를 3차원 시뮬레이션으로 실험적으로 구현한 사례가 있습니다.

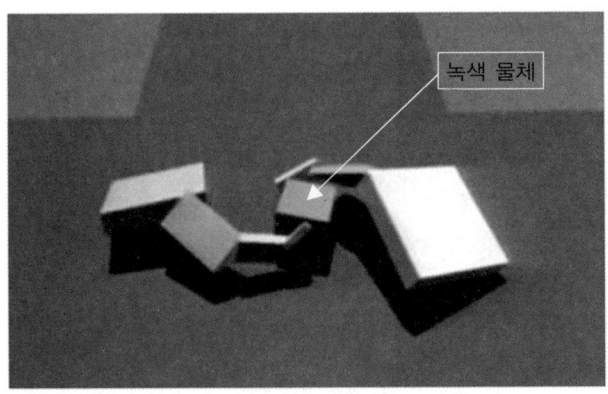

[그림 2-3] 생물학적 진화 시뮬레이션 프로그램의 한 장면.
가상의 두 생명체는 가운데에 있는 정육면체 블록을 차지하기 위해 경쟁한다.
(출처 : https://www.karlsims.com/evolved-virtual-creatures.html)

[그림 2-3]은 좀 오래된 프로그램이기는 한데 1994년에 발표된 미국의 컴퓨터 과학자이자 그래픽 아티스트인 칼 심스(Karl Sims, 1962~)이 1994년에 개발하여 발표된 'Evolving Virtual Creatures'라는 프로그램의 한 장면입니다. 양옆의 나무 나무토막 몇 개를 연결한 것처럼 보이는 물체가 가상의 생물로서 가운데 있는 녹색 물체를 차지하기 위해서 서로 '투쟁'을 하는 프로그램입니다. 그러니까 각각의 생물체는 하나의 독립된 클래스로서 그 안에는 '진화하라()'라는 방법(method)이 프로그래밍 되어 있을 겁니다. 물론 세부적인 진화의 방법은 프로그래머에 의해 사전에 프로그래밍 된 것이겠지만 이것을 실행하고 진화의 방향을 선택하는 것은 각각의 가상의 생명체가 하는 것일 겁니다. 그러다 한쪽에서 녹색 물체를 차지하면 그 세대(Generation)가 끝나고 다음 세대가 시작되는데 패배한 생물은 이전 세대보다 다른 형질적 변화(가령 나무토막의 길이의 변화 또는 새로운 동작의 추가)를 시도합니다. 그래서 그러한 변화가 성공으로 연결되면 그 형질이 다음 세대로 이어지게 됩니다. 전형적인 성공학습적인 형태입니다.

이 프로그램 이후에 더욱 다양하고 정밀한 형태로 진화과정을 시뮬레이션 하는 프로그램들이 많이 등장했습니다만 이 프로그램은 그 시초가 되는 프로그램으로서 진화라는 현상이 컴퓨터상에서 '재현'할 수 있다는 점을 알게 해 줌으로서 당시에 많은 이목을 끌었다고 합니다.

물론 프로그래머는 두 생물 간의 투쟁과 학습과정에 전혀 개입하지 않습니다. 다만 프로그램을 짜고 실행(Execution)을 시켰을 뿐입니다. 이 화면에서 그 프로그래머는 보이지 않습니다. 그러나 이 시뮬레이션 프로그램이 프로그래머 없이 저절로 짜졌다고 애기할 수 있는 사람은 아무도 없을 것입니다. 그리고 세대가 더해져 나갈수록 두 가상의 생명체 모습이나 동작 능력은 처음 상태와는 딴판으로 달라지게 될 것입니다만 과연 그 변화에 대해서 '프로그래머는 아무것도 한 것이 없어'라고 얘기할 수 있을까요?

(3) 계통도와 추상화(Abstraction)

생물학에는 '분류학'이라는 아주 중요한 분야가 있습니다. 분류학의 아버지라고 일컬어지는 스웨덴의 식물학자 린네(Carl Von Linne, 1707~1778)로부터 시작된 이 학문 분야는 지구상의 생물을 형태적인 특성별로 체계적으로 분류해서 지구상의 생명체들을 일목요연하게 이해하기 쉽도록 도와줍니다. 중학교 생물시간에 달달 외웠던 '계문강목과속종(界門綱目科屬種)'이라는 분류 계통과 거의 대부분의 생물도감의 가장 첫 페이지를 장식하는 '계통도'는 우리같이 평범한 사람들에게 지구상의 생명체들을 한눈으로 이해하기 쉽게 도와주는 것이 사실입니다.

그런데 이 분류학의 산출물들이 진화론 진영에서 심심치 않게 인용이 되고 심지어 진화의 증거로서 제시하고 있다는 것이 문제입니다. 린네는 다윈보다 거의 한 세기 반이나 이전 시대에 살았던 사람이었고 진화론에 대해서는 개념조차 없던 시절이었습니다. 그러니 린네 시대의 분류는 그저 분류 자체가 목적이었을 겁니다. 그러나 이 계통도가 진화론에서는 일종의 진화 계통으로 사용되어지고 있습니다. 화석이 발견되면 계통도의 적당한 곳에 끼워 넣는 방식으로 말이죠. 하지만 화석이란 것이 마음처럼 쉽게 발견되고 그러는 것이 아니어서 계통도에 그런 식으로 다닥다닥

붙여나가다가 연결이 끊진 곳이 있으면 그 곳에 적당한(물론 과학적인 논리와 형식을 빌어서) 이론으로 채워 집어넣는 식으로 둘러대다가 비슷한 화석이 발견되면 '연결 고리'라는 용어를 사용해서 발표를 하는 식입니다. 마치 퍼즐 맞추기 게임 같아 보이기도 하고 다르게 보면 보물찾기 게임처럼 보이기도 합니다. 물론 그것도 과학의 한 방법일 수 있을 것 같습니다.

생물분류학에서의 계통도나 진화론에서의 진화 계통은 모두 생명체 간의 형질의 유사성 또는 공통 형질에 기반을 두고 있습니다. 예를 들면 사자나 호랑이, 표범 같은 동물들은 눈에 띄게 많은 형질적인 공통점을 갖고 있기 때문에 같은 '고양이과'라는 하나의 범주로 분류한 것이고 이것을 진화론 진영에서는 공통의 조상으로부터 오랜 기간에 걸쳐 여러 종류의 종으로 진화되어 왔다라고 해석하는 것입니다.

수백만 년, 수천만 년이라는 실감이 나지 않을 정도로 장구한 세월 동안에 환경의 변화에 따라 '생육하고 번성하기' 위한 하나의 목표로 반복적인 경로탐색의 길을 밟다보면 그럴 수도 있겠다하는 생각도 들긴 합니다. 하지만 앞에서도 이야기했듯이 관찰자로서의 인간이 생물들에 대한 과학적인 관찰을 시작한지가 겨우 몇백 년에 지나지 않고 인간으로서는 감히 생각하지도 못할 수백 수천, 수억만 년이라는 관찰 이전의 시대에 대해서는 단편적으로 발견되는 화석만으로 이야기를 전개해 나가려니 아무래도 상상 또는 추측이라는 요소가 안 들어갈 수가 없을 것입니다. 또 그 추측이라는 것도 다분히 현생 생물들의 모습이나 행태를 바탕으로 할 수밖에 없을 것들이기 때문에 실제와 같다라고 확언을 하기가 무척 어려울 것 같습니다. 그렇기 때문에 그런 '확인할 수 없는 추측' 들로 인한 논쟁은 피할 수가 없을 것이고 창조론이건 진화론이건 그런 '확인할 수 없는 추측'이라는 굴레를 벗어날 수가 없기는 매 한가지 일 겁니다. 다만 동원된 논리가 얼마나 합리적(사실 이것도 인간의 논리로 보는 것이니까 완전한 진리라고 볼 수는 없는 것이지요)이냐 혹은 얼마나 많은 증거가 있는가에 따라 '설득력'의 차이가 있을 수는 있겠습니다만 그 설득력이라는 개념도 인간의 관점에서 얼마나 모순이나 반론이 적으냐의 문제이지 '얼마나 진리에 가까운가?'의 문제와는 차이가 있을 수밖에 없다고 생각합니다.

  어쨌든 진리는 커튼으로 가려져 있고 인간에게는 그 커튼 너머의 모습을 상상할 수 있는 능력은 허락받았으니 여기에서 저는 그런 '확인할 수 없는 추측' 하나를 더 제기해 볼까 합니다. 바로 계통도상의 생물 계통을 객체지향이론의 중요한 요소 중의 하나인 추상화(Abstraction) 계층으로 바라볼 수 있지 않을까 하는 생각입니다. 추상화라는 용어 역시 프로그래밍 분야에서의 전문 용어 중의 하나인데 막연하고 확실하지 않은 어떤 실체에서 구체적이고 실제적인 모양을 뽑아내는 과정을 말합니다. OOP에서 나타나는 대표적인 추상화 과정이 바로 상속으로 나타나는 클래스 계층을 들 수 있습니다. 상속을 내주는 클래스를 상위 클래스(Super type class)라고 하고 상속을 받는 클래스를 하위 클래스(Sub type class)라고 하는 것은 이 책의 부록 부분을 읽고 오신 분이라면 기억하시리라 여깁니다.

  [그림 2-4]에서처럼 상속을 주고받는 관계를 그리다 보면 마치 나뭇가지처럼 생긴 구조가 나타나는데 이것을 프로그래밍 전문 용어로 트리 구조(Tree structure)라고 합니다. 하위로 내려갈수록 구체성은 증가하고 막연함은 사라지는 반면 상위로 가면 갈수록 그

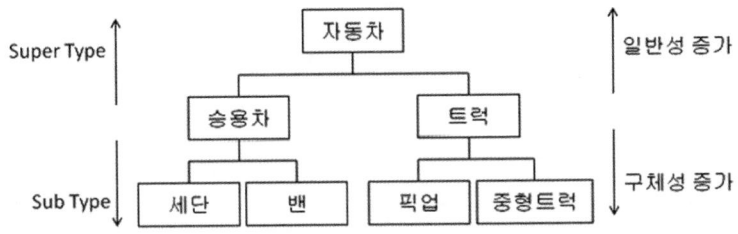

[그림 2-4] 자동차의 계층구조

반대가 되는 것은 쉽게 이해하실 수 있으리라 여겨집니다.

여기에서의 '구체성의 증가'라는 의미에는 '확장'이라는 개념도 포함됩니다. 아무래도 하위 클래스에서 상위 클래스보다는 동작이나 상태가 보다 세밀하게 구현이 되다보니 상위 클래스에는 없는 속성이나 방법이 추가되기 마련입니다. 그렇다고 해서 상위 클래스의 속성과 방법들이 무시되는 것은 아닙니다. 그 바탕으로 새로운 것이 추가되는 개념이기 때문에 '확장'이라는 용어가 사용되는 것입니다. 따라서 이 그림에 나오는 '픽업트럭'이라는 클래스는 '자동차'와 '트럭'이 갖고 있는 속성과 방법들을 그대로 물려받고 그 위에 자신의 특성을 추가합니다.

생물계통도 역시 일부 예외적인 특성을 제외하면 전반적으로 상위-하위 클래스의 전형적인 계층구조를 갖고 있습니다. 그도 그럴 수밖에 없는 것이 자연계에 이미 존재하는 생명체들로부터 관찰된 형질적 특성을 바탕으로 공통적인 특성만을 엮어서 분류해 낸 '아래부터의 분류' 방식이기 때문에 어떻게 보면 당연한 이야기이겠습니다. 하지만 프로그래밍에서는 먼저 상위 클래스를 만든 후 하위 클래스들을 만드는 '위로부터의 분류' 방법이 원칙이고 그래야 프로그래밍 상의 오류나 착오가 날 확률도 작아지게 됩니다.

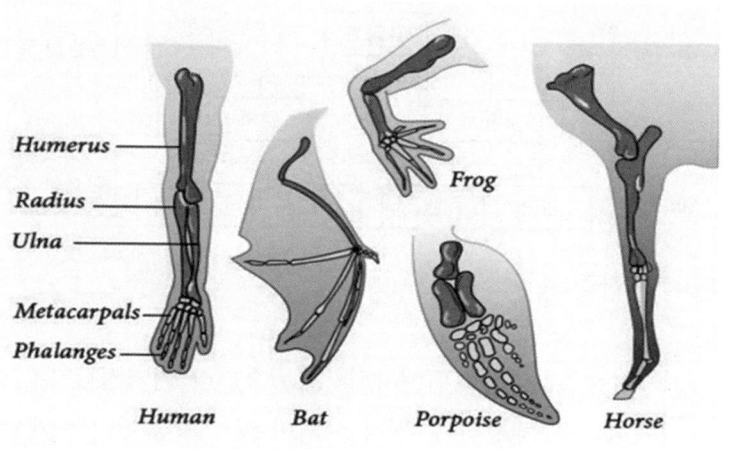

[그림 2-5] 여러 동물 앞다리의 상동구조

그런데 진화론 연구에서 사용하는 생물진화 계통도는 의미상에서는 '위로부터의 분류'가 되는 것 같습니다. 즉 '아래로부터의 분류'를 '위로부터의 분류'로 해석하는 것으로 볼 수도 있다는 것입니다.

[그림 2-5]는 포유류 동물종 간의 앞다리의 골격 구조를 비교한 그림입니다. 포유류 중에서도 하늘을 나는 박쥐, 바다에서 헤엄을 치는 고래, 그리고 전형적인 육상 포유류인 말의 앞다리를 이루는 뼈의 배치가 상당한 수준에서 유사성을 보이고 있습니다. 특히 하나의 뼈로 이루어진 상박에서 두 개의 뼈로 된 하박의 골격 배치는 뼈의 모양이나 길이에서의 차이가 있을지는 몰라도 위상수학에서 이야기하는 토폴로지(Topology)가 일치합니다.

이렇게 기능은 완벽하게 다른 데도 골격 구조가 유사한 현상을 상동(相同, homology)이라고 하고 그 반대 개념 즉, 새의 날개나 곤충의 날개처럼 기원이나 골격 구조는 완전히 다르지만 같은 기능을 갖고 있는 것을 상사(相似, analogy)라고 한다고 합니다.

이 책의 뒷부분에 첨부된 부록B에 객체지향이론의 상속성을 설명하는 부분에서 사용되었던 [그림 B-1]에서 포유류라는 상위 클래스와 인간이라는 하위 클래스 모두 '걸어가기()'라는 방법을 가지고 있지만 인간의 걸어가기는 '두 다리'를, 포유류는 '네 다리'를 사용하는 것으로 예를 들었고 이것을 상위 클래스의 방법을 하위 클래스에서 같은 이름의 방법을 선언함으로서 대체되는 것을 '오버로드(Overload)'라고 한다고 하였습니다.

 그것처럼 이 상동기관은 유사한 위치의 유사한 구조이지만 각 세부 종마다 그 용도와 기능이 다른 것을 기능적 오버로드라고도 볼 수 있을 것 같습니다. 이러한 상동기관을 흔적기관과 함께 진화의 가장 강력한 증거로 제시하고 있습니다. 그리고 그 논리가 상당한 설득력을 지닌 것도 사실이고 이를 바탕으로 '아래로부터의 분류' 체계인 린네의 생물계통도를 '위로부터의 분류' 방식인 '진화계통도'로 재해석하게 된 것으로 여겨집니다. 물론 계통도 상에 군데군데 흐름이 매끄럽지 않은 점이 많이 보이고 그 점에서 많은 논란이 있는 것도 사실입니다만 그때마다 즐겨 사용하는 표현으로 '연결 고리는 아직 발견되지 않았다'라고 말하고 있습니다. 진화 계통도라는 것이 전적으로 땅에서 발굴된 화석만으로 그려 놓은 그림이다 보니 사실 이런 식으로 이야기하면 저 같아도 별로 할 말이 없을 것 같습니다.

 그런데 이 말을 역으로 생각하면 지금까지 발견된 화석을 바탕으로 계통도라는 그림에 '비슷해 보이는 곳에 집어넣은' 것이라는 이야기로도 들릴 수도 있을 것 같습니다. 즉 진화론 자체가 완벽한 증거를 토대로 이끌어낸 과학적 이론이 아니라는 사실을 그들 스스로가 인정하는 형태의 표현이 아니겠나 하는 생각이 듭니다.

사실 지구상에 지금까지 존재했던 모든 생명체가 화석을 남겼다고 이야기할 수도 없을 것이고 또한 현재 지구상에 남겨진 화석 모두를 인간이 발견했다고는 더 더욱 말할 수 없을 것입니다. 그러니 지금까지 인간에게 발견된 화석들은 지구상에 존재했던 생명체의 전체 스펙트럼에서 단지 선 몇 개가 그어진 것뿐일 텐데 그것만으로 전체가 어떻다고 이야기하는 것은 어차피 비약(飛躍)적인 요소가 어딘가에는 개입될 수밖에 없을 것 같습니다. 다르게 표현으로 하자면 '잃어버린 연결 고리'라는 말은 적절하지 않아 보이고 오히려 '발견된 고리 몇 개'와 그 사이의 '잃어버린 긴 사슬'이라는 표현이 더 어울리지 않을까 하는 생각을 가져봅니다.

물론 생물고고학적으로는 화석을 바탕으로 남겨진 생명체가 어떤 습성을 가졌고 어떤 식생을 하였는지는 정밀한 과학적 추론이 얼마든지 가능할지는 몰라도 그 화석이 어떤 생명체의 진화론적 조상이라는 이야기는 최소한 수십만에서 수백, 수천만 년이라는 시간적 간극이 떨어져 있는 것만큼 어쩔 수 없이 '과학적(?)으로 한 번 넘겨짚어 보는' 이야기일 수밖에 없다고 생각합니다.

그야말로 장님이 코끼리 만지기인 것과 별반 다르게 보이지 않습니다. 물론 그것이 사실일 수도 있다는 가능성에 대해서는 저는 굳이 부정할 생각은 없습니다. 그리고 다윈의 '종의 기원' 이래 백 년 넘는 기간 동안 과학이이라는 틀 안에서의 토론 과정을 거친 것이니 나름대로의 과학적인 이론 기반을 두고 있다는 것도 인정합니다. 하지만 이 분야를 제대로 공부하지 않아서 그런지는 몰라도 과학적 분명성에 대해서는 개인적으로 개운치 못한 점이 제 개인적으로는 있다는 점입니다. 어쩔 수 없이 '과학적으로 넘겨짚어 보는' 것이라면 한번 다른 쪽으로 넘겨짚어 보는 것도 가능하다고 생각합니다. 그런 '넘겨짚어 보는' 이야기로서 '진화 계통도'를 한 번 앞부분에서 논의를 한바 있는 OOP의 상속관계 모형으로 해석해 보자는 겁니다.

시작부분에서 이미 기술한 내용이지만, 어차피 이 책은 하나님을 프로그래머로서 그리고 천지창조를 하나의 프로그래밍 과정으로 바라보고 같은 프로그래머의 입장에서 '어쩌면 이러셨을 수도 있었겠다' 하는 생각을 가지고 쓰기 시작한 책이니 다분히 픽션의 요소가 들어갈 수밖에 없습니다. 소설이나 영화 같은 순수한 픽션물이라도 현실에 어느 정도 바탕을 두어야 독자나 청중들이 이야기를 이해하고 감동을 받을 수 있듯이 지금 이야기하고 있는 것도 지금까지 발견된 과학적 사실들을 하나님에 의해서 프로그래밍 되었다는 관점에서 한번 재구성해서 바라보자는 것입니다.

물론 아무리 그렇다 하더라도 '과연 하나님께서 OOP방법론을 활용하셨을까' 하는 의문을 가지실 법합니다. 답변이 궁하면 말이 많아지게 마련이라 지금처럼 주저리주저리 꼬리를 달고는 있습니다만 생물 계통도를 보고 있으면 분명한 OOP적인 형질의 상속관계가 보이기 때문에 한번 그런 잣대를 대보자는 의도입니다.

인간의 지적 능력은 분명히 하나님으로부터 물려받은 그분의 '형상'에 포함되는 것이고 OOP는 그 출현 이후 30년 넘게 이것을 뛰어 넘는 다른 방법론이 나오지 않고 있는 것으로 보아 인간이 생각할 수 있는 프로그래밍이론 중에서는 아직까지는 가장 완전에 가까운 것이 아니겠는가 하는 생각을 갖고 있습니다. 그러니 그런 바탕 위에서 과학적 사실들을 엮어본 것이니 딴지를 거시더라도 그렇게 심하게는 하지 마시기를 부탁드립니다.

본론으로 돌아가서, 생물학을 전공한 사람이 아니기 때문에 확실하다고는 말할 수는 없지만 계통도 상에서의 상하 관계는 OOP적인 관점으로 봤을 때 특정한 형질적 상속이 있는 것으로 여겨집니다. 물론 '예외 없는 원칙은 없다'는 말처럼 예외가 없지는 않겠습니다만 고양이과에 속한 각 '종'들을 각각의 클래스로 봤을 때 그들이 공통적으로 갖고 있는 형질적 특성을 '공통 속성(common properties)'이라고 하고 이것을 '원 고양이과'라는 상위 클래스로부터 '상속받았다'라고 표현할 수 있을 것입니다.

여기에서 과연 '원 고양이과 동물'이 실제로 존재했었는가 하는 문제가 바로 진화론으로 향하는 갈림길이 되겠습니다. 즉 형질적 속성의 상속이라는 개념이 실제 '유전학적인 상속'이면 진화론 쪽으로 가는 것이고 단순 '개념적인 상속'이라면 설계론으로 향하게 되는 것입니다. 물론 이 두 경우는 상호 배타적인 성격이 아니기 때문에 같이 존재하는 경우도 생각해 볼 수 있습니다.

여기에서 '개념적인 상속'이라는 것이 무엇을 의미하는지부터 말씀을 드려야 할 것 같습니다. Java라는 OOP 언어에 보면 '추상적 클래스(Abstract Class)'와 '인터페이스(Interface)'라는 것이 있습니다. 책의 앞부분에서 권해드린 바처럼 이 책의 마지막 부분에 있는 컴퓨터와 프로그래밍에 관한 부록 내용을 읽고 이 자리까지 오신 분들이라면 OOP에서 모든 프로그래밍은 클래스 단위로 이루어지고 작동도 클래스 단위로 이루어진다고 사실을 대충은 알고 계시리라는 가정 하에서 제 이야기를 계속하겠습니다.

추상적 클래스나 인터페이스는 프로그래밍이 되어 있더라도 자신 스스로는 작동되지 못하고 반드시 자신을 상속받는 일반 클래스를 통해서가 아니면 작동할 수 없습니다. 프로그래밍이라는 것이 실제 작동을 위한 것이어야 할 텐데 스스로는 작동할 수 없으니 그 시스템에서는 그야말로 개념적으로만 존재하게 되는 것입니다. '작동시키지도 않을 걸 왜 만드나?' 하는 생각이 들 법도 합니다. 그런데 별로 대수롭지 않아 보이는 이것이 Java라는 언어를 무척 강력하게 만드는 요소가 됩니다.

그에 대한 자세한 내용은 이 책의 목적과는 다르기 때문에 앞으로 더 나가지는 않겠습니다만 한 가지 비유로 말씀드리자면 아미 앞부분에서 보여드렸던 [그림 2-4]에 나오는 자동차의 상속 계층도에 보이는 '픽업트럭'은 실제로는 존재하지 않는 것입니다.

'무슨 소리를 하는 거야?' 하는 생각이 들겠습니다만 실제로 그렇습니다. '2010년형 시보레 실버라도 픽업트럭'이 실제로 존재하는 픽업트럭입니다.

이쯤이면 대충 감을 잡으셨으리라 여겨집니다. 즉, 물리적 실체로 '구현(Implementation)'이 되었는지의 문제인데 단순하게 '픽업트럭'이라고만 이야기하는 것들은 은 실제로 존재하는 물리적 존재라기보다는 개념적 분류로서 사람들에게 인식되고 있는 것이라 할 수 있을 것 같습니다. 이렇게 실제 물리적으로는 존재하지는 않지만 개념적인 특질을 갖고 있는 것을 OOP에서는 추상 클래스라는 형태로 프로그래밍 되고 있다고 보시면 되겠습니다.

이제 논점을 포유동물의 앞다리에 대한 상동성을 그리고 있는 [그림 2-5]로 다시 옮기겠습니다. 앞에서도 이야기한 내용이지만 이 그림은 서로 전혀 다른 기능을 갖고 있지만 위상 수학적인 골격배치는 일치하는 것을 나타내 주고 있습니다. 그래서 진화론 진영에서는 이들이 동일한 조상을 갖고 있다는 증거로 내세우고 있

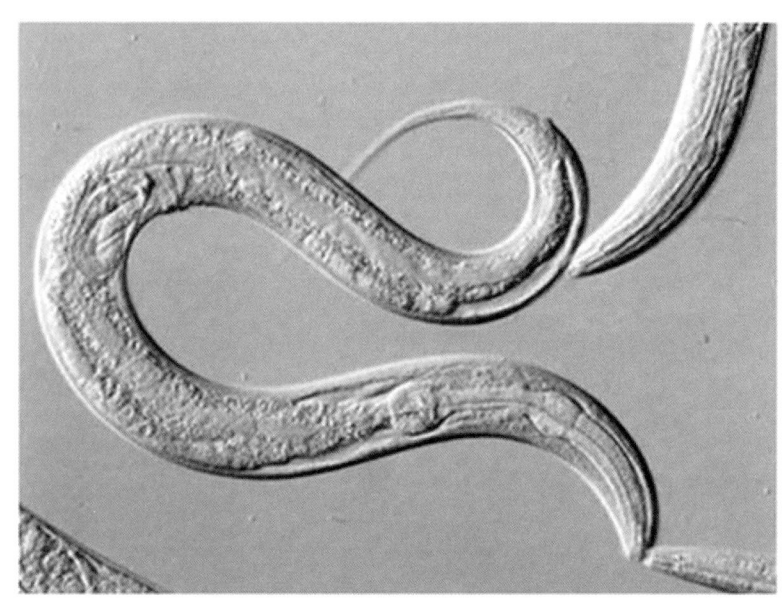

[그림 2-6] 예쁜꼬마선충(Caenorhabditis elegans, C-elegans)

는 것이기도 합니다. 물론 그 가능성도 쉽게 배제할 수 있는 것은 아니겠지만 또 다르게 설계론적으로 추측할 수 있는 것은 방금 말씀드린 '개념적인 상속'을 받았다는 것입니다. 즉 '원포유류'라는 동물은 실제로 존재했던 동물이 아닌 각각의 포유동물을 구현해 나가는데 사용되어진 일종의 밑그림으로 볼 수도 있을 것 같습니다. 프로그래밍 용어로 이러한 밑그림 역할을 템플릿(Templet 또는 Template)이라고 하는데 전체적으로 공통되는 기능이나 특성들을 이렇게 추상 클래스로 정의해 놓고 구체적인 클래스로 구현해 나가게 되면 이후의 작업들이 생각보다 손쉽게 이뤄지게 됩니다. 어떤 때는 싱겁게 느껴지기까지 합니다. 바로 이러한 점이 OOP방식이 갖는 강점이기도 합니다.

사실 유전자 지도만을 놓고 본다면 생명체의 '종(種)' 사이에는 다른 점보다는 같은 점이 더 많다고 합니다. [그림 2-6]은 생명체 유전자 해독 프로젝트에서 중요한 역할을 했던 '예쁜꼬마선충'이라는 아주 작은 동물의 사진입니다. 학명(Caenorhabditis elegans)을 줄여서 보통 '씨 엘레강스'라는 예쁜 이름으로 더 많이 불리는 이 동물은 초창기 유전자 지도 작업에서 파일롯 종으로서 최초로 유전자 지도가 완성된 종입니다. 다 자란 성체의 크기가 길이 1밀리미터에 수명이라고는 2~3주에 불과해서 인간에 비해서는 정말 보잘것없고 인간과는 별 관계가 없어 보이는 생명체인데 확인된 유전자 수가 만 9천여 개로서 인간의 것 25,000개와는 생각보다 큰 차이를 보이지 않아서 인간의 자존심을 약간은 상하게 했던 놈입니다. 더구나 그중 40%가 인간의 것과 일치하고 75%는 인간과 공유하는 유전자라고 하니 도무지 믿겨지지 않은 결과였죠. 심지어 이 동물을 통하여 인간에 대해서도 신경세포의 작용이나 노화 과정 등에서 규명된 과학적 사실들이 적지 않다고 합니다.

이를 통해서 한번 생각해 봄직한 것이 생명체는 하나의 '거대한 밑그림'을 바탕으로 각각의 방향으로 잔가지가 뻗어 내려간 것이 결국 '종'이라는 생명체 모형으로 구현된 것일 수도 있지 않을까? 하는 생각을 해봅니다. 즉 생명계통도상 각각의 분기점마다에는 하부(sub type) 생명체들에 공통적으로 적용되는 형질을 정의해 놓은 추상 클래스가 존재하고 그 형질들은 하부 각 단계의 분기점으로 상속되고 확장되어 나가다가 최종 개체로 '구현'되었다고 보는 것도 가능하지 않을까 하는 생각이죠.

이런 관점으로 바라보면 흔적기관 같은 진화론적 증거들도 설계론적으로 설명이 가능해 보입니다. 동일한 밑그림에서 나온 기능들이 종에 따라서 또는 개체에 따라서 '재정의(OOP 용어로는 Overload)되었다'고 이야기할 수 있기 때문입니다. 오히려 흔적기관의 존재가 설계론적인 입장에서도 하나의 증거가 될 수 있을 것 같습니다. 즉, 바탕(추상 클래스)이 동일하다는 사실에 대한 증거도 되는 것일 테니까요. 물론 '바탕'이라는 것이 진화론적 상속으로 해석되는 측면도 있기는 합니다.

바로 편재유전자(遍在遺傳子, ubiquitous gene)라는 개념인데요. 계통도상의 전체 또는 일정한 영역에서 공통적으로 발견되고 작용 또한 같은 유전자를 말하는 것으로서 지금 여기에서 이야기하고 있는 추상클래스라는 개념과 얼추 비슷해 보이는 개념입니다. 이미 거듭 이야기하고 있는 내용이지만 저는 진화론을 꼭 창조론의 반대 개념으로만 바라보지도 않고 이 책 역시 둘 중에 어느 한쪽 손을 들어주기 위함도 아닙니다. 다만 OOP라는 생명체를 바라보는 하나의 새로운 창을 제안하고자 함입니다. 그런데 이런 창으로 바라보니 진화론 진영에서 주장하는 내용도 설계론적으로 해석할 수 있는 측면이 있다는 점을 이야기하고 싶은 것입니다.

종(種)이라는 클래스(물론 이것이 DNA가 될 수도 있겠지요. 하지만 아직 발견되지 않은 또 다른 프로그래밍 실체가 있을 수도 있으니 일단 이렇게 표현하겠습니다)는 오직 "생육하고 번성하라"라는 명령을 수행하기 위해서 방법을 찾아가는 일종의 경로탐색과 유사한 알고리즘을 가진 듯한데 그것이 인간의 눈으로 보기에는 '진화'라는 현상으로 관찰이 될 수도 있다는 것입니다.

제4장 종교와 과학 그리고 인간

1. 유신론과 무신론

중고등학교 시절 세계사 시간에 서양문화의 두 개의 굵직한 뿌리로서 '헬레니즘'과 '헤브라이즘'에 대해서 배웠던 기억이 납니다. 다 아시는 이야기이겠지만 헬레니즘은 그리스 문명, 특히 플라톤과 아리스토텔레스를 중심으로 한 철학적 뿌리를 가지고 서양문명의 이성적, 논리적, 분석적 성격을 발전시켜 왔고 이와는 대조적으로 헤브라이즘은 예수님을 중심축으로 해서 종교적, 감성적인 측면에서 서양문명의 한축을 지탱해 왔습니다.

사실 콘스탄티누스 황제 이전 시대의 유럽문명은 헬레니즘만을 뿌리로 두고 있었겠지요. 그러다가 유명한 밀라노 칙령으로 기독교가 공인되면서 헤브라이즘적인 요소가 빠른 속도로 유럽문명의 주도권을 잡기 시작합니다. 하지만 그것은 종교성이 충실하지 못했던 헬레니즘의 빈 공간을 채우며 들어왔을 뿐이었지 이미 천년 넘게 유럽문명을 지탱해 오고 있었던 헬레니즘의 철학적 기반까지 덮기에는 아무래도 역부족이었을 것입니다. 오히려 헤브라이즘이 그만큼 빠른 속도로 헬레니즘의 영향을 받기 시작합니다.

신학이라는 학문이 그래서 탄생한 학문이라고 합니다. 종교를 철학적 논리성을 갖고 바라보기 시작한 것이죠. 심지어 20세기 초반 영국의 수학자이자 철학자인 화이트헤드(Alfred North Whitehead, 1861~1947)는 "플라톤 이후의 모든 서양철학은 플라톤 철학의 각

주다"라고 말할 정도로 중세 시대 이후의 기독교 역시 플라톤 철학의 범주를 벗어나지 못했음을 지적하고 있습니다.

아마도 예수님께서 기존의 열두 사도를 두고도 바울을 따로 부르신 이유가 여기에 있지 않을까 하는 생각이 듭니다. 그는 정확히 헬레니즘과 헤브라이즘 사이에서 첫 번째 교차점에 위치하는 인물인 것 같습니다. 성경에 남아 있는 바울 서신들은 모두 당시 그리스-로마 문명권에 있었던 사람들에게 보냈던 것들로서 그들이 선호했던 헬레니즘 적인 서술 방법들 즉, 예증, 추론, 비교, 반증 등의 논법이 동원되어 있습니다. 단순한 단방향적인 가르침이 주된 논법이었던 기존의 종교적 서술과는 무척 다른 형태였겠지요.

만약 바울 자신이 종교서적을 집필할 목적으로 쓴 것이었다면 그 역시 종교인 중의 한사람이었기 때문에 아마도 그런 전통적인 논법을 동원했었을 것이라는 생각이 듭니다. 하지만 애초부터 그는 편지를 통해서 그리스 문화권 사람들에 대한 실제적인 설득을 목적으로 쓴 것이기 때문에 그런 종교적인 서술방법에서 자유로울 수 있었고 수신자의 관점에 맞추어 논리정연하게 써 내려갔던 것인데 그것이 유럽문명권 사람들에게는 딱 맞아 떨어졌던 것 같습니다. 그 시대 변방 촌구석에 지나지 않았을 유대 지방에 그런 논법을 구사할 만큼 그리스 철학에 정통한 사람이 과연 몇이나 있었을까 하는 생각이 듭니다. 예수님의 직접적인 언급은 없었지만 바울을 부르시고 또 그를 사용하신 것을 보면 아마도 진작부터 그 당시 유럽의 주도 문명이었던 그리스-로마, 즉 헬레니즘 문화권에 대한 뜻을 품고 계셨던 것 같습니다.

이렇게 바울로부터 시작된 '말씀'의 '논리적 체계화'는 아우구스티누스와 아퀴나스를 거치면서 탄탄한 기반을 가지게 되는데 반면 그리스 철학의 또 다른 중요한 축이었던 수학과 과학은 일종의 천대를 받았던 것 같습니다. 말씀에 집중하다보니 아무래도 숫자에는 눈길이 가질 않았던 것이었겠지요. 그래서 이 시기를 암흑시대라고 하는데 아이러니 하게도 이 시기에 그리스 수학과 과학의 명맥은 이슬람권에서 이어가게 됩니다. 아니, 이어가는 정도가 아니라 아주 찬란한 꽃을 피우게 됩니다. 알콜, 알데히드 등 현재 사용하고 있는 상당수의 화학용어가 당시의 이슬람권에서 나온 용어이고 수학과 컴퓨터에서 아주 중요하게 사용되는 용어인 '알고리즘'은 '알콰리즈미'라는 이슬람 수학자의 이름에서 비롯됐습니다. 그러니까, 과학이 유럽문명권에서 완전히 분리되어 이슬람 문명권으로 흡수된 것이었죠.

그러던 것이 동로마 제국이 멸망하면서 시작된 이른바 유럽문명의 '르네상스'와 함께 그 당시만 해도 유럽보다는 훨씬 발전되어 있던 이슬람의 과학이 빠른 속도로 유럽에 전파되기 시작합니다. 동로마 제국은 같은 기독교 문명권에 속해 있으면서도 당시의 유럽 문명권을 중국이 오랑캐를 보는 것보다도 훨씬 더 천시했다고 합니다. 심지어 유럽의 왕조차도 비잔티움의 시장에서 중국제 비단을 함부로 살 수가 없었다고 하니까요. 그러니 이슬람의 발전된 수학과 과학서적은 동로마 제국에 의해서 철저하게 차단당했던 것이 어떻게 보면 당연하다고 할 수 있을 것 같습니다.

그런데 역설적이게도 동로마 제국의 멸망은 이슬람권의 몰락을 함께 가져다주고 말았습니다. '아라비아 상인'이라는 역사적 용어에서 보이는 것처럼 풀 한 포기 제대로 나지 않는 중동지방에서 이슬람권의 거의 유일한 부의 원천이 무역이었는데 가장 중요한 바이어를 자기 손으로 무너뜨린 셈이었지요. 결국 실크로드는 활력을 잃게 되고, 그래서인지 동로마 제국의 멸망 이후 약 1~2백년이 지나고부터는 이슬람권은 유럽문명권에 더 이상 크게 위협적인 세력이 되질 못했고 때맞춰 유럽문명권이 인도항로를 개척하면서부터는 그 유명했던 아라비아 상인은 역사의 무대에서 물러나게 됩니다.

오히려 동로마 제국의 멸망의 덕을 톡톡히 보는 것은 유럽이었습니다. 특히 이탈리아는 동로마가 갖고 있던 중계무역 역할을 물려받아서 빠른 속도로 부를 축적해 나갔고 소규모 도시 국가 형태였던 당시의 이탈리아 제후국끼리 예술과 과학 분야에 서로 경쟁적으로 투자를 하게 되는데 그것이 이른바 르네상스인 것이죠. 이 시대에 동로마 제국과 이슬람의 많은 과학자, 철학자들이 초빙되어 들어오고 이슬람의 과학문헌들은 이 시기에 대규모로 유럽언어(주로 라틴어) 번역되기 시작합니다.

바로 이렇게 막 꽃피우기 시작하던 유럽의 과학은 종교와 되돌릴 수 없을 정도로의 큰 충돌이 일어나는데 바로 지동설에 대한 종교재판입니다. 피고인은 잘 아시는 바처럼 갈릴레오입니다. 어떻게 보면 과학으로 대표되는 헬레니즘과 종교로 나타나는 헤브라이즘이 역사상 최초로 충돌하게 된 사건입니다. 성경 어느 곳을 뒤져도 천동설을 지지하는 내용이 없는데도 불구하고 교황청은 지동설을 이단으로 규정하고 갈릴레오가 제시하는 분명한 증거들을 무시한 채 그를 정죄합니다.

"그래도 지구는 돈다."

종교재판정을 나오면서 갈릴레오가 중얼거린 것으로 널리 알려져 있는 말인데 사실 어느 기록에도 언급된 것은 아니라고 합니다. 아마도 후세의 누군가가 당시의 갈릴레오 심정으로 첨언한 것이 아닐까 하는 추측을 할 뿐입니다만 그런 어이없는 상황에 처한 한사람의 과학자의 심정을 참으로 적절하게 표현한 것이기에 그렇게 유명해지지 않았을까 하는 생각이 듭니다.

어찌됐든 무척 간단한 한마디의 말이지만 이때부터 과학은 종교와 분리되어 각자 다른 길로 가게 되는 것을 너무나도 잘 표현하는 것 같습니다. 역설적이게도 이때부터 유럽의 과학은 급격한 가속도 받으며 발전하기 시작하게 되고 갈릴레오에 대한 종교재판은 오히려 과학연구에 있어서 더 이상 종교의 눈치를 보지 않아도 되는 하나의 빌미를 제공한 것이 되고 말았던 것 같습니다.

그런데 교황청은 왜 그렇게까지 큰 허물이 없던 한사람의 과학자 갈릴레오에게 그렇게까지 탄압을 가했던 것일까요? 사실 갈릴레오는 시기적으로 운이 없었습니다. 13~4세기만 하더라도 유럽에서 교황의 권력은 일국의 왕을 떨어뜨릴 수 있을 정도로 막강했었습니다만 마르틴 루터의 종교 개혁 이후 유럽 국가들에 대한 영향력이 조금씩 위축되어가고 있었고 특히 갈릴레오 당시의 교황청에서는 이를 심각한 위기로 받아들이고 있었습니다. 이를 타개하기 위한 하나의 방편으로 1582년 교황 그레고리오 13세에 의해서 그레고리력을 제정하게 되는데 당시 교황청의 최대 관심사이자 역점사업 중의 하나가 그레고리력의 유럽 전파였다고 합니다. 그런데 문제는 그러잖아도 교황청에 대해 적대감이 높았던 신교권에서 이를 도무지 받아들이려 하질 않았던 것이죠. 한 가지 아이러니한 점은 그레고리력 이전의 교황청은 지동설이든 천동설이든 큰 관심을 두질 않았다고 합니다. 오히려 갈릴레이는 종교재판 이전에는 당시의 교황을 비롯한 교황청의 여러 고위직과 각별한 친분이 있었다고 합니다. 헌데 그레고리력의 허점을 집요하게 찾고 있던 신교권에서 교황청의 지동설에 대한 어정쩡한 자세를 구실을 삼기 시작했던 것입니다. '오직성경(Sola Scriptura)'을 최고의 모토로 삼고 있던 당시 종교개혁가들에게는 시편 19편 등을 근거 구절로 천동설에 대한 확고한 믿음 있었고 지동설을 철저히 비성경적으로 여겼다고 합니다.

사실 그레고리력이 지동설과는 크게 연관되는 문제는 아니었음에도 불구하고 갈릴레이가 교황과 같은 도시에 살면서 지동설을 퍼트리고 있다는 점을 문제 삼으면서 교황청을 비성경적이라고 공격하기 시작했던 것입니다. 이에 따라 교황청에서도 자신들의 성경수호의지를 신교권에게 보여주기 위해서 갈릴레오를 탄압하기 시작했던 것이라고 합니다. 한마디로 갈릴레이는 당시의 이 같은 신구교간 분쟁에 있어 보여주기 식의 희생을 당한 것이라고 할 수 있겠습니다.

그러한 갈릴레오에 대한 종교재판은 1995년도에 이르러서야 재심이 이루어졌고 잘못된 판결이었음을 교황청이 인정하게 됩니다. 결국 종교라는 비과학적인 관점으로 과학을 심판한 이 사건은 수백 년이 지나서야 원고 측이 백기를 들게 되었지만 이미 그 기간 동안 서로 너무 먼 길을 지나와서 과연 진정한 화해가 이루어질지는 의문시됩니다.

아마도 진정한 화해는 과학이 하나님의 존재를 과학적 논리에 입각하여 입증만 한다면 이루어지겠지만 신학적으로는 그것을 불가능한 것으로 보고 있는 것 같습니다. 인간이 갖고 있는 죄성(罪

性)으로 말미암아 하나님의 실체와 인간은 결코 함께할 수 없고 인간은 그 실체를 볼 수 없다는 것인 신학적인 관점이라고 합니다. 그럼에도 불구하고 이런 명제에 접근을 시도한 사람이 있었는데 바로 오스드리아의 수학자 쿠르트 괴델이라는 사람입니다.

이미 앞부분에서 언급한 사람입니다만 30세도 안 된 젊은 나이에 '불완전성의 정리'라는 것을 발표하여 20세기 초반의 수학계를 발칵 뒤집어 놓은 사람입니다. 그는 2차 대전이 발발하자 미국으로 건너와 아인슈타인과 함께 프린스턴 대학교의 고등과학연구소에 몸을 담게 되는데 이 시기에서부터 그는 신의 존재를 논리적으로 증명하는 작업을 시작합니다. 하지만 그는 이 작업에 집중할수록 점점 광기(狂氣)를 보이게 되는데 먹는 음식에 독이 들어있을 수도 있다는 생각이 나중에는 집착으로 변해서 그는 집에서 부인이 직접 만들어 주는 음식이 아니면 입에도 대질 않았다고 합니다.

하지만 그 정도가 점점 심해져서 모든 음식을 거부하게 되었고 그는 결국 굶어서 죽었다고 합니다. 이것은 흔하게 떠도는 말이 아니고 그의 사망진단서에 나오는 사망 원인이 실제로 아사(餓死)로 기록되어있다고 합니다. 누가 그랬는지는 모르겠지만 그의 죽음을 두고 한 동료가 이런 말을 남겼다고 합니다.

"그는 인간으로서 신의 형상에 가장 가까이 접근했다. 그래서 그는 미쳤다."

그는 신앙적 또는 관념적 목적이 아닌 순수한 과학적, 논리적 목적으로 하나님을 발견하려고 했습니다. 만약에 그것이 성공했었다면 종교와 과학의 경계선은 아마도 없어졌을 수도 있었을 겁니다.

한 가지 역설적인 점은 그의 위대한 업적 '불완전성의 정리'는 '모든 참인 명제는 증명이 가능하다'는 그 당시까지의 주류적 관점을 뒤엎은 것으로서 '인간의 논리로 증명할 수 없는 참인 명제가 존재한다'는 것인데 어쩌면 괴델은 그렇게 자신 스스로가 존재의 증명을 내렸던 '증명 불가능의 참인 명제'에 끝까지 매달렸던 것은 아닌가 하는 생각이 듭니다.

개인적인 생각입니다만 그렇게 천재적인 수학자가 평생을 걸쳐서 매달렸다면 그는 '뭔가'를 바라봤었을 것이라는 생각도 듭니다. 다만 인간의 언어나 수학적인 표현으로는 그가 바라봤던 그것을 옮기지를 못했었을 수도 있을 것입니다. 어쩌면 그래서 미쳤을 수도 있고요. 실제로 그는 신의 존재를 증명하는 간단한 논리학적 정리를 기록으로 남긴 것이 있는데 요즘 하는 말로 무슨 외계어 같은 문장의 나열이라서 아직까지 누구도 이해하지 못하고 있다고 합니다.

이에 대해서 적절할지는 모르겠습니다만 노자(老子)의 도덕경(道德經) 가장 첫 문장이 생각납니다.

'道可道 非常道 名可名 非常名'

워낙 유명한 구절이라 많은 분들이 이미 알고 계시겠지만 혹시 처음 듣는 분들을 위해 제가 이해하는 수준에서 감히 번역을 한다면 '도를 입에 올릴 수는 있으나 그렇게 입에 올려진 도는 이미 진정한 도가 아니며 어떤 물건에 이름을 붙일 수는 있으나 그렇게 붙여진 이름이 그 물건의 진정한 실체가 될 수는 없다'는 것입니다. 이렇게 제가 노자의 첫 구절을 함부로 번역하였지만 이 번역은 이 문장에 대한 저의 깨달음의 한계일 뿐이고 오히려 이렇게 함부로 번역된 표현은 이를 읽는 사람들로 하여금 그 이상의 깨달음을 얻을 기회를 막아 버릴 수도 있다는 것도 이 문장이 갖는 가르침 중의 하나일 것입니다. 결국 진정한 진리(즉, 도)는 인간의 표현(즉, 말)으로는 전달될 수가 없다는 것이고 결국 돌고 돌아서 괴델의 '불완전성의 정리'가 이것의 다른 표현이 아닌가 하는 생각이 듭니다.

결국 그렇다면 인간에게 있어서 하나님과 과학은 결코 만날 수 있는 점근선(漸近線)적인 성격을 갖고 있는 것일까요? 어떻게 보면 과학이란 것이 인간으로부터 하나님을 갈라놓게 만드는 것처럼 보입니다. 과학의 발전은 결국 무신론의 이론 근거로 즐겨 사용된 것도 사실이고 어느 과학 분야에서도 하나님의 존재를 그들의 공식적인 이론 전개에 개입을 시키지 않고 있습니다.

그런데 이상한 것은 과학자들은 비공식적인 통로에서는 신을 언급하는 경우가 많다는 것입니다. 가장 유명한 경우가 양자역학에서 통계학적인 서술이 들어가는 것에 대해서 아인슈타인(Albert Einstein, 1879~1955)과 닐스 보어(Niels Bohr, 1885~1962)가 나누었던 논쟁입니다.

양자역학이라는 최첨단 이론에 통계학적 접근이라는 전통적인 물리학에 있어서는 듣도 보도 못한 방법을 도입하는 것에 대해 아인슈타인이 매우 못마땅해 하며 던진 말이라고 합니다.

"신은 주사위 놀음 따위는 하지 않는다."
"글쎄요… 그분이 하실지 안하실지 그것을 어떻게 아시죠?"

아이러니하게도 두 분 다 스스로를 무신론자라고 선언하셨던 분들의 대화입니다. 사석에서 주고받은 대화도 아니고 이 대화는 '솔베이 국제회의'라고 하는 양자역학을 비롯한 20세기 현대 물리학의 중요한 방향을 결정짓는 회의에서 오갔던 말입니다. 일각에서는 여기에서 언급된 '신'이라는 단어를 놓고 해석이 분분한 것 같은데 어쨌든 '신'이라는 단어는 분명하게 사용되었습니다.

재미있는 사실은 고대 중국의 노장(老莊)사상의 두 거두인 장자(莊子)와 혜자(惠子) 간에 오갔던 대화 중에 비슷한 내용이 있습니다. 물론 신에 대해서 이야기를 나눈 것은 아닙니다만…

이 글을 쓰고 있는 사람의 개인적인 생각입니다만 이 분들은 왜 스스로를 무신론자라고 했을까요? 한사람의 크리스천으로서 팔이 안으로 굽는 식의 생각이 아닐까 하는 생각이 들기는 합니다만 이 분들은 그런 중요한 토론의 현장에 신을 언급한 것으로 봐서는 그들의 과학적인 연구과정을 통해 어떤 식으로든 신의 흔적을 접하지 않았을까 하는 생각을 가져봅니다. 물론 그것은 과학적인 방식으로는 표현할 수 없는 형태였겠지요. 다만 그들은 과학자로서 '객관적 관찰자'의 자세를 지키기 위해서 스스로를 무신론자의 자리에 놓지 않았을까 하는 생각도 듭니다.

"이는 하나님을 알 만한 것이 그들 속에 보임이라 하나님께서 이를 그들에게 보이셨느니라. 창세로부터 그의 보이지 아니하는 것들 곧 그의 영원하신 능력과 신성이 그가 만드신 만물에 분명히 보여 알려졌나니 그러므로 그들이 핑계하지 못할지니라."

— (로마서 1장 19~20절)

한사람의 기독교인이면서 과학의 한 자락을 잡고 있는 사람으로서 안타까움을 느끼게 만드는 성경 구절입니다. 우리의 눈에 보이는 모든 것은 하나님께서 창조하신 것들로서 결국 그분의 손길이며 하나님의 존재하심을 보여 주고 있는 것들입니다. 과학과 철학의 출발점이자 도달할 수 있는 한계점은 결국 '존재에 대한 의문'일 것입니다.

그리스-로마시대만 하더라도 과학은 철학의 범주에 속해 있었습니다. 그래서 영어에서는 지금도 박사 학위를 PhD 즉, Doctor of Philosophy라고 부르고 있습니다. '존재'에 대한 본질적인 '왜(Why)'에 대한 문제를 파고들다 보니 결국 '무엇(What)'과 '어떻게(How)'의 문제를 다루게 되었고 결국에는 이것이 과학이라는 독립적인 영역으로 나오게 되었다는 것이죠. 하지만 과학을 통해서 알아내면 알아낼수록 또 다른 의문은 감자 뿌리처럼 계속 튀어나옵니다. 도무지 끝이 안 보이는 것이죠. '왜'를 알아내려고 '무엇'과 '어떻게'를 열심히 파 보았지만 나오는 것은 더 많은 '왜'의 문제이니까요.

한 예로 20세기에 이루어진 현대 물리학 최고의 금자탑이라 할 수 있는 양자역학은 입자 수준에서의 물질세계를 이해할 수 있는 눈을 인류에게 열어 주었습니다. 양자역학에서 나온 방법론으로 아인슈타인의 상대성이론이나 허블의 우주팽창론을 들여다보니 마치 짜 맞추기라도 한 것처럼 수학적 계산과 관측적 발견 간의 앞뒤가 짝짝 맞아떨어지더라는 겁니다. 그래서 나온 것이 흔히 '빅뱅이론'으로 알려져 있는 '우주 대폭발 이론'입니다. '이론'이라는 말로 끝나기 때문에 그냥 일개의 이론으로 여겨질 수도 있지만 이론이라는 이름이 붙여진 것 치고는 무척 탄탄한 수학적 기반과

많은 관측적 증거를 가지고 있는 이론입니다. 심지어 수십 또는 수백어 분의 일초 단위로 빅뱅 초기단계의 상황을 수학적으로 묘사하고 있습니다. 물론 이러한 것들을 실험이나 관측을 통해서 직접 확인을 할 수가 없기 때문에 '법칙'이 아닌 '이론'라는 꼬리표를 달고는 있지만 말입니다. 어떻게 보면 빅뱅이론으로서 우주의 시작점을 인류는 '감히' 발견하게 되었다고 말할 수도 있을 것 같습니다. 그야말로 20세기 현대과학이 이룬 쾌거라 아니할 수 없습니다. 그런데도 '우주는 왜 시작되었나?'의 문제에 대해서는 설명할 수 없습니다. 결국 존재의 문제는 해결할 수 없었던 것이죠. 영어로 이 상황을 간단하게 묘사하면 'So, what?' 한국말로 좀 길게 표현하면 '그래서, 뭐 어떻다는 건데?'

미국의 유명한 과학 칼럼니스트 아시모프(Isaak Asimov, 1920~1992)는 이에 대해서 언급한 내용이 있습니다.

'빅뱅의 원인을 에너지 구름으로 가정한다고 해도 그 에너지 구름은 또 어디에서 왔는지에 대한 의문만 생길 뿐이다. 이 부분에서 신을 개입시킨다 하더라도 그 신은 또 어디에서부터 왔는지 하는 또 다른 의문이 생긴다. 이것은 끝없는 의문의 반복일 뿐이다. 그러니 이쯤에서 에너지 구름이 원래부터 거기에 있었다 라고만 생각하자.'

한마디로 '논리의 무한 순환논리에 빠질 수밖에 없으니 이쯤에서 멈춰 보자'는 이야기인 것 같은데 하필 하나님 바로 앞에서 멈추자는 겁니다. 여기에서 생각나는 것이 있습니다. 출애굽기를 보면 모세 앞에 나타나신 하나님께서는 스스로를 'I am that I am.(개역성경 번역: 나는 스스로 있는 자니라)'라고 소개하십니다. 결국 인간의 논리만으로는 그런 논리의 무한 반복 순환에 빠질 수밖에 없는 '존재의 모순'에 대해서 하나님께서는 처음부터 가르쳐 주셨던 것은 아닌지 생각해 봅니다.

그렇다면 결국 무신론과 유신론의 차이는 인간 논리의 지평선을 신의 바로 앞까지 두느냐 아니면 신의 영역까지 바라보느냐 하는 문제인 것 같습니다. 즉, 일부러 안보는 것이지요. 개인적인 느낌입니다만 이것은 바벨탑 시대의 인간의 죄보다도 더 악할 수 있다는 생각이 듭니다. 바벨탑 시대에서는 최소한 하나님의 존재만큼은 인정했습니다. 그래서 탑을 쌓고 그 영역을 넘봤던 것이었겠지요. 하지만 무신론은 하나님을 아예 무시를 하는 겁니다. 좀 더 심하게 표현하면 쳐다도 안보는 것이죠.

한사람의 과학자로서 슬픈 사실은 그들이 두고 있는 근거가 바로 과학이라는 겁니다. 바로 하나님께서 창조하신 만물을 도구로 하여 하나님을 가리고 있는 것입니다. 인간에게 있어서 '자연계시(또는 일반계시)'의 통로가 되는 하나님의 피조물을 오히려 하나님을 가리는 도구로 활용하고 있습니다. 이것이야 말로 '혹세무민(惑世誣民)'이 아닐까요?

그런 존재에 대한 의문 때문에 '신'이라는 존재를 인간이 '필요에 의해' 창안해 내었다는 이론도 있다고 합니다. 하지만 이러한 무신론적으로 비쳐지는 표현 자체도 결국 그 문제에 대한 궁극적인 열쇠는 신이 가지고 있다는 사실을 다르게 표현한 것으로 여겨지는 면도 없잖아 있는 것 같습니다. 결국 신에게 기댈 수밖에 없다는 것이고 인간이 하나님 앞에 섰을 때 하나님께서 이러한 질문을 던지신다면 어떤 핑계거리도 없을 것이라는 것을 바울이 이야기한 것이라고 생각됩니다.

역사적으로 보면 무신론이 고개를 들게 된 것이 과학적 발견과 무관하지만은 않아 보입니다. 아마도 18, 19세기의 유럽은 가장 급격한 인간 사고의 변환시기였을 것입니다. 인본주의와 계몽철학, 시민혁명, 산업혁명 등을 거치면서 하나님과 인간을 바라보는 눈이 그 이전 시대에 비해서는 확연히 달라졌을 겁니다. 그리고 그렇게 변화되어 가는 관점에 기름을 부은 것이 그 이전의 다른 어떤 시대보다도 급격하게 발전되었던 과학이었을 것입니다.

신의 영역으로만 여겨져 오던 별의 운동이 뉴턴의 만유인력 법칙으로 인해 거의 완벽하게 해석이 됨으로서 앞으로의 운동을 예측할 수 있게 되었고 망원경 등 관측기술의 발달로 인해 인간이 바라볼 수 있는 우주의 크기가 어마어마하게 커지게 되었습니다. 그런데 그렇게 넓어진 우주에서도 하나님을 볼 수가 없었던 것이죠. 그뿐입니까? 오직 과학의 힘으로 이전에는 생각조차 할 수 없었던 일들은 인간 스스로의 힘으로 하나둘씩 이뤄 내는 것을 보게 됩니다. 증기기관차를 사용하여 지구상의 어느 생명체보다도 빨리 달리게 되었고 쇠로 군함을 만들어 증기 동력을 이용하여 전 세계를 누비고 다닐 수 있게 되었습니다. 불과 100년 안에 일어났던 일들입니다.

신의 도움을 받지 않고 인간 스스로의 힘만으로 그 모든 일을 이뤄낸 인간들은 신의 존재에 대해서 조금씩 회의를 품게 되고 인간의 힘만으로 모든 것을 이뤄낼 수 있다는, 좋게 말하면 자신감이고 나쁘게 말하면 시건방을 떨게 됩니다. 이러한 생각들이 최고조에 올랐던 시기가 19세기 말엽으로서 실제로 이 시기의 많은 과학자들은 과학이 거의 완성되어 간다는 생각을 갖고 있었다고 합니다. 심지어 '이젠 뭘 더 공부하지?' 하는 생각을 품고 있는 과학자들도 많았다고 합니다. 니체의 입을 통해서 나온 '신은 죽었다'라는 말은 그 시대 인간 지성의 전반적인 분위기를 잘 표현하고 있는 것 같습니다.

이러한 토양 위에서 공산주의가 출현했던 것이겠지요. 많은 분들께서 알고 있는 바대로 유물론으로 대표되는 공산주의의 세계관은 극단적인 무신론입니다. 공산주의는 단순하게 선동만을 부추기는 혁명사상이 아닙니다. 표면에 나타난 혁명사상의 배경에는 매우 탄탄한 철학적 기반을 두고 있습니다.

1999년 영국의 공영방송사인 BBC에서는 지난 천년 동안 인류에게 가장 큰 영향을 끼친 책이 무엇인지 설문 조사를 실시한 바 있었는데 그 결과로 나타난 책이 공산주의 철학을 창시한 마르크스(Karl Marx, 1818~1883)가 쓴 '자본론'이었다고 합니다. 그리고 그 방송국에서 몇 년 후 실시한 '역사상 가장 위대한 사상가가 누구인가?'라는 설문조사에서도 마르크스가 1위로 나왔다는 것이고, 이뿐 아닙니다. 공산주의에 대한 깊은 혐오감을 갖고 있는 우리나라조차에서도 서울대학교 추천도서 100권 중에 이 자본론이 포함되어 있다는 겁니다. 그만큼 그가 현대 철학과 사상에 많은 영향을 미쳤다는 것이겠죠. 이 분야를 전공했던 분으로부터 들은 이야기이지만 헤겔(Georg Wilhelm Friedrich Hegel, 1770~1831)의 변증법적 논리로 풀어가다 보면 공산주의가 인간 철학의 궁극적 완성이라고 이야기할 수 있는 결론(물론 유럽 19세기 당시의 철학적 논점에서)을 얻을 수 있다고 합니다.

아이러니한 사실은 마르크스는 헤겔의 철학을 좋아하지 않았고 많은 비판을 했던 것으로 알려졌는데 막상 그의 공산주의에 대한 역사적 당위성을 증명하는 데는 헤겔의 변증법이 동원되었다는 점입니다. 철학이 완성되었으니 신은 더 이상 필요 없는 것으로 결론을 내린 것이죠. 바로 이점에서 그 시대의 많은 지성인들을 열광케 만들었다고 합니다. 하지만 그렇게 인간의 탄탄한 철학적 논리 위에 세워진 그 이념이 이후 백년 넘는 기간 동안 인간세계에 끼친 비극은 이미 여러분들이 아시는 바와 같습니다. 아마도 그는 이상과 현실 사이에는 반드시 갭(Gap)이 있게 마련이고 이상을 현실로 가져오려고 그 갭을 건널 때 이상은 반드시 변질된다는 사실을 아마도 생각하질 못했던 것 같습니다.

공산주의와 함께 19세기에 등장한 무신론의 또 다른 근원으로 진화론을 들 수 있을 것 같습니다. 19세기의 이러한 사회적 분위기 속에서 발표된 다윈의 진화론은 그 시대의 과학계에 팽배해 있던 무신론의 강력한 도구로 사용되어 집니다. 항간의 소문에 의하면 그것은 다윈이 전혀 의도하지 않았던 것이라고 합니다.

[그림 2-7]은 진화론주의자들이 사용하는 상징물입니다. 한국에서는 모르겠는데 미국에는 뒤 범퍼에 이것을 붙이고 다니는 자동차들을 꽤 많이 볼 수 있습니다. 원래는 익투스(ichthys)라고 일컬어지는 초대교회 기독교인들이 가지고 다니던 신앙적 상징물이었는데 진화론 주의자들이 여기에 다리를 붙이면서 어떻게 보면 기독교신앙을 희롱하고 깎아내리려는 의도가 보이는 것 같아서 볼 때 마다 기분이 좋지는 않습니다. 여기에서 과학으로서의 '진화론'과 하나의 이데올로기로서의 '진화론주의'를 우리는 구분할 필요가 있습니다. 과학으

[그림 2-7] Darwin Fish Car Emblem

로서의 진화론은 의도가 어떻든 간에 과학적 방법론을 사용하여 결론을 유도해 나가기 때문에 어떤 종교적인 충돌 요소에 대해서도 가급적이면 객관적인 자세를 취하는 것이 원칙입니다. 목적이 '사실의 해석'이라는 과학적 목적에 있기 때문입니다. 따라서 해석의 방향에 따라서는 진화론을 창조론의 한 형태로 보는 시각도 있을 수 있습니다. 하지만 진화론주의는 그것을 '인간의 신념'과 연결시켜서 '그래서 신은 존재하지 않는다'는 결론을 내리고 그것을 적극적인 행동으로 표현하는 것을 말합니다.

그러니까 [그림 2-7]의 다리 달린 물고기 표식은 진화론이 아닌 진화론주의의 산물인 것이죠. 자기주장을 표현하는 방식이라 할지라도 다른 형태가 얼마든지 많이 있을 텐데 하필 이천년 가까이 사용되어온 기독교 신앙의 표식을 바탕으로 하였다는 것은 다분히 '조롱'의 의도가 있는 것만큼은 분명해 보입니다. 과학적인 방법과 결론은 얼마든지 다양할 수 있고 또한 반드시 그래야만 한다는 사실에는 동의합니다만 이처럼 종교에 대한 '조롱'은 특정한 힘에 의해 특정한 목적을 가지고 이루어진 것이 아닌가 하는 개인적인 의구심을 들게 만듭니다.

갈릴레오 시대에는 종교가 과학을 단지 억압했을 뿐이었지만 지금은 과학이 종교를 조롱하고 존재성 자체를 부정하는데 사용되어지고 있습니다. 믿겨지실지 모르겠습니다만 현재 미국에서는 크리스마스 절기에 거리에 나가서 캐럴을 부르는 것에도 경찰이 출동합니다. 제가 실제로 경험했던 일입니다. 다른 노래는 되도 종교적인 색채가 있는 노래는 안 된다고 합니다. 청교도들이 종교의 자유를 찾아 대서양을 건너와서 고생고생을 해서 세운 나라가 그렇습니다. 미국을 이렇게 만든 것이 이슬람교나 불교 같은 다른 종교가 아닙니다. 바로 그들 스스로 과학적 사고방식이라고 주장하는 무신론의 세력입니다. 신이 없다고 주장하는 그들이지만 진화론을 최초 주장한 다윈만큼은 그들의 시조로서 신처럼 떠받들고 있습니다. 바로 한사람의 과학자를 말입니다. 다윈조차도 이렇게까지 될 줄은 아마도 꿈에도 생각 못했을 겁니다. 19세기에 출현했던 무신론의 두 개의 열매 중 공산주의는 실패로 결론이 났지만 나머지 하나 진화론주의는 지금도 인류사회에서 승승장구하며 그 세력을 지금도 확장해 나가고 있습니다.

한 가지 두려운 점은 나도 한사람의 과학자로서 내가 발견해 낸 과학적 사실로서 내 뜻과 상관없이 나 역시도 다윈과 같은 존재로 남을 수도 있다는 것입니다. 너무 거창한가요? 감히 나 자신을 다윈과 연관 짓는다고요? 내가 다윈이 부럽다면 이런 식으로 표현하질 않았겠죠. 하지만 이렇게 생각하면 어떨까요? 나의 과학적 발견이 전혀 뜻하지 않은 방향으로 신이 존재하지 않는 것으로 결론 내릴 수 있는 근거로 사용되어 진다면… 그리고 그것으로 인해 노벨상이 나에게 주어진다면 나는 과연 그것을 '거절'할 용기가 있을까요? 마귀가 광야에서 예수님을 시험할 때의 마지막 유혹이 생각납니다.

> "마귀가 또 그를 데리고 지극히 높은 산으로 가서 천하만국과 그 영광을 보여 이르되 만일 내게 엎드려 경배하면 이 모든 것을 네게 주리라."
>
> – (마태복음 4:8~9)

여기에서 한 가지 궁금한 것이 일어납니다. 과연 과학이라는 것이 마귀가 인간에게 준 도구일까요. 아니면 하나님께서 인간에게 주신 것일까요? 과학은 하나님의 형상 '지정의(知情意)' 중에서 '知'의 영역이기 때문에 하나님께서 인간에게 주신 형상을 활용한 것임은 분명합니다. 그렇다고 해서 하나님께서 주신 것으로만 해석할 수는 없겠죠. 인간이 그것을 어떻게 사용하였는가의 문제일 테니까요. 하지만 한 가지 분명한 사실은 과학은 인간으로 하여금 하나님의 창조물에 대해서 그 '광대함'과 '세밀함'을 그 전보다는 보다 극명하게 보여 주고 있다는 사실입니다. 인간의 눈으로만 우주를 바라보던 시절에는 태양계 정도(그것도 토성까지만)가 인간이 상상할 수 있는 우주의 모습 전부였습니다. 하지만 지금은 숫자로 옮기기에도 벅찰 만큼 광대한 우주를 인류는 바라볼 수 있게 되었습니다.

세밀함에 대해서는 또 어떤가요? 현미경이 인간세계에 등장하고 나서 처음으로 발견된 것이 바로 세포였습니다. 인간을 비롯한 모든 생명체는 그렇게 작은 세포가 겹겹이 쌓여서 이뤄졌다는 사실을 알고 나서 얼마 되지 않아 또 모든 물질은 하나하나의 원자가 모여서 이뤄졌다는 사실도 알아냈습니다. 눈으로만 확인한 것이 아니라 그것들이 어떻게 작용하는지를 수학적으로 해석을 했고 그에 따라 아주 정밀한 수준까지 예측을 할 수 있는 정도까지 이르렀습니다.

그야말로 눈이 넓어진 데다 깊어지기까지 한 것이죠. 이 같은 과학의 새로운 발견들을 두고 인간은 두 가지의 전혀 상반된 방향의 반응을 생각해 볼 수 있을 것 같습니다. 첫 번째가 하나님의 창조사역에 대한 치밀함과 광대함에 대해서 감탄하고 찬양하는 것을 생각해 볼 수가 있겠고, 두 번째는 그 반대로 그렇게 넓게 또는 깊게 과학적으로 살펴봤지만 신의 존재를 직접적으로 증명할 만한 어떤 증거도 볼 수 없었으니 하나님은 존재를 부정하게 되는 반응을 생각해 볼 수 있겠지요. 모든 분들이 알고 계시다시피 전자보다는 후자의 반응이 인류사회 전반에 폭넓고 강력한 영향을 끼쳤습니다. 그래서 신을 부정하는 말 한마디로 화형을 당했던 유럽사회의 교회가 지금은 텅텅 비다 못해 다른 곳에 팔려서 나이트클럽이나 이슬람교 사원으로 바뀌는 지경까지 이르게 되었습니다. 그런데 다르게 생각해 보면 이것은 이상한 겁니다. 똑같이 나 있는 두 개의 출구를 두고 왜 그렇게 한쪽으로만 우르르 몰려 나가게 된 것일까요? 그래서 예수님께서 좁은 문으로 들어가라고 하셨던 것일까요?

그 같은 발견을 두고 케플러(Johannes Kepler, 1571~1630)는 하나님을 바라봤습니다. 그는 천문학에서 최초로 수학적 상관관계를 발견한 사람입니다. 그런 의미에서 천문학에서 최초의 법칙을 발견한 사람이라 할 수 있을 것 같습니다.

그의 스승이라 할 수 있는 티코 브라헤(Tycho Brahe, 1546~601)가 그에게 유산처럼 남겨 놓은 행성의 관측 자료를 놓고 원래는 그때까지 천문학계에 팽배해 있던 천체의 '정원(正圓)운동설'을 증명하려했지만 도저히 맞지가 않아서 크게 낙심하게 됩니다.

사실 우주는 완전하기 때문에 우주의 모든 천체의 형상과 모든 운동 형태는 완전한 원이라고 보는 이 관점은 서양 철학의 깊은 뿌리라 할 수 있는 플라톤의 이상주의적 철학에 기반한 우주관이었습니다. 플라톤이라는 단지 한 사람의 철학자에 의해 어떤 과학적 근거 없이 주장된 이 이론은 케플러 당시까지 거의 2천년 가까운 시간동안 서양 문명권 사람들의 사고방식을 지배하고 있었던 확고부동한 '패러다임'이었고 그 기간 동안 발견된 과학적 발견과 천문학의 관측적 증거들은 오히려 플라톤의 우주론에 억지로 끼워 맞추던지 그러지를 못하면 폐기되는 역현상까지 발생됐었습니다. 케플러도 당시를 살아가던 사람으로서 이러한 우주관을 극복하지 못했었기 때문에 그 역시도 처음엔 스승의 관측 자료를 그런 우주관에 억지로 끼워 넣으려 했던 것이었을 겁니다.

하지만 결국 하다하다 안되니 자포자기하는 심정으로 원운동에 대한 집착을 버리고 아폴로니우스의 타원공식에 자료를 대입했는데 이것의 결과가 티코 브라헤가 남긴 관측 수치와 정확하게 일치하더라는 겁니다. 이를 바탕으로 해서 그가 발견한 제1, 제2, 제3 법칙은 훗날 뉴턴에 의해 만유인력의 법칙으로 완성되는 것은 너무나도 잘 알려진 사실입니다. 그로 말미암아 천문학은 물론이고 물리학에서 새로운 지평이 열렸다고 해도 과언이 아닐 것입니다. 그가 태어나기 천 몇 백 년 전 알렉산드리아의 한 수학자가 남겨놓은 공식이 어찌 보면 전혀 상관없어 보이는 별들의 운동을 정확하게 설명해 주고 있다는 사실을 발견하고 그는 하나님을 바라봅니다.

"이제 나는 이 거룩한 열광의 도가니에서 나 자신을 고스란히 내 맡긴다. 〈중략〉 주사위는 이미 던져졌고 나는 펜을 들어 책을 쓴다. 나의 책을 요즘 사람들이 읽든 아니면 까마득히 먼 훗날이 되어서야 읽히든 나는 상관하지 않는다. 단 한 사람의 독자를 만나기까지 천년을 기다린다 해도 나는 결코 서운해 하지 않을 것이다. 우리의 하나님께서는 당신을 증거할 이를 만나기까지 6000년을 기다리지 않으셨던가?"

6000년은 당시 기독교 우주관에서 하나님의 천지창조 이후 우주의 역사에 해당합니다. 그러니까 하나님께서는 창조 이후부터 당신의 창조 원리를 인간이 깨닫게 되기를 기다리고 계셨다고 케플러는 생각했던 것 같습니다. 그는 루터파 목사가 될 뻔했던 신학생 출신이었기 때문에 그러한 창조론적 관점으로 우주를 바라봤던 것으로 여겨집니다. 즉 케플러는 인간에 의해 이해되어질 만한 수준으로 하나님께서는 천지를 창조해 놓으시고 인간에 의해서 그것이 발견되어지기를 기다리고 계신다는 것으로 바라봤던 것 같습니다. 마치 보물을 숨겨놓고 아이들에게 찾아보라고 하는 '보물찾기 놀이'와 비슷하게 말입니다.

앞에서 이미 인용한 바 있습니다만 아인슈타인의 이 말을 여기에서 다시 한번 생각해 보겠습니다.

"우주가 존재한다는 것 이상으로 기적적인 사실은 인간에 의해서 우주가 해석되고 있다는 사실이다."

또 다른 예로서, 20여 년 전에 한국에서 번역 출간된 책 중에서 〈신의 베틀(The Loom of God, 저자 Clifford A. Pickover)〉이라는 책이 있습니다. 그 책의 내용보다도 저에게 인상 깊게 다가왔던 내용은 서문에 있었습니다.

"아인슈타인의 특수 상대성의 원리 $E=mc^2$, 드브로이의 물질의 파동성 등 물리학적으로 중요한 공식들을 보면 의외로 간단한 형태를 가지고 있다. 만약에 이것들이 복잡한 4차 또는 5차 방정식의 형태였으면 과연 인간이 그것들을 발견해 낼 수 있었을까? 〈중략〉 신은 수학이라는 베틀을 사용하여 우주를 만들었는지도 모른다."

어떻게 보면 우주를 인간이 해석할 수 있는 수준으로 창조하시고는 인간 스스로가 그것을 바라볼 수 있게 되기를 하나님께서는 기다리고 계시는지도 모릅니다. 아니 어쩌면 인간을 창조하실 때 처음부터 인간의 지적 능력을 당신의 작품을 해석할 수 있는 수준으로 만드셨던 것 같습니다.

그런데 아이러니하게도 인간은 그 지적능력을 통한 우주현상의 해석 결과를 놓고서 '신은 존재하지 않는다'는 결론을 내리고 있습니다. 그러니까 자연현상이 수학적 해석과 딱딱 들어맞는 것을 놓고 케플러는 하나님 섭리의 증거로 보았는데 무신론 진영은 같은 것을 두고 정반대의 결론을 내리고 있는 것입니다. 하나의 명제에 대하여 서로 배반하는 논리를 내세우고 있으니 둘 중 하나는 분명히 '억지'가 될 겁니다. 만약에 앞의 것(前者)을 억지라고 가정한다면 하나님의 천지창조 역시도 부정할 수밖에 없고 그렇게 되면 만물의 존재성, 즉 존재의 시작에 대해서는 어떤 설명도 할 수 없게 됩니다. 아무리 빅뱅이론으로 만물의 태초를 물리학과 수학적 방법으로 해석했다 해도 왜 빅뱅이 일어났는지, 그리고 빅뱅의 시작점이라 할 수 있는 '특이점(Singularity)'은 어디로부터 왔는지는 설명을 하지 못합니다. 단지 그런 것을 전제로 하고 이론을 시작한 것일 뿐입니다. 그리고 만약 그것이 과학적으로 규명이 된다 할지라도 또 다른 시작점이 대두가 되겠지요. 결국 이것은 끝이 없다는 이야기이고 인간의 지적 능력만으로는 우주를 완전히 이해할 수가 없다는 이야기입니다. 즉 신을 부정하는 것은 인간의 지적 능력 너머의 세계를 부정하는 것과 마찬가지입니다, 아니, 부정이라기보다는 무시라는 표현이 더 맞을 것 같습니다.

이것이 바로 인간의 죄성이 아닐까 하는 생각이 듭니다. 십자가에 달리신 예수님을 향해 군중은 소리를 지릅니다. "네가 하나님의 아들이어든 지금 십자가에서 내려오라"고… 눈으로 보여 달라는 것입니다. 그러면 믿겠다는 것이지요. 만약 그러실 거였으면 예수님은 처음부터 칭기즈칸 같은 사람으로 세상에 오셔서 힘으로 내리 누르시고 자신을 나타내시는 편이 훨씬 쉬웠겠지요. 구차하게 시골의 가난한 목수의 아들로 태어나실 필요가 없이 말입니다.

마찬가지로 과학적으로 신의 존재를 증명해보라는 무신론 진영의 요구도 그와 다르지 않아 보입니다. 한 번 정도 하나님의 모습을 간접적으로라도 하늘에 나타내 보이셨으면 사실 후련할 것 같은데 하는 생각도 들긴 듭니다. 또는 지구에서 사는 모든 사람들이 들을 수 있도록 하늘에서 큰 음성으로 당신의 위엄을 보여주시면 누가 감히 뭐라 하겠습니까? 하지만 하나님은 지금 우리들이 보고 있는 우주 그 자체만으로도 이미 당신의 모습을 충분히 나타내 보이셨다고 여기시는 것 같습니다. 그런데 사실 그게 맞습니다. 올바른 대통령이라면 이미 짜여진 '일반화'된 법을 통해서 그 나라를 통치하는 것이 원칙일 것입니다. 만약 각각의 경우마다 일반법의 내용을 따르지 않고 통치자의 일방적인 취향으로 특별법을 만들고 '긴급조치' 같은 것으로 나라를 통치한다면 그 나라는 이미 정상적인 형태는 아닐 것이고 그런 통치자를 독재자라고 불리는 것이겠죠. 사실 '안 믿는 것'도 하나의 신앙입니다. 그런 신앙을 가진 사람들에게는 어떤 증거를 들이대 봤자 또 다른 증거를 요구할 겁니다. 한 예로, 몇 년 전 어떤 미국 명문대 출신 유명한 가수의 학력논란으로 인하여 한동안 한국 사회가 시끄러웠던 것을 기억하실 것입니다.

대중이 이유 없이 한 사람을 얼마만큼이나 망가뜨릴 수 있는지를 보여 주는 좋은 사례였던 것 같은데요. 당사자가 제시하는 졸업증명서는 물론이고 기자가 그 대학을 직접 방문해서 졸업증명서를 출력하는 것을 방송에서 보여 주는 데도 믿지 못하겠다고 아우성을 쳐댔습니다. 심지어 그중 골수분자 몇몇은 재판정에서조차 검찰이 제시하는 수사 증거자료까지 인정하질 않고 검찰까지도 그 가수의 프락치로 보았다고 합니다. 자신 스스로에게 가해지는 세뇌(洗腦)의 위력이 어느 정도까지 이를 수 있는 지를 보여 주는 것 같습니다. 가히 '병적(病的)'이라고 표현할 수 있겠지요. 그런데 '하나님은 없다'라고 외치는 사람들 중에도 그런 경우와 다르다고 말할 수는 없는 사람이 많이 있을 것입니다.

온 우주와 그것을 바라보고 있는 인간 자신의 존재 자체가 하나님의 존재를 나타내 보이는 가장 큰 증거인데 그것을 무시하고 있는 이들에게 다른 어떤 증거들 - 심지어 방금 예로들은 하늘의 음성 같은 - 약발이 들 수 있을까 하는 생각도 듭니다.

기적도 자꾸 경험하면 중독이 될 것 같습니다. 매일 일어나는 기적을 과연 기적으로 받아들일까요? 불치병으로 죽음의 목전까지 갔다가 다시 살아나면 사람들은 기적이라고 말합니다. 그러나 매일 아침, 잠에서 깨면서 하루를 시작하는 우리들은 그것을 기적이라고 생각하지 않습니다. 그러나 죽음의 목전까지 갔다가 돌아온 사람들에게는 그것은 분명히 기적으로 보일 것입니다. 단지 매일 일어나고 있는 일이니까 일상으로 여기고 있을 뿐이겠지요.

우주도 마찬가지입니다. 그 광대하고 찬란한 아름다움을 가지고 있는 존재 그 자체가 가장 큰 기적일 것인데 우리가 그 속에 항상 살고 있어 언제든 보고 싶을 때 볼 수 있는 것이 되니까 기적이 아닌 것처럼 여기고 있을 뿐입니다. 그러니 하나님의 음성이 하늘로부터 들려와도 처음엔 요란을 떨겠지만 연구해 보니 어떤 과학적 현상이더라 하면서 그냥 시들해질 것입니다.

그러면 또 '그러면 그렇지'하면서 또 안 믿는 이유를 찾겠지요. 그 '과학적 현상'이라는 것이 단순한 가설에 지나지 않더라도 말입니다. 그러니 현대 사회에서 그야말로 과학은 인간으로부터 하나님께 향한 눈을 가리는 가장 큰 도구임에는 분명해 보입니다. 어떤 기적도 그냥 '과학적 이론(그것이 단순한 가설이라도)'으로 포장해 버리면 사람들은 '그런가 보다' 하고 하나님께 눈을 돌리지 않게 됩니다. 이런 측면에서 인간의 관념은 '과학이라는 색안경'에 엄청나게 휘둘리고 있는 셈입니다.

여기에서 다시 한번 조금 전에 거론했던 명제를 다시 꺼내보겠습니다. 왜 하나님은 인간에게 과학을 허락하셨을까요? 아니면 과학은 사탄이 인간에게 준 선물일까요?

2. 과학 - 또 다른 선악과일까?

분명히 짚고 넘어가야할 문제입니다만, 사탄은 인간에게 어떤 선물도 주질 못합니다. 사탄에게는 창조의 능력이 없기 때문이죠. 다만 인간으로 하여금 하나님께서 주신 것을 올바르게 '사용'하지 못하도록 '유혹'할 뿐입니다.

이러한 명제를 생각하기 전에 먼저 에덴동산을 생각해 보겠습니다. 선악과… 창세기에 관한 성경공부라면 반드시 있는 질문일 것입니다. 먹지도 못하게 하시면서 선악과는 왜 에덴동산 한가운데 두셨을까 하는 문제입니다. 참으로 인간에게는 정답이 없는 문제인 것 같습니다.

　여기에서 '왜'의 문제에 앞서 '무엇'의 문제를 먼저 생각해 보려고 합니다. 즉 선악과는 도대체 무엇이었냐는 것입니다. 이 문제 역시 앞의 문제와 마찬가지로 인간으로서는 정답을 구해내는 것이 어쩌면 불가능한 것일 수 있다는 생각도 듭니다만, 이 책을 쓰고 있는 저자로서의 생각을 조심스러운 마음으로 얘기해 보자면 선악과는 인간에게 주신 '知情意'로 표현되는 하나님의 형상과 그것을 활용할 수 있는 '자유의지'를 적용할 수 있는 '유일한' 피조물이었다는 것입니다.

　다른 표현으로 이야기하자면 하나님께서 에덴동산의 인간에 주신 '유일한 율법'의 대상물이었다는 것이고 그런 의미에서 선악과는 인간 자유의지의 유일한 적용대상의 실체였습니다. 자꾸 논리가 궁하니까 이야기가 반복되고 있습니다만 좀 더 분명하게 결론적으로 말씀드리면 선악과가 없었다면 인간은 근본적으로 하나님으로부터의 형상을 직접적으로 물려받은 아주 '특별한 피조물'이라는 것을 발휘하고 나타낼 것이 없었기 때문에 지능을 갖고 있는 그저 하나의 '똑똑한 피조물'에 지나지 않았을 겁니다.

　물론 신학적으로 검증된 것이 아닌 제 개인적인 생각으로 그렇습니다. 어떻게 생각해 보면 하나님과 인간 사이의 아주 '특별한 관계'는 선악과가 없었다면 그 의미를 발휘하고 작용할 수 없었을 것이라는 생각이 듭니다. 즉 그 '특별한 관계'를 상징하는 '자유의지'의 적용 대상이 에덴동산에서는 선악과가 유일했다는 것입니다. 그러니 선악과는 어마어마한 축복이었고 인간에게만 주어진 아주 특별한 선물이라는 것은 분명한데 다만 사탄에 의해서 그가 가지고 있는 탁월한 재주라 할 수 있는 '유혹'에 의해서 우리에게는 죄의 근원으로 작용하였을 뿐입니다.

　성경이나 역사에서 보면 인간에게 주어진 하나님의 축복이 또 다른 죄나 불행의 빌미로 작용되는 경우를 적잖게 볼 수 있습니다. 히스기야에게 주어진 15년의 수명 연장의 축복은 이스라엘에게는 결국 재앙으로 연결되는 것이 그 예입니다. 하나님의 축복은 인간에게는 양날의 칼과 같아서 그 자체가 사탄에게는 유혹의 도구가 되어버리는 겁니다. 하지만 하나님은 인간의 죄악에 대한 징벌 속에 또 다른 축복을 숨겨 주십니다.

　에덴동산에서 쫓겨난 하와에게 주신 징벌은 출산의 고통이었지만 지금은 출산을 징벌로 여기기보다는 축복으로 받아들여지고 있습니다. 오히려 출산을 못하면 예나 지금이나 불행한 여자로 여기고 있습니다. 아담에게 주셨던 노동의 수고 역시 그렇습니다. 가족들을 먹여 살려야 한다는 의무감에서만 하는 노동이라면 징벌적 의미가 더 크겠습니다만 그렇다고 노동에 그것만 있는 것이 아님을 많은 분들도 동감하시리라 믿습니다.

　농부에게 수확이라는 것이 노동에서의 소득이라는 것 이상의 의미가 있는 것처럼 말입니다. 장자(莊子)가 말한 '새옹지마(塞翁之馬)'라는 말이 의미하는 바도 오늘의 축복이 내일의 재앙으로 연결될 수도 있고 또한 그 재앙이 꼭 재앙만이 아닐 수 있음을 이야기하는 것이라고 합니다. 그러니 축복을 받았다고 하는 생각이 들 때 사람은 조심해야 할 것 같습니다. 바로 사탄의 유혹이 그 다음을 기다리고 있을지 모르니까요.

　이제 제자리를 찾아가서 과학은 현대의 인간에게 또 다른 형태의 선악과로 우리에게 주어진 것이 아닐까 하는 생각이 듭니다.

선악과가 인간과 하나님 간의 아주 특별한 관계를 나타내 주는 큰 축복의 상징물이었다면 과학은 우주만물에 작용하신 하나님의 손길을 바라볼 수 있게 하는 '아주 특별한 창문'이라 할 수 있을 것 같습니다. 최소한 분명한 사실은 과학이 아니었다면 우주와 세상 만물이 이렇게 광대하고 치밀하게 만들어졌다는 사실을 인간이 알 수 없었을 것입니다. 단순히 눈으로 볼 수 있는 토성까지 만의 크기에서 느껴지는 광대함과 허블 망원경을 통해서 보는 백억 광년의 크기에서 느껴지는 광대함은 분명한 차이가 있을 것이니까요. 문제는 그것을 하나님의 손길로 보지 않고 있는 것이 문제일 뿐이겠지요.

선악과를 두고 뱀은 유혹을 합니다. "이렇게 먹음직스러운 것을 왜 못 먹게 하실까?" 마찬가지로 과학을 두고 사탄은 인간에게 속삭입니다. "거봐, 지금 이렇게 수학적으로 딱딱 들어맞는데 원래부터 그랬을 거 아냐? 하나님은 없다니까."

자, 여기에서 한 가지 의문을 가져 봅시다. 우주가 너무나도 '수학적으로' 딱딱 들어맞는 것이 과연 하나님이 계시지 않는다는 증거가 될 수 있을까요? 저는 오히려 그 반대로 생각할 수 있다고 생각하고 있습니다. 수학이라는 세계의 입구는 '정의'와 '공리'라는 논리적인 분명한 출발점이 있습니다. 좀 더 심하게 말하면 모든 수학의 세계는 '정의된 세계'라는 사실입니다. 이에 대해서는 다른 장에서 보다 깊게 이야기해 보겠습니다.

여기에서 제가 짚고 넘어가고 싶은 문제가 있습니다. 어떤 마음가짐으로서의 무신론이냐 하는 것입니다. 무슨 무신론에도 종류가 있나? 하는 생각이 드는 분도 계시리라 여겨집니다. 제가 보기에는 있는 것 같습니다. 앞에서 말한 진화론주의에 바탕을 둔 무신론은 실질적으로 또 다른 신앙에 가까운 무신론일 것입니다. 그냥 하나님을 안보는 것이죠. 단지, 과학은 그들에게 그럴듯한 이유만을 제공할 뿐입니다. 앞에서 보여드렸던 다윈의 물고기를 차에 달고 다니는 사람들이 그런 분들이 아닐까 하는 생각을 갖고 있습니다만 다윈은 그분들에게는 일종의 핑계인 것 같습니다. 하나님이 계시다는 사실이 과학적으로 증명되지 않았듯이 하나님이 계시지 않는다는 사실 역시 증명된 사실이 아닙니다만 그들은 진화론의 몇 자락 추측(이론 또는 가설)에 가까운 이야기를 가지고 하나님이 계시지 않는다는 사실로 스스로 확대해서 '믿고' 있는 사람들입니다. 그리고서는 창조론을 비과학적이라고 공격하고 있죠.

하지만 자연사물을 보는 객관적인 관찰자 입장에서의 무신론도 있을 것 같습니다. 갈릴레오를 심판했던 당시의 로마 교황청처럼 과학적으로 일어나는 모든 의문에 대해서 "원래 하나님께서 그렇게 창조하셨다"라고 결론을 내리는 자세가 과연 하나님께서 원하시는 것일까 라는 생각을 해봅니다. 중세 가톨릭교회는 하나님께서 창조하신 우주를 하나의 완전체로 보았습니다.

사실 그러한 생각은 성경에 바탕을 둔 것이라기보다는 플라톤의 이상주의 철학에 기인된 것인데 엉뚱하게도 성경이 아닌 이상주의적인 잣대로 갈릴레오를 심판했던 것이었습니다. 그것이 성경적이냐 아니냐를 차치하고서라도 어떤 과학적인 사실로 다가가기 전에 이미 결론을 내려놓고 접근을 했던 것입니다. 그리고서는 이미 내려진 결론과 다른 사실에 대해서는 부정부터 했던 것이죠. 사실 이런 모습은 창조론 진영이건 진화론 진영을 막론하고 상당

부분 지금도 남아 있지 않나 하는 느낌이 듭니다. 과연, 이와 같이 모든 과학적 의문에 대해서 '하나님의 작위(손길)'로만 해석하려 했다면 과학이 지금처럼 발전할 수 있었겠는가 하는 생각을 해볼 필요가 있을 것 같습니다.

즉, 하나님만을 무조건적으로 바라만 보던 관점에서부터 어떤 이유에서 건 눈을 돌려서 다른 곳을 바라보면서 보이게 되는 것들이 참으로 많았다는 사실입니다. 그러니까 다른 것들을 '객관적으로' 보기 위해서 하나님으로부터 다른 곳으로 눈을 돌리는 자세, 이것을 저는 객관적 관찰자로서의 무신론적 자세라고 부르도록 하겠습니다. 이에 대해서는 차츰 뒤로 가면서 보다 많은 설명을 하겠지만 양자역학이라는 학문에서 인간의 관찰이 우주의 상태에 영향을 줄 수 있다는 관점이 등장하면서 '관찰자를 필요로 하는 우주'라는 개념이 등장합니다.

어떻게 보면 인간의 존재는 우주에서 관찰자로서의 역할이 주어졌는데 그것은 마치 경기장의 심판의 역할과 비슷한 것일 텐데 그러기 위해서는 하나님만을 바라보아서는 안 되고 우주를 골고루 살펴봐야겠지요. 그렇게 우주를 바라보고 있을 때만큼은 하나님을 향한 시선에서 자유로울 필요가 있다는 점입니다. 어쩌면 이러한 이유로 유명한 과학자들이 스스로를 무신론자라고 했던 이유가 아니었을까 하는 생각을 가지고 있습니다.

3. 무신론의 그늘

"신은 죽었다."

이 글을 읽고 있는 분이라면 대부분 알고 있을 유명한 말이죠. 독일의 철학자 니체(Friedrich Wilhelm Nietzsche, 1844 ~1900)가 한 말입니다. 니체는 살면서도 숱하게 많은 말을 했었을 것이고 수많은 책과 원고들을 남겼을 것인데 그 중에도 이 한마디 말만이 그 시대와 지금에까지 많은 사람들의 뇌리에 깊숙이 박혀 있습니다. 그만큼 그의 철학을 이 한마디로 함축할 수 있기 때문일 것이고 후세 사람들에게 끼친 사상적 영향력이 그만큼 강력했다는 것일 겁니다.

간단하지만 강력한 이 문장은 1882년 그의 저서 '즐거운 학문' 중에 나오는 비유적인 콩트에 나오는 말인데 그 내용은 어느 도시에서 사람으로 붐비는 시장에 대낮인데도 등불을 들고 뛰어든 어느 미치광이가 "나는 신을 찾고 있노라!"라고 외치는 것으로 시작됩니다. 그는 목사의 아들로 태어나서 한때 목사가 되기 위한 길을 가기도 했던 사람으로서 그는 신에 대한 깊은 사유를 했던 사람인 것만큼은 분명할 것 같습니다. 그 광인은 아마도 니체 자신이 투영된 것일 수도 있다는 생각이 듭니다. 그만큼 니체 자신도 누구 못지않게 신을 찾고 싶었던 것 같습니다.

그런데 문제는 그 광인이 뛰어든 곳이 시장이었다는 점을 저는 눈여겨보고 있습니다. 왜 하필 시장이었을까요? 교회나 대학이 아니고 말입니다. 그가 살았던 19세기의 시대가 바로 '시장'이 아니었을까요? 그때까지의 다른 어느 시대보다 과학의 발전 속도가 눈부시게 빨랐던 시기. 그래서 일부 과학자들이 과학의 끝이 곧 보일 것이라고 확신하면서 "이제 더 이상 뭘 연구하지?"라면서 고민하던 시기. 그 과학문명이 몰고 온 기술 혁신으로 눈부신 경제 성장과 그로인한 빈부격차로서 사회적 갈등이 심화되어 가던 시기. 밖으로는 군사 기술의 비약적인 발전으로 유럽 열강들이 앞다퉈서 전 세계에 약하고 힘없는 사람들을 붙잡아서 식민지를 차지하겠다고 벌이는 제국주의 전쟁과 비인간성이 판을 치던 시기. 바로 그 시기를 니체는 그저 돈만 벌겠다고 사람을 상대로 서로 속고 속이는 장소였던 시장으로 비쳐진 것은 아니었는지 하는 생각이 듭니다. 그런 사람들 앞에서 신을 찾고 있었으니 분명 제정신이 아니었겠지요. 그는 벌써 '신은 죽었다'라는 결론을 갖고 시장에 뛰어들었던 것 같습니다. 그런 19세기의 시간을 살면서 자연스럽게 이미 내려진 결론이었을 겁니다. 사실 원문의 표현은 '우리가 신을 죽였다'라고 합니다. 하긴 신 스스로 자살할 리는 없으니 죽었다면 우리가 죽인 것이 맞긴 하겠지요.

참 재미있는 사실입니다만 괴델(Kurt Gödel, 1906~1978)이라는 독일 수학자가 있는데 앞부분에서 이미 여러 번 언급하였기 때문에 이미 익숙한 이름일 겁니다. 그는 신은 죽었다고 결론을 내린 니체와는 정반대로 신의 존재를 논리학적으로 증명하려고 그의 일생 후반기를 전적으로 투자하며 연구했던 사람입니다. 살았던 시기도 전문 분야도 서로 전혀 다른 이 두 사람이 갖고 있는 공통점 하나는 '미쳤다'라는 것입니다.

이 두 사람 모두 말년에 심한 정신병을 앓았고 그것이 그들의 죽음에 직접적으로 작용한 것으로 여겨지고 있습니다. 이것을 어떻게 보면 긍정이던 부정이던 간에 인간의 사고력만으로 신의 존재 대해서 깊게 파헤치는 것에는 어떤 분명한 한계점이 있다는 이야기가 아닌지 모르겠습니다. 즉 신에 대한 일정 수준 이상의 사고(思考)는 인간이 갖고 있는 사고능력에 대한 '용량 초과'가 아닐까 하는 것이죠. 그래서 성경에서 보면 하나님께서 그분의 온전한 형상을 인간에게 보여 주시질 않는 이유가 여기에 있는 것은 아닌지 모르겠습니다.

　이야기가 다른 곳으로 잠깐 나갔습니다. 사실 니체의 그 결론은 19세기라는 시대의 결론이기도 한 것 같습니다. 19세기는 이른바 '세속화(Secularization)'의 시대였습니다. 르네상스 이래로 인본주의 철학과 계몽사상 등으로 인간의 사고에서 신을 배제하려는 경향이 조금씩 나타나긴 했었습니다만 그래도 신으로부터 인간이 대놓고 벗어난다는 것은 사실 생각하기도 힘들었던 것이 사실이었습니다. 하지만 19세기에 가까워지면서부터는 그러한 경향이 곳곳에 나타나게 되는데 그러한 경향을 헤겔(Georg Wilhelm Friedrich Hegel, 1770~1831)은 '새로운 시대의 도래는 신 자체가 죽었다는 감정이다(1803)'라는 말로서 새로운 시대가 도래하고 있음을 예견했다고 합니다.

　사실 그러한 감정변화의 근원적인 원인은 아니더라도 과학은 그러한 풍조를 증폭시키고 널리 유포시키는 촉매제로서의 역할을 했던 것은 사실이었던 것 같습니다. 코페르니쿠스(Nikolaus Kopernikus, 1473~1543)의 지동설로부터 시작되어 뉴턴(Isaac Newton, 1643~1727)의 만유인력으로 이어지는 연이은 천문, 과학적 발견으로 말미암아 인간들이 보기엔 자연과 우주에 굳이 신을 개입시키지 않더라도 인간의 논법만으로도 해석되기 시작했던 것입니다.

　그중에 가장 결정적인 '한방'이 바로 다윈(Charles Robert Darwin, 1809~1882)의 진화론이었다는 사실은 이미 잘 알려진 사실일 겁니다. 특히 그의 저서 '종의 기원'은 그 당시 유럽 지식층에 급속도로 번지고 있던 유물론(唯物論) 사상에 직접적으로 대거 인용이 되기 시작하면서 다윈은 무신론의 상징적 인물이 되었다고 합니다. 즉, 그로 인해서 과학적 무신론이 '촉발'되었던 것이 아니라 당시의 전통적인 관념철학에 대한 반동으로 이미 유럽사상계에 광범위하게 번져나가고 있던 유물론의 진영으로부터 절대적 지지를 받으며 그들의 유물론적 자연해석 관점의 강력한 증거로 제시되면서 결국에는 그들로 인해 '신격화'되었다고 볼 수 있을 것 같습니다.

유물론은 한마디로 인간의 마음과 정신세계를 형이상학적이거나 초자연적인 것이 아닌 그저 하나의 단순한 물질현상으로 '격하'시킨 것으로서 때마침 나온 다윈의 진화론으로 인간의 정신세계 역시 어떤 숭고함이 아닌 단순한 진화의 산물에 지나지 않는다는 것으로 추론이 가능해졌기 때문에 유물론자들에게는 하나의 복음으로 받아들여졌던 것 같습니다.

이 유물론적 관점은 이후에 공산주의의 기본 철학으로 깊숙이 작용되었다는 것은 많은 분들이 이미 알고 있을 것으로 여겨집니다. 공산주의가 왜 그렇게까지 종교를 극단적으로 부정했던 이유가 이런 유물론적 사상으로 기인된 것이었다고 할 수 있습니다. 유물론은 사상 자체가 인간으로서의 존엄과 숭고함을 스스로 포기한 사상이었기 때문에 비인간적이고 무자비함이 합리화가 될 수 있었고 그럼으로써 그 사상적 독소가 그 다음 세기인 20세기에 인류를 엄청난 격랑 속에 몰아 집어넣었고 그로인한 수 없이 많은 비극과 희생을 야기(惹起)시켰다는 것은 익히 알고 있으리라 여겨집니다.

하지만 19세기를 지나서 20세기에 들어서면서 이 같은 방식의 사고로 인한 인간세계의 한계 상황에 봉착하게 됩니다. 그것은 마치 '신이라 할지라도 이 배는 침몰시키지 못할 것이다'라고 첫 출항을 앞두고 배 주인이 호언장담했던 타이타닉호가 그 처녀항해에서 빙산과의 충돌로 인해 침몰한 사건과 비슷해 보입니다.

19세기 신 앞에서 인간들의 콧대를 하늘 높은 줄 모르게 높여주었던 과학이 인간 스스로에게 총칼로 변모해서 두 차례에 걸쳐서 인류를 대규모의 살육의 현장으로 내몰았고 지금도 인류 전체를 말살시키고도 모자라서 지구라는 행성을 파멸의 땅으로 만들고도 남을 만큼의 무기를 스스로 품고 살아가고 있습니다.

과학이 과연 인간에게 행복을 가져다주었을까요? 과학의 결실들은 사실 인류 극소수에게만 혜택으로 돌아갔고 나머지 사람들에게는 그로인한 갈등과 분란과 불안만을 안겨 주었던 것 같습니다. 과학을 보고 좋아라하며 하나님을 떠난 것이 과연 잘한 일이었을까요?

어쩌면 스스로 신의 품을 떠났던 인간들은 언젠가 스스로 신의 품을 찾아 돌아올지도 모릅니다. 마치 돌아온 탕자처럼 말이죠. 탕자의 아버지는 집을 나가는 것도 모자라 두 눈 뜨고 멀쩡하게 살아있는 자신 앞에서 유산을 미리 달라는 이 버르장머리 없는 아들에게 어떤 잔소리 없이 그의 몫의 유산을 내어 주고 아들을 떠나게 했습니다. 뻔한 결말이 보이는 경우였는데도 말입니다. 붙잡아야 결국 어떻게든 나갈 녀석이라는 것을 알았을 수도 있죠. 하지만 혹시 아버지는 그 버릇없는 아들이 결국에는 돌아오게 될 것을 이미 알고 있었던 것은 아니었을까요? 그렇지 않았으면 그렇게 군말 없이 유산까지 줘가며 집을 나가게 했을 리가 없을 것이라는 생각마저 듭니다. 다만, 돌아올 때까지 살아 있다면 말입니다.

하나님도 이와 마찬가지로 아마도 그것을 아시기에 하나님도 자신의 품을 떠난 인간들을 굳이 붙잡지 않으셨을 수도 있겠다 하는 생각이 듭니다. 수백 발자국 물러서서 필요에 의해서 신을 인간 스스로가 창조했다손 치더라도, 시대적 흐름에 세속화로 신의 필요를 일시적으로 부정할 수는 있어도 결국 인간은 언젠가는 신의 필요를 스스로 인정할 수밖에 없게 된다는 것입니다. 그것은 '존재'의 질문에 대한 어쩌면 유일한 해답일 수밖에 없기 때문일지도 모른다는 생각이 듭니다. 그 해답으로 파생되는 또 다른 의문은 '신은 어디에서부터 왔는가?' 이 한 가지밖에 없습니다. 신의 존재를 부정했을 때보다 의문의 구조가 훨씬 간단해지는 겁니다.

존재의 의문에 대해서 어차피 인간은 완전한 답을 얻지 못한다는 것은 괴델의 '불완전성의 정리'로서 증명이 된 것으로 저는 보고 있습니다. 그것은 우주 시작인 빅뱅의 초기 우주가 대 사멸이라는 대칭성을 뚫고 물질과 시간이라는 속박의 길을 스스로 선택하면서 생긴 어쩌면 '태초로부터의' 숙명일 수 있습니다. 하지만 인간이 존재의 의문에서 신을 배제해 버리면 체념해야 할 것들이 끝이 없이 생겨나게 마련일 것입니다. 왜냐하면 우주의 모든 존재가 의문의 대상이 되어 버리고 그 논리 구조가 무한히 복잡하게 얽히고설키게 될 것입니다. 그러나 신의 존재를 가상으로라도 인정하게 되면 그 모든 의문의 방향을 신에게로 향하게 하면 됨으로서 의문의 구조가 극히 단순화하게 됩니다. 신이 인간의 필요에 의해서 창조된 것이라면 아마도 그래서 일수도 있을 것 같다는 생각도 듭니다.

그런데 꼭 그것 때문만으로 인간이 신을 필요로 한다고 생각하기에는 조금 무리가 있을 것 같습니다. '캐스트 어웨이(Cast away)'라는 톰 행크스가 주연한 영화가 있습니다. 제목 그대로 주인공이 비행기 불시착으로 어느 무인도에 혼자 표류하다가 삼 년 만에 극적으로 구조되어 돌아온다는 내용인데 불시착 당시 그가 소지하고 있던 물건 중에 배구공 하나가 있었습니다. 처음에는 배구공 그 이상도 이하도 아니었고 배구공이라는 것이 무인도 표류생활에서 별 쓸모가 있는 것도 아니어서 주인공은 별 관심을 보이지 않았었죠. 그런데 작은 사고로 손에 부상을 당하고 그 손으로 무심코 배구공을 만지면서 생긴 손 모양의 빨간 핏자국에서 그는 그 배구공에서 일종의 얼굴 표정 비슷한 것을 보게 됩니다. 물론 착시였겠지요. 착시 중에 많은 경우가 심리적인 투사가 일어나는 경우가 종종 있습니다. 낯선 무인도에 혼자 외로이 살아가는 그에게 사실 무엇보다도 필요한 것은 아마도 대화 상대였을 겁니다.

주인공은 배구공에 적혀진 상표 그대로 '윌슨'이라고 부르기 시작했고 그때부터 그 배구공은 단순한 배구공이 아닌 무인도에서의 유일한 대화 상대를 넘어선 친구로 삼고 살게 됩니다.

배구공을 상대로 말싸움을 하기도 하고 위로의 말을 주고받기까지 하는 그런 모습을 만약 다른 사람이 본다면 미친 사람으로 보일 법한 장면이었겠지만 사실 그 배구공 때문에 그는 그 외딴 섬에서의 표류생활을 견딜 수 있었습니다. 그 배구공 '윌슨'은 분명 생명체는 아니었습니다. 하지만 그렇다고 해서 주인공에게는 더 이상 '죽어 있는' 무생물체가 아니었다는 것입니다.

자, 윌슨은 주인공에게 살아있는 것일까요? 아니면 생명이 없는 죽어 있는 것일까요? 아니면, 이렇게 생각하면 어떨까요? 주인공이 그 배구공에게 생명을 불어넣은 것은 아니었을까요? 마치 하나님께서 흙덩어리 인간의 형상에 생기를 불어넣으셨던 것처럼 말이죠.

적막한 우주 한가운데 둥둥 떠 있는 자그마한 외딴 행성 지구에 표류하고 있는 인간에게 신은 그래서 필요했었던 것이었을 지도 모릅니다. 결국 신앙이라는 것은 의문에 대한 체념(또는 단념)일 수도 있을 것 같습니다. 이 체념이라는 의미는 끝없이 이어지는 의문의 고리에 대해서 인간 스스로 그어 놓은(또는 인정된) 한계점이 신앙이고 종교에 따라서 어디에 선을 그어 놓느냐가 달라질 것입니다. 기독교나 이슬람교 같은 일신교는 그 선을 신의 존재 바로 앞 한곳에 그어 놓은 것이고 힌두교 같은 다신교는 여러 곳에 선을 그어 놓은 것이 되겠죠.

반면에 불교, 유교 등과 같은 동양 종교들은 인간이 갖고 있는 의문은 그냥 그 자리에 두고(어떻게 보면 해답이 다가올 때까지 기다린다고 할까요?) 그렇기에 금을 어느 곳에도 긋지 않고 그렇다고 신을 굳이 부정하는 것도 아니면서 그쪽을 바라보지는 않은 채 신을 등지고 인간과 자연 그 자체를 바라보는 것 같습니다. 결국 인간의 몸을 입고는 결코 풀리지 않는 그런 문제에는 연연하지 말고 어차피 자연 속에서 살아가야 하는 인간 그 자체를 바라보라는 가르침인 것 같습니다.

그러나 19세기에 유럽을 비롯한 서양 세계는 그 의문의 방향을 신이 아닌 곳으로 돌릴 수가 있었습니다. 바로 과학입니다. 즉 세속화의 출발점은 바로 과학입니다. 헤겔이 19세기 초입에 세속화의 시대를 예견한데로 이신론, 계몽주의 사상 그리고 유물론과 진화론 등등으로 대표되는, 점차 신의 손에서부터 벗어나려는 인간의 몸부림은 결국 니체의 '신은 죽었다'라는 독백으로 그 화려했던 19세기는 막으로 내리게 됩니다. 하지만 그 말을 한 니체 역시 다가오는 정신병의 굴레를 피하지 못하고 죽음을 맞이합니다.

자, 그렇다면 돌아온 탕자는 아무런 의미 없이 세월을 허송만

한 것일까요? 그렇지 않죠. 바로 세상을 알게 되었습니다. 다른 나라에 가서 살면서 그곳이 어떤 곳이고 사람들은 어떻게 살아가더라는 사실을 알게 된 것입니다. 바로 밑바닥에서부터 말이죠.

그것처럼 만약 인간이 미래의 어느 시기에 다시 신을 인정하게 된다면 신으로부터 떠나기 이전의 신의 모습과는 다른 신의 모습을 볼 수 있게 될지도 모릅니다. 바로 인간이 우주를 이해하고 그 우주를 창조하신 진정한 의미의 '창조자의 형상'을 말입니다. 그것이 자신의 품을 떠나는 인간을 붙잡지 않으셨던 그분의 속뜻일지도 모르죠.

다만 인간이 세속화의 시대를 잘 견디고 니체가 겪었던 파멸을 피한다면 말입니다. 탕자의 아버지는 아들이 돌아온다면 이전과는 다른 아들이 될 것이라는 것을 알고 있었지만 늘 걱정하면서 매일 문밖까지 나와 아들을 기다렸습니다. 세상을 뼈저리게 알게 되기는 하겠지만 세상이 그를 잡아먹을 수 있다는 것을 알고 그것을 걱정했던 것이겠죠. 아마도 인류도 세속화의 격랑 끝에 그것을 극복하여 살아남느냐 아니면 자신들의 모순의 함정에 빠져 스스로를 파멸로 몰아가느냐에 따라서 인류의 앞날이 정해지는 그런 문제일지 모릅니다.

4. 지금도 계속되는 종교재판

2005년 미국은 도버라는 펜실베니아주의 자그마한 도시에 이목이 집중되어 있었습니다. 어떻게 보면 별것도 아니었습니다. 그 도시의 교육위원회에서 매년마다 이뤄지는 중학교 과학 교과서 선정 문제로 인한 것이었으니까요. 그런데 그 사소한 문제로 인하여 연방법원에서 판사를 파견할 정도로 큰 재판이 열리게 되고 그 재판에서 나오는 한마디 한마디가 언론 매체에 보도가 되는 등 논란의 중심에 서게 됩니다.

이 사건의 출발점은 그 도시의 교육위원회가 과학 과목에 '지적설계론'을 포함시키기로 결정하고 그 내용을 교과서 선정지침에 포함시킨다는 발표를 하고나서부터입니다. 이에 일부 학부모와 과학 교사들은 즉각적으로 반발을 하여 미국 수정헌법 제1조를 위배하는 것으로 연방법원에 소송을 일으키게 되는데 우리나라로 치면 헌법재판소에 위헌청구소송을 내는 것과 비슷한 것 같습니다. 이 미국의 수정헌법 1조는 표현의 자유에 관한 내용으로서 언론과 양심 그리고 종교의 자유를 규정한 내용으로서 그때까지 여러 차례 있었던 창조론과 진화론의 법정 논쟁에 있어서 핵심 쟁점이 되었던 조항입니다.

즉 국민 개개인의 양심을 형성시키는 공립교육에 있어서 특정 종교의 개입 또는 간섭이 있어서는 안 된다는 논지로서 창조론은 공립학교의 교육과정에 포함될 수 없다는 판례가 이미 존재했던 것이었습니다. 이에 피고 측인 교육위원회는 창조론을 포함시키려는 의도는 없고 단지 순수과학의 한 이론으로서 '지적설계론(intelligent design)'을 포함시키려는 것이라고 주장하며 이는 수정헌법과 판례들을 위반한 것이 아니라고 주장합니다. 이러한 피고 측의 논리에 원고 측에서는 지적설계론은 창조론에서 이름만 바꿔치기한 것에 지나지 않은 것이라고 반격하였고 결국 13주간에 이르는 법정투쟁의 기간 동안에 최대 쟁점은 관연 지적설계론이 정규 과학의 범주에 포함될 수 있는가 없는가에 대한 논쟁이 되어

버리고 법정에서의 한마디 한마디가 신문과 뉴스를 통해서 전 미국에 보도가 될 정도로 전국을 떠들썩하게 만듭니다.

결론부터 말씀드리자면 지적설계론은 아직 과학적으로 보편적인 기반이 갖추어지지 않은 상태로 종교적 신념에 중립적이라고 할 수 없기 때문에 정규 과학으로 볼 수 없다는 판단 아래 원고 측의 승소 판결을 하게 되고 이어진 교육위원 선거에서도 이 사건을 일으킨 주도적 인물들이 모두 패배함으로써 학부모와 교사 측의 일방적인 승리로 결말을 맺게 됩니다.

사실 재판이 시작될 무렵만 하더라도 당시의 부시 대통령도 이에 대해 언급하는 등 피고 측인 교육위원회에 호의적인 여론이 꽤 있었고 심지어 보수주의 색채가 강한 독실한 기독교인이 재판관으로 임명되었기 때문에 피고 측이 승리할 것으로 보는 사람들도 많았으나 심리가 진행되어 갈수록 오히려 지적설계론의 얄팍한 밑천만 드러나게 되어 여론은 점점 싸늘해져 갔습니다. 이 재판의 재판관을 맡았던 존즈 판사(Judge John E. Jones III)는 훗날 한 인터뷰에서 자신도 처음에는 지적설계론과 교육위원회의 판단에 많은 호의를 갖고 재판을 시작했으나 법정에서 심리가 계속될수록 교육위원회의 판단이 결코 종교적으로 중립적이지 못했으며 지적설계론의 과학적인 한계와 모순만 드러날 뿐이었다고 이야기했습니다. 한 가지 놀라운 사실은 재판이 끝난 후 이러한 판결을 한 존즈 판사와 그의 가족들에게 계속적인 테러 위협이 이어졌고 이에 따른 경찰의 신변보호 조치가 한동안 계속됐다는 사실입니다. 피고 측을 지지하는 사람들 모두가 순수하고 선량한 기독교인은 아닐 수가 있다는 사실이 아닐까 합니다.

그런데 그보다 80년 전에는 그와는 정반대의 경우로서 미국 전체가 시끄러워지는 일이 발생했습니다. 이른바 스코프스 재판(Scopes Trial, 1925년)으로 알려진 사건으로서 테네시주 데이톤(Dayton)이라는 작은 도시에서 존 스코프스(John Scopes)라는 생물교사가 학과 시간에 학생들에게 진화론을 가르쳤다는 이유로 테네시주 법원에 고소를 당하는 것이 시발점입니다.

재판 진행과정이 당시에는 첨단 매체라 할 수 있는 라디오로 전국에 생중계 방송이 될 정도로 당시에는 전 미국을 떠들썩하게 만들었던 것도 2004년의 도버 사건과 매우 유사합니다만 다만 다른 점은 도버 사건에서는 학부모와 교사들이 교육청을 상대로 소송을 제기한 것인데 반하여 스코프스 사건은 그 반대라는 점입니다. 당시에도 역시 법정에서는 창조론과 진화론에 대한 격렬한 논쟁이 벌어졌고 이는 법정 밖으로까지 이어져서 기독교계와 과학계 간은 물론이고 기독교 내부에서도 근본주의 계열을 비롯한 보수 진영과 진보진영 간의 격렬한 논쟁으로까지 몰고 가게 됩니다.

도버재판과 마찬가지로 스코프스 재판에서는 법정에서 진화론과 창조론에 대한 치열한 논쟁이 있었고 그 논쟁에서는 창조론 진영이 대부분 열세에 놓였었다고 합니다. 그래서 재판 과정을 지켜본 많은 사람들은 교사 쪽의 승리를 예견했었습니다만 판결은 의외로 원고 측의 손을 들어주는 것으로 나오게 됩니다. 판사는 진화론에 대한 교육을 금지하는 주법이 엄연히 존재하고 있고 교사는 그것을 어겼으니 실정법을 위반한 것은 사실이라는 지극히 법리적인 이유에서였습니다.

사실 그 당시 진화론 교육을 금지하는 이른바 '버틀러 법안'이라고 알려진 법은 재판이 있기 1년 전 기독교 근본주의 진영이 주 의회에 로비를 벌여서 제정된 법으로서 제정할 당시에는 별로 논란이 되질 않다가 이 스코프스 재판에 의해 미국 전역에 알려지게 됩니다. 비록 재판의 결과만 보면 원고 측의 승리로만 보여집니다만 사실 절대적 패자는 창조론 진영과 법을 제정한 기독교 근본주의자들이었습니다. 재판과정이 그 당시 최첨단 기술의 매체였던 라디오 방송을 통해서 실황 중계가 되는 전무후무한 상황에서 법안의 제정을 주도했던 원고 측이 법정에서 벌어지는 과학적 논쟁에 있어서 모든 논거를 성경으로만 내세우고 있는 논리적으로 궁색한 모습은 많은 사람들로부터 조롱거리가 되어버렸고 점차 여론은 등을 돌리게 됩니다.

문제는 이것으로 끝난 것이 아니었다는 것입니다. 스코프스 재판 이후에도 유사한 소송이 잊을 만하면 벌어지고 하기를 반복하게 되는데 그때마다 창조론 진영은 계속 밀리게 되어 급기야는 1986년 공립학교에서 창조설을 가르치는 것이 완전히 금지 당하는 지경에까지 이르게 됩니다. 사실 도버재판도 스코프스 재판의 연장선상에 놓여 있는 것으로 볼 수도 있습니다. 다만 도버재판에서는 창조론 대신 지적설계론이라는 용어가 사용되었지만 말입니다. 아니 어쩌면 갈릴레이 종교재판이 그 시작점일 수도 있습니다.

이렇게 연이어져서 벌어졌던 재판들에서 과연 기독교 진영은 무엇을 얻을 수 있었던 것일까요? 그리고 과연 그러한 모습들 속에서 하나님은 영광을 받으셨을까요? 그들은 그들의 신앙과 믿음에 기반하여 그런 연이어진 재판과 소송을 일으켰는지는 모르겠습니다만 결과적으로는 미국 전체를 창조론으로부터 등을 돌리게 만들었습니다. 청교도가 신앙의 자유를 찾아서 대서양을 건너와 세운 나라를 말입니다. 창조론 진영에서는 그 책임을 무조건 진화론 진영으로 덮어씌우려고 하는 것 같습니다만 글을 쓰고 있는 제가 보기에는 창조론 진영의 책임이 더하면 더했지 덜하지는 않은 것 같습니다.

물론 근본주의적 창조론은 과학으로서의 진화론에 대항하여 대두가 되었다라고 하기보다는 진화론 주의에 대항하여 세워졌다고 보는 것이 맞을 것 같습니다. 다윈의 종의 기원이 그토록 세계를 뒤흔들었던 것은 그 책을 통해서 밝혀진 과학적 사실보다는 그 사실들로 인한 과학과 신을 바라보는 사람들의 관점의 변화가 훨씬 더 컸던 것이 사실일 겁니다. 다윈 스스로는 그 책에 종교와 신에 대해서 어떠한 결론도 직접적으로 언급하지 않았지만 사람들은 그 사실들을 통해서 '신은 없다'라는 결론을 내렸던 것이죠.

르네상스 이후에 연이어진 과학적 발견들을 통해서 인간 스스로 생각하는 그들의 존재론적 위상에 대한 관점 변화가 서서히 진행되어 누적되고 있던 시점에 종의 기원은 하나의 뇌관과도 같은 역할을 했었던 것 같습니다. 19세기의 그러한 사조에 대해서 20세기에 들어 반동으로 태동된 것이 바로 당시의 '홍수지질학', 더 나아가서는 창조과학이 아니었나 하는 생각이 듭니다. 일부에서는 그 홍수지질학의 출현 배경에 제7일 안식일교의 영향이 크게 작용했었다는 견해도 있습니다.

그러한 시대적 배경에서 스코프스 재판은 갈릴레오 이후 처음으로 양 진영 간의 논리적 격전의 현장이 됩니다만 결과는 앞서 말씀드린 바와 같고 이후 백 년 동안 이어진 유사 재판을 통해서 창조과학은 미국 과학계와 교육계에서 점점 설자리를 잃어가고 있는 모습을 보이고 있습니다. 그런데 그럴 만한 노력들을 창조론이나 지적설계를 증명하는 과학적 연구에 더 집중했다면 결과가 과연 어땠을까요? 괴델이 하나님의 존재를 수학적 논리로서 증명하려는 노력을 일생의 연구과제로 삼았던 것처럼 말입니다. 창세기 1장의 내용을 과학적으로 주장하려면 창세기 1장을 보질 말아야 했었습니다. 과학에서는 과학적 팩트(fact)가 유일한 무기여야 하는데도 사실 지금까지 제가 참석했던 창조과학 관련 강연이나 발표 등을 보면 '새로운 과학적 팩트의 객관적 제시'라기보다는 '창조론적 해석이 가능한 과학적 단편들에 대한 단순한 열거'에 가깝다는 인상을 받았습니다. 물론 '창조론적 해석'이 가능하다는 그 열거된 사실조차도 다분히 주관적인 관점일 수 있다는 인상을 받았습니다.

이것에 대한 한 예로 지적설계론의 대표적 이론인 마이클 비히(Michael J. Behe, 1952~)의 '환원불가능의 복잡성(irreducibly complex)'에 대해서 이야기해 보겠습니다. 이 이론은 어쩌면 지금도 창조과학 관련 강연 등에서 지적설계의 대표적 증거로서 거론되고 있을 것 같습니다만 앞에서 언급한 도버재판의 판결문에서 과학적 의미를 직접적으로 인정받지 못한 이론입니다.

그는 그의 이론의 증거로서 편모세포의 세포벽에 부착된 생체 모터를 예로 들었습니다. 편모세포는 일초에 수만 번 회전하는 편모의 운동을 동력으로 하여 이동을 하는데 그 편모를 회전시키는 생화학적 원리가 갖는 복잡성은 그 편모가 그 정도로 회전하지 않으면 쓸모가 없기 때문에 이른 바 진화론에서 이야기하는 '연결 고리'라는 중간 과정은 그 의미가 있을 수 없고 그러므로 애초부터 생체 모터 그 자체는 생체 모터로서 고유의 복잡성을 갖고 있을 수밖에 없다는 이론입니다.

즉 '그래서 지적설계라는 것이 존재한다'라는 것이죠. 이 이론이 발표될 당시 기존 과학계는 다소 냉담한 반응을 보였던 반면 창조

과학 진영은 그들의 치명적 약점이었던 과학적 팩트를 어느 정도는 제시하고 있었기 때문에 열광적인 반응을 보입니다만 발표 당시에는 그렇게 사회적 논쟁거리까지는 이르지는 않았습니다. 하지만 앞에서 언급한 도버재판에서 피고 진영이었던 교육청 측이 그들의 논리적 증거로서 이 이론을 거론하기 시작하면서 본격적인 논쟁의 대상이 되기 시작합니다.

피고 측의 이러한 논리에 대해서 원고 측은 반론을 제기하기 시작했는데 그 반론 중의 하나가 생체모터 이전 단계로서의 중간 연결 고리가 존재한다는 것이었습니다. 환원불가능의 복잡성이란 완벽한 복잡성 이전의 중간 단계를 의미 없는 것으로 보는 것이었는데 원고 측은 '의미 있는 중간 단계가 존재하니 그 이론은 잘못되었다'라는 것이었죠. 그들이 제시한 의미 있는 중간 단계의 증거 중의 하나가 어느 박테리아가 다른 세균류를 공격할 때 사용하는 독침인데 분자 구조나 작동 원리가 아주 유사하다는 것이었습니다. 다만 생체모터는 회전 운동을 하지만 그 독침은 상하 운동을 한다는 것이 다르다면 다르다는 것입니다.

그렇게 그때까지 과학적 근거가 부실하다는 비난에 시달렸던 창조론 진영이 그들 나름 과학적 증거라고 생각되어서 도버재판에서 자신 있게 꺼내들었던 환원불가능의 복잡성이라는 카드는 오히려 재판정에서 공개적으로 각개 격파를 당하여 지금은 어디에 함부로 명함도 내밀지 못하는 처지가 되었습니다. 지금도 '환원 불가능의 복잡성'이라는 키워드로 위키피디아에서 검색을 하면 '유사과학'이라는 딱지가 붙어 있는 것을 볼 수 있습니다. 모르긴 몰라도 이 이론을 주장했던 마이클 비히(Michael J. Behe, 1952년 1월 18일 ~)도 처음부터 종교적 동기 부여가 있었는지는 모르겠지만 그래도 순수한 과학자적 입장에서 피력한 이론이었던 것이었을 겁니다. 물론 그에 대한 강한 반론과 비난은 있었겠지만 그것은 그래도 엄연한 정상과학 프로세스의 영역 안에서 이뤄졌던 것이었을 텐데 공연히 도버재판정에서 대중에 공개되면서 '유사과학'이라는 딱지가 붙게 되는 그야말로 과학자로서의 치욕을 받게 된 것 같습니다.

문제는 이렇게 밀리기만 해왔던 일련의 법정투쟁의 과정 속에서 창조론 진영은 이를 수긍하고 어떤 반성의 모습을 보이고 있는가 하는 점을 살펴보면 제가 보기에는 전혀 그런 것 같지가 않다는 점입니다. 지금도 많은 한국교회에서 과학적인 진화론을 인정한다고 하면 믿음과 신앙에 뭔가 문제가 있는 것으로 보는 목사님들이 대부분인 것 같고 그분들 사이에서 이러한 주제로 자유로운 토론이 가능한지 저 개인적으로는 의문을 가지고 있습니다.

한 예로 어느 국내 유명 신학교에서 예정되어 있던 한 천문학 교수님의 강연이 바로 전날 어떤 합리적인 설명이나 양해도 없이 돌연 취소되었던 사례가 있습니다. 그 교수님도 신앙을 가지신 분이었지만 한국의 대부분 목사님들이 철석같이 믿고 있는 '젊은 지구 창조론'에 대해서는 비판적인 견해를 갖고 계신 분이었습니다. 이러한 분위기는 마치 요즘 젊은 분들의 표현을 빌리자면 '답정너'의 분위기인 것 같습니다. 창조론 중에서도 수많은 형태의 창조론적인 해석과 다양하게 제시된 이론들이 있는데도 불구하고 정답은 오로지 '젊은 지구 창조론'만으로 정해 놓고 다른 것을 이야기하면 신앙에 문제가 있는 것으로 여기는 분위기가 아닐까 하는 생각이 듭니다.

5. 성경의 무오성(無誤性)과 과학

　현대를 사는 기독교인에게서 신앙과 과학 사이의 가장 큰 갈등 요소라 하면 아마도 '성경의 무오성(聖書無誤說, Biblical inerrancy)'에 대한 것일 겁니다. 바로 성경의 첫 장인 창세기 1장에서부터 기독교인은 신앙과 과학 사이에서 양자택일의 갈등을 강요받게 됩니다.
　이 갈등은 보통 유, 청소년기 학교 교과목이나 요즘 연일 쏟아져 나오는 학생 과학도서를 통해서 과학에 대해 흥미를 갖게 되면서 비록 어린 나이라 할지라도 성경과 과학 사이의 논리적으로 원활한 연결 고리를 찾기가 쉽지 않음을 느끼게 되는데 이에 대해 교회나 학교에 질문하면 어느 누구도 양쪽을 모두 포괄하는 명쾌한 답을 주는 것이 아닌 대개의 경우 어느 한쪽을 버리라는 아주 극단적이고 서로 상반된 답을 받게 된다는 것입니다.
　문제는 과학적 사고가 뛰어난 똑똑한 학생일수록 결국은 과학 쪽을 선택하더라는 것이 글을 쓰고 있는 제 개인적인 경험입니다만 그에 대한 교회 쪽에서의 반론이라는 것은 '성경으로 성경의 사실을 증명'하려는 무한 순환 논리로 들리는 이야기의 반복으로서 과학이 가져다주는 탄탄한 논리성과 방대한 배경실험 자료에 입각한 과학 논리를 뛰어넘지는 못하는 것이 사실인 것 같습니다. 그것은 앞장에서 이미 거론한 바 있는 스코프스 재판 이후 수차례 이어져온 미국 기독교계와 과학교육계 간의 법정 싸움에서 기독교계가 계속 밀리기만 했던 이유로 여겨진다는 점은 이미 전술한 바 있습니다.
　얼핏 보면 갈릴레이에서부터 겪어온 갈등으로 생각되지만 갈릴레오가 겪었던 어려움은 성경의 무오성에 대한 것이라기보다는 성경에 근거도 없는 천동설을 신봉한 당시 가톨릭교회와의 갈등이었을 뿐, 현시대의 교회와 과학 간의 갈등은 19세기 중반 진화론이 일반화된 시점이 그 기점으로 보는 것이 타당할 것입니다.

아마도 지금도 유초등부나 중고등부 주일학교 교사들이 학생들로부터 끊임없이 받는 질문일지도 모르겠습니다. 나름 과학을 한다는 제 경험에서도 어쩔 수 없이 변변할 리 없는 궁색한 답변만 했던 기억이 납니다. 아마도 과학에 대한 이러한 논리적 궁색함이 교회로 하여금 과학에 대해서 점점 방어적 자세를 취하게 한 것이 아닌가 하는 생각이 듭니다.

이 주제가 워낙 민감하고 많은 논쟁을 불러올 수 있다는 점을 알고 있었기에 원래 이 주제를 이 책에서 다루는 것을 가급적 지양하려 했던 것이 처음부터의 의도였는데 무슨 당돌함과 용감함인지는 모르지만 결국 이렇게 이 글을 쓰고 있습니다. 하지만 현재 한국과 미국의 일부 상당히 많은 교회들이 현대 주류 과학의 이론을 마치 이단 취급을 하고 있는 것은 사실인 것 같습니다.

한 예로, 천체물리학계의 권위자인 어느 교수님께서 국내 굴지의 한 신학교에 특강이 계획되어 있었는데 강의가 예정된 전날 석연치 않은 이유로 갑자기 강의가 취소되었던 적이 있다고 합니다. 그 교수님 역시도 독실한 신앙인이었지만 창조론 진영에서 활동하지 않았고 현대 물리학자적 입장에서 '젊은 지구 창조론(저자 주 : 지구와 우주 나이를 6~7천년으로 보는 창조론 중에도 가장 극단점에 있는 창조학설)'에 대한 부정적 입장에서 저술과 강연활동을 해왔던 것이 그 신학교에서 강의를 취소시킨 이유가 아니었을까 하는 것이 그분의 추측입니다.

또 다른 예로, 이것은 제가 직접적으로 겪은 일인데 몇 년 전 우연히 참석하게 된 어느 교회의 새벽예배에서 그 교회 목사님의 설교 중에 "나는 최근 진화론이라는 것이 어떤 내용인지 궁금함이 생겨서 한번 공부해 볼까 하는 생각이 들었지만 목사의 책무에 좋지 않은 영향이 있을 것 같은 생각이 들어 그 생각을 접었습니다"라는 내용을 들었습니다. 그런데 그분의 표정이나 어조가 마치 신앙적 시험이나 유혹을 어렵게 이겨낸 듯한 일종의 간증으로 내 귀엔 들렸습니다. 목사님의 이런 말씀을 들으면서 저는 '아… 지금의 과학의 흐름을 목사님들은 저렇게 생각하고 있겠구나…'하는 생각이 들었습니다. 목사님들이 과학에 그만큼 담을 치고 있다는 이야기로 들렸습니다.

이 같이 지난 150년 동안 교회(특히 미국, 한국의 주류 개신교 측)는 진화론으로 총칭하여 표현되는 현대과학을 신앙과 원활하게 연결시키려는 노력보다는 적극적으로는 사탄의 논리라 하여 배척을, 소극적으로는 무시 내지는 단순한 관망만을 해왔던 것 같습니다. 그런데 과연 과학과 신앙은 도저히 섞일 수 없는 물과 기름의 관계일 뿐일까요?

호신불호학(好信不好學)이면 기폐야적(其蔽也賊)이라, 논어에 나오는 구절로서 이를 그대로 직역하면 다소 과격한 표현이 될 수도 있기에 부드러운 의역으로 번역하면 '믿기를 좋아하나 배우지 아니하면 오히려 진리를 가리는 부작용이 있을 수 있다'로 해석할 수 있겠습니다. 즉 교회가 '진화론은 틀렸다'라는 명제를 하나의 믿음으로 주장하려면 진화론에 대해서 먼저 살펴보라는 말로도 해석될 수 있다는 겁니다. 만약 '진화론은 거짓이다'라는 명제가 참(진리)이라 할 때 진화론에 대해서 공부하지 않은 상태에서 명제를 그대로 믿기만 하면 오히려 원래 '참'인 그 명제의 본뜻을 이해하는데 방해가 된다는 것입니다. 적절한 적용인지 모르겠습니다만 러시아 속담에 'Trust, but verify'라는 말이 있다고 합니다. 아마도 비슷한 표현 아닐까 하는 생각이 듭니다. 사도 바울도 신앙적 열정만큼의 지식의 필요성을 강조한 바 있습니다. 즉 '올바른' 방법으로 배워야 한다는 것이죠.

내가 증언하노니 그들이 하나님께 열심이 있으나 올바른 지식을 따른 것이 아니니라.

— (로마서 10장 2절)

물론 반론도 있을 수 있다는 걸 저도 압니다. 지금도 많은 교회에서 '창조론 세미나'라 하여 진화론에 관한 많은 강좌가 있는 것은 사실이기 때문입니다. 하지만, 일단 교회에서 말하는 '진화론'이라는 용어는 원래의 고생물학적인 의미로서의 진화론이 아니라 성경과 부합되지 않은 모든 과학적 사실 및 이론을 통칭하는 의미로 사용하고 있다는 느낌을 지울 수 없고, 제가 경험했던 그러한 종류의 강좌 내용이 교회가 선호하는 창조이론(대부분의 경우 젊은 지구 창조론)에 유리한 과학적 발견 및 이론만을 선별적으로 추려내어 일방적으로 주입시키는 경우가 많았다는 점입니다.

그리고 저 자신 역시 한사람의 과학자로서 느껴지는 가장 큰 문제점이 교회가 추구하는 창조론과 부합되지 않는 과학이론과 방법들을 일부 보이는 몇몇 단편적인 증거들만을 제시하면서 너무나도 쉽게 전면적인 부정을 한다는 것입니다. 과학기술 분야에서 활동하시는 분들이라면 모두 아는 사실일 텐데 각각의 과학적 사실 또는 이론은 오랜 기간 동안 전 세계의 수없이 많은 과학자들이 그들의 피땀 어린 연구를 통한 논문과 학회 등에서의 토론 등을 통해서 형성되고 수정되고 논증 또는 증명되는 것들입니다. 물론 그 중에 비열한 조작이나 음모 같은 것이 일부 있을 수 있다는 점도 감히 부정할 수는 없겠습니다만 혹시 있다 하더라도 그 역시 대부분 다른 과학 과정을 통해 진실이 밝혀지게 되고 그에 따라 폐기되는 것도 그동안 많이 있었다는 사실입니다.

그런데 교회의 창조론 세미나에서는 그러한 대다수 과학자들의 치열한 연구과정들을 너무나도 쉽게 무시 또는 부정하고 있으며 심지어는 근거가 부족해 보이는 음모론으로 포장되어져 이야기된다는 점입니다. 그리고 그러한 과학적 사실에 대한 부정 역시 정당한 과학적 연구과정을 통한 것이어야 하는데 교회의 창조론 세미나에서는 그러지 못한 것이 사실인 것 같습니다. 만약에 그곳에서 부정하는 사실들이 정당한 과학 연구과정을 통해서 입증된 사실이라면 아마도 노벨상이 무수하게 쏟아져 나왔을 것이고 지금의 과학교과서는 완전 다른 내용이 되었을 것입니다.

이런 점은 해당 과학자들에게는 어쩌면 큰 모욕감을 줄 수도 있는 것으로서 이 때문에 상당히 많은, 일부 과학자들이 창조론과 나아가서는 기독교에 대해서도 극도의 반감을 가지게 되는 원인이 됩니다. 제가 아는 과학자 분들 중에는 매우 신실한 기독교인임에도 불구하고 이러한 이유로 창조론에 대해서는 아주 강한 반감을 가지고 있는 경우가 생각보다 꽤 많았습니다.

이같이 교회에서 현대과학을 부정적인 시각으로 보게 되는 것은 물론 현대과학에서 발견되고 있는 사실들이 성경과 맞지 않은 것으로 보이는 내용들이 많기 때문이고 이것은 기독교에서 절대 양보할 수 없는 신념인 '성경에는 틀림이 없다'라는 의미의 성경의 무오성과 충돌하는 것으로 여기기 때문일 것입니다.

그럼 여기에서 성경의 무오성이 어떠한 역사적 배경과 성경적 근거를 한번 저의 개인적 견해로서 알아보겠습니다.

성경에서 보면 하나님께서 일관되게 인간에게 요구하시는 점 하나를 꼽자면 바로 '순종'일 것입니다. 하나님이 세상을 창조하시고 그리고 하나님의 '지정의(知情意)' 형상으로 인간을 창조하시고 에덴동산에 선악과를 두신 이유가 바로 그것이 하나님의 피조물 중 유일한 순종의 대상물이었을 것이라는 저의 생각은 이미 전술한바 있습니다. '선악과는 먹지마라' 바로 이것이 최초의 순종의 대상, 즉 최초의 '율법'이라 할 수 있을 것 같습니다.

그러다가 아담의 자손들이 점점 많아지면서 사회가 형성되고 특히 이스라엘 민족의 출애굽 이후 사람들 간의 관계가 복잡해지고 그에 따라 다양한 죄악들이 파생되면서 그 율법 역시 복잡해지고 구체화되면서 그것이 모세 오경에 기록됩니다. 하지만 아무리 복잡하고 구체화된 율법내용이라 할지라도 예수님께서 단 두 마디로 율법을 요약을 하셨는데 '하나님을 사랑하고 아울러 이웃을 사랑하라(마22:37-39)'입니다.

출애굽 시대에 작성된 율법은 이후 사사 시대와 왕정 시대를 거치면서 어떤 때는 국가적으로 중요하게 여기다가도 또 어떤 때는 홀대 받기도 합니다. 결국 누가 왕이 되느냐에 따라서 그 국가적 중요성의 의미가 오르락내리락하다가 결국 왕정 시대는 바빌론의 침략으로 막을 내리게 되고 이스라엘 민족의 상류층과 지식인층 대부분은 포로로서 70년간 바빌론에 억류당하게 됩니다. 포로 시대라고 하는 이 시대에 이스라엘 민족은 역사적, 신앙적 자각과 함께 종교적으로 처절한 반성의 운동이 일어나게 되는데 어차피 성전은 이미 훼파되었던 탓에 그들의 종교 활동은 가정과 회당

(synagogue)을 중심으로 이뤄질 수밖에 없었고 회당에서 성경을 비롯하여 이스라엘 역사 등을 가르쳤던 신흥 지식인층이 형성되는데 이들이 200여년 후에 '바리새인'이라는 막강한 사회적 영향력을 갖는 계층을 형성하게 되는 밑거름이 됩니다. 물론 이는 성경에 나오는 예수님 활동 시기의 바리새인이라는 사회적 계층의 기원에 대한 역사적 기원과 다르긴 합니다만 회당에 기반을 둔 대중에 대한 성경 중심 교육이라는 많은 유사점이 있어 편의상 당시 시대의 '원바리새인'이라고 표현하겠습니다.

그들의 열정으로 포로 시대를 지내면서 이스라엘 민족의 민족적, 종교적 유대감은 오히려 강력해 졌고 자칫하면 민족이 소멸될 수도 있었던 위기를 극복하고 바빌론의 멸망과 함께 그들의 고토(故土)로 돌아와 그들의 역사를 계속 이어 나갈 수 있게 되는데, 이 시기에도 이들 '원바리새인'들은 이스라엘 민족의 국가재건 과정을 핵심적으로 주도하게 됩니다. 복음서에서는 바리새인을 매우 부정적인 시각으로 기술하는 면이 있지만 이 시기의 원바리새인들은 순수하고 강력한 종교적, 민족적 열정으로 이스라엘 민족을 부흥시켰던 핵심 주체 세력이었음은 부인할 수 없을 것입니다.

이러한 장면을 잘 보여주고 있는 성경이 구약의 에스라서입니다. 하지만 그 순수했던 열정이 수백 년의 시간이 흐르면서 변질되어 성경과 율법을 자신들의 기득권을 유지시키기 위한 도구로 활용하게 되면서 예수님의 시대에 이르러서는 '하나님을 사랑하고 이웃을 사랑하라'는 율법의 본래 정신을 강조한 예수님과 극한적인 갈등을 야기하게 되는 것은 여러분이 알고 있는 바와 같습니다. 비록 바리새인과 첨예한 대립각을 이루었던 예수님이시지만 율법의 중요성을 강조하신 점은 사실 바리새인과 별반 다르지 않아 보입니다.

'진실로 너희에게 이르노니 천지가 없어지기 전에는 율법의 일점, 일획도 결코 없어지지 아니하고 다 이루리라.'

– (마5:18)

사실 율법은 하나님과 인간 사이에 맺어진 '특별한 관계'를 증명하는 유일한 존재로서 그 의미가 퇴색되어서는 절대 안 될 것임은 분명할 것입니다. 다만 예수님 시대의 바리새인들은 하나님께서 바라시는 그 본질적 의미는 도외시한 채 율법을 일반인들에게 가르치는 자신들의 위치를 이용하여 자신들에게 유리한 방향으로 해석하고 가르치는 것도 모자라 성경에 나와 있지도 않은 그들만의, 그들만을 위한 율법을 만들어 놓고는 율법을 자신들을 과시하기 위한, 그럼으로써 자신들의 기득권을 지키는 도구로 전락시키고 이로 인해 율법의 최종 소비자라 할 수 있는 일반 대중으로부터 율법을 오히려 격리시키는 결과를 낳은 것에 대하여 예수님은 준엄하게 경고하셨던 것일 겁니다.

오히려 예수님은 십자가 이후 골수 바리새인 출신인 바울을 부르시고 그를 통해서 신약성경의 핵심적인 내용을 기록하게 하시어 기독교의 기초를 이루도록 이끌어 내십니다. '바리새인 때문에 죽임까지 당하셨지만 바리새인으로 하여금 교회의 큰 기둥을 세우게 하셨다.' 저는 이점을 기독교 역사에 있어서 하나의 아이러니로 여기고 있습니다. 어떻게 보면 바울의 서신들을 통하여 율법(또는 성경)을 생명처럼 소중히 여기는 성경중심 사상이라 할 수 있는 다분히 '바리새적(的)'인 생각은 지금까지 이어져 오고 있는 셈인지도 모르겠습니다.

여기에 더해진 '성경의 무오성'에 대한 인식의 뿌리는 신약성경의 형성 과정에서 볼 수 있을 것 같습니다. 초대교회는 아주 초창기부터 이단사상과의 치열한 투쟁을 벌여야 했는데 그 대표적인 것인 영지주의(靈知主義, Gnosticism)라는 사상입니다. 예수님의 십자가 이후 생성되어 AD 1세기 중후반기 당시 일부 로마제국의 일부 몇몇 지역에 전해진 보잘것없는 지하종교에 불과했던 기독교는 초창기부터 이 영지주의로 인해 내부적으로 많은 분란에 휩싸였던 것 같습니다.

영지주의는 영혼과 육체를 분리하는 생각으로 영은 하나님의 세계로 선하고 육은 사탄의 세계로 악한 것으로 보고 예수님을 보는 관점조차도 영으로서의 예수님만을 인정하고 육으로서의 예수님을 인정하지 않기 때문에 예수님께서 친히 겪으셨던 십자가에서의 육체적 고난과 예수님의 육신의 부활을 인정하지 않게 되는 기묘한 결론을 유도해 내어 아직 깊은 뿌리를 내리지 못한 여러 초대교회들을 격한 분쟁으로 몰아가게 되었던 것 같습니다.

'미혹하는 자가 세상에 많이 나왔나니 이는 예수 그리스도께서 육체로 오심을 부인하는 자라 이런 자가 미혹하는 자요 적그리스도니'

— (요한 2서 1:7)

이처럼 기독교의 아주 초창기에 기록되었을 성경 곳곳에 이 같이 영지주의의 주장들에 대해서 반박하거나 주의를 요구하는 내용이 이미 여러 군데 볼 수 있습니다. 지극히 초창기부터 이럴 정도니 정부로부터 탄압을 받고 있음으로서 종교로서의 체계성을 제대로 갖출 수 없는 지하종교의 형태를 수백 년 간 지녀야 했던 초대교회가 겪었을 격렬한 논쟁과 이런 종류의 혼란은 가히 우리의 상상을 초월한 것이었을 겁니다.

하지만 초창기의 교회는 예수님의 재림이 곧 올 것으로 믿고 있었기 때문에 경전을 편찬하는 이른바 정경화(正經化, canonization)에 대한 노력을 크게 하고 있지 않다가 2세기 중엽에 이르러서야 뒤늦게 시작하게 되는데 이때는 이미 온갖 잡스러운 텍스트들이 교회에 넓게 확산이 된 상태였을 겁니다. 이것을 초대 교부시대로 일컬어지는 이후 200년간 각고의 노력으로 거르고 걸러내어 AD 376년에 이르러서야 알렉산드리아 교회의 감독으로 있던 아타나시우스(Athanasius, 296~373)에 의해 지금의 27권의 신약성경이 이루어지게 됩니다. 성경학자에 따라서 주장에 많은 편차가 있기는 하지만 약 5만 종의 문서가 당시 교회에서 퍼져 있었다고 하니 그 혼탁함이 어떠했는지 그리고 신약성경이 어떠한 각고의 노력으로 이루어진 것인지는 상상할 수 있을 것 같습니다.

이런 오랜 시간동안의 노력 끝에 편집이 완성된 성경이니 이후에 또다시 혼탁함이 있어서는 안 되는 것이겠지요. 그래서 자연스럽게 27권 이외의 다른 문서들은 철저하게 배척당하게 되고 정경으로 인정된 27권은 성령님의 거룩한 인도하심을 받아 작성된 문서로서 일종의 신성불가침적인 존재로서, 그리고 신앙의 대상으로서 그 절대성을 교회로부터 인정받게 됩니다.

이런 성경 중심적인 사상과 성경의 절대성에 대한 기독교적인 관념은 불교에서 불경을 바라보는 관점과 아주 대비되는 점이 있는데, 기독교는 성경 자체를 신앙의 대상으로 보는 반면 불교는 그들의 궁극적 도달 목표인 '성불(成佛)'을 이루는 데 도움이 되는 일종의 참고 문헌(Reference)의 성격이 강하다는 점입니다. 이것은 기독교의 궁극의 목표인 '구원'이 하나님의 일방적인 은혜로 인해

'부여받는' 것이라면 불교의 '성불'은 자신의 노력과 수양으로서 '구해지는' 것으로서 보는 종교적 관점의 차이에 기인하다고 볼 수 있을 것 같습니다. 즉 불교에서는 불경은 '진리'를 가리키는 하나의 손가락으로서 자신의 수양으로 '다른 더 좋은' 손가락을 스스로 찾을 수 있는 것으로 생각하는 반면 기독교는 성경만이 하나님으로부터 허락된 구원을 이루기 위한 지침으로서 '유일한' 손가락으로 여기고 있는 것입니다.

> 예수께서 이르시되 내가 곧 길이요 진리요 생명이니 나로 말미암지 않고는 아버지께로 올 자가 없느니라.
> – (요 14:6)

이렇게 유일한 구원의 통로로서의 성경에 대한 관념은 마르틴 루터(Martin Luther, 1483~1546)의 종교개혁 이후 개신교 신앙에서 더욱 강렬해지게 되는데 이것은 초기 종교개혁가들의 모토라 할 수 있는 이른바 'Five Solas' 중에 'Sola Scriptura(오직 성경)'이 가장 앞에 나와 있는 것을 보면 알 수 있습니다.

Five Solas :
Sola Scriptura(오직 성경), Solus Christus(오직 그리스도), Sola Gratia(오직 은혜), Sola Fide(오직 믿음), Soli Deo Gloria(오직 하나님께 영광)

> 오직 의인은 믿음으로 말미암아 살리라 함과 같으니라.
> – (로마서 1장 17절)

이 구절은 마르틴 루터가 종교개혁을 결심하게 되는데 결정적으로 작용한 구절로서 여기에서 말하는 믿음의 주된 대상이 성경임은 부정하지 못할 겁니다. 물론 하나님과 예수님이 부정할 수 없는 기독교 신앙의 대상인 것은 분명하지만 인간 세상에 물리적으로 확실하게 현존하는 것은 그분의 말씀을 기록한 성경이기 때문에 결국 믿음의 근거는 오직 성경밖에 없었던 것이죠.

그런 대들보 같은 성경이 현대에 이르러서는 과학으로부터 심각하게 도전을 받고 있다고 보고 있는 것입니다. 즉 성경이 무너지면 기독교가 무너지는 것이고 그것은 하나님과 인간 간의 관계가 단절되는 것으로 여기고 있기 때문일 겁니다.

그런데 여기에서 우리가 한 가지 짚고 넘어가야 할 명제가 있는데 바로 신학적으로 성경은 '특별계시(Special Revelation)'로 보고 있다는 겁니다. 바로 이 특별계시와 상대되는 신학적 용어로 '일반계시(General Revelation)' 또는 '자연계시(Natural Revelation)'라고 하는 것이 있는데 이러한 분류는 중세시대 스콜라철학의 거봉(巨峰) 토마스 아퀴나스(Thomas Aquinas, 1224~1274)에 의해서 정립된 것인데 바로 글자 그대로 우리가 보고 듣고 느끼는 '자연' 또는 '우주' 자체를 이야기합니다. 즉 쉽게 말해서 우주는 하나님의 방법으로 직접 작성하신 인간에 대한 그분의 '직접적인' 메시지이고 성경은 하나님의 의도하신 바를 사람의 손을 통해서 전달되는 '간접적인' 메시지라는 점입니다.

> 하늘이 하나님의 영광을 선포하고 궁창이 그의 손으로 하신 일을 나타내는 도다.
>
> – (시편 19편 1절)

이 구절은 기독교 신앙을 가진 분들 중 많은 분들에게 익숙하리라 여겨집니다. 시편 19편은 바로 이 일반계시와 특별계시를 함께 언급하는 장으로 유명한데 1절부터 6절까지는 일반계시로서 '하늘' 즉 우주를 노래하고 있고 이후 부분은 특별계시로서의 '율법' 즉 성경을 노래하고 있습니다. 이처럼 일반계시와 특별계시에 대한 개념은 아퀴나스에 의해 독창적으로 '창안'된 것이 아니라 일찍이 성경의 저자들도 가지고 있었던 개념이었던 것 같습니다.

물론 특별계시에는 성경 외에도 특별히 개별적으로 전달되는 음성이나 계시 또는 깨달음 등이 있는데 공통적으로는 '특별한' 수신자(물론 모든 인류도 될 수 있겠습니다)와 대상이 되는 '특별한' 목적과 상황이 있습니다. 바로 성경은 그러한 '특별한' 계시들을 모아서 가급적 내용을 '일반화' 시킨 후 모든 사람들에 전달된 것이라 할 수 있습니다. 성경을 읽을 때 성경공부가 중요한 이유는 그러한 특별한 상황에 대해서 하나님의 특별한 의도를 알아야 제대로 된 해석과 이해를 할 수 있기 때문일 것입니다.

하지만 일반계시는 인간들에게만 주어진 내용이 아니라 우주에 존재하는 모든 것들에게 적용이 되며 절대성을 갖고 '작용'됩니다. 해가 아침에 뜨고 저녁에 지고 밤에는 달과 별이 뜨는 것은 인간뿐 아니라 지구 위에 있는 모든 존재들에게 공통적으로, 절대적으로 적용되는 사실로서 앞 절에서 거론한 '리(理)'의 개념과 일맥상통하게 연결되는 것 같습니다. 바로 우주가 가지고 있는 수학적 구조에 기반한 과학법칙들이 이에 해당될 것으로 여겨집니다.

여기에서 우리가 생각해 봐야 할 문제가 인간의 손을 빌려 간접적으로 작성된 '특별계시'인 성경과 하나님께서 직접 작성하신 '일반계시'로서의 자연과 우주 – 과연 어느 것이 더 우선적이고 절대적일까요?

다만 특별계시이건 일반계시이건 간에 인간의 사고체계에 받아들여지는 과정에는 반드시 인간의 지정의(知情意) 체계 안에서 이루어지는 '해석'이라는 단계를 반드시 거치게 마련인데 보이고 들려지는 내용은 같은 것인데 인간 개개인이 갖고 있는 각각의 사람마다 갖고 있는 자신만의 '해석 체계'에 따라 받아들이는 것이 다를 수 있다는 문제점이 생기게 됩니다. 물론 수학적 원리에 기반을 둔 절대성을 갖고 있는 자연계시는 그 해석에 대한 오차가 적을 수밖에 없겠지만 상황적 특수성을 가질 수 있는 성경을 비롯한 특별계시는 그 해석의 편차가 자연계시보다는 클 수밖에 없을 것입니다. 그래서 이와 같은 논쟁이 벌어지고 있으며 교파 교단이 나눠지고 심지어 해석의 허용 범위를 벗어나는 이단이라 일컫는 것도 생기는 것이겠지요.

그런데 문제는 자연계시라 할 수 있는 과학적 논리들을 해석의 오차가 그보다는 클 수밖에 없는 특별계시(즉 성경)라는 논리적 창문을 통해서 재고 판단할 수 있는 것인가를 우리는 곰곰이 생각해봐야 할 것입니다.

물론 현대 과학철학의 큰 봉우리라 할 수 있는 토마스 쿤(Thomas Samuel Kuhn, 1922~1996)이 주장한 바처럼 인간이 과학적 사실을 그들의 지식체계에 받아드리는 것이 각 개인의 객관적 관찰이라고 하기보다는 과학자들 사이에서 형성된 일정한 집단적인 사고의 틀에 따른다는 점에서 자연계시 역시 해석에 있어 인간의 편견에 따른 오차가 있을 수 있다는 사실은 부정하지 못할 것입니다. 즉, 이 말은 '정상과학(normal science)'이라고 하는 일련의 과정을 통해서 새롭게 발견된 과학적 사실은 일단 기존에 형성된 '패러다임(paradigm)'이라는 이미 형성된 '해석의 틀'의 적당한 위치에 끼워지거나 그 적당한 위치가 없는 경우에는 억지로 끼워 맞추게 된다는 것입니다. 즉, 과학이라 하여 편견의 개입이 없을 수 없다는 점입니다. 이 말은 창조론 측의 관점에서 볼 때 현대과학을 하나의 진화론적 관점이라는 패러다임에 '억지로 끼워 맞춰지고' 있는 것으로 볼 수도 있을 겁니다.

하지만 과학의 역사를 통해서 볼 때 그렇게 억지로 끼워 맞추기만 하는 것은 아니라는 점을 기억해야 할 것입니다. 그렇게 억지로 끼워진 과학적 사실들은 그 패러다임 구조 안에서 가만히 있는 것이 아니라 논리적인 내부응력(內部應力)을 발생시키게 되고 그렇게 축적된 내부 응력은 어떤 결정적인 과학적 사실에 의해 그 패러다임에 대해 연속적이지 않은 단절적 파열(과학혁명, scientific revolution)을 야기하여 이른바 '패러다임의 전환(paradigm shift)'이 일어나게 된다는 것입니다.

쿤의 이 이론은 과학의 역사를 통하여 여러 가지 면에서 현대 과학자들의 지지를 받게 되는데 그 대표적인 것이 천동설에서 지동설로의 전환을 예로 들 수 있고 이 지동설은 케플러를 거쳐 뉴턴에 의해서 만유인력의 법칙으로 한동안 하나의 거대한 패러다임을 형성하다가 20세기에 이르러서는 상대성이론과 양자이론에 의해서 대폭적인 패러다임의 전환이 있었습니다.

이것에 대한 하나의 예로 들 수 있는 것이 19세기 물리학에서 전자와 원자핵이 발견되고 이것들로 원자가 구성된다는 사실을 알아낸 후에 원자 내부 구조를 그때까지만 해도 과학계에서 절대성을 가지고 있었던 뉴턴의 고전역학적인 관점으로 해석을 했었고 그것을 당시의 과학자들은 당연하다고 생각했다는 사실입니다. 그러니까 지구가 태양 주위를 중력의 법칙에 따라 하나의 궤도를 가지고 돌듯이 전자 역시 원자핵 주변을 쿨롱의 전자기 법칙에 따른 특정한 궤도를 가지고 돌 것이라고 생각을 했고 그러한 전자의 궤도에 대한 물리학적인 해석을 완성만 해내면 더 이상의 물리학은 없을 것이라는 생각을 갖고 있었다고 합니다. 원자 내부의 구조를 고전역학이라는 패러다임에 '억지로' 끼워 넣은 것이라 할 수 있죠. 그렇게 억지로 찡겨서 들어간 이론이니 당연히 논란(즉 논리적인 내부응력)도 많았지만 대체적으로는 인정을 받고 있었던 생각(즉 패러다임)이었는데 20세기에 들어서서 양자역학이라는 새로운 개념이 등장하면서 물리학계에 거대한 인식의 변동이 일어났던 것이죠. 이것이 쿤이 주장했던 '패러다임의 전환'의 좋은 예가 될 것 같습니다. 즉, 과학에는 이미 형성된 틀에 맞추려는 '편견'이 있을 수는 있으나 그 편견이 옳지 않은 것이라면 과학혁명이라는 과정을 통해 폐기되거나 수정되는 일종의 논리적 자정(自淨) 작용과정이 있다는 것입니다.

하지만 성경으로 대표되는 특별계시에 그러한 패러다임의 전환이라는 현상을 기대할 수가 있겠는가 하는 의문을 가질 수 있습니다. 물론 마르틴 루터(Martin Luther, 1483~1546)의 종교개혁을 하나의 종교적인 패러다임의 전환으로 여길 수도 있겠지만 사실 그의 종교개혁은 '패러다임의 전환' 수준 이상의 종교적 충격을 가한 것은 사실이지만 엄밀히 말하면 '패러다임 전환'으로 보기보다는 하나의 '혁신적 회복(revolutionary restoration)'으로 봐야 할 것 같습니다. 앞에서 이미 기술한 내용입니다만 마르틴 루터가 종교개혁에 임하는 그의 모토 중 하나가 '성경으로 돌아가자'이었습니다. 성경이라는 대 전제하에서 귀납법적 진리를 추구하는 기독교라는 '종교의 틀'에서 만약 진정한 의미의 패러다임의 전환이 있다면 그것은 아마도 새로운 종교의 탄생이거나 또 다른 이단의 탄생이 될 가능성이 높을 것이라는 생각이 들기도 합니다.

현대과학 앞에서 '성경의 무오성'을 주장하는 것에는 당연히 성경과 배치되는 현대 과학적 기술내용에 대해 공격하는 것일 것이고 그 이면에는 과학자를 믿지 못하는 불신이 깔려 있을 겁니다. 하지만 현대과학의 과정에는 지금까지 말씀드린 것과 같이 나름대로 오류를 걸러내는 다중의 장치가 작동 중에 있고 비록 악의적인 목적으로 조작된 과학적 주장이 용케 그 장치를 피하고 살아남는 경우가 없다고는 할 수 없겠지만 시간이 지남에 따라 후속 연구를 통하여 진실이 드러나 폐기되고 수정되는 경우는 허다하게 많습니다. 그러한 대다수 과학자들의 진심 어린 노력을 생각하지 않고 '성경의 무오성' 만을 앞세워서 그들의 피땀 어린 노력의 결과물들과 그들 모두를 '현대과학의 음모'로 싸잡아서 비난하는 것은 그 과학자들에게 인격적 모독을 던지는 것과 같을 뿐만 아니라 과연 하나님께서 그것을 기뻐하실지 한 번 생각해 봐야 할 일인 것 같습니다.

문제는 이렇게 과학을 삐딱하게 바라보는 시각이 한국 교회의 일부에서만 일어나는 일이 아니라 거의 대부분에서 일어나고 있는 주류적 관점이라는 것에 심각한 문제가 있는 것으로 저는 생각하고 있습니다. 마치 과학을 그런 식으로 삐딱하게 바라보질 않으면 신앙에 뭔가 문제가 있는 사람처럼 볼 정도로 말이죠.

왜 이렇게 기독교(물론 일부)가 현대과학에 방어적 자세를 취하게 되었는지는 앞에서도 여러 번 이야기한 바이지만 제가 보는 관점에서 가장 큰 것은 교회에서 어린 학생들이 학교에서 배우는 과학이 성경과 맞지 않는 점에 대해서 질문하는 것을 저는 그 출발점으로 보고 있습니다. 그러한 질문을 받았을 때 교회는 '성경에는 오류가 없다'는 믿음에 근거해서 과학을 부정하는 가르침을 지금까지 해왔던 것이고 그에 대한 반론이 제기되면 일종의 현대과학의 부정적인 '몇 가지' 실례를 거론하며 보다 강도 높은 주장으로 대하는 일종의 형식을 보여 왔었던 것 같습니다. 그럴수록 과학과 성경의 골은 점점 커져만 가고 그 질문을 한 학생은 둘 중의 하나를 버려야 하는 양자택일의 한계적 상황에 내몰리게 되는 경우도 많은 것 같습니다.

　이중 과학을 선택한 학생 중의 일부는 성경과 기독교를 인생에서 아주 지워버리는 극단적인 선택까지 하게 되는 경우도 있을 것입니다. 아마도 많은 분들이 공감하는 사항이라 여겨집니다. 한 영혼 영혼을 소중하게 대하라는 예수님의 가르치심과도 맞지 않는 결과인 것이죠. 왜 교회는 현대과학과의 대결만을 줄기차게 주장만 하고 조화로운 논리를 도출하려는 노력은 하지 않고 있는 것일까요?

　이 글을 쓰고 있는 저 자신의 경험입니다만 그런 종류의 질문을 하는 학생들은 요즘에 서점에 넘쳐나는 어린이와 학생들을 대상으로 하는 과학도서들을 탐독하고 그것을 되짚어 생각할 줄 아는 아주 똑똑한 아이들이었습니다. 그만큼 학교에서도 성적이 우수하고 장래가 촉망되는 학생들의 질문에 대해 교회의 어른들이 답해 주는 내용은 대부분 일방적인 '믿음'의 내용들이라는 점입니다. 나름대로 고민하고 생각해서 용기 내서 한 질문이었을 텐데 그 아이들에게 믿기지 않는 내용을 믿으라고 강요하는 것이니 그 똑똑한 머리를 갖고 있는 학생들에게는 참으로 받아들이기 어려운 것이었을 겁니다. 그냥 마지못해 고개를 끄덕이던 한 학생의 실망

가득한 표정은 지금도 눈에 선합니다.

현대 물리학이 설명 가능한 우주의 부분은 5%도 채 되지 않는다고 합니다. 나머지 95%는 그저 '암흑물질', '암흑에너지'라는 용어를 사용하며 개략적인 추측만 하고 있는 상태인 것이죠. 마찬가지로 인간이 성경의 모든 것을 하나님 수준으로 이해하고 있다고 함부로 말할 수도 없는 것이고 보면 성경이든 우주이든 한정적인 인간의 두뇌로서 모르는 것이 더 많을 진데 왜 그렇게 성급하게 양쪽 중 하나만을 선택하는 것을 강요하는지 모르겠습니다. '과학을 버리고 성경만을 믿어라'라고 가르치는 것은 마치 과학과 성경 모든 것을 알고 있다는 엄청난 착각과 교만인 것으로 보입니다.

오히려 최근에 와서 극히 일부이긴 하지만 과학자들 사이에서 어떤 종교나 신앙에 근거를 두지 않고서도 '진짜 뭔가 있는 거 아냐?'라는 의문을 품는 현상들이 조금씩 보이고 있습니다. 그 대표적인 것으로 인간원리(Anthropic Principle)라는 것으로 물론 과학계에서 폭넓은 지지를 받고 있는 이론은 아닙니다만 순수 과학자인 브랜든 카터(Brandon Carter, 1942~, 호주의 이론물리학자)에 의해서 현대과학을 해석하는 하나의 이론으로 제창된 이론입니다. 물론 과학계 내부에서 극단적인 호불호가 갈리긴 합니다만 최소한 일방적으로 무시당하기만 하는 이론은 아니고 일정한 지지층을 형성하고 있는 이론입니다. 이에 관해서는 1장에서 이미 깊게 다룬 바 있기 때문에 더 이상의 설명의 생략하겠습니다.

르네상스 시대라는 인류지성의 여명기 이래로 코페르니쿠스의 법칙이라고 하는 서양의 철학과 자연과학에서는 일관되게 인간의 특별함을 하나씩 부정하는 방향으로 전개되어 오다가 이 이론에서 처음으로 인간의 특별함을 가느다랗게나마 바라보기 시작한 것 같습니다. 재미있는 점은 고전에서 근대로 전환되는 18세기부터 과학의 발전과 함께 인간이 신을 바라보는 관점이 계몽철학의 이신론을 필두로 해서 점차 변화하기 시작하여 급기야는 19세기 후반 니체에 의한 "신은 죽었다"라는 무신론의 극치에까지 이르게 되는데 이와 함께 인간이 인간 스스로를 바라보는 관점 역시 자연계에서 인간이 가진 특별함을 지워가는 방향으로 흘러왔다는 점입니다.

대표적인 사상이 이미 앞에서 설명한 바 있는 유물론이죠. 사실 이 유물론도 계몽철학의 영향을 직간접적으로 받았으므로 계몽철학 시대에서부터 신과 인간을 보는 관점은 동시적으로 격하되고 있었다고 할 수 있겠습니다. 이런 현상은 인간이 인간 스스로를 바라보는 관점과 신을 바라보는 관점이 '한 묶음'이 아닐까 하는 생각을 갖도록 하는데, 이 인간이론을 필두로 해서 어쩌면 신에 대한 관점의 변화 역시 향후 영향을 미칠 수 있지 않을까 하는 생각을 조심스럽게 가지고 있습니다.

인간이론의 근거는 앞 절에서도 언급한 바 있는 미세조정 우주론이 그 출발점입니다. 즉 우주는 마치 인간의 존재에 초점을 두고 짜 맞추어진 듯하게 초기 값이 주어진 상태로 빅뱅이 시작된 것 같은 인상을 일부 과학자가 느끼기 시작했던 것이죠. 이후 양자역학에서 인간에 의한 관찰의 여부에 따라서 물리적 상태가 달라지는 '불확정성 원리'나 우주가 어떻게 인간에 의해 해석될 수 있는 수준의 수학적 틀을 기반으로 하고 있는지 하는 여러 현상들이 일부 과학자들에게는 미리 갖추어진 퍼즐 조각 같이 느껴졌던 것입니다. 사실 이 미세조정 우주론 역시도 과학계에서 폭넓게 지지를 받는 이론은 아닌 것 같습니다. 오히려 노골적으로 거부감을 표시하는 과학자가 더 많이 보이기까지 합니다. 하지만 제가 보는 견지에서 이 이론이 갖는 의미는 종교적인 중립성을 갖는 과학자들에 의해 인간의 '특별함'을 과학적으로 제안한 이론이며 비록 일부이기는 하지만 일정한 지지층을 갖는, 그러니까 마냥 무시만 당하는 이론이 아니라는 점입니다.

과학적 사실을 기술함에 있어 신을 거론한다는 것은 과학자로서는 항복을 선언하는 것과 마찬가지라서 과학자가 과학의 범주 안에서 신을 거론하는 것은 아직까지는 일종의 금기로 여겨지는 것 같습니다만 과학적 해석의 범주에서는 신을 거론할 수 있는 일종의 실마리가 잡힌 것 아닌가 하는 것이 제 개인적인 생각입니다. 이른바 코페르니쿠스의 법칙이라고 하는 지동설 이후 과학에서 인간의 특별함을 하나하나 지워나가던 지금까지 과학역사의 기조에서 이것은 분명하게 눈에 띄는 하나의 역류현상이 아닐까 하는 생각을 저는 갖고 있습니다.

저는 하나님께서 창조하신 우주라면 분명히 하나님의 흔적이 어느 부분에서인가는 분명히 있으리라는 믿음을 갖고 있습니다. 그것은 마치 어린이가 보물찾기를 하는 것과 비슷한 것 같습니다. 하나님께서 우주에 일부러 남겨 놓으신 그분의 흔적을 하나님께서는 인간에 의해서 발견되기를 기다리고 계실지도 모릅니다. 그때 인간은 케플러가 그랬던 것처럼 유레카를 외치는 데 그치지 않고 진정으로 우러나오는 찬양이 나오겠죠.

하지만 '모든 만물은 성경에 나와 있는 것처럼 하나님의 손길로 창조되었다'라는 명제라는 바리케이드로 길을 막는 행동은 오히려 하나님께서 그들의 피조물인 인간들에게 꼭 보여 주고 싶어 하시는 것까지 덮고 가리는 행동이 아닐까 하는 생각이 듭니다. 선생님은 길가 여기저기에 보물들을 많이 숨겨 놓고 아이들이 그것을 찾아내어 기쁘게 자기에게 달려오는 모습을 보고 싶어 하는데 반장은 그걸 이해하지 못하고 아이들에게 질서 있게 줄 맞춰서 똑바로 걸어가라고 강요하는 것과 비슷하지 않을까요?

이 같이 교회는 과학에 대하여 일방적인 배척보다는 인내를 가지고 기다려보는 것이 필요한 것이 아닐까 하는 생각이 듭니다. 저는 믿음은 강요가 아닌 '기다림'이라고 생각하고 있습니다. 의문을 의문으로 간직한다고 해서 믿음이 부족하다고 표현할 수 있는 것일까요? 아브라함은 이미 일흔이 넘은 나이에 아들을 주시겠다는 하나님의 약속이 믿기지 않았고 심지어 의심까지 했지만 그는 결코 하나님을 떠나지 않고 기다렸습니다.

그리고 욥은 자신이 받고 있는 그 처절한 고난에 대한 의문을 계속 가지고 있었고 그로인해 하나님에 대한 원망의 몸부림도 쳤지만 그 역시 하나님의 면전을 떠나지 않았습니다. 이것이 진정한 믿음이 아닐까요? 하지만 욥의 세 친구는 자신들이 해답이라고 생각한 것을 집요하게 욥에게 '강요'했습니다.

이해할 수 없고 모르는 것은 잘못이라 할 수는 없겠지만 의문을 가진 당사자가 납득할 수 없는 특정한 해답을 강요하는 것은 결코 믿음과는 상관이 없는 것으로 생각됩니다.

오히려 창조의 의문점에 대해서 질문하는 학생에게 솔직하게 "이렇게 모르는 것이 많으니 네가 한번 그 질문들 중의 하나에 대한 것이라도 해답을 찾아보면 어떻겠니? 그 보다 먼저 네가 기도하면서 하나님께 물어봐"라고 권면하는 것이 더 옳은 가르침이 아닐까요? 어쩌면 그 학생에게는 일생일대의 중요한 동기 부여가 될 수도 있는 것이겠죠.

知之爲知之(지지위지지) 不知爲不知(부지위부지) 是知也(시지야)

논어에 나오는 한 구절이라고 합니다. "아는 것은 안다고 말하고 모르는 것은 모른다고 이야기할 줄 알아야 진정으로 알고 있는 것이라 말할 수 있다"라고 번역을 할 수 있을 것 같습니다.

유발 하라리(Yuval Harari, 1976~)라는 이스라엘 출신 역사학자가 쓴 '사피엔스(Sapiens)'라는 책에도 비슷한 이야기가 나옵니다. 그는 16세기 근대 유럽에서 일어난 과학혁명(Scientific Revolution)의 출발점을 인간이 자신의 무지함을 받아들이기 시작하면서부터라고 했습니다. 그는 인간의 역사에서 종교와 과학의 영향력을 비교하면서 종교는 인간사의 웬만한 중요한 것은 이미 알고 있고 그 외의 것은 중요하지 않다는 관점이었던 반면 과학에서는 일단 인간은 아는 것이 별로 없다는 전제를 가지고 있다는 것입니다. 즉 이 논어의 구절처럼 모르는 것을 인정하는 것으로부터 과학혁명이 시작되었다는 것인데 어떻게 보면 모든 것을 알고 있다고 가정하는 종교와 이를 부정하는 과학 사이에는 이러한 태생적 차이가 있을 수밖에 없고 이로 인한 갈등은 갈릴레오 이래 지금까지 이어져서 제가 지금 이렇게 이 책을 쓰고 있는 것은 아닌지 모르겠습니다.

기독교인으로서 당연히 성경은 진리로 여겨야 할 것입니다. 마찬가지로 우주에서 자연의 일원으로 살아가고 있는 인간으로서 과학 역시 진리의 한 줄기임은 분명할 것입니다. 그런데 지금 인간의 눈으로는 그 두 진리가 충돌하고 상호 배타적인 것으로 보이고 있는 것이 문제인 것 같습니다.

　글을 쓰고 있는 사람의 부족한 관점으로는 두 진리에 대해서 너무 성급하게 결론을 내리려고 하는 조급함으로 인한 것일 수 있다는 생각이 듭니다. 어떻게 보면 불완전할 수밖에 없는 인간으로서 월권적이지 않을까 하는 생각이 들 때도 있습니다. 성경과 과학 모두가 진리라면 하나님께서 언젠가 때가 되면 자연스럽게 모두를 비춰주는 또 다른 빛줄기를 보여주시리라는 믿음을 가지고 기다리면 되지 않을까요?

　그 시기가 물론 아주 오랜 후 나의 아들의 아들의 아들 때에 가서 가느다랗게나마 열리기 시작할 수도 있을 겁니다. 하지만 인간으로서 하나님을 향한 최고의 미덕이라면 '믿음'일 텐데 결국 믿음은 '기다림'이라는 개인적인 확신을 갖고 있습니다. 결국 진리가 승리한다는 믿음이 있다면 두 진리가 충돌하는 것처럼 보이는 이 시기를 살아감에 있어서 둘 중 어느 하나를 버리거나 또는 어느 하나만을 강요하는 어리석음을 범해서는 안 될 것입니다.

　하나님께서 수학이라는 그분의 독자적인 방법으로 그분의 손에 의해서 직접 쓰신 자연을, 그래서 모든 만물 모든 사람들에게 동일하게 작용하는 자연을, 하나님의 손길이 작용한 것은 분명하겠지만 한정적인 대상에게 한정적인 사항을 인간의 한정적인 사고 체계를 통하여 간접적으로 받아쓴 성경으로 재단할 수 있는 것인지는 한번 곰곰이 생각해 볼 문제인 것 같습니다.

　그래서 어떻게 생각하면 앞부분에서 일반계시와 특별계시에 대해서 말씀드린 바 있습니다만 특별계시라 할 수 있는 성경은 선지자와 사도라는 메시지 전달자를 통해서 우리에게 전해졌다는 것이 사실인 것처럼 일반계시는 우리가 직접 바라보는 것 외에는 과학자들을 통해서 우리에게 전해지는 것이 분명하므로 어떻게 보면 그들은 특별계시의 선지자와 사도들과 비슷한 역할을 하고 있는 것은 아닐런지요? 선지자와 사도들이 하나님에 의해 쓰임을 받은 것처럼 그들도 그들이 그 '누구'를 의식하던 안 하던 간에 "그 누구에 의해 쓰임 받았다"는 생각도 할법한 것 같습니다.

뉴턴이 사과가 떨어지는 그 흔한 광경을 바라보고 만유인력을 생각해낸 그의 과학적 통찰력도 '그 누구'에 의해 오직 그에게만 허락된 것으로 볼 수도 있지 않을까요? 그때까지의 다른 모든 평범한 사람들은 그걸 보고 아무렇지도 않게 그냥 지나갔었는데도 말입니다. 물론 일반계시에서 과학자가 전하는 내용 중에는 실수 또는 오류, 심지어 악의적으로 조작된 옳지 못한 내용이 있을지도 모릅니다. 그렇다면 특별계시 쪽에서는 그런 측면에서 자유로운가 하는 질문에서는 아마도 대부분 그렇지 않다는 것은 대부분 동의하시리라 여겨집니다. 이런 문제에 대해서는 성경에서도 여러 곳에서 경고를 하고 있는 바이기도 합니다. 그래서 목사님들이 그런 거짓된 메시지와 참된 메시지를 구분하는 '영적 분별력'을 강조하시기도 하지요. 그렇다면 마찬가지로 일반계시에서도 옳지 못한 과학적 주장들을 구분하고 분별해내는 '지적 분별력'이 필요할 것이고 이것을 키우는 유일한 길은 바로 과학을 공부하는 방법 외에는 없을 것 같습니다.

과학 역시 진리를 추구하고 좇아가는 학문이고 하나님이 우리가 믿는 진리의 하나님이시라면 언젠가는 하나님을 종교적 실체가 아닌 과학적 실체로서 인간이 갖고 있는 지정의(知情意) 능력으로 이해되는 날이 언젠가 있을 것을 믿고 그리고 과학자들을 믿고 기다려야 하는 것이 옳지 않을까? 하는 생각이 듭니다. 그리고 어쩌면 하나님은 이 우주를 창조하시면서 인간의 '감정'에서 우러나오는 찬양도 물론 기쁘게 받으시겠지만 어쩌면 그보다도 철저한 '이성'에서부터 우러나오는 찬양을 받고 싶어 하신 것은 아닐까요?

어느 물리학자가 현대 물리학의 복잡하지만 오묘한 이론들을 바라보면서, 또는 어떤 수학자가 어떤 수학의 공식을 바라보면서 자신도 모르게 '아름답다'라고 읊조린다면 비록 그가 신을 직접적으로 언급하지는 않았다 하더라도 그의 이성으로부터 진심으로 우러나오는 '찬양'을 누군지 모르는 '누군가에게' 하고 있는 것이라고 저는 생각하고 있습니다. 그가 그 '누구'를 의식하던 안 하던 간에 말입니다. 이는 어떤 사람이 운전하는 중에 라디오에서 처음 듣는 음악소리를 듣고 자신도 모르게 '아름답다'라고 읊조렸다면 그가 비록 작곡자가 누구인지 몰랐다 하더라도 그의 그 읊조림은 작곡자를 향하고 있다는 것은 분명할 것입니다.

아래 열거한 사실들은 그렇게 과학자들로 하여금 자신도 모르게 '아름답다'라는 말로 고백하게 만들었던 과학의 역사에서 실제 있었던 사실들 중에서 제가 아는 몇 가지를 예로 보여드리기 위해서 적어 놓았습니다. 아마도 실제로 그런 일이 있을까 하는 의심이 드는 분이 있을 것 같아서 가져온 것이니 글쓴이의 아는 척하는 모습으로 비쳐질 수도 있지만 어차피 비전공자이고 문외한인 글쓴이가 지금까지 이 책에서 줄곧 아는 척을 해왔기 때문에 '아는 척하는 것을 즐기는 자'의 지조를 지키고자 여기 보여 드립니다.

이 곳에 거론한 사실들은 한때 유행했던 "니가 왜 거기서 나와?"라는 제목의 유행가가 있는데 과학자들에게서 똑같은 말이

나올 수밖에 없었던 상황이라 할 수 있는 것으로서 전혀 서로 상관없이 발견되고 발전되어 오다가 어느 누구도 감히 상상할 수도 없었던 어떤 계기로 서로 연결된 사건들로서 저를 비롯한 많은 사람들로 하여금 '너무 아름다워서 이것 위에 뭔가가 있다는 가정을 부정할 수 없게 만드는' 사실들입니다.

혹시 이중 하나라도 알고 계신다면 해당 과학자가 '유레카(Eureka)의 희열'과 함께 느꼈을 서브라임(Sublime)이라고 표현되는 '숭고함의 감격'을 한번 상상해 보는 것도 괜찮을 것 같습니다. 그리고 그 뒤에서 흡족한 마음으로 그 광경을 바라보셨을 하나님의 모습도 같이 상상해 보시기 바랍니다.

- 케플러가 그의 스승 티코 브라헤가 남긴 행성에 대한 방대한 관측 기록들이 그보다 천년도 더 된 시간 전에 만들어진 아폴로니우스의 타원방정식에 의해 완벽하게 설명되어 진다는 사실을 발견했을 때.

- 현대 물리학에서 강한 핵력을 설명하는 공식이 그보다 150년 전 오일러가 전혀 다른 목적으로 유도했던 베타함수라는 공식과 똑같은 형태를 가졌다는 사실을 발견했을 때.

- 오일러가 모든 소수의 역수의 합이 소수와는 전혀 연관성이 없을 것 같아 보이는 원주율값(π)에 수렴한다는 사실을 발견했을 때.

- 수학적으로 용도와 등장 배경이 전혀 다르고 서로 무관할 것으로 여겨지던 세 가지 초월수 π, e, i가 오일러 공식이라는 하나의 식에서 완벽하게 0과 1을 만들어 낼 때($e^{i\pi}+1=0$, 수학자들 사이에서 가장 아름다운 수학식으로 알려져 있습니다).

우주의 소프트웨어

- 리만 제타함수를 통해서 소수(素數, prime number)의 출현을 확률적으로 예측하는 공식이 양자역학에서 원자 주위를 도는 전자궤도를 예측하는 공식과 일치한다는 사실을 발견했을 때.

제3부

天地人 중의 地

우주라는 소프트웨어

여기에서는 우주를 관찰하는 인간에 대해서 생각해 보려고 합니다. 우연일지 필연일지 모르겠습니다만 인간이 지금 이토록 광대한 우주를 관찰하고 있고 스스로의 안목으로 우주를 해석하고 있습니다. 그리고 인간이 우주를 관찰하는 도구로 사용되고 있는 수학과 그 수학이라는 틀로 작동하고 있는 우주의 원리를 한번 생각해 보고자 합니다.

제5장 수학적인 우주

1. 아름다운 수학

God used beautiful mathematics in creating the world.
신은 아름다운 수학으로 이 세상을 창조했다.
- (폴 디랙, 영국의 물리학자, 1902~1984)

수학이 아름답다는 이 표현이 학창시절 수학에 대해 좋지 않은 추억을 갖고 계시는 많은 분들께는 아마도 해괴망측한 이야기로 들리실 수도 있을 것 같습니다. 이에 대해 글을 쓰고 있는 저 자신도 사실 고교시절 때까지만 해도 수학을 아주 싫어했었습니다. 그런 상태가 계속 이어졌으면 지금 하고 있는 이런 이야기는 감히 할 수가 없었겠죠. 그러다 고3 때 대학입시에 실패하고 재수를 하면서 수학을 바라보는 관점이 완전히 바뀌게 됩니다. 저의 재수생활은 다른 재수생들처럼 학원을 다닌 것이 아닌 도서관에서 독학으로 공부를 하는 것이었는데 처음에는 죽지 못해 억지로 하는 공부였다가 점점 공부에 재미를 느끼게 되었고 그래서 지금의 내가 있게 된 것 같습니다.

특히 그전까지는 무턱대고 담만 쌓았던 수학과 물리에 빠져들고 말았습니다. 이렇게 재미있는 수학을 왜 그 많은 수학선생님들 중에 일찌감치 깨닫게 해준 선생님이 한 명도 없었는지 당시엔 참 원망 많이 했었습니다. 그래서 수학이 아름답다는 이 표현을 어느 정도는 이해한다고 자부하지만 그래도 비전공자이기 때문인지는 몰라도 오일러의 등식(Euler's identity)으로 알려진 아래의 공식에는 아직 진심에 우러나오는 아름다움은 느끼질 못합니다. 그냥 그렇다고 하니 그런가보다 하는 정도이지요.

$$e^{i\pi}+1=0$$

하지만 수학에서 어느 정도의 경지에 이른 사람들은 이 공식에서 아름다움을 느낀다고 합니다. 그냥 말로만 하는 아름다움이 아니라 실제로 뇌파검사를 해보면 사람들이 아름다운 풍경이나 미술작품들을 볼 때 나타나는 그런 파형이 나온다는 것입니다.

이 공식은 다섯 개의 상수로 구성되어 있습니다. 변수가 아닌 상수로만 구성된 식이기에 공식이 아닌 등식(等式) 또는 항등식(恒等式)이라는 용어를 써야 하지만 세간에는 '오일러 공식'으로 알고 있는 분들도 많다고 합니다. 그런데 그 다섯 개의 상수 모두가 수학에서 매우 의미가 깊고 또한 그 역사적인 출현 배경이 서로 전혀 다른 수라는 겁니다.

우선 π는 많은 분들이 알고 계신 바대로 원주율로서 기하학에서 출발한 무리수입니다. 그리고 두 번째 i는 허수라고 하죠. 제곱하면 −1이 된다고 하는, 실제로 있을 지도 없을지도 모르지만 어쨌든 중세 유럽에서 수학적 편의에 의해 만들어진 수라고 할 수가 있는데 의외로 여기저기에서 많이 사용되고 있는 수입니다. 심지어 상상의 수(imaginary, 허수 虛數)라는 명칭과는 무색하게 실제의 물질계를 연구하는 물리학에서도 사용되고 있는 수라고합니다. 중세 유럽 대수학(Algebra, 代數學)에서 발견된 수로서 대수학을 대표하는 수라고 합니다. 그리고 e라는 수는 이 공식에 나오는 수중에서 가장 최근(18세기)에 발견된 수인데, 자연상수 또는 오일러(Leonhard Euler, 1707~1783)가 발견해서 오일러의 수(Euler's number)라고도 불리는데 복리로 하는 이자계산법에서 예치기간을 무수하게 잘게 쪼개서 예금과 출금을 반복했을 때 나오는 최대 이익률이라고 하죠. 그런데 이 상수에 지수를 변수로 붙이는 함수(즉 e^x)는 미분을 해도 적분을 해도 형태를 그대로 유지하는 독특한 특성 때문에 지수나 로그계산에서 아주 유용하게 쓰이고 있는 해석학을 대표하는 수라는 겁니다. 그런데 이렇게 역사적인 출처와 용도가 서로 다른 두 개의 무리수와 하나의 정체불명의 수를 조합한 결과가 0과 1만으로 표현된다는 겁니다.

좀더 현실적인 표현을 하자면 '0과 1에 딱 떨어진다'는 겁니다. 무리수는 아시겠지만 소수점 밑으로 무작위의 수가 무한으로 내려가기 때문에 우리가 아는 어떠한 연산으로도 유리수로 만들 수가 없는 수입니다. 그런데 서로 출처와 용도가 다른 두 무리수는 허수와 함께 지수연산을 시키면 0과 1로 떨어진다는 것이죠. 그러니까 수학적으로 출처와 용도가 다른 이 수들이 뭔가 서로 논리적인 연결성이 있다는 겁니다. 하지만 아직은 어느 수학자도 두 수의 논리적 연결점을 아직 찾지 못하고 있다고 합니다. 한마디로 신비로운 것이죠.

뿐만 아니라 우리가 다 알고 있다고 자부하는 0과 1 역시 범상한 수가 아니라는 겁니다. 1은 모든 자연수의 출발점으로서 하등동물조차도 인지할 줄 아는 수라고 합니다. 가장 기본이 되는 수라는 것이겠죠. 그리고 0은 많은 분들이 의외로 여기실 것 같은데 이 수의 발견이 수학의 역사에 있어서 가장 혁신적인 사건이라고 할 정도로 인간이 수라는 개념을 이해하는 데 있어 가장 중요한 분수령이었다고 합니다. 심지어 자신들의 수학에 대해 그렇게 자부심을 가지고 있었던 고대 그리스 수학자들도 0을 몰랐다고 하지요(존재 자체를 몰랐다기보다는 수학적으로 어떻게 사용해야 하는 지를 몰랐다는 것이 더 정확할지 모르겠습니다). 컴퓨터에서도 1과 0은 '있다'와 '없다' 또는 '옳다'와 '그르다'를 상징하는 수로서 이 두 수만을 가진 수 체계인 2진법이 컴퓨터의 모든 연산에 적용되고 있습니다.

많은 수학자들에게 이 공식은 아름다움뿐 아니라 우주에 대한 신비함을 느끼게 한다고 합니다. 즉, '이 우주에는 우리가 알 수 없는 뭔가가 있구나'하는 느낌을 갖게 만든다는 겁니다. 물론 모두가 그렇다는 것은 아닐 것이지만 말입니다.

하나님의 존재를 부정하는 진영에서 그들이 내세우는 가장 주된 근거가 바로 우주는 지극히 수학적이고 그 '수학적 틀'로서 해석되고 예측할 수 있다는 것일 겁니다. 사실 아인슈타인도 "우주의 존재보다도 더 큰 기적은 인간에 의해서 우주가 해석되고 있다는 사실이다"라고 이야기를 했다고 합니다. 정말 그렇습니다. 인간은 그들이 가지고 있는 수학이라는 도구를 이용해서 현재의 우주 구조를 이해하기 시작했고 심지어 그 시작까지도 해석했습니다.

바로 빅뱅이론이죠. 빅뱅이론은 아직은 물리학적인 법칙 수준으로 받아들이는 것은 아닌 것으로 알고 있습니다만 그렇다고 하나의 이론이라고 하기에는 아주 탄탄한 수학적 틀을 가지고 있고 뒷받침할 수 있는 많은 관측적 증거를 가지고 있습니다. 그렇지만 본질적이고 결정적인 실험 또는 관측이 아직은 이루어지지 않았고 실험으로서 이를 재현할 수가 없기 때문에 아직은 '이론'이라는 꼬리표를 달고 있는 것일 겁니다.

현재 빅뱅이론의 강력한 관측적 증거 중 하나로 논의될 수 있는 것은 바로 '우주배경 복사'라는 현상이 있습니다. 이 현상은 1964년 미국 벨 연구소의 펜지어스(Arno Allan Penzias, 1933~)와 그의 동료 윌슨(Robert Woodrow Wilson, 1936~)이 발견한 것인데 처음에는 정체불명의 잡음으로 알고 이를 기술적으로 제거하려고 별별 노력했지만 소용이 없었다고 합니다. 하지만 이른바 '등방성(等方性)'이라고 하는, 어느 시간에 어느 방향을 향해도 그 잡음의 강도는 변함없이 일정한 수준을 유지하고 있다는 사실에서 어쩌면 이 잡음의 원인이 되는 전파가 우주에서 오는 것일지도 모른다는 생각에 이르게 되어 그 이유를 연구하던 중 빅뱅이론의 이론적 기틀을 마련했던 러시아계 미국 물리학자 가모프(George Gamow, 1904~1968)가 1946년에 빅뱅의 에너지가 지금까지도 우주 전체에서 메아리 칠 것이라고 예견했던 '우주배경 복사' 현상과 거의 일치한다는 사실을 알아냅니다. 그야말로 '유레카'를 외쳤던 것이죠.

사실 가모프가 1946년에 발표한 빅뱅에 대한 연구는 그 당시에는 과학계로부터 크게 인정을 받지 못했던 일종의 변두리 이론이었는데 펜지아스와 윌슨의 관측 이후에는 정설로 받아들여지게 되었고 그 공로로 두 사람은 1978년 노벨상을 받게 됩니다. 가모프의 '수학적 예측'과 그들의 관측 결과의 일치로서 빅뱅이론의 가장 강력한 증거로서 지금도 많이 인용되는 사실인 것만은 분명하지만 그 증거는 심증에 대한 증거일 뿐이지 사실은 정확한 빅뱅의 물증은 아닙니다. 우주배경 복사가 빅뱅 때문인지 아니면 아직은 인류가 모르는 다른 원인에 의한 것인지는 확실하지 않기 때문이죠. 다만 현재 관측되는 우주배경 복사의 정도가 가모프가 수학적 계산으로 예측한 값과 너무나도 비슷하기 때문에 거의 확신에 가까운 심증인 것으로 보입니다. 어쨌든 사전에 수학적 틀로서 예측된 것에 대한 관측적 사실과의 일치를 보인 사례로서 우주의 기원에 대한 빅뱅이론의 무게를 한층 높여준 것만은 분명할 것입니다.

사실 빅뱅 우주론이 과학계에 등장할 당시만하더라도 과학계의 반응은 매우 차가웠다고 합니다. 심지어 아인슈타인은 "역겹다"라는 표현까지 썼다고 합니다. 그 이유 중 상당 부분이 우주는 시작이 있다는 이야기에서 창세기가 연상된다는 이유였다고 합니다. 즉 종교 냄새가 난다는 것이었죠. 참으로 역설적인 이야기라 할 수 있을 것 같습니다. 하지만 가모프의 수학적 예측을 윌슨과 펜지어스에 의해서 관측적 증거가 발견된 전형적인 과학적 사실의 진리 규명과정을 정확하게 밟아왔기 때문에 지금은 함부로 다른 이론을 제기하지 못하는 하나의 넘사벽의 과학적 패러다임으로 자리를 굳힌 것 같습니다.

이렇게 현대과학에서 수학은 가장 강력한 도구입니다. 심지어 수학과 무관해 보일 수도 있는 실험이나 관측 결과도 수학적으로 해석이 되는 하나의 '틀'을 갖고 있어야 그 과학적 가치가 인정됩니다. 그래서 무신론 진영에서 우주는 수학적 틀을 갖고 그에 따라 빈틈없이 '작동'되고 있기 때문에 굳이 신을 필요로 하지 않는다고 이야기합니다. 겉으로 보기엔 상당히 설득력이 있어 보이는 주장인 것 같습니다.

하지만 수학의 세계는 본질상 '정의된 세계'입니다. 고대 수학의 고전이라고 할 수 있는 유클리드의 '원론'은 점과 선에 대한 정의에서 시작합니다. 이를 수학의 공식적인 용어로 공리 또는 공준(公理, 公準, Axiom)이라고 합니다. 수학의 눈을 가지지 않고 이 공리들을 보면 너무도 당연한 것을 불필요하게 입 아프고 골치 아프게 이렇게 말하고 있나 하는 생각이 들 정도입니다.

　유클리드의 원론은 어느 책에나 있을 법한 서문이나 책에 대한 설명 등은 일절 생략하고 바로 '점은 부분이 없다.', '선은 길이만 있고 폭은 없다.' 같은 열 몇 가지의 '정의'로 시작한다고 합니다. 그중에 하나, '한 직선 바깥에 있는 한 점을 지나며 그 선과 평행인 선은 오직 하나만 존재한다'라는 정의로서 '유클리드 공간'이라는 공간 개념이 형성됩니다. 만약에 이를 부정하고 '평행한 선이 존재하지 않는다'라는 정의 아래에서는 '리만 공간'이라는 성격이 전혀 다른 공간이 되고 '평행한 선이 무한히 많이 존재한다'라는 정의에서는 '로바체프스키 공간'이 됩니다. 우리가 많이 알고 있는 피타고라스의 정리는 바로 유클리드 공간에서만 성립되는 법칙입니다. "그런 법이 어디 있어?"라고 생각이 들겠지만 수학적으로는 존재하는 공간이고 실제로 공학 같은 다른 분야에서 응용되고 있는 공간들입니다.

　사실 우리가 살고 있는 우주가 유클리드 공간인지 아니면 다른 공간인지조차도 인류는 아직 확실하게 알지 못하고 있다고 합니다. 다만 관측 결과를 통해서 유클리드 공간일 것으로 강력하게 '추정'만할 뿐입니다. 고작 태양계라는 우주에서는 단지 하나의 점에 지나지 않는 영역만을 대상으로 실제적인 측정을 했던 인류에게 이토록 광대하고 무한에 가까운 우주의 공간 속성을 알아낸다는 것이 현재로서는 엄청 버거운 일인 것은 사실일 겁니다. 그나마 유클리드 공간일 것으로 추정이나마 할 수 있게 되었던 것은 앞에서 이야기한 '우주배경 복사' 덕이 크다고 합니다. [그림 3-1]은 2001년 발사된 WMAP(Wilkinson Microwave Anisotropy Probe - 윌킨슨 마이크로파 비등방성 탐색위성)이라는 인공위성이 우주배경 복사를 촬영

[그림 3-1] WMAP 우주배경 복사

한 사진입니다. 물론 실제로 눈에 보이는 영상은 아니고 아주 민감한 센서를 통해 우주 전방향의 배경 복사를 측정하여 이를 형상화한 것입니다. 측정한 내용을 구분하여 표시하려니 어쩔 수 없이 색으로 구분한 것이지만 사실 측정되어진 가장 큰 값과 가장 작은 값의 차이가 수십만 분의 일 단위로 당초 예상했던 것보다도 오차 범위가 매우 작았다고 합니다. 이를 바탕으로 우주는 평탄한 유클리드 공간일 것으로 물리학적인 '추정'을 할 수 있다고 합니다.

그리고 우리가 알고 있는 '1 더하기 1은 2'라는 것도 사실은 공리에 가까운 명제입니다. 사실 수학적 증명은 존재합니다만 비교적 최근이라 할 수 있는 20세기에 들어서야 증명이 된 사실이고 그 증명도 '페아노(Giuseppe Peano, 1858~1932)의 공리체계'라는 '자연수에 대한 공리'를 기반으로 증명된 것이기 때문에 필자의 개인적인 견해이지만 공리에 가까운 증명으로 보입니다.

약간의 비약적인 논리를 동원하면 '1과 2를 자연수라 할 때 1+1은 2이다'라는 뭔가 당연한 듯한 증명입니다. 사실 페아노의 공리체계에는 이미 '모든 자연수 n은 그 다음의 수 m을 갖는다'는 공리가 포함되어 있습니다. 이 증명은 20세기 철학과 수학의 두 거두라 할 수 있는 화이트헤드(Alfred N. Whitehead,1861~1947)와 러셀(Bertrand Arthur William Russell, 1872~1970)이 공동 저술한 '수학 원리(Principia Mathematica)'라는 아주 어려운 책에 포함되어 있는 내용이라고 하는데 저 같이 평범한 사람이 두 천재 수학자의 증명에 이렇게 함부로 가타부타 이야기하는 것 자체가 외람되다는 생각도 듭니다만 평범한 사람이 가질 수 있는 의문을 이렇게 이야기하는 것도 나름 의미가 있지 않을까? 하는 생각으로 이렇게 굳이 이야기해 봅니다.

어쨌든 '하나에서 하나를 더하면 2가 된다'라는 명제는 '수학원리'가 출간된 20세기 초기까지만 하더라도 증명할 수 없는(또는 할 필요가 없는) 하나의 공리로 받아들여졌던 것으로서 인류 역사상 세계 어느 민족 공통으로 사용해 왔고 이에 대한 반증이 실제 생활에서 아직 발견되지 않았으며 실제로 모든 사람들이 그냥 그런 줄 알고 삶에 적용하고 있을 뿐입니다. 아니, 어쩌면 '1 더하기 1은 2가 되는 세계에서 우리는 살고 있다'라는 표현이 더 적절할 것 같습니다. "아니, 그럼 '1 더하기 1이 2가 되지 않는 세계'는 도대체 어떤 세계인 거야?"라는 의구심이 드실 법도 합니다.

사실 수라는 것은 인간의 개념에만 존재하는 겁니다. 즉 '자연에는 수가 없다는 것'입니다. '살다보니 별 소릴 다 듣네'라는 생각이 드시겠지만 눈을 들어서 한번 자연을 바라보십시오. 어느 구석에도 숫자는 없습니다. 나뭇가지나 풀 같은 것에서 숫자 비슷한 것이 보일 수는 있겠지만 숫자는 수의 표기 방법일 뿐이지 수의 본질은 아닙니다. 하나님께서 천지를 창조하셨을 때도 수를 창조하셨다는 내용은 없습니다(어쩌면 창조 이전 우주를 설계하기 전에 우주에 적용될 수학적 틀을 논리적 설계의 단계로서 먼저 '정의'하시지 않았을까 하는 것이 제 생각입니다). 다만 인간에게만 코에 생기로 불어넣어 주셨던 하나님의 생령에 포함되었던 인간에게 허락된 하나님 세계의 본질 중에 하나일 것입니다. 그것으로 만물을 '다스리라'고 명령하신 것이겠죠.

어차피 자연에는 존재하지 않는 인간의 머릿속에서만 돌아가는 것이 숫자이니 1 더하기 1이 3이 되던 1.5가 되던 그쪽으로 나가게 되는 또 다른 수학적 세계가 존재할 수 있다는 것입니다. 어쩌면 그렇게 되면 우리가 아는 2라는 수는 숨겨진 수가 될지도 모릅니다. 사실 0에서 1사이만 하더라도 숨겨진 수의 존재는 무한히 많이 있습니다. 인간이 수를 사용하려면 표기를 할 수 있어야 합니다. 그러니까 모든 유리수는 분수 형태로 표기가 가능하니까 사용할 수 있는 수가 되겠지요.

그 다음은 제곱근 같이 일정한 연산과정을 거치면 유리수로 변환이 가능한 무리수도 인간이 사용할 수 있겠지요. 표기방법이 있으니까요. 그러나 지금까지 알려진 어떤 연산과정으로도 유리수화 되지 못하는 '절대' 무리수도 있습니다(수학적 용어로 실수인 초월수라고 할 수 있겠습니다). 아니 어쩌면 대부분의 무리수가 그럴지도 모릅니다. 'π'나 'e' 같은 수는 유리수화 할 수 있는 연산방법이 아직까지는 발견되지 않은 수들입니다(물론 자신 스스로를 나누거나 빼는 것은 제외하고 말입니다). 'π'나 'e'는 수학적으로 각별한 역할과 의미가 있어서 인간이 부여한 특수한 문자로 그나마 표기할 수가 있었겠지만 그 나머지의 '절대' 무리수들은 어떻게 표기해야 할까요? 그것들 하나하나도 엄연히 존재하는 하나의 수임은 분명할 텐데 현재 인간의 사고체계로는 근삿값 외에는 표현할 방법이 없는 것입니다. 바로 인간에게는 가려지고 쓸 수 없는 숫자인 셈이죠. 1 더하기 1은 2가 되는 수학체계에서 그런 수들은 처음부터 가려진 숫자가 되는 운명에 처하게 되는 것입니다.

　수학이 정의와 공리에서 그 방향이 결정되는 것처럼 물리학에도 분명한 출발점과 방향성이 있는 것으로 여겨집니다. 바로 기본상수라고 하는 것들입니다. 대표적인 것이 바로 빛의 속도입니다. 모든 관찰자, 그리고 그 관찰자가 어떤 운동 상태에 있더라도 각각의 관찰자에게는 1초에 30만 킬로미터라는 빛의 속도는 고정되어 있고 또 동일하게 작용함으로써 지금 우리가 보고 있는 우주의 모습이 된 것입니다. 만약 조금이라도 달랐다면 이 우주는 존재할 수가 없거나 또는 존재하더라도 지금과는 완전히 다른 모습의 우주가 되었을 것이라고 합니다. 이것은 빛의 속도뿐이 아닙니다. 물리학에는 여러 가지 기본상수라는 것이 있는데 뉴턴의 만유인력공식에 나오는 인력상수 같은 각종 물리법칙의 공식에서 볼 수 있는 상수값들, 전자 같은 각각의 기본 입자들이 가지고 있는 질량값 등등, 이 모든 값들 중에 하나라도 조금이라도 다른 값을 가졌다면(그 오차 범위가 수조분의 1정도라도) 지금의 우주는 존재할 수가 없었을 것이라고 합니다.

　사실 인류의 수학이 아무리 발전한들 사용할 수 있는 수는 극히 한정되기 마련이고 이것은 바로 태초 이전의 '존재의 정의'에 의하여 그 방향이 결정된 것으로 생각해도 될 법합니다. 케플러는 그의 스승 티코 브라헤가 남긴 방대한 양의 관측 자료가 아폴로니우스의 타원방정식이라는 수학적 구조와 정확히 일치하는 것을 보고 하나님께서 '그렇게' 만드시고 인간이 그것을 알게 될 때까지 기다리셨을 것이라고 말을 했다고 합니다. 그런데 그런 케플러의 생각이 얼핏 일리가 있는 것이, 우주를 해석하는 주요 물리 법칙들의 공식을 보면 의외로 그 수학적 구조가 매우 간단하다는 겁니다. 뉴턴의 만유인력의 법칙이나 아인슈타인의 $E=mc^2$ 등을 보면 그것을 유도하고 증명하는 과정에는 어마어마하게 복잡한 수학이론들이 동원되지만 최종적인 결과는 의외로 간단한 공식으로 결론난다는 것입니다. 물론 확률 개념이 들어가 있는 슈뢰딩거의 파동방정식(Schrödinger wave equation) 같은 예외도 있기는 있지요.

여기에서 우리의 학창시절을 되돌아볼까요? 수학이나 물리학 시험을 치룰 때 문제가 아무리 복잡하고 어렵다고 해도 그것의 정답은 간단하고 단순한 것이 대부분이었던 것 같습니다. 그러니까 학생이 '이게 답이구나!'라는 생각이 들 수 있도록 '딱 떨어지는' 형태의 값이 답이 되는 경우가 많았죠. 그래서 문제를 풀어서 답이 소수점 몇 자리 이상의 형태로 나오면 '뭔가 잘못됐구나'라는 생각이 들게 마련이었으니까요. 혹시 하나님께서 천지를 창조하실 때 이런 것과 비슷한 심정을 가지고 있지는 않으셨을까? 하는 생각을 해봅니다. 그러니까 천지만물을 창조하시고 마지막으로 인간을 창조하시고는 그 창조 만물을 하나의 시험문제로 인간에게 내주신 것은 아닐까요? 물론 답은 인간들이 이해할 만하게끔 생각보다 단순한 형태로 말이지요. 만약 만유인력 법칙이 근의 공식을 갖지 않는 것으로 알려진 5차방정식의 형태였다면 과연 뉴턴이던 어느 다른 과학자이던 그것을 발견할 수 있었을까요?

한번 이런 생각을 해보겠습니다. 작은 어린아이가 외줄을 타고 있습니다. 이 아이는 줄 위에서 태어나고 자라서 자신이 밟고 있는 줄이 그 아이에게는 세상의 전부입니다. 그럼에도 아이는 처음에는 혼자서 줄에 올라가 서지도 못했겠죠. 어쩔 수 없이 아이는 옆에 있는 어른의 손에 의지할 수밖에 없었을 겁니다. 그러다가

한 걸음 또 다음에는 두 걸음 그렇게 조금씩 조금씩 줄 위에서 어른의 도움 없이도 걸어갈 수 있는 걸음 수가 늘어나기 시작했고 어느 정도 자신감이 붙은 다음에는 도와주려는 어른의 손을 뿌리치고 혼자 걷기 시작했습니다. 그러다가 넘어지기도 했지만 다시 일어서기를 반복해서 마침내 어른의 도움이 전혀 없어도 줄 위를 마음껏 뛰어다니고 얼마든지 이리저리 돌아다니며 놀 수도 있을 만큼 최고의 수준까지 되었습니다. 아이는 자신의 손을 잡아주며 도와주던 어른이 있었다는 사실도 잊어버렸고 자신이 밟고 있는 줄이 아이에게는 세상의 전부이므로 아이는 세상을 완벽하게 잘 알고 있다고 스스로 생각하게 되었습니다. 그 줄을 누가 그토록 튼튼하게 매어놨는지는 전혀 생각하지 못하고 말입니다.

수학이라는 언어로서 물리학의 법칙들이 이토록 적절하게 표현될 수 있다는 사실은 놀라운 기적으로서 우리가 이해할 수도 없고 받을 자격도 없는 과분한 선물이라 할 수 있다.
The miracle of the appropriateness of the language of mathematics for the formulation of the laws of physics is a wonderful gift which we neither understand nor deserve.
- 유진 위그너(Eugene Paul Wigner, 1902~1995, 헝가리계 미국 이론물리학자, 1993년 노벨상 수상)

2. 불완전한 대칭

우주는 역설적이게도 빅뱅 초기의 물리학적 불완전성 때문에 지금의 모습을 갖게 되었다고 합니다. 물질을 쪼개고 쪼개면 결국 그 물질의 물성을 갖는 최소 단위의 입자 즉 원자가 된다는 것은 이미 다 아는 사실일 것입니다. 이것을 또 쪼개면 원자핵과 전자로 나눠지고 원자핵은 중성자와 양자로 구성되었다는 것은 고등학교를 졸업한 사람이라면 대충 아는 사실일 겁니다. 이런 전자, 양자, 중성자 등의 입자들을 통칭해서 소립자 또는 미립자라고 하는데 사실 이렇게 세 가지만 있는 것이 아니라 지금까지 물리학자들이 발견된 것으로 간주하는 것만 2백 가지가 넘고 또 물리학적으로 존재가 예측되는(또는 기대되는) 입자도 아직 많이 남아있다고 합니다. 재미있는 사실은 이들 입자 대부분(전부는 아니라고 합니다)은 반대의 성질을 갖는 반입자를 가지고 있는데 전자, 양자, 중성자라는 기본 삼입자의 경우로 보면 반전자, 반양자, 반중성자가 되겠지요. 이들 입자와 반입자가 서로 '접촉' 되는 경우 물질에서 에너지로 변환되어 소멸된다고 하는데 이를 쌍소멸(pair annihilation)이라고 부른답니다. 반대로 어느 일정조건 이상의 에너지 장(주로 빛에너지라고 합니다)이 형성되면 에너지가 변환하여 물질과 반물질 입자가 쌍으로 생성된다고 하는데 이를 물론 쌍생성(pair production)이라고 하겠지요. 이때 생성되거나 소멸되는 입자의 질량과 소모 또는 발산되는 에너지의 상관관계는 아인슈타인의 유명한 공식 $E=mC^2$를 만족한다고 합니다. 이것을 양자 역학에서는 양자요동(Quantum fluctuation)이라고 하여 에너지가 존재하는 곳이면 그곳이 비록 진공이라고 하더라도 '아무것도 없다'라고 말할 수 없다고 합니다. 이는 에너지가 물질이 되고 물질이 에너지가 된다는 것인데 불교의 반야심경(般若心經)에 나오는 유명한 구절 '공즉시색 색즉시공(空卽是色 色卽是空)'을 떠오르게 하는 점이 아주 흥미로운 것 같습니다.

이 반입자가 물리학적으로 발견되는 과정도 아주 수학적입니다. 자연계에 실재(實在)하는 실수(實數)의 범위에서 제곱된 수는 반드시 양(陽)의 수 즉 플러스(+)의 수이어야 한다는 사실은 중학교 수학에 나와 있습니다. 이 말은 어떤 양수가 제곱에 의해 나온 수라면 그 근(根)의 수는 같은 크기를 갖는 양수와 음수, 즉 두 개의 근이 있다는 사실인데 이것은 중학교 수학에서 나오는 기초적인 내용이죠. 그런데 디랙(Paul Dirac, 1902~1984)이라는 영국의 물리학자가 자신이 양자역학에 관하여 유도해 낸 디랙방정식을 전자에 적용하여 계산을 했더니 결과가 제곱수의 형태로 나오자 전자와 질량은 같지만 양의 전기적 성질을 갖는 반전자(反電子, 또는 양전자)의 존재를 예측했다고 합니다. 다분히 실험이나 관측보다는 수학적 계산에 근거하여 예측한 것이었기 때문에 이것을 발표했을 당시의 물리학계로부터 큰 주목을 받지는 못했었는데 1932년 칼 앤더슨(Carl David Anderson, 1905~1991)이라는 미국의 물리학자가 반전자를 발견하게 됨으로서 그는 1933년 노벨 물리학상을 받게 됩니다. 이처럼 20세기 물리학이나 천문학의 역사를 보면 수학적 예측이 실험 또는 관측을 통해 실증된 경우가 무척 많습니다. 앞에서 말씀드린 빅뱅이론도 그렇지요.

그런데 이것은 시작에 불과했습니다. 양의 전하를 갖는 전자가 발견되자 얼마 안가서 음의 전하를 갖는 양자가 발견되었고 심지어 중성자의 반대되는 입자인 반중성자까지 발견되었습니다. 그러니까 이러한 반입자들만으로 하나의 원자를 이룰 수가 있는데 그것을 반물질이라고 불리게 되지요. 물리학자들은 이러한 현상을 보고 우주의 대칭성을 생각하게 되었다고 합니다. 즉 에너지를 사이에 두고 물질계는 입자와 반입자로 대칭적 구조를 갖는다는 것입니다. 참으로 오묘하고 아름다운 구조이지요.

그런데 문제는 이 소립자계의 대칭성이 완전하지가 않다는 것입니다. 즉 대칭성이 '불완전'하다는 것입니다. 빅뱅 초기에 그 불완전한 정도가 10억 쌍의 물질과 반물질이 쌍소멸 할 때 하나 정도의 물질 입자는 에너지 형태로 소멸되지 않고 물질 형태의 입자로 그대로 잔류할 확률이 있다는 것입니다. 어떻게 보면 없다고 봐도 무관할 정도로 작은 확률이지만 그 10억분의 1의 확률이 지금의 우주를 존속하게 한 근원이 되었다는 아이러니가 있습니다. 그런데 이러한 10억분의 1이라는 불완전한 대칭은 관측된 결과를 통해서 얻어진 값으로서 이것을 명쾌하게 설명하는 물리학적 이론은 아직까지 제시되지 못했다고 합니다.

하지만 기본 입자물리학 전반에서 대칭성은 '거의' 완벽하게 존재하고 그 대칭성을 기반으로 입자물리학이 발전해 왔다고 해도 과언이 아닌데 아주 살짝 대칭성의 균형이 깨진 부분을 발견하여 노벨상까지 받은 사실이 있다고 합니다.

전자기력, 중력, 강한 핵력(강력), 약한 핵력(약력) 등으로 일컬어지는 네 개의 물리학의 기본 힘 중에서 약한 핵력에서 비대칭 현상을 발견한 것인데, 무슨 약력에서의 P 비대칭이 어쩌고 소립자의 스핀이 저쩌고 하는… 그래서 그렇다는데 뭐 그러려니 하고 들어야지 이해하려 한다는 것 자체가 하나의 전문성 침해로 느껴집니다. 아무튼 이런 미세한 소립자계의 비대칭 현상은 1956년 중국계 미국 물리학자인 리정다오(李政道, Tsung-Dao Lee. 1926~)와 양전닝(楊振寧, Chen-Ning Franklin Yang, 1922~)에 의해 이론적으로 예측되었고 같은 해 미국의 중국계 여류 물리학자 우젠슝(吳健雄, Chien-Shiung Wu, 1912~1997)의 실험에 의해 입증되었습니다(그런데 이후 논란이 된 사실은 이 업적으로 이정다오와 양전닝은 1957년 노벨 물리학상을 받았지만 그들에 못지 않은 공헌을 한 우젠슝은 석연치 않은 이유로 제외된 것이었는데요. 동양계 과학자에게 상을 주는 것도 못 마땅해 하던 당시의 서양 중심의 과학계에서 동양계 여성과학자라는 이중의 차별대상이 적용된 것 아닌가 하는 의심이 당시에 팽배해 있었다고 합니다).

이 연구 역시 이론적(수학적) 예측에 대한 실험적 확증이라는 앞에서 거론한 디랙의 반입자 발견과 유사한 형태를 보이고 있는 것 같습니다. 하지만 그것만으로는 빅뱅 초기에 있었던 10억분의 1이라는 물질과 반물질의 비대칭성을 설명하지는 못하는 것 같은데 어쨌든 소립자계가 완전한 대칭이 아니라는 사실이 실제로 확인된 연구로서 20세기 물리학계에서 중요한 연구결과로 여겨지고 있는 것 같습니다.

그런데 문제는 빅뱅이론에서 이렇게 10억분의 1에 지나지 않는 '미세'한 불완전성이 우주 존재의 근원으로 작용한다는 것입니다. 이 말은 다른 말로 표현하면 우주는 '불완전성'으로부터 출발했다는 것이고, 만약 완전한 대칭구조였더라면 빅뱅은 그저 하나의 큰 폭발만으로서 끝났을 것이라는 겁니다.

그 이야기는 이렇습니다. 빅뱅의 시작은 특이점(Singularity)이라는 하나의 무한대로 작은 점에서 강렬한 빛의 폭발로부터 시작했다고 합니다. 창세기에서 첫날의 창조물이 빛이라는 점이 연상되는 대목입니다. 처음의 강렬한 빛의 회오리에서 물질과 반물질의 입자들이 쌍으로 생성이 되기 시작합니다. 그런데 물질과 반물질은 한 공간에 같이 존재할 수 없으므로 쌍소멸 되어 에너지 형태로 발산을 하게 되는데 이 단계에서 모든 물질과 반물질이 쌍소멸 되었다면 우주는 존속할 수가 없었겠지요. 행인지 불행인지는 모르겠습니다만 10억 개 중의 하나의 물질 입자는 어떤 원인이 불명확한 불완전한 대칭성으로 인해 쌍소멸이라는 '물질 대학살'에서 살아남게 됩니다. 이렇게 살아남은 물질 입자들은 양자와 중성자 등을 구성하게 되고 이는 최소 단위의 원자핵 즉 수소원자핵이 되는데 아시는 분은 아시겠지만 고 에너지 상태의 수소원자핵은 서로 결합하여 헬륨 원자핵을 만드는 이른 바 핵융합 현상을 일으키게 되는데 이 역시 막대한 에너지를 발생시킵니다.

이렇게 발생된 빅뱅에너지가 우주 곳곳에 퍼져나가면서 메아리가 되어 돌아올 것이라고 가모프 등이 예견을 했고 이를 펜지어스와 윌슨이 '우주배경 복사'를 발견함으로서 빅뱅의 가장 강력한 증거로 거론되고 있다는 것은 이미 앞에서도 이야기한 바 있습니다.

여기에 또 다른 증거를 거론할 수가 있게 되는데 천문학적인 관측 결과로서 우주의 구성물질은 수소와 헬륨이 4:1 정도의 비율로 혼합되어 우주의 주 구성물질을 형성하고 있고 기타의 물질들은 1%도 안 된다고 하는데 여기서 헬륨의 비율이 너무 높다는 것입니다. 물론 태양과 같은 항성에서 수소의 핵융합에서 헬륨이 생성되기는 하지만 그것만으로 해석하기에는 그 비율이 너무 높아 보였는데 빅뱅 초기의 수소 핵융합 현상을 계산하면 신기하게도 거의 비슷한 수준의 조성비가 결과로 나온다고 합니다. 물리학을 전공하시는 분들이 그렇다고 하시니 평범한 우리로서는 '그런가보다' 하고 받아들일 수밖에 없겠지요.

빅뱅이론에서 하나의 무한히 작은 점에서 빛이 터져 나온, 그 규모야 어마어마한 무한에 가까운 크기이기는 했겠지만 형태로만 보아서는 현재의 물리학 수준으로 계산과 해석이 가능한 수준으로서 어떻게 보면 단순하고 간단하다고 할 수 있는 형태의 하나의 사건이 이렇게 광대하고 복잡한 우주의 시작이었다는 것이 어떻게 보면 하나의 난센스로 보일 수도 있겠습니다만 프로그래머로서의 관점에서 바라보면 그야말로 완벽한 알고리즘의 승리입니다. 바로 첫 번째로 작용된 알고리즘이 바로 10억분의 1의 확률의 불완전한 대칭성이었던 것으로 볼 수 있겠습니다. 그런데 이 말은 우주가 불완전성에 기반을 두고 있는 것 아닌가 하는 의문을 들게 만드는 사실이기도 합니다. 그렇습니다. 우주는 불완전한 존재인 것만은 분명한 것 같습니다. 괴델(Kurt Gödel, 1906~1978)의 '불완전성의 정리'를 굳이 거론하지 않더라도 되돌아 갈 수 없는 분명한 시작점이 있고 시간이라는 굴레를 따라 정해진 길을 예외 없이 가야만 하는 태초부터 '속박된' 물질세계만 봐도 그렇습니다. 그런 물질의 형태로 존재하는 인간이니 역시 '불완전성'은 예외일 리가 없겠지요.

엔트로피(Entropy)라는 우주의 기본법칙을 많은 분들이 알고 계실 것입니다. 이 법칙은 한마디로 '우주는 허물어져 간다'는 것입니다. 어느 한곳 허물어진 곳을 복구하려면 또 다른 곳을 더 크게 허물어트릴 수밖에 없다는 것이 이 법칙의 내용입니다. 허물어져 가는 우주, 즉 우주는 불완전합니다. 그런데 그 불완전함을 하나님께서는 '보시기에 좋았더라'라고 하셨습니다. 그러니까 하나님께서는 처음부터 우주를 '의도된' 불완전함으로 설계하셨던 것 같습니다. 완전함 속에 숨겨진 '완벽히 계획된' 불완전함이라고 할 수 있을지 모르겠습니다.

주께서 옛적에 땅의 기초를 놓으셨사오며 하늘도 주의 손으로 지으신바라 천지는 없어지려니와 주는 영존하시겠고 그것들은 다 옷 같이 낡으리니 의복 같이 바꾸시면 바뀌려니와

- (시편 102:25-26, 히브리서 1:10-12)

나는 알파와 오메가요 처음과 마지막이요 시작과 마침이라

- (요한계시록 22:13)

이 엔트로피 법칙이라 하는 열역학 제2 법칙이 말하는 것은 우주는 시작과 끝이 존재한다는 것입니다. 즉 엔트로피 법칙은 우주가 질서 상태에서 무질서 상태로 흘러간다는 것으로 허물어진다는 표현도 가능하다고 봅니다. 우주가 허물어지고 있다면 더 이상 허물어질 수 없는 상태가 있을 것이고 바로 그것이 우주의 종말점이 되겠지요. 물론 우주의 종말점이 어떤 상태가 될 것이라는 주제에 대해서는 많은 논란과 이견이 있을 수 있겠지만 말입니다.

그 반대로 종말점이 있다면 시작점 또한 있어야 하겠지요. 이 시작점을 묘사하고 있는 물리학적 이론이 바로 빅뱅이론이겠습니다. 그런데 열역학 법칙의 관점에서는 종말점을 설명하기는 상대적으로 쉬운데 이 시작점을 설명할 수가 없다는 점입니다. 조금도 허물어지지 않은 '주어진' 초기상태가 있어야만 '허물어진다'는 동작이 시작되는 것이기 때문이지요. 바로 이 초기 엔트로피 상태에 대한 의문은 지금까지도 물리학적으로 명쾌하게 해석되지가 않는 난제로 남아 있습니다. 결국 이 문제는 '어떻게 해서 빅뱅은 시작되었는가?'라는 의문일 수밖에 없을 겁니다. 현대 물리학이 눈부신 발전을 해서 빅뱅의 직후의 수천억 분의 일초 단위로 세밀하게 수학적 해석을 내놓고 있어도 그것은 어디까지나 빅뱅 이후에 대한 것이고 빅뱅의 원인 또는 빅뱅 이전의 상태에 대해서는 아직까지는 미지의 영역으로 남아 있습니다.

하지만 빅뱅 이후의 우주를 해석할 때 이 엔트로피 법칙은 현대 물리학에 있어서 최우선의 물리법칙으로 인식되고 있습니다.

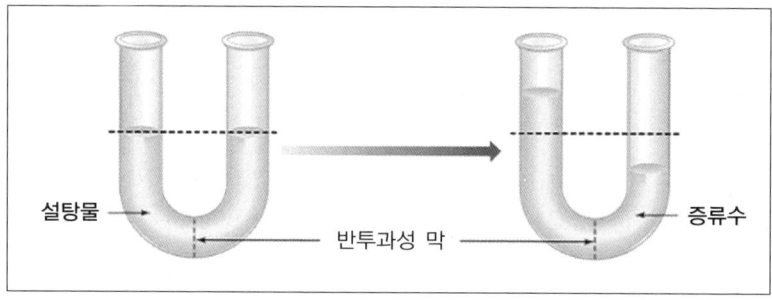

[그림 3-2] 삼투압

"만일 누군가가 맥스웰의 방정식과 다른 실험 결과를 얻었다면 맥스웰 방정식이 어딘가 잘못되었다고 이야기할 수도 있다. 마찬가지로 어떤 유명한 물리법칙과 맞지 않는 관측 결과가 있다면 그 법칙은 처음부터 재검토해야 할지도 모른다. 그러나 엔트로피 법칙과 맞지 않는 결과가 나왔다면 그것에는 아무 희망이 없다. 과학자로서 치욕을 각오해야 한다."
- 영국의 천체물리학자 에딩턴(Sir Arthur Stanley Eddington, 1882~1944).

이렇게 현대 물리학은 우주는 분명하게 처음과 끝이 있음을 밝히고 있습니다. 여기에서 에딩턴의 그 같은 주장을 감히 제가 보는 관점에서는 뒷받침해 주는 것으로 보이는 과학적 현상을 한번 짚고 넘어가려고 합니다. 이것은 엔트로피 법칙이 다른 과학법칙보다 우선하여 작용하는 것으로 보여지는 한 예입니다.

위의 [그림 3-2]는 중학교 과학교과서에서 다루는 삼투압의 원리를 쉽게 설명하는 그림입니다. 이렇게 'U'자형의 실험관 정중앙을 반투과성 막(계란 껍질 바로 아래에 있는 막이 대표적입니다)으로 막아 놓고 한 쪽에는 설탕물을 그리고 한쪽에는 맹물을 똑같은 양으로 넣으면 처음에는 양쪽이 똑같은 높이의 수위를 보이다가 얼마가지 않아 설탕물 쪽이 높아진다는 것입니다. 이 삼투압의 원리는 생물학이나 화학 등에서 아주 중요하게 적용되는 과학적 원리입니다. 특히 생물학에서는 만약 삼투압이 없었다면 생명체의 출현 자체가 불가능했을 정도로 모든 생명체에게는 아주 중요한 원리입니다. 저도 중학교 시절에는 그게 그런가 보다 생각하고 시험만 치고 지나가는, 별 생각 없이 최근까지 지내왔었습니다.

그런데 이것이 어떻게 보면 물리학의 또 다른 중요 법칙인 에너지 보존 법칙과 충돌하는 점이 보인다는 것입니다. 물리학을 전공하지 않은 문외한이 멋모르고 함부로 이야기하는 것 아닌가 하는 조심스러움을 안고 주장하는 것임을 이해 바랍니다.

설탕물과 맹물을 붓고 그냥 놔뒀을 뿐인데 수위의 차이가 보이기 시작한다는 것은 물리학의 위치에너지가 달라진 것으로 삼투압을 고려하지 않는 경우를 생각한다면 어떤 외부적인 힘이나 에너지가 공급되어야 한다는 것입니다. 아니면 시험관 내부에서 어떤 화학적 반응에 의한 에너지가 발생이 되어야하는 것인데도 이 실험에서는 그 어느 형태도 해당되지 않습니다. 다만 설탕물 안에 있는 설탕 분자가 반투과성 막에 막혀 더 이상 이동할 수 없는 상태에서 반대편의 물 분자를 빨아들이는 현상 때문에 수위가 달라지는 것이라고 합니다. 즉 설탕물과 맹물로 분리되어 있는 '질서' 상태에서 서로 뒤섞이는 '무질서' 상태로 가려고 하는 이른 바 엔트로피 법칙이 여기에서는 에너지보존법칙보다는 우선해서 작용한다는 것으로 볼 수도 있을 것 같습니다. 제가 궁금해 하는 것은 이 삼투압으로 인해 양쪽의 위치에너지가 다르게 된다는 것은 중력을 거스르는 어떤 힘이 작용하고 있다는 것인데 과연 그 힘은 지금까지 물리학에서 규명된 4대 힘(즉 중력, 전자기력, 강한 핵력 그리고 약한 핵력)중에 어떤 힘의 결과인 것인지가 궁금하지만 저는 아직 알지 못합니다.

3. 양자론 – 구현된 디지털의 우주 – 우주의 계획된 헐거움

디지털과 아날로그… 현대로 다가오면서 컴퓨터 분야뿐만 아니라 사회의 여러 방면에서 들을 수 있는 용어입니다만 사실 이 뜻을 제대로 이해하지 못한 채 그저 '그런 게 있는가보다'라고 생각하면서 지내는 분들도 생각보다 많이 있는 것 같습니다. 휴대전화가 한참 우리나라에 보급될 무렵 한 휴대전화의 광고에서 한 청년이 "디지털이니까요"라고 말하니까 그것을 들은 어떤 할머니가 "뭐? 돼지털?"이라며 반문하는 장면이 생각이 납니다. 사실 그 할머니에게는 '디지털'이던 '돼지털'이던 휴대전화로 자식들이랑 자유롭게 이야기를 나눌 수 있으면 그만일 뿐 그것을 구분하는 것을 그저 번거롭고 귀찮을 일일 것입니다. 어차피 우리가 갖고 있는 감각 기관은 디지털과 아날로그의 차이를 구분할 만큼 민감하지가 않기 때문입니다.

흔히 디지털과 아날로그에 대한 이해하기 쉬운 비교로서 CD와 LP 레코드판을 들 수 있습니다. CD는 최근에 들어서는 그렇게 많이 사용되지는 않습니다만 디지털 음원의 대표 형태로 일컫는 것으로 이해해 주시기를 바라고요. LP 레코드판은 이미 우리 일상에서 사라진지 오래되었지만 아직까지도 일부 마니아층에서 사용되어지고 있고 특히 요즘 유행하는 복고 스타일을 찻집을 가면 그 음악 소리를 들을 수 있습니다. 하지만 막상 들어보면 특유의 잡음 외에는 별 차이가 없어 보입니다. 오히려 아날로그식의 잡음에서 더 정감을 느낀다고 말씀하시는 분들도 꾀 많죠. 그렇다면 그 차이는 뭘까요?

LP 레코드판은 소리의 음파를 그대로 저장한 것이라고 보면 됩니다. LP 판을 앰프에 연결하지 않고 턴테이블만으로 재생시켜도 미세하게나마 동일한 음악 소리를 들을 수 있습니다. 하지만 CD는 그럴 수가 없죠. 왜냐하면 CD에는 그 음파가 저장된 것이 아니라 어떻게 보면 음악과는 전혀 상관없어 보이는 무수한 숫자들이 컴퓨터가 읽을 수 있는 형태로 기록되어 있기 때문입니다. 그래서 음악을 듣기 위해 생산된 CD 플레이어조차도 엄밀히 말하면 하나의 단순화된 컴퓨터라고 말씀드릴 수 가 있습니다.

사실 컴퓨터에 장착된 CD 기계와 음향 전문기기로서의 CD 플레이어는 전적으로 동일한 작동 원리를 갖고 있습니다. 다만 그 CD에 저장된 데이터가 음향 데이터일 뿐입니다. CD에 저장된 음향 데이터는 음파를 수천에서 수만 분의 1초 단위로 분할을 해서 각각 시점에서의 음파의 세기를 수치로 기록해 놓은 것입니다. 그러니 엄밀히 말하면 수치 데이터의 집합일 뿐이지 음악 자체가 기록된 것은 아니라고 할 수 있습니다. 다만 컴퓨터 프로세서가 그 데이터를 읽어서 각각의 시점마다 읽혀진 세기의 소리를 스피커에 보내는 것입니다. 다만 그 밀도가 일초에 수천에서 수만 번으로 조밀하기 때문에 우리의 귀에는 아날로그 음악과 별 차이 없는 음악 소리로 들리는 것일 뿐입니다.

[그림 3-3]은 이러한 디지털과 아날로그의 특성을 파형곡선으로 비교하고 있는 것인데 CD에 기록되는 것은 오른쪽의 2진법 숫자들입니다. 사실 이 그림도 이론상 하나의 예일 뿐인 것이 실제

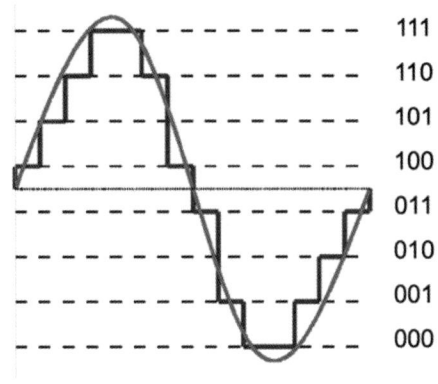

[그림 3-3] 아날로그와 디지털의 파형 비교

음악의 아날로그 파형을 보면 이 그림처럼 매끈하지는 않습니다. 그런데 왜 난데없이 별 관련성이 없어 보이는 CD 이야기를 하는지 궁금해 하실 것 같습니다. 바로 양자이론을 설명 드리기 위해서입니다. 양자이론(量子理論)의 '量'은 거리, 무게, 부피 등의 '얼마나 되는가?'를 나타내는 정도를 말합니다. 여기에 '子' 자가 붙어서 그런 量에는 더 이상 쪼갤 수 없는 초미세 수준의 단위화된 '量'이 있다는 말입니다. 그러니까 시간도 쪼개고 쪼개면 더 이상 쪼갤 수 없는 초미세 수준의 시간 단위가 존재한다는 말입니다. 즉, 모든 양(量)은 '무한'으로 계속 쪼갤 수는 없다는 것입니다. 이러한 '量子'라는 개념의 발견은 19세기말 이른바 양자역학이라는 이전의 물리학과는 전혀 양상이 다른 새로운 현대 물리학이 등장하게 됩니다.

19세기말 스위스 바젤의 한 여학교 교사였던 발머(Johann Jakob Balmer, 1825~1898)는 누가 시키지도 않았는데 당시로서는 첨단 연구라 할 수 있는 스펙트럼 연구에 빠져 있었던 모양입니다. 당시로서는 전등이 발명되기 전이었기 때문에 스펙트럼을 얻으려면 분젠 버너(Bunsen burner)라는 무색화염을 내는 특수한 램프를 이용해 해당 물질을 태우거나 열에 달궈질 때 나오는 빛을 암실에서 프리즘으로 비춰보는 매우 까다로운 수작업이었을 텐데 개인적으로 이것을 기꺼이 했다는 것은 그만큼 흥미를 느끼고 있었던 것 같습니다. 특히 그는 수소 스펙트럼 실험을 많이 했었던 것 같은데 그 실험들을 통해서 어떤 규칙적인 스펙트럼 배열 값을 실험적으로 얻어냈습니다. 후에 발머 계열(Balmer serise)이라는 이름이 붙여진 이 배열 값이 수소 스펙트럼에서 왜 보이는지 그리고 어떤 의미를 가지는지 발머 스스로도 알지 못한 채 생을 마감했지만 후에 그의 발견은 양자역학이라는 물리학계를 뒤집어 놓는 거대한 변화를 일으키는 실마리 역할을 하게 됩니다. 그의 발머 계열은 후에 보어(Niels Henrik David Bohr, 1885~1962)에 의해 수학적으로 수식화 되었고 이것을 기반으로 보어 원자모형(Bohr model)을 이루게 되어 양자역학의 탄생에까지 이르게 됩니다. 이렇게 탄생한 양자역학은 아인슈타인에 의하여 기초가 정립된 거시계 이론인 상대성이론과 함께 미시계의 양자물리학으로 현대 물리학의 중요한 두 기둥으로 인식되고 있습니다.

발머의 발견이 이렇게까지 중요한 이유는 발머 계열의 값 하나하나는 발머 스스로는 알지 못했지만 바로 수소 원자에서 전자궤도와 궤도 사이의 에너지 차이를 나타내는 값이었는데 보어는 그 사이의 값은 존재할 수가 없다는 점을 밝혀낸 것으로서 바로 '사이 값이 존재할 수 없는 차이', 즉 양자(quantum)라는 개념을 처음으로 발견했던 것이었습니다. 그러니까 수소 원자의 전자에 100의 에너지를 주었을 때 궤도가 1에서 2로 올라갔다면 50의 에너지를 주었을 때 1.5로 가는 것이 아닌 그대로 궤도1에 머물다가 100이 채워져야 비로소 궤도 2로 올라간다는 것으로서 이것을 중간 없이 단숨에 뛴다 하여 양자도약(quantum jump)이라고 합니다.

그렇다면 양자(量子)라는 개념의 발견이 왜 그렇게까지 물리학의 근간을 흔들어 놓았을까? 하는 의문이 생기는데 그것은 이러한 양자라는 개념 때문에 원자 단위 이하 수준의 미시계(微視界)에 대해서 기존의 물리학 이론으로는 해석이 불가능해졌기 때문입니다. 즉 그때까지의 기존 물리학이론(예를 들어서 뉴턴의 만유인력이나 쿨롱의 전하의 법칙 등)들은 수학적인 연속선상에서 해석이 이루어지는데 양자라는 개념 때문에 그 연속선상의 해석이 더 이상 이뤄질 수 없다는 것입니다. 고등학교 수학시간에 배운 것으로 불연속점은 미분이 되질 않는다는 점을 기억하시면 이해가 빠르실 것 같습니다. 물론 너무 미세하고 조밀해서 인간의 시야 수준의 관점계에서는 연속으로 봐도 무방할 수준이기 때문에 고전 물리학적 해석에 오류가 나타나지는 않습니다. 마치 불연속적인 수치 데이터의 집합에 지나지 않는 CD의 내용이 우리 귀에는 연속적인 하나의 음악으로 들리는 것처럼 말입니다.

그래서 현대 물리학의 굵직한 두 줄기는 아인슈타인의 상대성 이론이 적용되는 거시계 물리학과 양자이론이 적용되는 미시계 물리학으로 나뉘게 되는데 거시계는 단위가 광년 단위로 엄청나게 크고 먼 세계를 다루고 있고 미시계는 앞에서 설명한 것처럼 원자입자 이하 크기의 초미세 세계를 다루는 만큼 그 과학적, 수학적 기반이 서로 현격하게 차이가 날 수밖에 없고 서로 간의 연결점이나 공통점이 아직은 발견이 되질 않았기 때문에 그 연결점을 찾는 것이 현대 물리학의 큰 과제라고 합니다.

그런데 우주가 갖는 양자역학적 특성을 보면서 저는 한사람의 프로그래머로서 혹시 '우주는 구현된 것이 아닐까?' 하는 조금은 뜬금없어 보일 수 있는 이야기를 할까 합니다. 먼저 인간이 만든 컴퓨터로 실행되는 모든 수학적 계산의 결과는 수학적으로 이상적인 결과가 아닐 수 있습니다. 즉, 오차가 있을 수밖에 없다는 이야기인데 한 예로 원주율 π 값은 잘 알려진 것처럼 소수점 이하 무한대의 자릿수를 갖고 있는 무리수입니다만 컴퓨터는 그중의 일부(가령 소수점 몇 자리까지)만을 적용할 수밖에 없습니다.

아무리 계산능력이 뛰어난 슈퍼급의 컴퓨터일지라도 무한대 자리 수를 계산에 적용할 수 없고, 만약 시도를 한다 해도 어느 컴퓨터이건 처리 용량 초과로 즉시 주저앉을 겁니다. 무한을 처리할 수 있는 컴퓨터는 아직 존재하질 않고 있고 아마도 앞으로도 없을 겁니다. 그리고 적용할 필요도 없습니다. 계산이 적용되는 범위에 따라 소요되는 정밀도 그 이상의 계산 결과 값에 영향을 미치지 않기 때문입니다. 다만 계산의 정밀도는 컴퓨터의 처리 능력에서 결정되어집니다.

그리고 태양계 수준의 천체 운동에서조차 일정한 정밀도가 되면 그때부터는 카오스 영역이 되어 수학적 공식보다는 확률론에 더 의지하게 된다고 합니다. 가령 지구의 태양 공전주기는 알려진 바대로 365일 6시간이지만 매년 마다 백분의 몇 초 단위의 오차가 발생한다고 합니다. 물론 그조차도 태양계 수준의 엄청난 크기의 규모에 비해서는 상상할 수 없을 정도의 치밀한 정밀도인 것만은 부정할 수 없겠지만 분명한 것은 오차가 존재한다는 것입니다.

물론 그 오차의 원인으로 아무리 미약하다 할지라도 태양풍에 의한 불규칙한 운동 저항도 생각해 볼 수 있을 것이고 화성이나 금성 같은 인근 행성들의 중력 간섭도 없잖아 있을 것입니다. 어쨌든 인간이 측정할 수 있는 수준에서 '오차'는 있다는 것이고 그것만큼에 대해서는 인간이 정확하게는 예측할 수 없다는 것입니다. 태양계 수준에서 있는 오차이니 은하계와 우주 전체에서도 오차가 없다고는 말 못할 것 같습니다. 그 오차 영역은 뉴턴의 만유인력법칙 등의 제반 물리학적 법칙을 적용할 수 없고 다만 통계학적 확률의 영역입니다. 바로 일기 예보에서 적용되는 원리와 비슷할 것 같습니다.

그런데 양자역학적 해석에 확률이 적용된다는 것입니다. 양자역학에 적용되는 수학 공식들을 보면 저 같은 사람이 함부로 봤다가는 어지럼증을 유발할 만큼 복잡하기 그지없습니다. 깔끔하고 간단해 보이는 다른 물리학적 법칙의 공식과는 일단 보기에도 공식의 양상이 달라 보입니다. 그렇게 공식이 복잡하게 된 이유는 바로 양자역학적인 해석에 '확률'이 동원되기 때문이라고 합니다.

이러한 확률론적 해석을 두고 아이슈타인과 닐스 보어라는 20세기 물리학계 두 거두가 '신은 주사위 놀음은 하지 않는다'라는 명제로 논쟁을 벌였다는 사실은 이미 앞에서도 이야기한 바 있습니다. 물리학에 대해서 비전문가인 저로서는 '양자역학의 세계는 카오스 영역의 세계가 아닐까?'하는 의문을 품게 됩니다. 이에 대해서는 다음 장에서 더 이야기하기로 하겠습니다.

이렇게 미시세계에서 불연속적 특성의 양자역학적 영역이 존재한다는 것은 우주는 일정 수준으로 '계획된' 정밀도를 가지고 있다고 생각되어집니다. 저는 학부는 기계공학을 했고 고등학교는 공고 기계과에서 절삭가공 기술을 배웠습니다. 전문 용어를 사용하면 이른바 '공차'라고 하는 계획된 정밀도에 대해서 나름대로 익숙하다고 자부하고 있습니다.

  하나님께서 우주를 창조하시는 과정은 하나의 과학적 과정으로도 볼 수 있겠지만 그보다는 실재(實在)하는 시스템을 만드는 과정이니 공학(engineering)적 과정에 더 가까울 것이라고 저는 생각하고 있습니다. 공학적 설계 과정에는 이상적 설계와 실재적 설계로 구분할 수 있을 것 같습니다.

  가령, 어떤 엔진을 설계할 때 일만 분의 1밀리의 공차로 설계했을 때 낭비되는 에너지가 최소 수준으로 가장 열효율이 좋고 출력도 뛰어난 상태라고 계산 결과나 나왔다고 가정해 보겠습니다. 그런데 그것을 생산하는데 있어서 설계한 대로 가공할 수 있는 기술이 따라와 주는지, 또는 적합한 소재가 있는지를 고려해서 계획된 공차를 수정할 수밖에 없습니다. 그뿐이 아닙니다. 생산이 된다 하더라도 가동되는 환경에서의 적응성(tolerance)을 고려해야만 합니다. 만약 일정 수준의 온도와 습도를 보장해 주는 조건에서 작동되는 엔진이라면 그렇게 설계한대로 생산하면 되겠지만 이 세상에서 그렇게 호사스런 환경에서 돌려지는 엔진은 아마도 몇 안 될 겁니다. 특히 자동차나 항공기 엔진 같이 남, 북극 지방과 사하라사막, 아마존 열대 우림 같은 곳까지도 가야만하는 조건이 대부분이라 실제로 생산이 되는 단계에서의 설계 공차는 천분의 1밀리나 백분의 1밀리 수준으로 낮출 수밖에 없게 됩니다. 그러니까 어느 정도까지는 '헐겁게' 만들어야 하는 것이죠. 물론 그에 따른 열효율 감소 등의 설계적 손실은 아깝겠지만 어쩔 수 없이 감내해야만 하는 것이겠지요.

  저는 하나님께서도 그분의 창조 과정에서 엔지니어의 입장에서 이 같은 고민을 하셨을 것이라고 생각합니다. 바로 '이상'과 '실재'

사이의 고민입니다. 그 고민 중의 하나가 바로 '무한'을 어떻게 실재적인 우주에 '구현'하는가 하는 문제였을 것 같습니다. 수학의 역사를 보면 '무한'이라는 개념이 참으로 많은 수학자들에게 깊은 논리적 한계에 직면하게 만들었음을 알 수 있습니다. '무한'은 많은 면에서 '유한'과 다른 성질을 가지고 있기 때문입니다.

수학의 역사에서 무한을 주제로 수학자들을 최초로 당황 시킨 사람이 바로 그리스의 궤변 철학자 제논(Zénon of Elea, BC490? - BC430?)이었습니다. 지금까지 전해 오는 그의 유명한 역설(逆說) 네 개가 있는데 그중에서 '아킬레스는 거북이를 추월할 수 없다'라는 역설을 예로 들겠습니다. 아킬레스는 트로이 전설에 나오는 그리스 영웅인데 당연히 거북이보다는 훨씬 빠르게 달릴 수 있겠지요. 그런데도 거북이가 앞서 출발한 경우라면 그는 거북이를 추월할 수 없다는 겁니다. 그의 말인즉슨 이러합니다.

"거북이가 100미터를 앞서 있는 상태에서 아킬레스가 출발한다면 그는 100미터를 달려가 거북이를 따라잡으려 할 것이다. 그러나 그러는 사이 거북이는 10미터를 전진한다. 아킬레스는 그 10미터를 따라 잡기 위해 또 달려가겠지만 거북이는 그 사이 1미터 앞으로 전진할 것이다. 이런 식으로 반복하여 생각하면 아무리 아킬레스가 거북이보다 빨리 달린다 하여도 거북이를 영원히 앞질러 나갈 수 없게 된다."

물론 이 이야기는 실제와는 다르니 이야기에 '역설(paradox)'이라는 꼬리표를 달아 놓을 것이겠지요. 하지만 그 당시 어느 수학자, 철학자도 그의 이러한 논리에 대해서 명쾌하게 반박을 하지 못했다고 합니다. 아니 그때 당시뿐만 아니라 이 문제가 근원적으로 해결된 것은 19세기가 되어서 극한(조금 더 정확히는 무한등비급수)이라는 개념이 수학에 도입되고 나서부터라고 합니다. 아마도 지금 이 글을 통해서 이 문제를 처음 접하시는 분들 중에 수학깨나 하신다는 분들 중에도 이 문제를 보고 당황스러워 하실 분들이 없잖아 있으리라 여겨집니다.

수학적으로는 '무한'은 분명히 존재하고 이를 바탕으로 미적분 등이 나올 수 있었습니다. 이렇듯 수학적 사고와 추리에 요긴하게 적용되고 있지만 인간에게 있어 도무지 이해할 수 없는 점이 너무 많습니다.

"유한 길이의 선분에 있는 점의 개수는 무한대로 많다고 할 때, 10cm 길이의 선분이 갖고 있는 점의 개수와 1cm 길이의 선분이 갖고 있는 점의 개수는 같다."

"모든 자연수의 집합과 모든 짝수 집합의 원소 개수는 같다."

갈릴레이(Galileo Galilei, 1564~1642)가 무한에 대하여 내린 여러 가지 정의 중에서 가져온 것들입니다. 이뿐만이 아닙니다.

"면적과 길이는 같다."

페아노(Giuseppe Peano, 1858~1932)라는 이탈리아 수학자가 아주 엄밀한 수학적 증명과 함께 주장한 내용입니다. 같은 원리를 활용하여 근래에는 "체적과 길이는 같다"는 사실도 증명되었다고 합니다. 갈수록 태산이라는 생각까지 들 정도입니다.

그들이 '유한'이라는 관점에 갇혀진 인간의 일반적인 관점으로 볼 때 도무지 이해가 가지 않는 이 정의를 내린 이유는 각각의 모든 원소에 대해서 일대일 대응을 할 수 있다는 사실에서였습니다. 이에 대한 수학적 증명 방법도 있다고 합니다. 그렇지만 어쩌면 갈릴레이의 이러한 정의들도 제논의 역설들과 그 성격이 유사할 수도 있겠다는 생각도 듭니다. 수학적 무지에서 오는 억측일지는 모르겠지만, 제논의 역설이 '극한'이라는 수학적 도구가 등장함으로서 해결될 수 있었던 것처럼 갈릴레이의 무한에 대한 정의들도 미래에 등장하는 어떤 수학 이론에 의하여 뒤집어질지도 모르기 때문입니다. 그래서 그런지 갈릴레이 역시 무한에 대해서 다음과 같은 결론을 내렸다고 합니다.

"무한에 있어서 크기가 크다 작다 같다 많다 적다를 논하는 것은 의미 없는 일이다."

그러니까 무한은 무한으로 내버려 둬야 한다는 것입니다. 그러니까 무한은 수학적으로 사용되는 분명한 '개념'이긴 하겠지만 어디까지나 수학적 이상(理想) 중의 하나입니다. '자연에는 수가 없다'라는 논지를 앞부분에서 이미 말씀드렸는데요. 사실 그런 의미에서 놓고 보면 모든 수는 인간의 사고체계 안에서만 존재하는 이상(理想)의 '개념'일 텐데요. 그런데도 우리가 실재(實在)의 세계에서 수를 요긴하게 활용할 수 있는 것은 각각의 수를 실재의 세계에서 '모순 없이' 대응시킬 수가 있어서일 것입니다. 그런데 무한이라는 수(물론 무한은 수가 아닙니다만⋯)는 실재 세계에서 대응시킬 수가 없습니다. 즉 '세기(counting)' 또는 '측정(measuring)'을 할 수 없다는 것이고 실재의 세계에서는 어느 수준에서는 무한의 끈을 잘라내고 '유한화(有限化)'시킬 수밖에 없습니다.

우리들이 살고 있는 실재의 세계에서는 10cm 길이의 금실이 1cm의 금실보다 훨씬 비싸고 실제로 그 안에 들어있는 금 원자수를 하나하나 세어 봐도 분명히 열 배 정도 많을 겁니다. 그리고 유한의 세계에서는 자연수의 개수는 짝수의 개수보다 분명히 두 배로 많습니다. 그런데도 무한의 세계에서는 현재의 수학적 관점으로는 '같다'라는 결론을 내릴 수밖에 없다는 것입니다. 바로 이상과 실재 사이에서 나타나는 모순이라고 할 수 있을 것 같습니다.

과학적 현상을 인간생활의 실제적인 요소로 끌어오는 학문을 공학(engineering)이라고 합니다. 하나님은 우주의 과학적 원리를 창안해 내신 가장 뛰어난 과학자이기도 하셨겠지만 그러한 과학적 원리를 우주라는 실재적 세계로 구현해 내신 가장 뛰어난 공학자이기도 하실 겁니다. 그렇다면 공학자로서의 하나님은 무한이라는 개념을 어떻게 실재적인 우주에 적용하셨을까요?

무한히 큰 것에 대해서는 제가 감히 어떻게 생각을 하질 못하겠지만 무한히 작아지는 '무한소'에 대해서는 얕은 지식에서 함부로 나오는 말일지는 모르겠지만 어쩌면 우주의 양자역학적 특성이 하나님께서 내리신 무한에 대한 구현방법 중 하나가 아니었을까 하는 생각을 가져봅니다. 즉, 거시적 우주에 적용되는 법칙들은 그 대상이 되는 계(system)를 점점 좁혀나갈 경우 어느 일정 수준(물론 원자 수준의 초미세 영역이겠지만)에 이르러서는 양자역학적 장벽에 반드시 가로막히는 겁니다. 물론 이 양자역학적 장벽은 어디에서부터라는 분명한 경계 부분은 정의할 수는 없는 것 같습니다만 물리학적 관점과 해석의 방법이 확연히 달라지기 시작하는 어떤 경계 권역이 있다는 것입니다. 이것을 기계공학적 표현으로 말씀드리자면(우주를 하나의 열-기계 시스템으로 볼 수도 있으므로) 정해진 정밀도, 즉

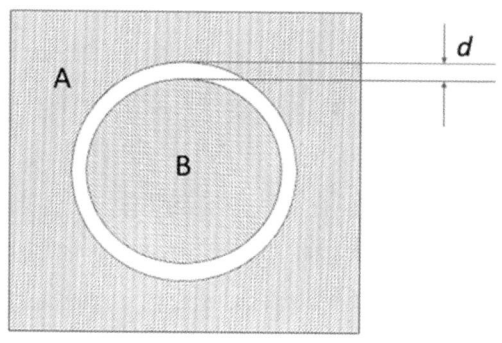

[그림 3-4] 기계 설계에 있어서의 공차의 개념

'공차(公差, Tolerance)'가 있는 것으로 보입니다.

여기에서 공차란 기계를 제작할 때 부품과 부품 사이에 작용하는 '헐거움'의 수준을 말하는 것인데 [그림 3-4]를 A라는 원형 구멍이 뚫린 고정된 부품에 축B가 들어가 회전하는 어떤 기계의 한 부분의 단면이라 할 때, 구멍 A의 크기와 축B의 직경의 차이 d는 어떻게든 있게 마련일 텐데 기계를 설계할 때 d값을 일정 부분 이내로 요구하게 되고 이것을 공차라고 하는데 기계를 설계하고 제작하는데 있어 아주 중요한 고려 요소 중의 하나입니다.

기계는 정밀하면 정밀할수록 좋을 것으로 생각하기 쉽지만 너무 지나치게 정밀하면 작동 상태가 너무 뻑뻑해 질 수가 있고 온도, 습도 등의 환경적 요소에 적응하기가 어렵기 때문에 설계 단계에서부터 적정선의 헐거움을 고려하게 됩니다. 이 기계가 실제로 기계가 만들어지고 작동하게 되면 일반적으로 d 부분은 윤활유로 메꿔서 부품의 마모를 방지하게 되고 이제 부품 B를 돌리게 되면 B의 작동으로 인한 진동과 작동 오차 등으로 인해 특정 시간에 특정 부분이 금속이 될지 윤활유가 될지를 확실하게 말할 수 없는

(즉 확률적인) 일정한 경계권역이 존재하게 됩니다.

즉 우주를 하나의 열-기계 시스템이라고 보았을 때 양자역학으로 인한 거시우주법칙에 대한 불연속적인 장벽은 무한의 개념을 현실 우주에 구현하기 위한 '공차'라는 개념으로 볼 수도 있는 것은 아닐까 하는 생각이 듭니다. 즉 우주도 어느 정도의 헐거움이 존재해야만 한다는 것이죠. 물론 어마어마한 정밀도인 것만은 분명하겠지만 말이죠. 물론 이런 관점은 비전공분야에 대한 뭘 모르는 사람의 지나친 속단일 수 있다는 점은 인정합니다. 이미 아인슈타인을 비롯한 물리학의 거성들이 이러한 불연속 장벽을 초월적으로 아우르는 상위의 우주법칙이 있을 것이라는 생각으로 이른바 '통일장 이론'을 연구해 오고 있기 때문에 그런 분들께는 저의 이런 이야기가 무척 거슬릴 수 있을 것 같습니다.

하지만 일단 지금 하고 있는 논의의 단계는 '우주는 하나의 구현된 세계다'라는 전제를 이야기하고 있는 부분이므로 이러한 저의 견해를 계속 피력해 나가자면, 물론 하나님은 전지전능하신 분이니까 우주를 불연속 구간이 없는 '수학적으로 이상적인 우주'로 창조하실 수도 있으셨을 겁니다. 그런데 왜 한정적 정밀도를 갖고 있는 우주로 창조하셨을까요? 그것은 인간에게 해석 가능한 형태로 우주를 창조하시기 위한 하나님의 작위적 의도가 있었다고 우선은 이야기할 수 있을 것 같습니다.

즉 어쩌면 애초부터 관찰자를 고려한 설계가 아닐까 하는 것이죠. 그리고 빅뱅우주론을 비추어서 생각해 봤을 때 앞에서 이미 이야기를 했던 존재의 불완전성에 기인한 것이 아닐까 하는 생각이 듭니다. 빅뱅이 완전한 대칭적 틀 안에서 일어났었다면 모든 물질은 이미 초기 쌍소멸 과정에서 어느 하나 남지 못하고 우주는 그저 한 번의 거대한 폭발로서 끝났을 것이라고 이미 앞에서 이야기한 바 있습니다.

10억분의 1의 확률의 불완전한 대칭으로 인해 현재의 우주가 존재한다고 합니다. 바로 그 10억분의 1의 불완전 대칭 확률이 양자역학적 불연속 특성에 기인한 것은 아닐까요? 글쎄요… 저의 전문 분야가 아니라서 확실히는 잘 모르겠지만 나중에 기회가 된다면 전문가 분께 한번 여쭤 봐야겠습니다.

그리고 다른 측면에서 양자역학적인 우주는 구현된 세계라고 말씀드릴 수 있겠습니다. 컴퓨터에서 보이고 나타내는 세계는 디지털 세계라는 사실은 이미 많은 분들이 알고 계시리라 여겨집니다. 이미 앞에서 비유로 말씀드린 바 있는 컴퓨터의 음향은 물론이고 컴퓨터를 통해서 영화나 그림을 보실 때도 하나하나의 점마다 어느 시간에 어떤 색을 어떤 밝기로 찍으라는 수치 데이터가 모여서 하나의 영상으로 보이는 것입니다.

TV나 컴퓨터 모니터는 수백만 개의 픽셀이라고 하는 발광(發光)점이 모여서 하나의 영상으로 보이는 것입니다. 사실 아날로그 시대의 필름 역시 하나하나의 광변색(光變色) 입자가 모인 것이었으니까 유사한 원리이긴 합니다만 필름의 입자는 광장에 많은 일반시민들이 모여 있는 것처럼 일종의 무작위(random) 분포라 할 수 있는데 컴퓨터 모니터는 마치 군대가 열병대형으로 서있는 것처럼 규격화된 매트릭스 형식으로 배열된 것이 차이라면 차이입니다.

그런데 모니터 상의 하나의 발광 소자는 그저 데이터를 받아서 그에 맞는 색과 밝기의 빛을 내주는 그저 단순 반복적 기능만 할 뿐입니다. 이웃한 발광소자가 지금 어떤 일을 하는지 전혀 개의치도 않고 또 다른 소자로부터의 간섭도 일절 없습니다. 그런데 그

발광소자 수백만, 수억만 개가 모여서 하나의 영상을 만들어 내는 것입니다. 바로 이것을 양자역학적 용어로서 '떠오름(또는 창발-創發)' 이라는 현상입니다.

그것처럼 원자 하나하나가 갖고 있는 에너지의 이동 방향과 세기가 모여서 우리가 느끼는 바람의 상쾌함이나 물이 가져다주는 시원함을 느낄 수 있는 것이겠지요. 그것을 '떠오름 현상'이라고 하는 것인데 어떻게 보면 음악과 아무 관련이 없어 보이는 수치 데이터 하나하나가 일정한 규칙에 의거한 구조적 작용에 의하여 하나의 멋진 음악이 되는 것처럼 하나하나의 미시적 요소가 무수하게 많이 모여서 그들과는 전혀 상관없는 또 다른 현상을 야기한다는 것입니다.

가장 대표적인 떠오름 현상이 바로 '생명현상'임을 아시는 분은 아실 것이라 여겨집니다. 원자 하나하나가 일정한 규칙대로 결합하여 생화학적인 분자를 이루고 이러한 생화학적인 분자가 모여서 세포라는 떠오름 현상을 이루고 이러한 세포가 또다시 모여서 하나의 기관을 이루고 그 기관이 여럿 모여서 인간이라는 또 다른 '떠오름' 개체를 만든 것입니다.

그런데 하나의 원자 입자도 하나의 떠오름 현상일 수가 있다는 것입니다. 바로 원자는 원자핵과 주위 전자로 구성되어 있는 것은 다들 아실 것입니다. 조금 전에 말한 원자에서 생명과 인간까지 이르는 연이은 떠오름의 현상은 원자 단위의 화학적 작용에 기초한 것인데, 그러한 화학적 작용은 원자를 구성하는 전자 중에서 원자핵으로부터 가장 먼 궤도를 돌기 때문에 비교적 자유도가 높은 이른바 '최외각전자(最外殼電子)'들의 상호작용으로 인해 대부분 기인됩니다. 그런데 원자핵은 그 원자 지름의 10만분의 1정도의 크기에 지나지 않지만 그 원자의 질량 대부분을 차지하게 되는데 이 원자핵 역시 하나의 떠오름 현상일 수 있을 것 같습니다.

고등학교 수준의 물리학에서는 그저 양자와 중성자의 조합으로만 원자핵을 설명하지만 사실 그 양자와 중성자도 쿼크(quark)라는 구성 요소로 이뤄지는데 여기에도 생각보다 복잡한 원리가 작용한다고 합니다. 그것을 설명하려면 또 다른 샛길로 빠져야 하기에 긴 설명을 하진 않겠지만, 쿼크는 지금까지 발견된 up, down, charm, strange, top, bottom 등 총 여섯 가지가 있다고 하는데 그중 up과 down 두 종류로 세 개의 조합을 이루면 양자 또는 중성자가 만들어진다는 것인데, 그 조합도 아무렇게만 되는 것이 아니고 전하량과 스핀 방향, 색깔(물론 우리가 일반적으로 아는 그런 색과는 다른 개념입니다) 등의 각각의 쿼크가 갖고 있는 속성(attribute)에 맞춰서 결합되어야 합니다.

여담입니다만 이것은 DNA의 A, T, C, G로 구성된 세 개의 염기 서열 집합이 하나의 아미노산 타입과 연결되는 것과 묘하게 연상됩니다. 그런 의미에서 혹시 쿼크도 그와 같은 코드를 구성하는 것은 아닐까 하는 생각도 하게 합니다. 원자핵은 흔히 우리가 아는 양자 중성자만으로 구성되는 것은 아니라고 합니다. 그 사이사이에 여러 종류의 중간자가 들어 가 있다고 하는데 이것을 DNA처럼 하나의 일차원적인 쿼크 배열로 볼 수 있는 것은 아닐까 하는 섣부른 생각을 한 적이 있습니다. 물론 이 생각은 많은 모순과 논란을 불러올 수 있는 한 문외한의 같잖은 넘겨짚음일 수도 있을 것입니다.

먼저 DNA의 A, T, C, G는 자신의 속성 값을 갖고 있지 않는 코드 항목 이외의 기능은 없는 것으로 보이지만 쿼크는 앞에서 서술한 바 있는 고유의 속성 값을 가지고 있기 때문입니다. 그럼에도, 원자핵을 하나의 DNA와 흡사한 일차원적인 배열을 갖는 code로서의 성격도 있다는 사실이 밝혀지고 그 내용이 일부라도 해독된다면 그것은 DNA의 발견보다도 인간은 우주를 '구현'하신 신의 모습에 더 크게 다가서는 매우 중요한 전환점이 될 수도 있지 않을까 하는 망상일지도 모르는 생각을 해 봅니다.

4. 플랑크 시간

그리고 이러한 양자역학의 눈으로 이 우주를 바라보면 우리가 일상을 살아가고 있는 모습 역시 완전하게 매끄러운 흐름이 아닌 마치 영화필름처럼 하나하나마다 구분되어진 장면의 연속적인 흐름이라는 사실입니다. 동영상 편집 프로그램을 다뤄본 분들은 아시겠지만 FPS(Frames Per Second)라는 단위가 있습니다. 이 단위는 사실 아날로그 시대의 필름영화 시절부터 사용된 단위인데 초당 몇 장면(Frame)의 필름이 찍혔는지를 나타내는 단위로서 이 값이 낮을수록 상영되는 영화 장면 장면의 흐름이 거칠게 느껴지겠고 많으면 부드럽게 느껴지겠죠.

요즘은 필름이 거의 사라진 시대를 살고 있으니까 젊은 분들은 실제 영화 필름을 보신 분들이 많지 않으리라 여겨집니다. 하지만 제 어릴 때만하더라도 상영을 마친 영화필름을 재활용하는 차원에서 만들어진 조악한 모자나 장난감 같은 것들을 동네 문방구에서 쉽게 구할 수 있었습니다. 물론 그 역시 얼마 안가서 풀어지고 끊어져서 쓰레기가 되었지만 극장 쪽에서는 필름 폐기비용을 들이는 대신 애들 코 묻은 돈 몇 푼이나마 건질 요량으로 그렇게 만들어서 판 것이겠지요.

어린시절 저는 그 필름들 하나하나를 보면서 거의 같은 장면만 왜 계속 나와 있는지 몰랐지만 나이 들어서야 그것이 영화 필름의 재활용품이었다는 것을 알았습니다. 그러니까 한 장면과 한 장면의 사이는 약 30분의 일초 정도의 아주 짧은 시간의 간격이 있었으므로 한 부분만 봐서는 계속 같은 장면만 복사해 놓은 것 같은 느낌이 드는 것이었던 것이죠.

그런데 양자역학에서는 영화가 아닌 우리의 실생활 역시 그렇게 끊어진 장면의 연속이라는 겁니다. 굳이 양자역학까지 동원하지 않아도 우리의 눈과 뇌가 그런 식으로 장면과 상황을 인식한다고 합니다. 생물체에도 엄연히 처리 용량이라는 것에는 분명한 한계가 있을 테니까요. 그런데 인식 여부를 떠나서 모든 물체 심지어 원자나 분자 같은 물질까지도 그렇게 장면 장면이 끊긴 형태로 실제로 '운동'한다고 하니 믿겨지지가 않는 것이죠.

이 책의 뒷부분에 첨부된 부록 A장에 나와 있는 [그림 A-2] 플립플롭 회로도를 보시면 가운데 CP라고 표시된 '클록펄스'라는 부분이 보일 겁니다. 이 플립플롭 뿐 아니라 거의 모든 컴퓨터 관련 회로도에는 이 클록펄스 부분이 있습니다. 즉 클로펄스라는 신호가 들어오는 인입부(引入部)라는 것인데 이 신호는 컴퓨터의 핵심부품인 마이크로프로세서로부터 나옵니다. 그러니까 이 플립플롭 회로는 이 클록펄스 신호가 들어오면 저장하고 있는 1또는 0의 신호가 Output으로 나오는 것이죠. 이 플립플롭 회로 뿐 아니라 거의 모든 컴퓨터 내부의 회로들은 이러한 클록펄스의 신호에 맞추어 회로가 작동합니다.

우리가 흔히 컴퓨터의 성능을 따질 때 64GB에 1.5GHz라고 하는 말을 하는데 여기서 GHz라는 단위가 많은 분들이 아시겠지만 진동수의 단위로서 초당 15억 회의 진동이 있다는 말인데 바로 이 클록펄스를 말하는 겁니다. 즉, 컴퓨터 역시 디지털 장비이기에 연속적으로 작동하는 것이 아닌 클록펄스에 따라 끊기며 작동하게 될 텐데 그 끊기는 정도가 15억분의 1초라는 겁니다. 당연히 이 Hz라는 단위가 크면 클수록 그 컴퓨터는 처리속도가 빠르겠죠. 이는 반대로 말하면 이 컴퓨터에는 15억분의 1초보다 짧은 시간은 존재할 수가 없다는 말이 됩니다.

그런데 물리학자들이 양자역학을 연구하면서 우주에도 이런 식으로 더 이상 짧을 수 없는 시간이 존재하는데 그것을 플랑크 시간이라고 한다고 합니다. 물론 이 값은 현재의 양자물리학 체계에서 그렇다는 것이고 앞으로 새로운 물리학의 지평이 넓어지면 더 짧은 시간 값으로 대체될 수도 있다고 합니다. 현재의 물리학 상수들로 계산을 하면 플랑크 시간 값은 5.391247×10^{-44} 초이고 이것의 역수가 조금 전에 말씀드린 FPS 값이 되는데 그 값은 1.854858×10^{43} FPS가 됩니다.

그래서 현재의 빅뱅연구에서도 빅뱅 후 플랑크 시간 이내의 기간 동안의 우주는 어떠한 상태였는지에 대해서는 어떠한 예측이나 해석을 내리지 못하고 있다고 합니다. 그러니까 현재의 양자역학으로는 빅뱅 직후 최초의 플랑크 시간 사이에 우주는 존재하지 많는 '무(無)'의 상태에서 무한의 밝기와 온도와 에너지의 밀도를 가진 원자 정도의 크기 만한 특이점(singularity)이라고 하는 실재하는 우주로 느닷없이 나타났다는 것입니다. 이 특이점이라는 용어는 고등학교 수학시간에 미적분을 배울 때도 나오는 말입니다. 특정 함수에서 어떤 형태로든지 연속성이 없는 점을 말하는 것인데 미분을 할 수 없는 점을 말합니다. 그런 의미에서 우주의 최초 플랑크 시간 동안을 특이점이라는 용어를 사용하는 것은 아주 적절하다고 여겨집니다. '무'에서 '유'로 바꿔지는 그야말로 '불연속점'이기 때문이죠.

하지만 물리학자들은 이 최초의 플랑크 시간 동안의 우주에 대해서도 무척 궁금해 하는 것 같습니다. 하지만 현재의 정규 물리학으로는 어떠한 해석도 내놓을 수 없기 때문에 오로지 수학으로만 물리학을 연구하는 초끈이론을 통하면 이를 설명할 수 있는 어떤 돌파구가 있는 것 같습니다. 뿐만 아니라 초끈이론의 최근 이론이라 할 수 있는 M이론의 최근 결과로는 빅뱅 이전의 우주 구조와 빅뱅이 왜 일어났는지까지 설명할 수 있는 이론이 있다고 합니다. 물론 모든 초끈이론이 그렇듯 이에 대한 어떠한 실험이나 관측도 할 수 없기 때문에 정규 물리학 분야에 계시는 분들은 그냥 '그렇게 이야기들 하는가 보다…' 하는 눈으로 바라만 보고 있는 모양입니다만… 저 역시 공학자 출신이어서 그런지는 몰라도 초끈이론 분야의 분들이 말씀하시는 빅뱅 이전 시대의 우주 구조나 비행직후 플랑크 시간 내의 우주의 모습은 오로지 수학적 모델(즉 논리적 구조)일뿐으로 물리적으로 '구현(implementation)'된 우주로서의 한계점을 넘을 수 있는지에 대해서는 의문을 가지고 있습니다.

그러니까 현재의 양자물리학으로는 가장 끝의 경계선을 플랑크 시간으로 두고 있으므로 그 지점부터 '구현된 우주'로 보는 것이 타당하지 않을까 하는 생각인 것이죠. 비전공자가 계속 주제넘는 이야기를 하고 있는 것 같아 송구스러운 마음이 있긴 합니다만 정보체계 개발을 전공한 공학자의 눈으로는 그렇게 볼 수도 있겠다 하는 마음으로 이해해 주셨으면 하는 바램입니다.

제6장 확률이라는 안개

1. 카오스 - 우주라는 소프트웨어에 숨겨진 하나님의 인터페이스

카오스(khaos, χάος)와 코스모스(cosmos, κόσμος), '혼돈'과 '질서'라고 표현되는 고대 그리스어입니다. 코스모스라는 단어는 칼 세이건 (Carl Edward Sagan, 1934~1996) 박사의 유명한 저서로 세상에 많이 알려졌지만 사실 책 이름으로 유명해진 것일 뿐 그 의미 그대로가 유명해진 것은 아니라고 할 수 있을 것 같습니다. 창세기 1장 2절에는 하나님의 창조 이전의 세계에 대한 유일한 묘사가 나옵니다.

'땅이 혼돈하고 공허하며 흑암이 깊음 위에 있고 하나님의 영은 수면 위에 운행하시니라.'

혼돈과 공허 그리고 흑암, 이 세 가지 표현이 창조 이전의 세계에 대한 표현들입니다. '공허'는 '비었다'라는 뜻이고 '흑암'은 '어둡다'라는 뜻이니 별 의문이 들지는 않는데 '혼돈'은 뭘까요? 어둡고 비어있는데 혼돈이라니?

아마도 '비었다'라는 표현은 없을 무(無)의 의미를 표현하고 있는 것 같습니다. 인간이 갖고 있는 한정적 언어로 최대한 비슷하게 그 의미를 전달하려다 보니 어쩔 수 없이 이 표현을 한 것 같은데, 노자(老子)의 사상을 조금 동원하면 '비었다'라는 의미에는 '비어 있을 만한' 공간이 '존재'하기 때문입니다. 그리고 현대 물리학에서도 공간 자체를 에너지로 보는 관점이 있다고 합니다. 이른바 '공간에너지'라는 것이지요. 현대 물리학의 가장 큰 미스터리 중의 하나인 암흑에너지(dark energy)의 실체가 바로 이 공간에너지가 아닐까 하는 주장도 있는 것 같습니다.

어쨌든 아무것도 없는 상태니 당연히 어두울 것이고 그렇다면 '혼돈'은 어떤 것일까요? '혼돈'의 반대말이 '질서'이니 '질서가 없는 상태'가 없는 상태라고 할 수 있겠습니다. 그래서 제가 이해하는 '혼돈'의 상태는 '어떤 과학적, 수학적 원리 또는 법칙이 없는 상태'가 아닐까 하는 생각입니다. 앞에서도 수학의 출발점을 '정의(定意, definition)' 또는 공리(公理, axiom)라고 말씀드린 바 있는데 바로 그것조차도 없는 상태라고 할 수 있을 것 같습니다. 즉, 아무것도 없고 그 어떤 방향도 없는 '절대 無'의 상태입니다.

그러나 창세기 1장 2절의 말씀을 보면 존재하는 유일한 것이 있습니다. 바로 '하나님의 영'입니다. '하나님의 영'만 존재하는 혼돈의 상태에서 3절에 '빛이 있으라'라고 명령하시면서 창조가 시작됩니다. 바로 빛의 창조와 함께 새로 생겨난 것이 '구분'입니다. 바로 '빛'과 '어둠'이 구분되어지기 시작한 것입니다.

> 빛이 하나님이 보시기에 좋았더라 하나님이 빛과 어둠을 나누사…
> – (창세기 1장 4절)

바로 이 '구분되어짐'이 '코스모스'인 것 같습니다. '빛과 어둠', '땅과 하늘' 이렇게 '구분'이 되면서 우주는 질서가 생기기 시작했는데 그 구분됨이 점점 허물어져 가는 것을 현대과학에서는 '엔트로피'라고 하는 것은 앞에서도 이미 이야기한 바입니다. 이 '구분되어짐'은 일정한 원리와 법칙이 따라야 할 것 같습니다. 그렇지 않은 '구분됨'은 또 다른 혼돈이 되기 때문에 아무런 의미가 없게 되겠죠. 그래서 그 '구분됨'에는 일정한 '과학적 원리'가 필요하게 되고 그러기 위해서는 '수학적 틀'을 갖춰야 할 것이고 그 틀을 짜기 위해서는 자리를 잡고 터를 고르는 일이 필요할 텐데 그것이 수학의 방향을 잡아주는 공리(公理)체계가 되겠지요.

자… 그럼 하나님께서 우주를 창조하시고 코스모스의 시대를 활짝 여셨는데… 그렇다고 혼돈은 사라졌을까요?

동양사상의 대들보로 여겨지는 있는 공자(孔子)에게 맹자(孟子)가 있다면 또 다른 대들보라 할 수 있는 노자(老子)에게는 장자(莊子)가 있습니다. 그가 쓴 책을 보면 혼돈에 관련한 재미있는 이야기가 있습니다.

> 남해의 임금을 숙(熟)이라 하고 북해의 임금을 홀(忽)이라 하며 중앙의 임금을 혼돈(渾沌 또는 混沌)이라고 한다. 숙과 홀은 수시로 혼돈의 땅에서 서로 함께 만났는데 혼돈은 그들을 만날 때마다 치밀하게 잘 대접했다. 숙과 홀은 혼돈의 정성스러운 대접에 감동하여 보답할 생각으로 말했다.
> "사람들은 모두가 일곱 구멍(七孔, 눈, 귀, 코, 입)이 있어서 그것으로써 보고 듣고 먹고 호흡을 하는데 그만은 유독 없다. 그것을 뚫어 주어 그의 고마움에 보답하자."
> 이에 혼돈의 얼굴에 하루에 한 구멍씩 뚫었더니 일곱 구멍을 다 뚫은 일곱 번째 날에 혼돈이 죽어버렸다.
>
> －〈莊子〉內篇 應帝王

장자는 사람들에게 노자의 가르침을 쉽게 전하기 위해서 많은 은유와 비유를 사용하였습니다. 우리나라 사람이면 몇 번 정도는 들어봤을 새옹지마(塞翁之馬)라는 사자성어도 장자에서 비롯된 말입니다. 장자 역시 노자의 가르침에서 얻은 깨달음을 그 나름대로 옛날이야기 형식으로 표현한 것이니 노자 책장만 살짝 열어본 사람으로서는 이 이야기가 어떤 가르침을 가지고 있는 지는 또 다른 태산 같은 깨달음이 필요할 것 같습니다만 지금 시점에서 나름 이해하는 바로는 일곱 구멍이라 함은 사람의 오감(五感)을 표현하는 것 같습니다. 감각뿐만 아니라 입 같은 경우는 말을 하여 밖으로 나가는 경로도 되니 저 같은 프로그래머에게 익숙한 표현을 빌리자면 이른 바 입출력 경로(input and output path, IO Path)라고 할 수 있겠습니다. 그런데 혼돈이라는 왕은 남들이 다 갖고 있는 IO path가 원래는 없다가 그것이 생기자 죽었다는 것입니다. 제가 이 이야기를 나름 이해하는 점은 사람의 오감을 통해서 들어오는 '체계적인' 정보가 '혼돈'의 상태가 줄 수 있는 어떤 깨달음을 막을 수 있다는 점을 이야기하는 것이 아닌가 하는 얕은 생각을 함부로 해 봅니다.

이 이야기를 다른 관점에서 보면 일곱 구멍[七孔]을 코스모스라고 해석하게 된다면 코스모스가 카오스를 몰아내는 것으로 이야기하는 것으로 볼 수도 있으므로 장자는 이 둘을 서로 배타적인 것으로 본 것이라고 할 수도 있을 것 같습니다. 그런데 성경에서는 카오스에서 코스모스가 나오는 것으로 이야기하는 것으로 볼 수도 있다고 제가 앞부분에서 이야기한 바 있지만 사실은 실제 세계에서는 코스모스가 카오스로 변하는 경우가 더 많아 보이는데 그 좋은 예로 보여 주는 과학적 실험이 바로 [그림 3-5]에서 보여 주고 있는

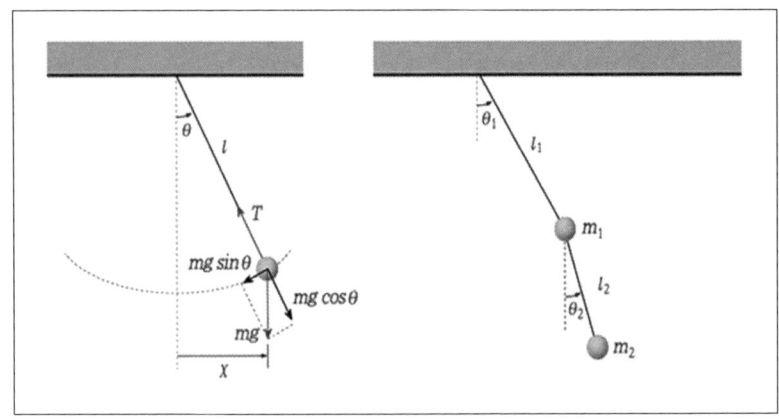

[그림 3-5] 단진자와 2중진자

2중진자(double Pendulum) 실험입니다. 이 그림의 왼쪽에 나와 있는 단진자(Single Pendulum) 실험은 아마도 가장하기 쉬운 물리실험이 아닐까 생각됩니다. 당연히 전형적인 코스모스적인 운동을 하기 때문에 몇 분 뒤의 운동 상태를 정확하게 예측할 수가 있고 이런 규칙적인 성질을 응용한 기기들을 일상생활에서 많이 볼 수 있습니다. 시계추가 대표적이겠죠. 그런데 그 다음에 있는 2중진자는 단진자에 또 다른 진자 하나를 추가한 것뿐인데 이 물건은 단 몇 초 뒤의 상태도 예측할 수 없는 그야말로 전형적인 카오스적인 운동 모습을 보인다는 것입니다.

집에서도 쉽게 해 볼 수 있는 실험이니 흥미를 느끼시면 한번 시도해 보시기 바랍니다. 이 2중진자의 매 순간순간마다의 운동은 완벽하게 뉴턴의 운동물리학을 따르고 있기 때문에 그 물리학적인 해석은 가능하지만 예측은 할 수 없다는 전형적인 카오스의 특징을 잘 보여 주고 있습니다.

2중진자와 유사한 카오스적인 현상으로 천문학적 현상인 삼체 문제(Three Body Problem)라는 것이 있습니다. 최근에 이와 관련된 과학영화가 개봉되어 많은 화제를 낳기도 했었습니다. 지구와 달은 행성과 위성의 관계라고 많이 알려져 있지만 달이 태양계의 다른 위성들보다 모성과 비교해서 압도적으로 큰 크기를 가지고 있기 때문에 위성이라기보다는 2중 행성계로 보는 학자들이 많다는 사실은 이미 서술한 바 있습니다. 이런 2중 행성계는 매우 안정적인 코스모스적인 운동을 보이고 있기 때문에 몇 백 년 뒤의 달의 운동도 매우 높은 정밀도로 예측할 수 있을 정도이지요.

그런데 달과 지구 사이에 지금의 달보다 조금 더 큰 또 다른 달이 있는 3중 행성계를 생각해 보면 어떨까요? 물론 코스모스적인 규칙성을 가지는 3중 행성계도 있을 수 있다고 합니다. 하지만 대부분의 경우 3중 행성계는 2중진자와 비슷하게 카오스적인 성질을 가지게 된다고 합니다. 거기에서 또 다른 달이 들어와서 4행성계가 되면 더욱더 복잡한 카오스적인 운동을 하게 되겠죠. 이렇게 3체 이상의 천체물리학적 물체운동을 통칭해서 N체 문제(N Body Problem)라고 합니다. 그러나 창세기의 하나님의 창조기사를 보면 어느 곳에서도 혼돈을 없애는 내용은 없습니다. 오히려 하나님의 코스모스적인 창조는 카오스에 기반하여 이루진 것이 아닐까 하는 생각도 듭니다.

한 가지 예를 들겠습니다. [그림 3-6]에 나와 있는 것처럼 아주 정밀하게 만든 끝이 뾰족한 피라미드형 정오면체가 있고 그 피라미드 꼭대기에 당구공을 올려놓는다 했을 때, 그 끝은 뾰족하기 때문에 아무리 정밀하게 측정을 해서 중심을 잡고 올려놓는다 하더라도 당구공은 그 자리에 가만히 있지 못하고 어느 방향으로든지 굴러가게 되겠지요. 그리고 일단 굴러가기 시작하면 우리가 물

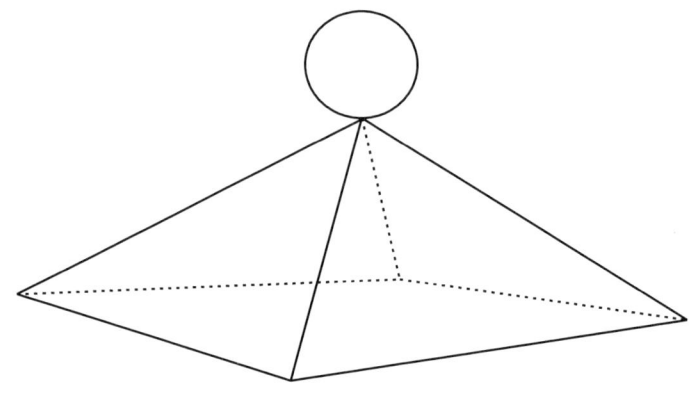

[그림 3-6] 피라미드 꼭지점에 놓여진 당구공

리시간에 배웠던 고전물리학적인 운동을 보이게 될 겁니다. 예측과 해석이 가능한 코스모스적인 성격이지요. 그러나 피라미드 모형이므로 네 면 중의 어느 한 방향으로 굴러갈 것은 분명한데 그것은 사전에 예측을 할 수가 없다는 것입니다.

그것을 결정하는 것은 카오스 영역에 있습니다. 물론 그것이 결정되는데 영향을 미칠 수 있는 여러 가지 요소가 있기는 합니다. 가장 큰 것은 아무리 정밀해도 오차가 있을 수밖에 없기 때문에 당구공의 무게 중심이 미세하게나마 쏠린 쪽으로 굴러가게 될 것입니다. 그리고 설혹 당구공을 꼭짓점에 올려놓는데 어렵게라도 성공을 한다 하더라도 땅의 미세한 고유진동이나 실내 공기 흐름의 영향을 받아서 오래 못 가서 굴러가게 될 것인데 어떤 요소가 작용하던 사전에 그 방향을 예측하지 못한다는 점은 같습니다. 그러나 방향이 결정된 뒤 굴러가는 당구공의 동작에 대해서는 예측과 해석이 가능합니다.

이렇게 당구공이 어느 방향으로 굴러 내려가게 될지 예측도 못하면서 당구공이 굴러가는 것을 과학적으로 해석할 수 있다는 점만으로 신의 존재를 부정하는 교만을 지금 인간들은 범하고 있는 것입니다. 바로 창세기 1장 2절의 말씀을 비춰서 이야기하자면 '혼돈'은 '하나님의 신'의 영역입니다.

제가 카오스라는 용어를 처음 접한 것은 70년대 후반 고등학교 시절 신문을 통해서였습니다. 그때의 신문기사에 이야기하는 일상생활에서 쉽게 접할 수 있는 대표적인 카오스적인 현상으로서 재떨이 위에 놓인 불 켜진 담배를 예로 들었습니다.

담배에서 한줄기 연기가 올라가는데 그것이 서서히 퍼져 올라가며 방안의 공기와 특정한 경계선 없이 부드럽게 섞이는 것이 아니라 어느 정도의 높이까지는 일정하게 직선으로 올라가다가 어느 순간 꼬이면서 난류를 형성하고 이 난류를 통해 방안의 공기와 섞인다는 것입니다.

그리고 그 꼬이는 지점은 일정한 범위 안에서 수시로 변하는데 그 높이와 시점은 얼핏 일정한 진동처럼 보이기는 하지만 불규칙에 가까워 예측할 수는 없다는 것입니다. 그러나 예측은 할 수 없어도 해석은 가능한데 바로 연기가 꼬이는 지점을 변하게 하는 인자가 직전에 그 지점을 통과한 담배연기의 상태에 따라 달라진다는 것입니다. 바로 직후의 상태에 영향을 주는 직전의 상태를 '끌개(attractor)'라고 합니다.

우리가 이러한 끌개의 작용을 쉽게 관찰할 수 있는 장면이 제가 보기에는 모래 해변의 파도인 것 같습니다. 누구나 모처럼 해수욕장을 가게 되면 가장 먼저 하게 되는 일이 신발을 벗고 파도가 오가는 길을 따라서 모래 위를 걷거나 일행들과 같이 사진도 찍거나 하지요. 그래도 옷이 젖으면 안 되니까 대개의 경우 무릎정도까지 바지를 말아 올리는데 가끔 예상치 못하게 큰 파도가 밀려와서 바지를 흥건하게 적시곤 합니다. 만약에 큰 파도가 밀려온다는 것을 보았다면 미리 위쪽으로 피했을 텐데 이상하게도 대부분의 그런 경우, 생각보다는 그렇게 많이 밀려 올라오지 못하는 것을 보게 됩니다. 오히려 바지를 흥건하게 적시는 파도는 그렇게 큰 파도가 아닌 것을 볼 수 있습니다. 그래서 미리 피하지 못했겠죠.

이상합니다. 큰 파도는 그렇게 많이 밀려오지 못했는데 작은 파도는 왜 바지를 적실 정도로 올라왔던 것일까요? 몇 분 정도만 주의 깊게 관찰을 하면 범인은 바로 직전의 파도에 있었던 것을 알 수 있습니다. 파도가 밀려오고 나서 반대 방향으로 쓸려 내려갈 때 그 쓸려 내려가는 그 흐름이 다음 파도에게는 밀려 올라오는 흐름을 막는 일종의 저항으로 작용하게 되는 것을 관찰할 수 있습니다. 그래서 앞의 파도에 의한 쓸려 내려감이 적은 '우연한' 시점에 오는 파도는 아무리 작은 파도라도 저항이 없으니 멀리까지 올라올 수 있었던 것이죠. 즉 직전의 작용이 직후의 작용을 '끌어내리는' 영향을 미치는 바로 '끌개'의 한 현상으로 볼 수 있습니다.

이렇게 파도 하나하나에 대해서는 이런 식으로(코스모스적인) '해석'을 할 수 있습니다. 그러나 1분 뒤 또는 10분 뒤, 한 시간 뒤의 파도가 어느 정도의 높이까지 밀려 올라올 것인가 하는 '예측' 질문에는 답을 할 수 없습니다.

'나비효과'라는 말을 들어보신 분이 많으실 것 같습니다. 카오스 이론이 거론되는 자리에 약방의 감초처럼 꼭 끼어드는 이야기인데 지금은 워낙 유명해진 나머지 일상생활에 관용적인 용어화 된 지도 꽤 된 것 같습니다. 아시는 것처럼 아마존 열대 밀림에서 한 나비의 날갯짓이 카리브해에서 위력을 떨치는 허리케인의 원인으로 작용할 수도 있다는 것입니다. 그렇다고 모든 나비의 날갯짓이 그런 식으로 태풍을 유발한다면 이 지구는 벌써 수도 없이 절단 났겠지요. 다만 '그럴 수도 있다'라는 이야기일 겁니다.

즉 어떤 태풍의 원인을 역으로 추적해 올라가다 보면 나비의 날갯짓 같은 아주 사소한 것이 초기 원인으로 파악될 수도 있다는 것입니다. 이것을 조금 전의 파도에 대한 비유로 적용하면 하필 쓸려 내려가는 현상이 적어지는 부정기적 시기에 파도가 생성될 수 있었던 것은 어느 작은 물고기의 지느러미 질이 원인이 될 수도 있다는 것이겠지요. 하지만 지금의 어느 물고기의 지느러미 질이 나중에 어떤 파도에 영향을 줄 수 있을지는 아무도 예측할 수 없는 문제입니다.

이러한 카오스적인 해석 방법이 등장하고 나서 세계 인구변화를 맬더스(Thomas R. Malthus, 1766~1834)의 인구론이나 우리가 학교에서 배웠던 고전적인 'S'자 형태의 곡선으로만 해석하지 않고 카오스적인 해석도 가능하다고 합니다. 인구와 식량이라는 요소만으로 봤을 때 현재의 인구가 많으면 개개인의 평균 식량 섭취량이 줄어듦에 따라 건강 상태가 나빠지게 되고 그에 따라 출산율이나 영아 사망률에 영향을 미쳐서 다음 세대의 인구가 줄어들게 된다는 것입니다.

그래서 아무리 카오스 영역이라도 현재의 상태를 통해서 다음의 작용에 대해서는 다소간 예측이 가능할 수 있다는 것입니다. 즉 현재의 파도 상태를 보고 다음 파도가 어디까지 올라올 것인지 '대략적인 예측'은 할 수 있다는 것이죠. 하지만 그 예측은 코스모스적인 확실한 예측은 되지 못한다는 겁니다. 즉 다른 파도에 비해서 많이는 올라가겠지만 정확히 어느 높이까지라고는 예측을 할 수 없다는 것이죠. 그래서 예측에 동원되는 방법이 '확률'입니다. 우리에게 친숙한 가장 대표적인 것으로 일기예보를 예로 들수 있겠네요. 대표적으로 '비올 확률 70%'나 확률적인 분포를 활용해서 파도의 높이는 3미터와 4미터 사이 등등 이런 식의 예측이고 사실 이런 방식의 예측은 우리 주위에 일기예보 말고도 많이 있습니다. 아니, 거의 인간 사회에 이뤄지는 대부분의 예측이 그런 형태일 겁니다. 우리들의 일상생활에 유일하게 코스모스적인 예측을 하는 것이 일기예보 중의 해 뜨는 시간, 해 지는 시간이 아닐까하는 생각이 듭니다.

그런데 양자역학적 해석에서도 확률이 사용되고 있습니다. 이것을 두고 아인슈타인(Albert Einstein, 1879~1955)과 닐스 보어(Niels Bohr, 1885~1962)라는 20세기 물리학계의 두 거두가 '하나님은 주사위 놀음을 하지 않는다'라는 화두로 논쟁을 벌였다는 이야기는 이미 앞에서도 한 적이 있습니다.

물리학 교과서에 나와 있는 대부분의 공식은 참으로 깔끔하고 생각보다 굉장히 단순합니다. 그 공식을 유도하고 증명하는 과정에서는 별별 수학적 도구가 동원되면서 복잡하겠지만 최종 결론을 나타내는 공식은 맥이 풀릴 정도로 간단한 것이 대부분입니다. 아인슈타인의 $E=mc^2$이 대표적이겠죠. 그러나 양자역학에 관련된 공식들을 보면 어지러울 정도로 복잡합니다. '이걸 사람이 만들었나?' 싶을 정도로 아무리 고학력자라도 비전공자들에게는 외계어와 다름이 없습니다. 물리학을 공부하는 분들의 얘기를 들어보면 확률의 개념이 들어가다 보니 그렇게 된 것이라고 합니다. 그러니까 양자역학적 관점에서는 어떤 상태를 '콕 집어서' 설명할 수는 없다는 것입니다. 관찰이라는 행위의 유무에 따라 2중 슬릿을 통과한 전자가 스크린에 그리는 영상이 달라진다는 사실은 이미 앞부분에서 설명 드린 바 있습니다.

입자 수준에서의 이러한 특성을 설명하는 또 다른 물리 이론으로서 불확정성 원리(不確定性原理, uncertainty principle)가 있습니다. 이것이 양자역학에서 확률이론을 도입하지 않을 수 없었던 이유이기도 한 것이 아닌가 하는 생각도 듭니다만, 어떤 입자 운동을 하고 있을 때 입자의 위치를 보고 싶으면 그것을 관측할 수 있고, 또 입자의 운동 상태(예를 들어 속도)를 알고 싶은 경우 그것 역시 관측이 가능한데 그 두 가지를 동시에 관측할 수는 없다는 것입니다. 아마도 독자 여러분 중 '갈수록 태산이구나'라는 생각이 드는 분들이 많이 있을 것 같습니다만 비전문가로서 이것을 논하고 있는 필자의 마음도 헤아려주시기 바랍니다.

그러니까 우리는 축구 경기에서 축구공이 지금 어디에 있고 누가 차서 어떤 속도와 방향으로 날아가고 있는 것을 우리 눈으로 볼 수 있습니다. 너무나도 당연한 것이지요. 그런데 축구장을 원자 정도의 크기로 줄여서 전자 입자를 축구공 삼아서 축구를 한다고 할 때는 공이 지금 어디에 있는 지만 보든지 아니면 지금 얼마만한 빠르기로 날아가고 있는지만 볼 수 있다는 것이니 세상에 무슨 그런 경우가 다 있나 하는 생각이 들만도 하지요.

그런데 그것은 물질파라는 물리학적 안경을 끼고 보면 얼추 이해가 가는 면이 있습니다. 호수에 돌을 던졌을 때 일어나는 물결을 보면 사방으로 번져나가는 모습이기 때문에 위치는 불분명합니다만 진행해 나가는 속도는 일정한 값을 가지게 되므로 당연히 속도는 측정이 가능하겠지요. 반면에 물질 입자는 어느 시점에서건 확실한 위치가 있습니다. 그러니까 위치를 보겠다고 하는 것은 입자를 물질로서만 보겠다는 것이고 운동 상태를 보겠다는 것은 입자를 파동으로서만 보겠다는 것입니다.

이왕 시작한 거 어이없어 하실 이야기 하나만 더 하겠습니다. 앞에서 '쌍생성'에 대해서 이야기한 것을 기억하시리라 믿습니다. 특정 공간에 빛을 가하면 그 빛 에너지 중 일부가 물질 에너지로 변환되어 입자가 생성이 되는데 이는 질량이 곧 에너지요 에너지가 곧 질량이라는 아인슈타인의 유명한 $E=mc^2$이라는 공식을 따르는 것입니다. 그런데 이렇게 에너지가 입자 형태의 물질로 변환하게 될 때 반드시 음과 양의 입자 한 쌍으로 생성된다고 했습니다. 자, 이렇게 생성된 입자 각각을 관찰자가 없는 상태에서 두 개의 상자에 무작위로 하나씩 따로 들어가게끔 한다고 했을 때 둘 중 하나에는 분명히 양의 입자가 다른 하나에는 음의 입자가 들어가 있을 것입니다.

그러나 아직은 열어 보기 전이어서 어느 것이 양의 입자가 들어가 있는지는 모르는 상태입니다. 둘 중 아무것이나 열어 봐서 양의 입자가 있으면 다른 하나는 분명히 음의 입자가 들어 있을 것입니다. 그런데 물리학적인 표현으로는 정말 이해하기 어려운 내용이지만 각각의 상자에 어떤 입자가 들어 있을 지는 열어 보기 전까지는 단지 '아직 알지 못하는' 것이 아닌 어느 상자가 음의 입자인지 혹은 양의 입자인지 아직 '결정'이 되질 않았다는 것입니다.

여기에서 중요한 것은 '알 수 없다'라는 것이 아닌 '결정이 되질 않았다'라는 점입니다. 즉, 각각의 상자에는 상태가 다른 하나의 입자만 들어있는 것은 부동의 사실이지만 그 입자가 양의 입자일 확률 2분의 일, 음의 입자일 가능성 2분의 1이 겹쳐 있는 상태라는 것입니다. 그러다가 어느 관찰자가 그중 한 상자를 열어서 확인하는 순간 그 상태가 '결정'된다고 하는 것입니다. 만약, 관찰자가 어느 한쪽이던 상자를 열고 그 입자가 양입자로 확인되면 다른 하나에 있는 입자는 열어보지 않아도 음입자로 '결정'된다는 것입니다. 다른 상자에 있는 입자의 결정은 정보의 전달이 의해서가 아닌 우주의 한 '상태'에 대한 결정이기 때문에 그 상자 사이의 간격이 수백억 광년이 떨어져 있어도 그 상태는 '즉시' 결정되어 진답니다. 그것은 우주라는 개념을 시공간을 초월한 하나의 '계'로서 본다면 '우주에는 모순이 없다'라는 원칙이 적용되기 때문이라는 것입니다. 이해하기가 쉽지 않은 내용입니다만, 이 이론은 가설이나 추측이 아닙니다. 최근 고도의 기술이 적용된 현대 물리학적인 실험을 통해서 입증된 과학적 사실이라고 합니다. 이렇게 양자역학은 기존의 과학적 사고로는 도무지 이해가 되지 않는 것 투성이입니다. 양자역학에서 전해져 내려오는 격언이 있습니다.

"닥치고 계산이나 해!(Shut up and calculate!)"

그런데 이런 이해하기 힘든 이론이 20세기의 눈부신 과학 기술의 혁명을 일으킵니다. 가장 먼저의 예로 들 수 있는 것이 고등학교 화학교과서에 나오는 원소 주기율표가 대표적입니다. 물론 이 주기율표는 19세기 초반 러시아의 화학자 멘델레예프(Dmitriy Mendeleev, 1843~1907)가 최초 창안한 것으로 알고 계신 분도 많으리라 여겨집니다만 그가 만든 주기율표는 그때까지 발견된 화학 원소를 성질에 따라 분류해 낸, 말하자면 귀납법적인 접근에 의한 일종의 분류표라 할 수 있는데 현재의 주기율표가 만들어진 것에는 전적으로 양자역학의 이론이 동원된 연역법적인 검증에 의해 만들어진 것입니다. 그래서 당연히 20세기 화학의 발전에는 양자역학이 절대적으로 작용했다는 것을 알 수 있습니다. 뿐만 아니라 현대의 혁신적인 기술발전을 가능케 했던 전자공학이라는 학문은 양자역학에 철저한 기반을 두고 있다고 합니다. 바로 반도체와 여러 전자 소자들의 작동 원리가 전자의 양자역학적 특성을 이용한 것이라고 합니다. 이밖에 생물학과 각종 공학의 많은 부분에도 양자역학과 관련된 내용들이 많아 우리들이 모르는 사이에 우리의 일상생활에는 양자역학이 깊숙이 들어와 있다고 합니다.

그런데 양자역학에서의 불확실성은 앞부분에서 이미 언급된 카오스와는 다른 것이라고 합니다. 카오스는 빛이 없는 캄캄한 방안에서 동전 던지기 같은 경우 관측이 되건 안 되건 이미 그 상태가 확실하게 결정되는 반면에 양자역학에서는 그 상태가 겹쳐질 뿐 관찰이 되기 전까지는 결정된 것은 아니라는 것입니다. 하지만 반반의 확률로 '뚜껑을 열어 봐야 알 수 있다'라는 점에서는 인간에게 체감되는 점은 비슷할 것 같습니다. 결국 쌍생성 입자가 담긴 상자를 열어서 확인하는 것은 평범한 인간에겐 아주 고급스러운 형태의 또 다른 동전 던지기 게임일 뿐이라는 사실입니다.

물론 양자역학적 불확실성으로 인한 실생활에서 카오스로 체감되는 것도 얼마든지 가능할 것 같습니다. 앞에서도 예로 언급된 피라미드형 정5면체 꼭짓점 위에 놓인 당구공의 굴러가는 방향이 당구공 내의 어떤 정전기에 영향을 미치는 한 전자의 양자역학적 작용으로 인해 결정되었다면 그 전자의 순간적인 양자역학적 상태 겹침이 당구공을 관찰한 인간에 의해서 그 상태가 결정된 것일 수도 있을 겁니다.

[그림 3-7] 슈뢰딩거의 고양이

 이와 유사한 생각으로 미시적인 양자역학적 불확실성을 거시적인 고양이의 생사에 관한 상태 결정에 연결하여 사고실험(思考實驗)을 한 것이 그 유명한 슈뢰딩거의 고양이(Schrödinger's cat)입니다.
 그의 이야기는 이렇습니다. [그림 3-7]에 나와 있는 것처럼 상자에 고양이 한 마리와 독가스가 든 병을 같이 집어넣습니다. 그리고 독가스 병은 아주 민감한 방사선 감지 장치와 연결된 무거운 망치를 위에 달아 놓습니다. 망치의 무게는 아래에 놓인 독가스 병을 깨기 충분해서 아주 아슬아슬한 상태라 할 수 있죠.
 하지만 아직 방사선은 없기 때문에 망치는 상자에 달려있는 상태이니 위태하기는 해도 고양이는 살아 있습니다. 그리고 마지막으로 반감기 5분의 성질을 갖고 있는 어떤 방사성 원자를 딱 하나 상자에 집어넣고 상자를 닫습니다. 상자는 충분히 방음장치가 되어있기 때문에 소리만으로는 안에서 무슨 일이 일어나는지 알 수 없는 것으로 하겠습니다.
 여기에서 반감기 5분이라고 하는 것은 5분 후에 그 원자의 핵이 붕괴되어 다른 원자로 뒤바뀔 확률이 50퍼센트라는 것으로서 안정적인 원소의 경우는 반감기가 수억 년일 수도 있지만 아주 불안정한 원소인 경우는 수천 분의 1초인 원소도 있습니다. 물론 원자핵이 붕괴될 때는 조용하게 일어나는 것이 아니라 일반적으로 방사선과 같은 에너지를 방출하게 됩니다. 그런데 이 고양이의 상자에는 반감기 5분의 불안정한 원자를 딱 하나만 집어넣었다는 이야기입니다.

만약 그 하나의 원자가 붕괴하게 되면 그렇게 강력하지는 않겠지만 상자 안의 방사선 계측기에 의해서는 충분히 감지될 수 있다고 하겠습니다. 만약 그렇게 되면 계측기에 연결된 망치가 독가스병을 깨뜨리겠고 고양이는 죽게 되겠죠. 자, 이제 상자의 뚜껑을 닫고 5분을 기다려 보겠습니다. 반감기 5분이라고 해서 꼭 5분 후에 그 원자가 붕괴될 것이라는 보장은 없습니다. 다분히 확률적인 이야기입니다.

예를 들면 1000개의 원자가 있다고 하면 5분이 지나면 그 중 500개의 원자가 붕괴되어서 다른 원자로 바뀌게 된다는 것이죠. 그러니까 5분 뒤라면 그 한 개의 원자가 붕괴되었을 확률이 50%이지만 그렇지 않을 확률도 절반이라는 것이고 이는 결국 고양이의 생사에 관한 확률도 그렇다는 겁니다. 이것은 불확정성의 원리에서 이야기하는 관측되기 전까지는 원자가 붕괴, 비 붕괴가 결정되질 않고 두 상태가 겹쳐져 있다는 이른 바 '양자 얽힘'의 상태라면 거시세계라 할 수 있는 고양이도 죽은 것도 살아 있는 것도 아닌 중첩 상태가 될 수 있느냐 하는 질문을 던지고 있는 것입니다.

슈뢰딩거가 이러한 사고 실험을 한 이유는 양자역학의 불확정성의 원리를 비꼬기 위한 목적으로 발표를 한 것이었는데 아이러니한 사실은 지금은 양자역학을 설명하는데 있어서 빠지지 않고 거론될 정도로 굉장히 자주 인용되는 가장 유명한 비유라는 점입니다. 그래서 슈뢰딩거가 양자역학을 주장했던 것으로 잘못 알고 있는 사람들이 생각보다 많은데 사실은 그 반대라는 점이 아이러니 합니다.

  카오스를 설명하는 자리에서 난데없이 양자역학에 관한 이야기를 끌고 와서 이같이 오랜 시간 떠든 이유는 결국 우주는 미시계이든 거시계이든 완전히 코스모스적인 것이 아닌 오히려 카오스의 바탕 아래에서 코스모스가 얹어진 것이라는 사실을 이야기하고 싶어서입니다. 물론 슈뢰딩거의 고양이 비유는 카오스가 등장하기 훨씬 전에 나온 이야기라 사실 서로 과학적으로 그리 깊은 관계가 있는 것은 아니지만 물리학에서 확률의 작용을 설명하는데 좋은 '꺼리'가 되는 것 같아 인용을 하였습니다.

  앞에서도 여러 차례 언급한 바 있지만 칼 세이건(Carl Edward Sagan, 1934~1996) 박사의 '코스모스'라는 책이 워낙 유명하다 보니 우주는 코스모스적인 성질이 주도적으로 작용하는 것으로 오해를 하시는 분들이 많은 것 같습니다. 물론 우주의 시작점은 성경에 나와 있는 것처럼 '빛이 있으라'라는 하나님의 명령과 함께 빛과 어둠을 나누신 최초의 코스모스적인 작용으로부터 우주가 시작된 것은 맞습니다. 하지만 우주는 코스모스만의 세계는 아닌 것입니다. 오히려 거대한 카오스의 구름 속에서 '어쩌다' 엉글어진 빗방울 하나가 떨어지기 시작할 때가 되어서야 비로소 코스모스의 작용이 시작되는 것입니다.

  이것을 깨닫지 못했던 19세기의 물리학자들은 원자 안에서 전자의 운동을 코스모스적인 해석을 하게 된다면 이제 곧 '물리학의 끝'을 보게 될 것이라고 생각했다고 합니다. 뉴턴의 만유인력의 법칙에 따라 태양계가 움직이듯 원자핵 주변을 도는 전자도 쿨롱의 법칙에 따라 돌 것이라고 쉽게 생각해서 그랬던 것이었죠. 심지어 '이젠 뭘 연구하지?'하며 걱정한 물리학자들도 많았다고 합니다. 그랬던 그들 앞에 양자역학이라는 것이 등장해서 그들이 그렇게도 코스모스적이라고 확신했던 전자의 운동이 난데없이 '비연속적'이라느니, '확률적'이라느니, '아직 결정되지 않았다'느니 하는 그들이 듣기에 말 같지도 않은 말들을 들었을 때 정말로 받아들일 수가 없었던 것이었겠지요. 하지만 어쩌겠습니까? 우주가 원래 그래왔던 것을….

카오스에 대한 연구의 한 지류(支流)로서 프랙탈(Fractal)이라는 수학의 한 분야가 있는데, 제가 아는 범위 안에서 한마디로 압축하자면 '부분은 전체의 복제'라고 할 수 있을 것 같습니다.

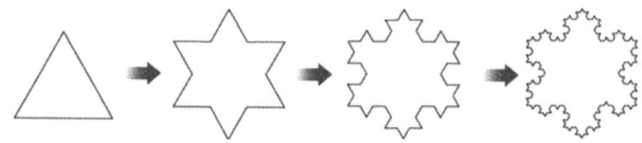

[그림 3-8] 대표적인 프랙털 도형이라 할 수 있는 코흐 곡선 (출처: 나무위키)

[그림 3-8]은 스웨덴의 수학자 코흐(Helge von Koch, 1870~1924)가 고안한 자기상사도형 중 하나로 정삼각형의 각 변마다 정삼각형 도형을 삽입하는 과정을 무한히 반복했을 경우를 개략적으로 표현한 그림인데요. 어느 부분의 어느 크기의 가지이던 한 가지를

잘라서 확대를 해서 보면 똑같은 모양이 계속해서 반복적으로 나타나게 됩니다. 고등학교 수학시간에 '수열의 극한'에 대해서 공부할 때 비슷한 도형을 봤던 것 같습니다. 그때 배웠던 기억으로는 이러한 부분 복제가 무한하게 이어질 경우 길이는 무한으로 길어지지만 면적은 유한하다는 내용이 기억됩니다. 물론 이것은 아주 손쉽게 증명이 되지요. 그 증명 방법이 부분을 잘라서 전체에서 빼는 방식으로 이 역시 '부분은 전체의 복제'라는 개념을 이용한 것이었습니다.

그런데 왜 이런 프랙탈 이야기를 여기서 하는가? 하는 의문이 들기도 하겠습니다. 아주 재미있는 사실이겠습니다만 앞부분에서 설명한바 있는 '끌개(attractor)'라는 개념을 이러한 '전체를 부분에 무한 복제'하는 과정에 적용을 시키면 무한의 복잡성을 가지면서 아주 아름다운 도형이 나오게 되는데 대표적인 것이 [그림 3-9]에 나와 있는 망델브로(Benoît B. Mandelbrot, 1924~2010)라는 수학자가 고안한 '망델브로 집합(Mandelbrot set)'으로 알려진 도형입니다. 처음에는 무슨 이상한 벌레모양처럼 느껴지지만 어느 가지 부분이던 확대를 하게 되면 무한으로 자신을 복제하는 무한의 복잡성이 보여주는 아름다운 도형을 볼 수 있습니다.

인터넷 브라우저로 이 그림의 출처에 나와 있는 주소를 입력하면 보고 싶은 부분을 확대하며 볼 수 있는 기능이 제공되는 웹 페이지를 볼 수 있습니다.

여기까지만 이야기하면 단순하게 '재미있는 하나의 수학적 장난'으로 끝날 수도 있겠지만 여기에서 더 나가보면 자연계에서는 이러한 프랙탈의 모습을 무수하게 볼 수 있다는 점입니다. '무슨 소리야?' 하시겠지만 우리가 이러한 사실을 쉽게 인지하지 못하는 이유는 자연계에서 일어나고 있는 프랙탈은 부분이 전체로부터 복제될 때 완전하게 전체를 복제하지 않고 약간씩 변형이 되기 때문입니다.

말하자면 복제될 때 작용하는 끌개가 매 복제 단계마다 카오스적으로 변하면서 작용하기 때문입니다. 대표적인 예가 나무의 가지, 번개의 모습, 강과 지류의 모습이 그러한데, 각각의 나뭇가지의 모양은 비슷하기는 하지만 아주 똑같지는 않다는 것입니다. 물론 거기에는 자연계에서 작용하는 여러 요소가 복합적으로 복잡하게 작용하기 때문일 것입니다. 즉 앞의 망델브로의 집합에서는 끌개가 하나의 고정된 형태로서 작용하지만 자연계에서는 그 끌개가 주변 여건에 따라 형태가 변화한다는 것입니다. 그러니까 강의 지류는 지형과 수량에 영향을 받지 않을 수 없고 나뭇지는 햇빛을 많이 받고자 하는 가지들 간의 경쟁이라는 요소가 작용하기 때문입니다.

이런 작용들이 복잡해 보이기는 해도 컴퓨터를 이용한 이러한 시뮬레이션은 의외로 손쉽게 이루어질 수 있습니다. 전체를 이루어 내는 하나의 프로그램을 짜고 이것을 부분을 만들 때 같은 프로그램을 계속 반복적으로 실행해 나가면 되기 때문입니다.

[그림 3-9]의 망델브로 집합을 시현하는 프로그램 역시 작성되는 도형이 무한의 복잡성을 보인다고는 해도 이것을 그려내는 프로그램은 아마도 생각보다 무척 간단할 겁니다. 복제 단계마다 똑같은 끌개가 적용될 것이라고 보기 때문이죠. 그렇다고 해서 강의 모양이나 번개의 모양을 재현해 내는 시뮬레이션 프로그램이 그 보다 많이 복잡하냐? 라는 의문에는 프로그래머로서 보는 견지로는 물론 망델브로 집합보다는 복잡하기는 하겠지만 그렇게 많이 복잡할

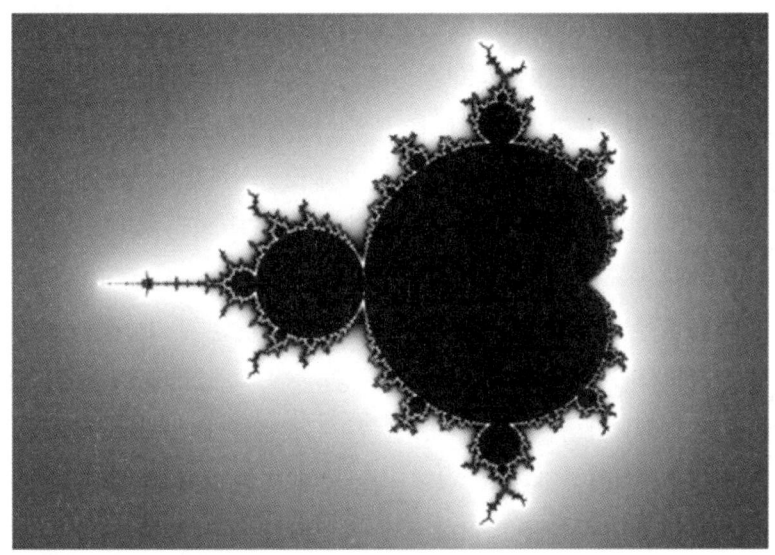

[그림 3-9] 망델브로 집합(Mandelbrot set)
(출처: http://guciek.github.io/web_mandelbrot.html)

것으로 생각되진 않습니다. 복제 단계에 적용되는 끝개에 확률적으로 변형을 주는 로직만 집어넣으면 될 것이기 때문입니다.

  과학자들은 강이나 번개, 나뭇가지만 프랙탈이 적용된 것이 아닌 다른 많은 자연 현상에도 그럴 것이라고 보고 있는데요. 지도에서 보이는 해안선의 모양이나 산과 골짜기의 지형도 프랙탈을 적용한 컴퓨터 시뮬레이션에 성공했고요. 심지어 자연계라고는 할 수는 없지만 주식시장의 주가 변화 그래프도 이러한 방식의 해석이 가능하고 뿐만 아니라 미국의 어느 대도시의 경찰국에서는 과거 각 지역별 범죄 발생의 변화 추이에 대한 프랙탈 분석을 통하여 어느 특정 주기마다 특정 장소에 경찰의 순찰을 집중함으로써 범죄 발생률을 실제로 크게 낮춘 사례까지 있었습니다.

지금까지 여러 가지를 이야기해왔지만 결론적으로는 이것이든 저것이든 인간의 삶에 적용되는 많은 요소가 스스로가 결정할 수 없는, 그리고 그 결정된 상태를 따를 수밖에 없는 그런 상태라는 점입니다. 중요한 월드컵 축구경기에서 슛을 한 공이 골대를 맞고 굴절되면서 들어가서 사람들을 열광에 빠지게 하는 것이나 아니면 튕겨져 나와 사람들을 탄식하게 만드는 것이나 모두 코스모스적인 해석에는 모순이 없을 겁니다. 골대를 맞은 위치, 공의 회전 상태, 바람의 방향, 공기의 습도 등등… 이러한 요인들의 예측할 수 없는 아주 미세한 차이가 공을 튕겨 나가게 할 수도 또는 굴절되어 골 안에 들어갈 수도 있게 되는 것입니다. 그런데 그 이후의 상태는 엄청나게 다를 겁니다. 축구경기 뿐이 아닙니다. 한나라의 운명이 갈리는 전쟁에서도 아주 사소한 요인으로 승패가 뒤바뀌는 경우는 엄청나게 많습니다. 모두 사후에 해석은 되지만 당시에는 예측할 수 없었고 조절할 수도 없었던 아주 사소한 어떤 요인이 수많은 병사를 죽음에 몰아넣을 수도 아니면 승리의 환호성을 지르게 할 수도 있는 것입니다.

이 전쟁은 너희에게 속한 것이 아니요 하나님께 속한 것이니라.
– (역대하 20장 15절)

1912년 배의 소유주가 "하나님이라도 이 배를 침몰시키지 못할 것이다"라고 큰소리 떵떵거리며 처녀 출항했던 타이타닉호가 머리만 빼꼼 물 밖에 내밀었던 작은 빙산 때문에 차가운 북대서양의 바닷속으로 천오백 명의 생명과 함께 가라앉아 버린 사건을 기억합니다.

과학을 좀 깨우쳤다고 인간이 세상을 다 가진 것 마냥 기세등등하게 아무리 큰 소리를 쳐도 개미가 발톱하나 까딱 움직이는 것만으로도 그들이 한순간에 멸망 당할 수도 있다는 것이 이 카오스가 알려 주고 있는 과학적 이치입니다. 코스모스는 카오스로부터 나왔고 태초 이전의 상태에서처럼 바로 카오스는 지금도 여전히 하나님의 절대 영역에 있기 때문입니다.

2. 끈 이론 – Nothing or Everything

어쩌면 '우주는 수학이다'라는 명제를 잘 보여 주는 내용이 지금부터 말씀드리려는 끈 이론이 아닐까 하는 생각이 듭니다. 다만, 내용이 너무 어렵고, 내용 또한 이 책에서 이야기하고자 하는 논지에 큰 영향이 없는 내용이라 이 부분을 언급할까를 많은 고민을 했었지만 수학과 우주의 상관관계를 바라보기에는 이만큼 좋은 소재가 따로 있지도 않은 것 같아 이렇게 분에 넘치지만 집어넣기로 하였습니다. 만약, 읽기에 어려움이 느껴지신다면 건너뛰어도 무방할 것 같습니다.

이 끈 이론의 역사를 거슬러 올라가면 아인슈타인이 그의 일생 후반부 대부분의 시간을 연구에 투입하였던 이른바 통일장 이론(Unified Field Theory)에까지 다다르게 됩니다. 그러니까 물리학의 역사에서 그렇게 깊은 역사를 가진 이론은 아닙니다.

여기에서 지금까지 물리학에서 발견되고 수학적 해석이 가능한 네 종류의 '힘'에 대해서 알아야 할 필요가 있는데요. 첫 번째는 '중력'으로서 많은 사람들이 알고 있는 것처럼 17세기 뉴턴에 의해서 '만유인력의 법칙'으로 물리학적으로 발견 및 해석이 된 힘입니다. 그리고 18세기 말에 '쿨롱의 법칙'으로 '전기력'과 19세기에 페

러데이에 의해 '자기력'이 각각 발견됩니다만 영국의 물리학자 맥스웰(James Clerk Maxwell, 1831~1879)에 의해 같은 힘인 것으로 밝혀져 '전자기력'으로 불리게 됩니다.

이 중력과 전자기력은 지구상에서 일상생활 하는데 가장 크게 영향을 미치는 힘으로서 중력은 많은 분들이 이미 알고 또한 직접 일상적으로 체험하고 있는 힘으로서 다른 설명은 불필요해 보이지만 굳이 하자면, 전자기력은 우리 주위에서 전기 또는 자석으로서 매일 접하고 사용하고는 있지만 더 중요한 사실은 인간을 비롯한 지구상의 모든 물질의 형태 및 상태를 결정짓는 것이 바로 이 전자기력 때문이라는 것입니다.

바로 원자가 원자핵 주변에 전자가 감싸고 있음으로 해서 원자와 원자 간에는 화학적 결합력으로 이른바 '물질'을 이루게 하는 힘이고 또한 외부 전자 간 마이너스 전하의 척력이 작용하여 각각의 물질의 형태를 유지할 수 있다는 점입니다. 좀더 쉽게 말하면 우리의 몸과 벽을 구성하는 원자들 척력으로 인하여 우리는 벽을 뚫고 지나가질 못하고 야구공이 배트에 아무리 강하게 맞아도 담장을 넘어 홈런은 될지언정 하나의 몸체로 합쳐지지는 않게 되는 것입니다. 또한 우리가 아는 거의 모든 화학 반응은 원자핵 주변의 전자 간 상호작용에 의한 것으로 수소와 산소가 결합하여 물이 되는 것 역시도 전자기력에 의한 것입니다. 그러니까 우리의 일상생활에 지금도 절대적으로 작용하고 있는 힘인 것이죠.

그 다음은 20세기가 되어서 발견된 '강한 핵력(또는 강한 상호작용, 강력, Strong force)'과 '약한 핵력(또는 약한 상호작용, 약력, Weak force)'이 있는데 이 두 힘 모두는 원자 단위도 아닌 그보다 10만 분의 일 크기의 원자핵 정도의 크기에서 작용되는 정말 초미시(超微視)적인 힘인데 아이러니하게도 우주라는 거대한 기계에 공급되는 가장 주된 에너지원으로 작용하는 힘입니다.

이 두 힘에서 나오는 에너지는 전자기력으로 발생되는 에너지와는 비교가 안 될 정도로 커서 바로 우리가 아는 '원자력'의 대부분이 바로 이 힘에서 비롯됩니다. 사실 '원자력(Atomic force)'이라는 표현은 첫 단추를 잘못 낀 적절치가 않은 표현이지만 워낙 초창기서부터 사용된 인류생활에 이미 토착화된 용어라 어쩔 수 없이 지금까지 사용하고는 있지만 사실 올바른 물리학적인 용어는 '핵력(Nuclear force)'이 맞다고 합니다. 이 핵력 중 '강력'은 이미 많은 분들이 알고 계신 것처럼 원자핵을 이루는 중성자와 양자를 묶어 두는 힘일 뿐 아니라 현재까지 알려진 물질의 최소 기본 구성 입자인 쿼크(quark) 세 개를 묶어서 중성자 및 양자를 구성시키는 힘이라고 합니다.

뿐만 아니라 우리 일상에서 물질을 태워서 열을 내는 것이 원자 또는 분자 표면의 최외각 전자 간 화학 반응으로 남아도는 전자기력이 열로 발산하는 것이라고 하는 것처럼 태양의 밝은 빛과 뜨거운 열의 원천이 원자핵의 중성자와 양자 간의 핵반응(nuclear reaction)의 결과에 의해 남아도는 핵력이 그 원천이라고 합니다.

우주에는 넘치고 넘치는 가장 흔한 에너지원이지만 막상 인류가 이 힘의 존재를 알아낸 지는 얼마 되지 않아서 직접 활용하는 데는 원자력발전소 정도밖에 없고 아직은 기술이 부족하여 핵폭탄이나 방사능 등의 여러 가지 위험성을 안고는 있습니다만 우주의 주 에너지원이듯 필연적으로 머지않아 인류의 가장 주된 에너지원이 될 것으로 저는 기대하고 있습니다.

'약력'은 이 네 개의 힘 중에서 일반 대중에게 가장 덜 알려진 힘인 것으로 여겨지는데 중성자를 양성자와 전자로 분리시키면서 베타(β)파 방사선을 일으키게 하는 이른바 베타 붕괴를 일으키는 힘이라고는 하는데 사실 저 자신도 깊이 있게는 잘 모르고 물리학의 네 종류의 힘 중에서 가장 늦게 발견된 힘입니다. 다만 인간에게 체감되는 작용으로는 바로 방사능을 일으키는 주요 원인 중에 하나라고 알고 계시면 큰 오류는 없지 않을까 생각됩니다. 그런데 이 힘이 현대 물리학에서 갖는 중요한 점이 있는데 바로 불완전한 대칭성을 갖고 있는 힘이라는 점입니다.

통일장 이론은 이렇게 우주에서 작용하는 모든 힘은 하나의 공통된 수학적 공식으로 표현 및 해석이 가능한 단일 법칙이 존재한다는 하나의 이론적 가설로서 쿨롱의 전하의 법칙과 뉴턴의 만유인력의 법칙을 표현한 두 공식의 형태가 너무 닮았다는 점에서 아인슈타인이 착안하여 그때까지 발견된 4개의 물리학적 힘을 하나의 수학적 공식 또는 체계로 통합할 수 있을 것으로 보고 연구를 시작하였다고 합니다.

하지만 아인슈타인은 그가 눈을 감을 때까지 그의 인생 후반부 대부분을 이에 대한 연구에 몰두했지만 이렇다 할 성과를 내지는 못했고 그의 죽음과 함께 그냥 하나의 해프닝으로 끝나는 것으로 보였습니다. 그러나 그 이후 와인버그(Steven Weinberg, 1933~)와 살람(Muhammad Abdus Salam, 1926~1996)에 의해 약한 핵력과 전자기력이 하나로 통합되는 것을 보여줌으로 1979년 노벨상을 수상하면서 다시 세계 물리학계의 관심을 받게 되었고 이후에 강한 핵력도 통합이 되는 것을 보여 주는 등 적잖은 발전에 이르게 되었습니다. 하지만 중력은 좀처럼 통합을 이루지 못하고 있는데 그도 그럴 것이 중력은 거대 규모의 물리학에서 나타나는 물리학이고, 전자기력, 강한 핵력, 약한 핵력 등은 양자론이라는 미시세계에 적합한 힘이기 때문에 이 두 종류의 힘을 합치는 것이 쉬운 일은 아니라고 합니다. 결론적으로 양자역학과 상대성이론이라는 20세기 물리학의 거대한 두 기둥을 하나로 합치는 어마어마한 사이즈로 일이 커진 것이죠.

그런데 문제는 중력이라는 힘을 양자역학에서 보는 관점과 상대성이론에서 보는 관점이 너무나도 다른데 먼저 양자역학에서는 전자가 음의 전기력을 갖는 것처럼 중력을 모든 물질이 갖고 있는 고유의 속성(프로퍼티)으로 보고 핵력을 전달하는 중간자나 전자기력을 전달하는 광자처럼 중력 역시 이를 전달하는 중력자(graviton)라는 가상의 전달 입자까지 있는 것으로 보고 있는 반면, 상대성이론에서는 중력을 물질 자체가 갖고 있는 고유의 힘이 아니라 물질 주변의 공간이 질량에 의한 휘어짐에 의해 발생되는 하나의 '현상'으로 보고 있습니다.

문제는 중력이라는 하나의 힘을 이런 식으로 전혀 다른 관점으로 보고 있는 과학적 모순이 생긴 것인데 한동안은 그렇게 크게 이슈화하지는 않았던 것 같습니다. 사실 중력은 양자역학 같은 미시세계에서는 거의 취급할 필요가 없이 무시할 수 있을 정도로 아주 작은 힘이기 때문에 서로에게 영향을 끼칠 일이 그때까지는 별로 없었을 것이라는 생각이 듭니다.

하지만 그럼에도 불구하고 하나의 이론으로 양쪽을 동시에 설명할 수 있는 '통합'이라는 '깔끔함'은 아인슈타인은 물론이고 모든 물리학자들에게는 쉽게 포기할 수 없는 일종의 이상향 같은 것이었던 것 같습니다. 그런데 아인슈타인 사후 물리학계에서 그 깔끔함을 추구하는 열정도 식어지고 당시의 물리학에서는 상대성이론이나 양자역학이나 서로를 밟고 있는 부분도 별로 크질 않아서 통합에 대한 관심은 물 건너 간 듯하고 서로 강 건너 불구경 하듯이 그냥 바라만 보는 시간이 한동안 지나가다가 드디어 천체물리학계에서 양쪽 모두를 밟는 큰 이슈가 등장하게 되는데 그게 바로 '블랙홀'입니다.

사실 아직까지도 해결되지 못한 의문이긴 합니다만 당시의 양자역학에서 파악된 모든 물질의 구조가 무너져 버린 블랙홀은 양자역학에서는 문자 그대로 '블랙홀' 그 자체였고 빛조차 한번 들어가면 다시 나오지 못하는 이른바 사건의 지평선(Event horizon)이라는 완벽한 시공간의 분리를 설명하는 상대성이론을 끌고 들어와야 하는 상황이 되었는데 마땅히 이를 명쾌하게 설명하는 이론이 아직 제시된 것이 없었기 때문에 어떤 돌파구가 필요했던 것 같습니다.

그러다가 1968년 이탈리아의 이론물리학자 베네치아노(Gabriele Veneziano, 1942~)가 18세기의 천재 수학자 오일러(Leonhard Euler, 1707~1783)가 발견한 베타함수라는 공식이 강한 핵력을 기술하는 공식과 신기할 정도로 같은 모양을 가지고 있다는 놀라운 사실을 발견하게 되면서 다시 불이 붙게 됩니다.

그것은 이미 앞부분에서 먼저 언급한 바 있는 케플러가 아폴로니우스의 타원방정식이 뜻하지 않게 스승 티코 브라헤의 행성관측기록을 정확하게 설명하고 있다는 사실을 발견했을 때의 충격과 비견될 만한 일이었던 것이 아니었을까 하는 생각이 듭니다.

이렇게 오일러의 공식에서 어떤 단서를 잡은 후 그야말로 많은 수학자와 물리학자들이 몰려들어 경쟁적으로 수백 편의 논문이 발표되는 마치 춘추 전국시대 같은 몇 년의 시간이 지난 후 1971년에 미국의 이론물리학자 슈바르츠(John Schwarz, 1941~)와 앙드레

느뵈(André Neveu, 1946~) 그리고 프랑스의 물리학자로 미국 플로리다 대학의 교수였던 피에르 라몽(Pierre Ramond, 1943~) 등은 입자들 간의 상호작용을 1차원 끈 모형으로 서술할 수 있는 기초를 마련하여 이른 바 '끈 이론(String Theory)'이 등장하게 됩니다.

여기에서 잠깐 샛길로 이야기를 돌리자면 현대 물리학자들이 밝혀낸 강한 핵력을 기술하는 공식과 오일러의 배타함수가 정확하게 일치한다는 점에서 많은 물리학자와 수학자들이 이에 흥미를 갖고 보다 깊은 연구가 시작되었는데 과학자들은 이 공식이 우주의 모든 입자를 수학적으로 '1차원' 상에 연결된 것으로 보았을 때 나올 수 있는 수학 구조라는 사실을 발견하게 됩니다.

여기서 재미있는 점이 '왜 하필 1차원인가?'라는 점입니다. 현재 인류가 사용하는 컴퓨터의 모든 기억(memory)장치는 1차원의 구조를 가지고 있습니다. 여기에서 1차원이라 함은 기억한 내용을 읽을(access) 때 하나의 주소만을 사용하여 기억이 저장된 곳을 찾아가는 것을 말합니다. 그러니까 우리가 컴퓨터 화면을 통해서 아무리 복잡한 도형이나 3차원 또는 그 이상의 구조체를 바라보고 있다 할지라도 컴퓨터 안에서는 모든 정보나 데이터가 1차원 상에서 처리되고 있다는 사실입니다. 그러니까 컴퓨터 기억장치 안에서는 모든 것들이 1차원 선상에 연결 또는 배열되어 있다는 점입니다. 조금은 묘한 생각이 드는 점이 아닐까 합니다. 그리고 앞선 다른 장에서도 왜 DNA가 하필 1차원의 끈의 형태로 정보가 저장되어 있는가에 대한 개인적인 의문에 대해서도 거론한 바 있습니다. 물론 여기에서 이야기하는 일차원 기억 구조와 앞에서 말한 끈 이론에서의 '끈'은 서로 관련은 없습니다.

다시 본론으로 돌아와서 당시, 끈 이론은 10차원의 수학적 구조를 갖고 있다고 하는데, 물리학의 가장 깊은 부분을 다루는 이론이다 보니 이런 곳에서 이를 함부로 논하는 것이 과연 타당할까 하는 의구심도 듭니다만 다행히 많은 물리학자나 수학자 분들이 우리 같은 사람들에게도 이해할 만한 수준에서 설명해 주신 내용이 있어서 이를 제가 나름대로 이해한 선에서 말씀드리고자 합니다.

지금 우리가 살고 있는 3차원 공간에 시간이 더해진 4차원은 어느 정도 이해할 만한 것일 텐데 나머지 그렇다면 6차원은 어디에 있는지 아마도 의문이 드는 것은 당연할 것입니다. 사실 그런 의문에 대해 명쾌하게 답을 줄 수 있는 사람은 아직 없다고 합니다. 다만 수학적 계산이나 공식 유도 같은 수학적 과정을 진행해 나가다 보면 그렇게 우리들이 체감하고 있는 4차원에서 6차원을 얹어 놓아야만 그 수학적 구조가 유지된다고 합니다. 그분들이 그렇다고 하니 뭐 우리 같이 평범한 사람들은 그저 그런가보다 하고 그냥 고개만 끄떡이면 우리의 할 일은 다한 것일 겁니다.

다만 그분들이 이것을 설명하는 것을 들어보면 우리들의 감각기관에는 체감되어지지 않게 끈처럼 차원이 감겨있다는 것입니다. 일단 모든 물질을 쪼개고 또 쪼개어 나가다보면 원자와 원자핵, 그리고 그 구성물인 양자와 중성자, 그리고 그 구성물인 쿼크 등으로 계속 쪼개져 나갈 수 있는데 최종 단계에서는 소리 나는 기타 줄처럼 '진동'하는 끈이 나타난다는 것입니다.

그분들의 계산 결과에 의하면 그 줄의 크기는 워낙 작아서 끈의 길이를 백 원짜리 동전만 하다고 했을 때 원자 중에서 가장 작은 크기를 갖는 수소 원자는 우리 은하의 수천 배 크기 정도 된다는 어떻게 들으면 허무맹랑하게 들릴 만하게 작다는 겁니다.

바로 이 끈이 갖고 있는 모습과 그 진동의 형태에서 여러 차원이 있을 수 있다는 것이며 바로 그 진동이 어떠냐에 따라 기본 입자가 결정된다는 것입니다. 즉, 진동의 형태와 세기에 따라서 질량이 없는 광자가 되기도 하고 질량과 전하가 있는 전자가 되기도 하고 또한 현재까지 파악된 모든 물질의 기본 구조 단위인 쿼크가 되기도 한다는 것인데 질량까지도 결정된다는 것입니다.

잠시 후 이에 대해서는 다시 언급하겠지만 쿼크도 같은 성질을 갖는 입자 형태임에도 들어가는 에너지에 따라 다른 질량을 보이는 경우가 있는데 투입된 에너지가 끈의 진동에너지를 높이게 되고 그것이 질량이 증가하게 된다는 것입니다. 하나의 수학 구조(공식이 아닙니다)로서 그야말로 질량의 비밀을 비롯한 그때까지 발견된 모든 물리학적 현상을 설명할 수 있다하니 그야말로 센세이션을 일으킬 만한 일이었죠.

이렇게 획기적인 발상과 탄탄한 수학적 구조로 제안된 끈 이론이었지만 후속 연구와 반론 등으로 일부 문제점이 제기되었고 이를 보완하기 위해 초대칭(supersymmetry) 개념을 도입한 이른바 '초끈이론(superstring theory)'으로 발전하게 됩니다.

하지만 이렇게 하나의 돌파구로 보이던 끈 이론은 예상치 못한 난관에 가로막히게 됩니다. 무언가 하나의 돌파구가 보이게 되면 누구나가 그렇듯이 많은 사람들의 관심이 몰리게 되고 이 사람 저 사람 자신들의 학설과 이론을 주장하기도 하고 경우에 따라서는 격렬한 논쟁에 휩싸이기 마련이죠. 이것은 원래 자연스러운 일이고 모든 과학과 학문은 그런 논쟁을 통해서 다듬어지고 하나의 틀을 이루어나가게 됩니다. 그런데 이 끈 이론은 하나의 형태로 집중해 나가는 것이 아니라 다섯 개나 되는 모델이 그야말로 '난립'

하게 되고 그 다섯 개 모델은 각각 나름대로 탄탄한 구조를 갖고 있는지라 어느 것이 틀리다고 할 수가 없는 참으로 묘한 상황에 놓이게 된 것이죠.

대개 이런 경우라면 이를 발견한 사람들도 그 탄탄한 구조에 워낙 자신감이 있는지라 웬만해선 양보를 안 하게 되고, 때문에 끊임없는 논쟁의 굴레에 갇히고 말 겁니다. 그래서 이렇게 다섯으로 나뉜 끈 이론은 약 20여 년이라는 현대 물리학사에서는 꽤 긴 기간의 시간동안 큰 진전 없이 답보 상태로 머물러 있다가 1995년 미국 프린스턴 대학교의 에드워드 위튼(Edward Witten, 1951~)이라는 한 천재 과학자가 나타나 "그거 다섯 개가 다 맞는 거야!"라고 주장해 세상의 이목을 집중시킵니다.

그는 다섯 개 끈 이론들이 가지고 있던 10차원에서 한 차원을 더 얹어 11차원의 구조를 제안하고 그 구조에서 보면 다섯 개의 구조가 그 11차원 구조의 각각의 한 수학적 단면임을 증명한 것입니다. 그래서 그런지는 몰라도 1차원인 '끈' 이론에서 한 차원을 더 얹은 2차원 '면' 의미를 갖는 Membrane(막)을 줄여 M이론으로 명명되었는데 사실 특정한 방법으로 그 구조를 따라 연산을 하다 보면 빅뱅의 시작을 설명할 수 있는 거대한 '막' 형태의 구조를 실제로 유도할 수 있다고 합니다.

하지만 이렇게 위튼에 의해 M이론으로 어느 정도 정리가 되었지만 아인슈타인 이래 물리학계가 그토록 꿈꿔 오던 통일장(統一場)이 실현된 것으로 볼 수 있음에도 불구하고 기존 물리학계에서 보는 눈은 상당히 싸늘했던 모양입니다.

물리학은 실존(實存)의 세계를 탐구하는 학문으로서 "과학은 반증이 가능하여야 한다"는 대전제 아래에서 실험 또는 관측이라는 단계를 반드시 거쳐야 함에도 일단 출발선상의 모습이 물리학이라기보다는 수학에 가깝고 그때까지의 끈 이론 또는 M이론에 대한 연구의 진행을 보면 어떤 종류의 실험이나 관측의 과정이 없었고 오로지 수학적 구조에 대해서만 논의가 진행되어 왔다는 것이었죠. 그런데 끈 이론 진영 측에서도 이런 반론에 대해 딱히 반박을 하지 못했던 것 같습니다. 그리고 이러한 상태는 끈 이론의 등장 이후 현재까지도 큰 변화는 없다고 합니다. 이런 상황을 일컫는 표현으로 다음 같은 말이 있습니다.

"어떤 사람들은 모든 것의 이론(TOE, Theory Of Everything)이라 하지만 그렇지 않은 사람들은 아무것도 아닌 이론(TON, Theory Of Nothing)이라 한다."

끈 이론이 물리학계에 등장했을 때, 당시의 물리학계에 이름이 알려진 저명한 과학자들 대부분의 반응은 "무슨… 말 같지도 않은 소리를 하고 있어…"와 같은 반응이었다고 합니다. 앞에서 말씀드린 실험과 관찰이 불가능하다는 이유에서였죠. 그것은 마치 '관찰하기 전까지는 물리적 상태가 확정되지 않는다'라는 양자역학의 이론을 들은 아인슈타인의 반응으로 비유가 가능할 것 같습니다. 당시 아인슈타인은 양자역학계에서 대부와 같던 보어에게 다음과 같은 질문을 했답니다.
"달을 보질 않는다고 해서 달이 없다는 것이냐?"
그래서 보어가 답했답니다.
"달을 아직 보질 않았는데 있는지 없는지를 어떻게 알 수 있습니까?"

그런데 결국 보어가 옳았음을 시간이 지날수록 사람들이 알기 시작했고 지금은 양자역학이 틀렸다고 생각하는 물리학자는 없는 것 같습니다. 이렇게 인간의 과학적 사고에 혁신(Paradigm shift)을 강요할 정도의 새로운 과학이론을 받아들이기에는 꽤 많은 시간이 필요한 것 같습니다.

어쨌든 끈 이론은 아직까지는 물리학계에서 공인을 받은 상태는 아니라고 합니다만 이것을 지지하는 과학자들의 비율은 조금씩 올라가고 있는 추세라고 합니다. 어떻게 보면 실험과 관찰이 불가능하다는 물리학으로서는 치명적인 결함을 갖고 있는 이론인데도 아직도 끈질기게 물리학의 한 작은 가지에 붙어있는 것은 결코 무시할 수 없는 '아름다움'이 있기 때문이랍니다.

문과나 예체능 쪽 사람들이 보기에는 무미건조하기 짝이 없는 물리학이라는 학문분야에서 사용하기에는 굉장히 부자연스러울 수 있는 '아름다움'이라는 단어가 사용되고 있음을 유의하십시오.

"비판하는 사람들의 논리는 충분히 수긍이 가지만 끈 이론은 굉장히 아름다워서 이것이 잘못된 것이라고 말하기가 극히 꺼려진다."

아직 분명한 출처는 찾아보질 못했지만 끈 이론을 논하는 책이나 글 또는 인터넷 동영상 등에서 이와 비슷한 문장을 많이 볼 수 있습니다. 이것을 연구하는 과학자들이 한결같이 표현하는 '아름다움' 정체는 뭘까요? 저 역시도 이공계 종사자이고 이 글을 쓰기 위해 많은 관련서적과 기사들을 읽어 봤지만 이 '아름답다'는 표현은 학문적인 측면에서는 지금까지 끈 이론 이외에서는 거의 보질 못했던 것 같습니다. 다만 한번은 제가 박사학위 과정 중에 있었을 때 지도교수님께서 어떤 프로그램의 알고리즘에 대해 설명하시다가 "이 알고리즘에는 나름대로의 아름다움(실제로는 beauty)이 있어요"라는 말씀을 하신 것이 기억에 남습니다.

학문과 관련되어서 '완벽하다(Perfect)' 또는 '훌륭하다(Excellent, Amazing)' 같은 표현은 생각보다는 많이 들어봤던 표현 같은데 제가 보기에 이공계에서 '아름답다'는 표현에는 그것을 넘어서는, 학문을 넘어 예술의 경지에 이르렀다는, 어떤 의미에서는 '찬양'의 의미가 담겨 있는 것 아닐까 하는 생각이 듭니다.

그 '아름답다'는 표현을 하게 되는 데에는 끈 이론을 통한 수학적 해석을 동원하면 현재 물리학계에서 설명이 안 되는 여러 난제들의 해법을 보여주거나 훌륭하게 설명을 하기 때문이라고 합니다.

그 대표적인 것이 입자물리학에서 에너지에 따른 기본 입자의 '세대(generation)'라는 것을 끈 이론을 통해서 수학적으로 설명이 가능하다는 점입니다. 이 세대라는 것을 설명하기 위해서는 또다시 표준모형(standard model)이 어쩌구저쩌구하는 긴 설명이 필요하니 그냥 전자라는 입자만 놓고 세대에 대해 말씀드리겠습니다.

우리가 알고 있는 바와 같이 전자는 원자에서 핵의 주위를 돌고 있는 입자입니다. 그런데 이 전자라는 입자가 에너지를 받으면 전자의 성질은 유지는 하되 질량이 엄청나게 증가하는데 그게 2천 배나 가까이 된다는 겁니다. 이것이 2세대가 되겠고, 또 거기에서 멈추는 것이 아니라 계속 에너지를 받게 되면 또다시 질량의 급격한 도약이 일어나게 되는데 이것을 3세대라고 할 수 있겠지요. 비록 질량이외의 성질이 동일하다고는 해도 질량이 달라도 너무 다르기 때문에 더 이상 전자라 부를 수 없기에 이름을 따로 붙였는데 바로 '뮤온(μ)'과 '타우(τ)' 입자라고 한답니다. 이 두 입자는 지구 상에서는 자연적으로 존재하지 않고 오로지 우주에서 날아오는 '우주선(Cosmic ray)'이나 입자가속기 같은 실험장비에서 아주 잠깐 보이고 사라지는 입자입니다. 그러니까 물리학적 성질로는 전자는 전자인데 질량만으로 봐서는 전자가 아닌 참으로 기묘한 입자라는 것인데 기존의 입자물리학에서는 이를 명쾌하게 설명할 수 있는 이론은 아직 공식적으로 제시된 것이 없다고 합니다.

그런데 끈 이론을 통하면 아주 멋지게 그 원리가 유도된다고 합니다. 이러한 현상은 [표 3-1]에 나와 있는 것처럼 전자뿐 아니라 양성자와 중성자를 이루는 쿼크나 중성미자 같은 표준모형에 나오는 다른 기본 입자도 같은 식이라는 겁니다. 뿐만 아니라 아직 발견되지 않은 입자도 예측하고 있다고 합니다. 그러니까 전자와 쿼크가 세대를 가진다는 것은 결국 원자 수준에서도 이론상으로는 세대를 가질 수도 있겠지만 2~3세대 쿼크조차도 입자가속기를 통해서 천분의 일초 단위로만 겨우 존재가 확인된 마당에 다른 세대 원자의 존재는 아마도 현재의 기술 수준으로는 이론상으로만 가능한 것이 아닐까 생각합니다.

	전하	1세대	2세대	3세대
쿼크	$+2/3$	위(top)	맵시(charm)	꼭대기(top)
	$-1/3$	아래(down)	기묘(strange)	바닥(bottom)
렙톤	-1	전자(e)	뮤온(μ)	타우온(τ)
	0	전자 중성미자	뮤온 중성미자	타우 중성미자

[표 3-1] 표준모형 기본 입자의 세대별 명칭

개인적 짐작이라 맞을지는 모르겠지만, 이런 상황을 비유하자면 케플러가 티코의 관측 기록을 바탕으로 행성 운행에 관한 세 가지 법칙을 제시한 것은 앞에서 이미 거론한 이야기이고 그에 대한 기본원리가 밝혀진 것은 뉴턴의 만유인력의 법칙을 통해서인 것은 많은 분들이 이미 알고 계실 것인데 이것을 끈 이론과 관련된 현재의 물리학적 상황에 비유하면 실험을 통하여 '뮤온'과 '타우' 입자가 발견하게 된 것을 케플러라고 비유할 수 있을 것인데… 난데없이 '생뚱맞게' 뉴턴의 만유인력의 법칙으로 비유될 수 있는 그 기본원리가 난데없이 나타난 끈 이론이라는 수학원리(물리법칙이 아닌)를 통해서 그 뮤온과 타우 입자의 존재 원리가 밝혀진 것입니다. 그러니 그 전부터 이것에 대해서 계속 연구해 오던 입자물리학 쪽 사람들은 황당하다는 반응을 보일 수밖에 없겠지요. 그 공식이 아무리 잘 맞는다고는 해도 입자물리학에서 해 오고 있던 기존의 이론과 연구방법을 통한 것이 아니니까요.

그래서 '이거 어떻게 해서 나온 공식이야?'라고 당연히 물어보겠죠. 하지만 돌아오는 답변이라는 것이 끈 이론이라는 어떤 종류의 실험이나 관측으로 설명할 수 없는 그들이 보기에는 정체불명의 수학책 한 권에서 나왔다고 하니 당연히 '그게 뭔데?'라는 반응을 보일 수밖에 없는 것이겠죠. 하지만 어떤 일부 과학자들은 신기해 하기는 하겠죠.

비전공자로서 끈 이론이라는 물리학계에서 폭넓게 공인된 것도 아닌 이론에 대해서 이렇게 함부로 표현하는 것이 선을 넘는 외람된 것일 수도 있겠다는 생각도 듭니다만 어쩌면 끈 이론이 맞는다면 이것이 우주의 'DNA'일 수도 있겠다는 생각이 듭니다.

우리 몸을 구성하고 있는 수조 개의 세포 모두는 DNA라는 우리

몸의 모든 구석구석에 관한 정보를 담고 있는 정보를 다 가지고 있습니다. 이 말은 내 발끝의 발톱을 만들어 내는 뿌리 세포에도 우리 뇌의 깊숙한 곳에서 분비하는 멜라토닌이라는 아주 복잡한 역할을 하는 호르몬을 분비하는 유전자 정보를 마찬가지로 보유하고 있다는 것입니다. 다만 그 발톱 뿌리 세포는 멜라토닌 분비 유전자 정보에 접근(Access)을 하지 않고 오직 발톱을 만들어 내는 데 필요한 유전자만 사용하고 있는 것이죠. 어떻게 보면 엄청난 정보의 낭비라고 볼 수도 있습니다.

그런데 모든 기본 입자의 깊숙한 곳에는 뭔지는 모르지만 뭔가가 기타 줄처럼 진동을 하고 있는데 마구잡이로 진동을 하는 것이 아니라 특정한 형태의 수학적 진동구조(칼라비-야우 다양체, Calabi-Yau manifold) 안에서 그 입자에게 주어진 특정 수학적 단면의 형태에서만 진동을 한다는 것이 아닐까 하는 생각이 듭니다.

이것을 프로그래머의 관점에서 말씀드리면 우주의 모든 것의 기본 구조는 같은 클래스(Class)를 갖는다는 것으로 표현할 수도 있을 겁니다. 이 책 맨 끝부분 부록 2장에서 객체지향이론에 대해 설명하는 부분에서 클래스와 객체(Object)에 대해 설명하는 부분이 있는데요, 클래스는 특정한 성격을 갖는 정보를 생성하기 위한 '틀'이라면 그 틀에서 찍어낸 정보는 객체라고 할 수 있는 겁니다.

그러니까 붕어빵틀은 클래스고 찍어낸 붕어빵은 객체인 것이죠. 이것을 좀더 컴퓨터에 맞추어 비유를 하자면 스타크래프트 게임을 할 때 화면에 보이는 테란의 마린병사 하나하나는 객체입니다. 그러니까 클래스에 어떤 속성 값이 달라지면 테란 병사가 되고 또 다른 특정 값이 주게 되면 파이어벳이나 메딕이 될 수도 있을 겁니다. 그런 것처럼 칼리비 야우 다양체의 진동은 여러 차원을 가지고 있고 특정 차원에서의 단면적에서 보이는 진동의 형태나 세기에 의해 전자가 되기도 하고 아래 쿼크가 될 수도 있다는 것이 아닌가 하는 것이 제 추측입니다.

비전공자로서 너무 지나치게 오지랖을 떨고 있는 것은 아닌가 하는 생각이 저 역시도 듭니다만 한낱 프로그래머의 입장에서 떠오르는 뜬구름 잡는 상상을 한번 해본 것이니 너무 타박은 하지 말아 주시기를 바랍니다. 그러니까 끈 이론을 모든 것의 이론(TOE, Theory of Everything)이 될 수도 있다고 하니까 해본 나름대로의 상상으로 이해해 주시면 감사하겠습니다.

여기에서 이왕 하는 김에 한 가지 더 오지랖을 떨자면 저같이 평소 불필요한 의문을 가지시는 분들이라면 생겨나는 의문이 있을 것 같습니다. 뭔지는 모르겠지만 어쨌든 '진동'이 있다고 하는데 소위 진동이라면 어떤 물리적인 뭔가가 있고 그것이 떨리는 것일 텐데 그 '뭔가'가 무엇이냐는 겁니다. 그러니까 기타가 내는 소리는 기타 줄이라는 물리적인 실체가 진동을 하면서 나는 소리라는 것은 누구나 아는 사실입니다. 그러니까 끈 이론에서 나오는 진동 자체는 뭐 칼라비-야우니 뭐니 라고 하니 그건 그렇다 치는데 도대체 그 '끈'의 정체는 뭐냐는 거죠. 물론 비전공자이고 이에 대한 문외한인 제가 알리는 없고 이 글을 쓰고 있는 과정에서 여러 군데 둘러봐도 그에 대한 언급은 아직 보질 못했던 것 같습니다. 물론 인류가 아직은 모르는 또 다른 물리적 입자일 수도 있겠지요. 하지만 이 '끈'의 진동 형태에 의해서 입자의 형태가 바뀌고 그 세기에 의해서 '질량' 또는 '에너지'가 결정된다면 그것은 아마도 더 이상 어떤 물리적인 존재가 될 수는 없는 것 아닐까 하는 생각이 듭니다.

즉 무엇이 진동하는 것이 아닌 그냥 진동이라는 값 자체만의 존재가 아닐까 하는 생각인 것이죠. 그런데 저는 이것이 존재론적 측면에서 생각보다 무척 중요한 이야기가 될 수도 있다는 생각인 것이 물리학의 미시영역의 가장 밑바닥의 실체는 결국 진동의 형태로 나타나는 수학적 구조라는 것이고 이 말은 결국 '우주를 구성하는 물리적 모든 만물의 기반은 수학적 실체의 집합체이다'라는 결론에 이를 수가 있다는 것이죠.

한 문외한이 갖는 섣부른 상상일 수도 있겠습니다만 쉽게 생각해보면 일찍이 그리스 철학자 데모크리토스가 가졌던 의문 '물질을 쪼개고 쪼개면 결국 무엇이 될까?'라는 단순한 의문을 현대물리학, 좀더 구체적으로는 초끈이론을 바라보면서 이어 나가면 결국 '무한히 쪼개져 나간다'와 '특정 진동에 관한 수학적 구조로 끝난다'라는 두 개의 갈림길을 만나게 될 것 같은데 앞의 것은 '무한'이라는 인간 사고체계를 벗어나는 개념과 맞닥뜨리게 되니 그건 좀 다른데 갖다 놓고 두 번째 결론을 마주하게 되면 우주의 모든 실체는 결국 '수학이다'라는 결론에 이를 수도 있지는 않을까? 하는 생각인 것이죠. 그리고 이는 수학이라는 프로그래밍 언어로 작성된 하나의 클래스라는 틀이고 이 틀에서 질량, 전하, 스핀 등등의 속성 값들이 주어지고 찍어져 나온 것이 바로 물리학적인 입자가 아닐까 하는 생각입니다.

> Everything we call real is made of things that cannot be regarded as real.
> 우리가 '실재'하는 것이라 하는 모든 것들은 사실은 '실재'라 할 수 없는 것으로 이루어져있다.
> — 닐스 보어(Niels Bohr, 1885~1962, 덴마크의 물리학자)

자, 이것을 스타크래프트의 마린병사를 비유해서 설명을 해보려고 합니다. 내가 프로그래머로서 어떤 절대적 권능이 있어서 마린병사에게 인간 수준의 지정의(知情意)의 능력을 주었다고 합시다. 이 마린병사는 어느 때부터인가 자신이 누구인지 어디로부터 왔는지를 고민하기 시작했고 이의 해답을 위해 지식을 모으고 스스로 연구를 해서 자신이 살고, 보고, 체험하고 있는 세계는 어떤 '1차원적'인 정보의 배열을 가진 '무엇인가'가 특정 진동 주기마다의 연속적인 변화를 통해서 자신이 존재하고 있는 것이라는 사실을 알아냈습니다. 그리고 그는 이에 만족하지 못하고 더욱더 연구를 하여 결국 자신은 그 1차원적 정보의 배열의 특정한 부분이 자신이며 그 배열을 이루는 최소 원소 하나하나는 0과 1만을 기억하는 최소 정보구조의 연속적인 배열이었다는 것까지 알아낼 수 있었는데 그 배열구조의 최소 단위라고 하는 것은 '플립플롭(Flip-flop)'이라는 '진동하는' 형태로 인지되는 수학적 구조에서 '0과 1이 기억되고 결정되어진다'라는 사실까지 알게 되었습니다.

제가 방금 한 이 마린병사의 비유는 많은 분들이 '도대체 뭔 소리하는 거야?'라는 생각이 드셨을 겁니다. 하지만 '컴퓨터구조학(Computer Architecture)'이라는 학문에 대한 지식을 상식선에서 갖고 계신 독자 분이라면 아마도 어떤 비유를 하는 것인지 대충은 이해하실 수 있으리라 여겨집니다.

컴퓨터의 구조와 그 작동원리는 온전히 수학으로 이루어져 있습니다. 특정 수학적 이론들이 전자 회로로 구현된 것이 바로 컴퓨터라고 할 수 있습니다. 이런 수학적 물건이 구현이 가능할 수 있었던 것은 전자라는 물리학적 입자가 지극히 수학적으로 움직이기 때문입니다. 제가 학부 때 '회로이론'이라는 과목을 들은 적이 있는데 학생들 사이에선 '회의(懷疑)이론'이라고 우스갯소리로 불렸던 아주 어려운 과목으로 기억됩니다. 그 회로이론이라는 과목은 저항이나 콘덴서 같은 전자소자 하나하나의 작동원리를 수학적으로 표현하는 것으로 시작됩니다. 그 수학적인 표현이라는 것이 더하기나 빼기 정도라면 얼마나 좋았겠습니까만 이게 단순한 게 미분방정식입니다. 심지어 같은 학기에 수강했던 '공업수학'이라는 과목보다 이 '회의이론'이라는 과목에서 더 빨리 배웠던 수학이론이 있을 정도입니다.

그러니 학생들이 녹아나지요. 그런데 저는 강의 시간에 교수님이 무슨 소리를 하는 것인지도 모를 정도로 얼빠지게 듣고 있으면서도 '어떻게 전자회로의 모든 것이 저렇게 수학으로 표현되냐?' 하는 신기한 생각이 들었었습니다.

이제 다시 그 마린병사에게 눈을 돌려 보겠습니다. 프로그래머이자 유저인 나는 모니터를 통해서 그 마린병사를 관찰하고 있습니다. 마린병사를 이루는 프로그램상의 클래스는 물론 내가 짠 프로그램 중 일부이기 때문에 그 마린병사라는 객체에 대해 속속들이 알고 있습니다. 만약 그 마린병사의 특정 행동이 '선을 넘는' 시도가 관찰되면 그의 속성 값에 변화를 주어 감히 할 수 없게 막을 수도 있고 반대로 그것을 주저하는 것이 관찰되면 그 값을 약간 더 주어서 용감하게 나설 수 있도록 유도해 줄 수도 있습니다. 그런데 어쩌면 그 태란병사의 생애에 저는 프로그래머이자 사용자로서 해줄 수 있는 계획된 역할이 있기에 이 순간만을 기다리며 지금까지 컴퓨터 앞에서 꼼짝하지 못하고 관찰하며 기다려 왔을 수도 있습니다. 그것은 전적으로 그 프로그램에 대한 프로그래머의 개발의도에 달려 있습니다.

  그리고 마린병사에게 자신의 존재에 대해 궁금해 하는 마음을 허락하고 그것에 대해 발전해 나가는 어떤 학습 알고리즘을 테란 병사의 클래스에 심어 놓았다고 가정했을 때 그 알고리즘에 따라 테란 병사는 자신이 살고 있는 세계를 연구하고 심지어 자기 자신까지 연구하여 그의 존재를 구성하는 1차원적인 정보배열을 발견하게 되고 더 나아가서 그 1차원적인 정보배열 하나하나는 부록 제A장에 나와 있는 [그림 A-2]의 플립플롭이라고 하는 0과 1만을 나타낼 수 있는 '진동구조'로 이루어져 있다는 사실까지 알아냈습니다. 테란 병사가 알아냈던 플립플롭의 진동구조가 우리 인간에게는 바로 끈 이론을 통해서 수학적으로 희미하게나마 알아낸 칼리비-야우 다양체일 수 있지 않을까? 라는 뜬구름 잡는 생각을 한번 해봅니다.

  다만 이 비유를 통해서 말하고 싶은 것은 인간과 우주 그리고 하나님의 '논리적' 연결 접점은 바로 수학이 유일하지 않을까 하는 생각입니다. 물론 신앙이라는 연결 접점이 오랜 인간의 역사 기간에 있어왔지만 그것은 '믿음'이라는 다분히 '비논리적'이라는 영역에 가까운 연결 접점이라면 수학은 '논리적' 연결 접점이 될 수 있다는 생각인 것이지요. 왜냐하면 하나님은 수학이라는 '글씨'로 이 우주와 인간을 창조하셨기 때문이지요. 그래서 그것을 관찰하는 임무를 가지는 과학자는 철저하게 '논리'로서 우주를 봐야하고 그러기 위해서는 관점적 중립을 지키기 위해서 자신의 과학적(또는 학문적) 측면은 전적으로 무신론적 자세를 보일 수밖에 없는 것입니다.

  즉 논리적인 하나님을 발견하기 위해서는 일부러 '비논리적' 관점의 하나님을 보지 않는 중립적 자세가 필요하다는 것입니다. 형이 선수로 출전하는 경기를 동생이 심판을 볼 때 형제지간이라는 경기 외적인 관계 요소는 철저하게 배재해야 하는 것이 원칙일 겁니다. 경기 중에 형이 반칙을 범하면 동생 심판은 호루라기를 불어야 하는 것처럼 과학적 발견이 비록 성경과 맞지 않는 내용이 있더라도 그것이 과학적 견지에서 바른 것이라면 받아들여야 하는 것입니다.

신앙이라는 비논리적 성향이 다분한 관점 때문에 오히려 하나님께서 우리에게 더 보여주고 싶어 하실 수 있는 그 분의 논리성이 가려질 수가 있다는 사실을 우리는 기억해야 할 것입니다. 그 분이 왜 우리에게 이 우주의 관찰자의 능력을 허락하셨는지도 역시 깊게 생각해야 할 것 같습니다. 물론 자신의 다른 측면 즉 '개인적' 측면에서는 얼마든지 신앙을 가질 수 있겠지요. 경기가 끝나면 동생 심판은 더 이상 심판의 역할이 아닌 동생으로 돌아가 열심히 경기에 임한 형에게 다가가 땀을 닦아 주는 것처럼 관찰자의 역할이 필요가 없는 곳에서는 하나의 피조물로 돌아가 그분 앞에 서 있어야 하는 것이겠죠.

그런데 어쩌면 이러한 모습이 신앙적 관점만을 가지신 분들… 가령 원리주의적 창조론에 열정적인 분들이 보기에는 하나님을 바라보는 관점이라는 한 가지 사안에서 겉 다르고 속 다르게 보이는 양면적 표리부동(表裏不同)한 모습으로 보이는 것일지 모르겠습니다.

3. 이신론(理神論, deism), 그리고 이기이원론(理氣二元論)

저는 앞의 장에서 우주가 갖고 있는 완벽한 수학적 구조와 그 작동원리에 대하여 이야기를 했습니다. 그래서 그 수학적인 완벽함 때문에 어떤 사람들은 '그래서 신은 존재할 필요가 없다'라고 이야기하고 있고 또 다른 어떤 사람들은 오히려 '누가 그 완벽한 수학적 구조를 우주를 위해 준비해 놓았는가?'라는 의문에서 신의 존재에 대한 필요성을 주장하고 있습니다.

20세기 물리학의 발전사를 보면 예를 들어 최근의 힉스 입자의 발견이나 천문학에서의 중성자별의 존재 확인 등은 이미 수학적 계산을 통해서 사전에 예측이 된 것을 나중에 실험이나 천문학적 관측을 통해 그 존재가 입증된 경우로서 이런 식의 선 수학적 예측에 이은 후 실험 관측에 의한 발견의 형태를 가진 발전이 무척 많았다는 것입니다. 그 수학적 구조가 초미세 입자의 미시세계이건 거시 천문학이던 관계없이 모든 물리학적 존재에 그 기반을 제공하고 있음을 보여주는 것일 겁니다.

이렇게 우주만물의 존재와 작동원리를 일컬어 유교적 개념으로서 '리(理)'라고 한다고 합니다. 우리가 진리(眞理)라고 하는 것 바로 그것입니다. 유교에서는 '理는 존재는 하되 작용은 하지 않는다'라고 합니다. 작용은 '기(氣)'가 한다는 것입니다. 이것을 유교적 용어로 이기이원론(理氣二元論)이라고 합니다. 즉 '理는 존재는 하지만 작용은 氣를 통해서 한다.' 그래서 지금은 어떠한지 모르겠습니다만 제 학생시절에 理는 사단(四端)으로 氣는 칠정(七情)으로 표현되어 이것에 대한 이황(李滉, 1502~1571 호는 退溪)과 기대승(奇大升, 1527~1572,

호는 高峰) 이 조선시대 유학의 두 거두 간에 서신을 통해서 나누었던 논쟁은 유명합니다.

그런데 理와 氣의 원리는 유학적 관점뿐만 아니라 물리학을 통해서도 이해할 만한 측면도 있습니다. 理를 수학에 기반한 물리학적인 제반 법칙이라고 하고 氣를 에너지라고 했을 때 '理는 존재로서 존재만하고 작용은 氣를 통해서 한다'라는 이기이원론의 명제가 기가 막히게 들어맞는다는 것입니다.

바로 우주는 일정한 수학적 법칙에 따른 '에너지의 작용체'라 할 수 있기 때문입니다. 뿐만 아니라 이것은 세포 수준에서의 미시생물학에서도 볼 수 있는데 세포의 세계에서 DNA는 理처럼 보이는 것이 정보를 가지고는 있지만 DNA에는 '작용'이 없다는 점입니다. 작용은 DNA의 정보에 의거해서 만들어진 단백질에 의해서 작용이 일어납니다. 제가 보기에는 세포에서도 理와 氣는 구분되어 있는 것처럼 보입니다.

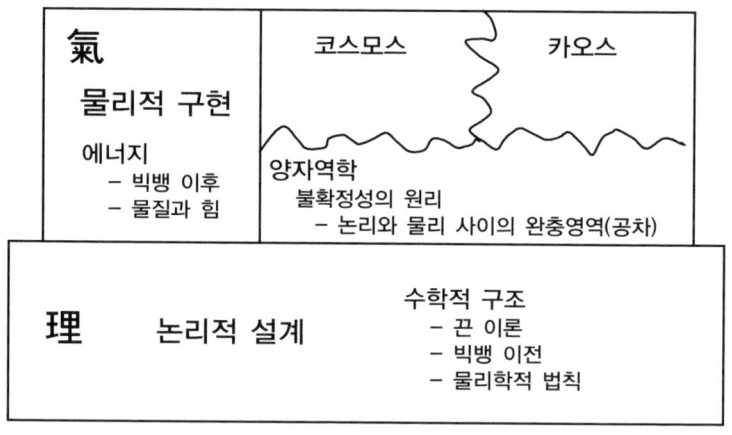

[그림 3-10] 이(理)와 기(氣) 그리고 논리적 설계의 물리적 구현

고대의 동양사상가들이 어떻게 이러한 생각을 가질 수 있었는지 개인적으로는 정말 신기하다는 생각이 들게 만드는 논리인데 [그림 3-10]은 우주를 하나의 설계된 실체로 보았을 때 理와 氣의 원리로 대응하여 논리적 설계(Logical Design)와 물리적 구현(Physical Implementation)의 개념을 제 나름대로 표현한 것입니다.

여기에서 어디까지나 제가 보는 관점이긴 하지만 불교나 유교 같은 동양 종교에서는 기독교, 이슬람교 또는 그리스 로마신화와 같은 서양종교 또는 사상과는 다르게 신에 대한 언급이 그렇게 많지 않다는 것을 볼 수 있다는 것입니다. 그렇다고 해서 동양종교에서는 신의 존재를 딱히 부정하는 것도 아닌 것 같습니다. 왜 그럴까요? 물론 민간 신앙에 '천지신명(天地神命)'이나 '옥황상제(玉皇上帝)'라고 하는 두려움과 경배의 대상이 되는 신의 존재가 없었던 것은 아닙니다만 불교나 유교의 공식적인 종교로서의 논의에는 그렇게 비중 있게 다루어지지는 않는 것 같아 보입니다.

이렇게 된 데에는 은나라에서 주나라로 바뀌게 되는 시기에서부터 춘추 전국시대에 이르는 중국의 고대역사를 배경으로 하는 꽤 설득력 있는 전설 같은 이야기가 있기는 합니다만 이에 대해서는 나중에 다시 이야기하겠습니다. 아무튼 동양의 종교와 그에 관련된 사상에서는 신과 관련된 깊은 이야기가 많지는 않고 대신 민간신앙이나 동북아시아 유목민족 지역에서의 전통 샤머니즘(단군신화도 이에 연관되어 있다는 것 같습니다) 또는 신화, 풍습 등등, 어떻게 보면 재야 종교라고나 할까요? 그런 부분에서만 신적 존재를 이야기하는 것 같습니다. 반면 서양문화권에서 신의 존재는 종교뿐 아니라 문화, 사상, 정치, 사회 전 분야에 걸쳐서 뿌리 깊게 박혀 있습니다.

이것 역시 전적으로 제 관점이기는 한데, 동양 종교에서는 신을 방금 말씀드린 이(理)와 비슷한 개념으로 보고 있는 것은 아닌가 하는 생각을 가지고 있습니다. 즉, '존재는 하지만 인간세계에 직접적인 작용은 없다고 할 수 있거나 아니면 최소화된' 그런 존재로서 신을 바라보고 있는 것은 아닐까 하는 것이죠. 그러기에 신이 절대적인 존재인 점도 인정하고 만물의 근원인 점도 인정하지만 인간세계에 직접적인 작용은 없는 존재이기에 그들은 종교적인 측면에서 신을 향해서 서있는 것이 아닌, 돌아서서 그 작용이 있는 자연과 인간세계를 직접 바라보고 관조(觀照)하는 것으로 저는 보고 있습니다.

신학적으로 이러한 개념을 이신론(理神論)이라고 한다고 합니다. 이것을 기독교적인 표현으로 하면

'하나님은 위대하신 능력으로 우주와 인간을 창조하셨지만 인간세계에 직접적인 관여는 안하신다.'

라는 표현도 되겠고 이것에 공상과학적 표현을 더하자면

'하나님은 우주 창조와 그 작동에 대한 완벽한 수학적 틀을 완성하시고 그 동작 버튼을 누르기만 하셨다. 그리고 나서는 무관심이거나 그저 보기만 하신다.'

즉, 신과 인간세계 간 직접적인 상호작용은 없다는 관점인데, 신의 영역과 인간의 영역을 확실하게 선을 그어서 신에 너무 기대지 말고 인간의 역할에 최선을 다하자는 것이 바로 이 이신론(理神論) 사상으로서 계몽주의가 이 사상에 직접적인 영향을 받아 근대

민주주의의 태동과 발전에 많은 연관이 있는 사상이라고 합니다. 사실 당시 유럽에서는 이전까지는 갖기 힘들었던 이러한 신에 대한 관점의 변화는 18세기경부터 유럽에 조금씩 밀려들어 오고 있던 불교 또는 중국 등의 동양사상의 영향을 받았을 것이라고 보는 견해도 있다고 합니다.

이러한 생각을 우주로 옮겨 오면 '4차원 시공간보다 고차원적인 관점에서 보면 우주는 창조에서부터 사멸까지 하나의 정해진 형태를 가지고 있다'는 생각을 가질 수 있습니다. 어떻게 보면 스위스의 종교개혁가 존 캘빈(또는 장 칼뱅, Jean Calvin, 1509~1564)의 예정론(Predestination)을 연상시키는 내용입니다.

그런데 이 논리는 설득력이 매우 강합니다. 시간에 구속되심이 없는 하나님께서 창조하신 우주인데 어떤 요인에 의해 이후 우주의 형태가 변하게 된다면 하나님은 시간에 구속됨이 없다는 전제가 흔들리기 때문입니다. 우리가 변한다고 보는 것 그 자체가 이미 하나님께서 태초부터 정해 놓은 형태라는 것이지요. 그런데 그것을 그렇다고 인정하는 순간 지금 현시점에서 하나님께서 나에게 역사하시는 손길은 의미 없는 것으로 인정하게 된다는 모순에 빠지게 됩니다. 이미 태초부터 결정된 '각본'에 의한 것이라 할 수 있으니까요.

이러한 사고방식은 이슬람 문화권에서 아주 많이 사용되는 '인샬라'라는 표현과 아주 비슷한 것 같습니다. 오도 가도 못하는 참으로 어려운 문제가 아닐 수 없습니다. 아마도 그래서 근대 철학자들이 이신론을 생각해 낸 것 아닌가 하는 생각이 듭니다.

그런데 여기에서 저의 눈에는 한 가지 돌파구가 있어 보입니다.

"하나님이 보시기에 좋았더라."

창세기 1장에서 매일의 창조 과정은 일관되게 이 구절로 끝을 맺습니다. 그리고 창세기 1장의 맨 끝 절, 6일간의 창조의 역사를 마치시고 똑같은 내용으로 마무리됩니다.

"하나님이 지으신 그 모든 것을 보시니 보시기에 심히 좋았더라. 저녁이 되고 아침이 되니 이는 여섯째 날이니라."

하나님께서는 창조만으로 무미건조하게 손을 떼신 것이 아니라 그 창조의 과정에 하나님의 피조물을 바라보시는 특별한 '감정'을 남기셨습니다. 차갑고 무미건조한 이신론적인 하나님이시라면 이러한 그분의 감정을 굳이 이렇게 남기실 필요가 없었을 것이라는 생각이 듭니다.

하나님께서 우주를 창조하시고 남기신 그분의 특별한 감정을 우리는 '사랑'이라고 표현합니다.

"하나님이 세상을 이처럼 사랑하사…" – (요 3:16 전반부)

하나님은 세상을 창조하시고 아무런 의미 없이 내버려두신 것이 아니라 그분은 그분의 피조물을 사랑하시고 쭉 우주의 시간을 따라서 그 피조물들과 함께 하신다는 겁니다. 심지어는 일부 하나님의 역할을 그분이 창조하신 우주 속에 일부러 심어 놓으신 것이 아닐까 하는 생각까지 해봅니다. 그렇게 하나님과 그분이 창조하신 우주는 사랑이라는 고리로 분리가 되질 않고 연결이 됩니다.

그러니까 이신론도 모순이 없는 맞는 이론일 수 있을 겁니다. 하나님의 우주에 대한 초월적 속성을 놓고 보면 그렇게 밖에 해석이 되질 않습니다. 그러나 그렇게만 보면 하나님과 우주는 별개의 것으로 분리될 수밖에 없습니다. 그런데 하나님은 이 우주를 사랑하셨고 그 사랑으로 스스로 시간을 따라가시는, 즉 만물의 초월적 존재에서 스스로 낮아지셔서 우주가 갖는 시간의 굴레를 인간과 함께하고 계시고 더 나가서 예수님을 통해서는 더욱 낮아지셔서 인간 세계로 내려오셨다는 것입니다. 이 우주는 하나님의 사랑이 아니면 올바른 해석이 되질 않는 것 같습니다.

저는 프로그래머로서 하나님의 이러한 속성을 얼핏 이해할 수 있는 측면이 있습니다. 아니 프로그래머뿐만 아니라 모든 창조적 작업을 하시는 분들께는 공통적으로 볼 수 있는 속성일 텐데 각고의 노력 끝에 만들어진 자신의 창조물에서 느껴지는 자부심이나 뿌듯함을 넘어서는 일종의 애정 같은 것을 느낄 때가 있습니다. 자신의 머릿속으로만 그려 오던 이상형의 여성상을 심혈을 기울여 어렵게 조각한 나머지 그 조각상과 사랑에 빠지는 피그말리온(Pygmalion)과 이것을 비유하면 좀 지나치다 할 수 있겠지만 자신이 창조한 대상물이 의도한 바대로 완벽하게 합치되면 합치될수록 그런 느낌이 강해지기는 한 것 같습니다. 그래서 어느 교량을 설계하고 시공한 엔지니어는 그 다리를 건너는 느낌은 아무래도 다른 다리를 건널 때와는 남다를 수밖에 없을 것이고 어떤 기사에서 본 내용입니다만 자식같이 느껴진다는 말이 완전히 생소하게 들려지지는 않습니다.

저 자신도 제가 짠 프로그램을 밤을 새우며 계속 돌려보곤 했던 경험이 있습니다. 말은 테스트였지만 테스트의 목적은 진즉에 충족되어 더 이상 돌릴 필요는 없었지만 그냥 돌려보는 것이 즐겁고 내가 생각하고 의도한대로 제대로 작동하는 그 모습이 기특하고 자랑스러운 느낌에 계속 돌려봤었던 기억이 납니다. 그런 소박한 느낌과 하나님께서 우주를 창조하시고 느끼셨을 그 느낌을 비교하는 것이 너무 외람되다고 생각하지만 딱히 다른 표현방법이 생각나질 않습니다.

어쩌면 이점에서 우주와 인간의 존재 이유를 어렴풋하게나마 알 수 있는 것이 아닌가 하는 생각이 듭니다. 바로 우주와 인간이 하나님의 엔터테인먼트(Entertainment)적인 목적으로 창조된 것이 아닌가 하는 것이죠. 여기에서 느껴지는 언어의 한계가 있는데 적절하게 사용될 단어가 떠오르질 않아서 이 단어를 사용한 것이지 하나님께서 글자 그대로 단순한 유흥의 목적으로 우주를 창조하신 것은 아닐 것이라는 말씀을 미리 드립니다.

인간의 입장에서 이 광대한 우주와 스스로 존엄하다 생각하는 인간이 단순한 엔터테인먼트적인 목적으로 창조된 것이라면 아마도 존재론적인 자존심에 손상이 가는 것 같기도 합니다만 한편으로는 그것에 대해 딱히 할 말이나 불만을 가질 수가 없는 것이 진화론적이든 창조론적이든 인간은 인간 스스로에 의해 창조된 존재가 아니고 우주 역시 인간이 소유권을 주장할 만한 어떤 구석도 없는 마당에 만드신 이가 그러려고 만들었다는 것에 뭐라고 할 수 있는 입장이 아닌 것만은 분명해 보입니다.

이 백성은 내가 나를 위하여 지었나니 나를 찬송하게 하려 함이니라.
  – (이사야 43:21)

너의 하나님 여호와가 너의 가운데에 계시니 그는 구원을 베푸실 전능자이시라 그가 너로 말미암아 기쁨을 이기지 못하시며 너를 잠잠히 사랑하시며 너로 말미암아 즐거이 부르며 기뻐하시리라 하리라.
- (스바냐 3:17)

토기장이가 진흙 한 덩이로 하나는 귀히 쓸 그릇을, 하나는 천히 쓸 그릇을 만들 권한이 없느냐. - (로마서 9:21)

어쨌든 하나님께서 이신론적인 하나님이 아니시라면, 좀더 쉽게 말해서 천지창조 후 이 우주와 인간 세상을 그냥 내버려두지 않으신다면 이 세상과 하나님 간의 뭔가의 상호 작용이 있어야 할 겁니다. 문제는 그것이 과학적으로 입증이 안됐다는 것이죠. 진화론과 무신론 진영에서는 그것으로 종교를 비방하는 것이겠죠. 그런데 과학적으로 보이지 않는다고 우주와 하나님 간의 상호작용이 정말 없는 것일까요?

나비효과라는 말을 들어 보신 분이 있으실 겁니다. 아마존 밀림에 있는 나비 한 마리의 날갯짓 하나가 카리브해의 거대한 허리케인의 원인이 될 수도 있다는 이야기인데 흔히 카오스 이론을 설명할 때 많이들 거론하는 표현입니다. 그러니까 허리케인의 원인인자를 추적하고 또 그 원인인자의 원인인자를 추적하고 또 추적하다보면 한 마리 나비의 날갯짓에까지 도달할 수도 있다는 것이지요. 그런데 한번 그 반대 방향으로 생각해 보면 아마존에는 수 억 마리의 나비들이 살고 있을 것이고 한 마리마다 일생동안 수십 만 번의 날갯짓을 할 텐데 왜 카리브해의 허리케인은 일 년에 몇 번만 발생하는가 하는 의문점이 생깁니다. 물론 그렇게 모든 나비의 날갯짓이 허리케인을 유발한다면 지구는 이미 절단 났겠죠. 그렇게 생각하면 다행이다 싶다가도 한편으로는 의문이 들죠. 왜 그 나비의 날갯짓만 허리케인으로 연결되고 다른 나비의 날갯짓들은 그냥 단순한 나비의 날갯짓으로 끝났을까요?

아마도 종래에 허리케인을 유발시키는 그 나비의 날갯짓은 다른 날갯짓과는 다른 특징이 있다 한들 그야말로 '평범한 특징'이었을 겁니다. 특징이 있어 봐야 그게 그거고 도토리 키 재기라는 이야기이지요. 그런데 그 별 특징이 없는 그 날갯짓이 어느 순간에 우연찮게 기가 막힌 타이밍이 되어서 다른 인자와 연결이 되고 또 그 인자는 또 다시 그야말로 만의 하나의 확률로 다음 인자에 영향을 주고… 그렇게 없다시피 한 만큼의 작은 확률적 우연의 반복이 이어지면서 날갯짓은 증폭이 되고 결국에는 거대한 허리케인으로 발전이 된다는 것입니다.

그런데 어쩌면 이렇게 해석될 수도 있는 겁니다. 그 나비의 그때 그 날갯짓이 '선택된' 것이라고요. 바로 이 선택되었다고 하는 표현에서 아마도 많은 분들, 특히 과학자 분들 중에서 많은 분들이 반감을 느끼시리라는 것을 알고 있습니다. 그렇지만 이것은 어디까지나 '해석'의 한 줄기로 보아주셨으면 감사하겠습니다.

생각해 보면 확률이라는 것이 참 묘합니다. 그 말인 즉슨, 된다는 이야기도 아니고 안 된다는 이야기도 아니거든요. 우리가 동전 던지기 게임을 하는데 스무 번 연속으로 앞면이 나왔을 때, 많은 사람들이 다음인 스물한 번째에는 뒷면이 나올 확률이 다른 때 보다는 높을 것이라는 '기대'를 하기 마련입니다. 그러나 확률론적으로 그것은 그야말로 그저 '기대'일 뿐이고 여전히 확률은 반반입니다. 백 번이건 천 번이건 연속으로 앞면이 나왔다고 해서 그것이 확률적으로 드문 경우임은 분명하겠지만 그것이 과학적, 수학적인 어떤 '법칙'을 위반한 것은 분명 아닙니다. 만약 하나님과 우주 사이의 인터페이스가 있다면 그것은 어쩌면 '확률의 장막' 뒤에 숨겨 있지 않을까 하는 생각을 해봅니다. 바로 카오스라 일컫는 영역입니다.

잠깐 곁길로 빠져나오는 말씀을 좀 하자면 중국 초기 역사에서 관념적으로 동양과 서양을 나누게 되는 중요한 분기점이 되는 것으로 볼 수 있는 동전 던지기를 조작한 사건이 있습니다. 즉 카오스적인 사실을 조작한 재미있는 일화가 있습니다. 바로 기원전 천 년 즈음이었던 은나라에서 주나라로 교체되는 시기에 있었다는 이야기인데요. 원래 은나라는 절대적인 제정일치의 국가로서 국정의 거의 모든 중요한 결정을 신에게 묻는 과정을 필수적으로 거쳐야 했었는데 그것을 '점(占)'이라 했습니다. 그러한 것에 대한 대표적인 유물이 중국 고대 문명의 상징적 유물이라 할 수 있는 거북이 배 껍질에 점괘를 새겨 놓은 '갑골문자'라고 일컫는 일종의 점판(占板, fortune telling board)인 것은 많은 분들이 이미 아실 것으로 여겨집니다.

바로 은나라의 신흥 적대 세력이었던 주나라의 재상이 그 유명한 강태공(姜太公)이라는 분이었는데 이분의 본래 직업은 은나라에서 점을 치는 제사를 주관했던 제사장 비슷한 벼슬생활을 하던 사람이랍니다. 이분이 공직에서 은퇴한 후 낚시로 소일하다가 나이 70을 넘어 주문왕(周文王)을 만나 당시 기울어가던 은나라를 무너트리고 새 나라를 일으키기를 도모하게 됩니다.

낚시하다가 역사의 주인공을 만나는 이 일화가 너무 유명해져서 지금은 강태공이라는 이름이 낚시 애호가 일컫는 용어로 더 많이 알려진 것은 많은 분들이 이미 아시리라 여겨집니다. 아무튼 이후 그는 여러 난관을 거쳐 그 운명을 결정짓는 중요한 전쟁을 앞두게 되었습니다. 그런데 그때까지 제정일치의 국가에서 오로지 점에 대한 맹목적인 믿음을 갖고 살아왔던 병사들이 점을 안치고 전쟁터에 나가는 것에 극도로 불안해하고 이로 인해 사기가 저하되는 모습을 본 강태공은 자신이 은나라의 제사장 출신임을 내세워 군사들을 한곳에 모아 놓고 몸소 점을 치는 제사 의식을 거행합니다.

그 제사의 하이라이트는 역시 아무래도 점을 치는 것이었을 텐데 강태공은 점을 치기 전에 점을 치는 방법을 설명하면서 일종의 폭탄선언을 합니다. 스무 개의 동전을 던져 전부 앞면이 나오지 않으면 하늘이 자신의 뜻을 허락하지 않는 것으로 간주하고 이 전쟁을 포기하고 은나라에게 항복하겠다고 말입니다. 하지만 스무 개 모두 앞면을 보이면 그것은 하늘의 뜻이 우리에게 향하는 것이 분명하니 병사들은 목숨을 다해 전투에 임하라고 말을 합니다.

상식적으로 이해하기 힘든 이 말을 들은 병사들은 무척 의아해했지만 자신들의 사령관이자 제사장이 그렇게까지 말하니 잠자코 바라보기만 했는데 잠시 후 정말로 믿지 못할 일이 벌어집니다. 신기하게도 강태공의 손에서 던져진 스무 개의 동전 모두가 앞면을 보이는 것이었습니다. 이런 믿지 못할 광경을 직접 눈으로 본 군사들의 사기는 하늘을 찌를 듯이 높아졌고 강태공은 말을 이어갑니다. 지금 던져진 동전들은 하늘이 직접 손을 대신 거룩한 것이니 어느 누구도 전투가 끝날 때까지 건들지 말도록 엄명을 내립니다.

그렇게 사기가 하늘로 치솟은 주나라군은 다음 이어진 전투에서 대승을 거두고 은나라는 결국 멸망을 하게 됩니다. 강태공은 이렇게 모든 것이 자신이 원하던 대로 결말을 보자 그 동전들을 거둬들이는 것을 허락했는데 알고 보니 그 동전 모두가 양면이 앞면으로만 만들어진 조작된 동전들이었다는 것입니다. 그런데 이 사건이 동양사상에서 중요한 이유가 은나라 이전엔 전적으로 신을 의지하던 제정일치의 사회에서 신으로부터 한 발짝 물러난 이신론에 가까운 신관(神觀)을 보이기 시작한 하나의 전환점으로 볼 수 있다는 사실입니다.

앞에서도 노자 또는 공자 같은 중국의 전통 종교나 사상 체계에서 신을 직접적으로 거론하는 일이 많지 않다고 얘기를 했었는데 이것과 깊은 연관성이 있다고 여겨지는 것이 강태공은 동전을 거두는 것을 비공개로 하든지 그러지 않더라도 동전을 걷을 때 하나하나를 굳이 뒤집지 않고 그럴듯하게 거둬들여도 누가 뭐라고 할 사람이 없었을 것인데 그는 굳이 하나하나를 조작된 동전임을 보여주며 거두었다는 점에서 강태공이 이를 일부러 의도했던 것이 아니었을까 하는 것이 제 생각입니다.

어떻게 보면 강태공이 무신론자여서 그랬다고 해석할 수도 있겠지만 당시 사람들에게는 무신론의 개념은 아마도 상상하기 힘든 시절이었을 겁니다. 다만 일생을 국가적 제사와 점을 치는 일에 종사했었던 그에게 점치는 행동으로서 신의 뜻을 알아내려는 당시의 관념에 대해 일종의 회의를 품고 있지 않았을까 라는 생각을 막연하게나마 해봅니다.

저는 이 이야기가 정사에 나오는 것인지 또는 그냥 하나의 전설에 불과한 것인지는 모르겠습니다만 이것이 역사적으로 실제로 일어났던 사건이라면 관념적으로 서양과 동양을 나누게 되는 결정적인 사건이 아니었을까 하는 생각을 하고 있습니다. 앞에서도 언급한 바 있습니다만 동양사상이나 종교에서는 신을 딱히 부정을 하는 것은 아니지만 그렇다고 신에게 의지하거나 기대는 것도 아닌 어떻게 보면 한발 물러선 모습을 보이는데 어쩌면 이 이야기가 그 전환점이 아닐까 하는 생각을 가지고 있습니다.

동양사상에서 신을 부정하질 않으면서도 신에 대해서 직접적으로 거론하는 것이 뜸해진 경향을 갖게 된 배경에는 오직 황제만이 신에게 제사를 지낼 수 있는 자격을 가진 유일한 존재라는 다분히 통치의 정당성 주장하는 정치적인 논리에 의거한 것일 수도 있다는 점도 있을 수 있겠습니다만 은(殷)주(周) 교체기의 강태공의 이 이야기가 시발점이 될 수도 있겠다는 생각도 듭니다.

제가 보는 견지에서는 서양철학의 출발점이라 할 수 있는 고대 그리스의 철학은 'Why' 또는 'What'의 의문을 붙잡고 있는 반면 동양철학은 'How'의 방향으로 접근하고 있는 것으로 저는 보고 있습니다. 최초의 서양 철학자로 알려진 탈레스(Θαλής, Thales, 625BC~546BC)는 "만물의 근원은 물이다"라는 주장을 했던 만큼 우주의 물리적 근본에 대해서 관심을 보이고 있는데 반해 노자나 공자의 가르침에는 그러한 형태에 관한 내용은 별로 보이질 않고 이 우주와 자연을 어떻게 바라보고 또 어떻게 세상을 살아가야 하는지를 이야기하고 있는 것으로 보여집니다.

그래서 서양철학은 그 물리적 근원에 대한 궁금증을 따라 올라가다 보니 결국 신의 존재에 대해서 부여잡게 되거나(즉 헤브라이즘) 또는 플라톤처럼 이상(Idea, 理想)에 대해서 깊게 사고하게 되는(즉 헬레니즘) 방향성을 가지게 된 반면 반대로 동양은 신으로부터 돌아서서 우주와 자연 그리고 그 속을 살아가는 인간에게 지극히 현실적인 관점이 맞춰진 것이 아닐까 하는 생각을 하게 됩니다.

이야기가 뜻하지 않게 곁가지로 많이 빠져나갔었습니다만, 자 이제 다시 이야기의 주제로 되돌아와서 빅뱅 이후 지금의 '나'라는 존재가 있기까지 우주는 코스모스의 우주만이 작용해 왔던 것일까요?

빅뱅 이후 우주 인플레이션(cosmic inflation)이라 하는 급속팽창기의 영향으로 물질이 균등하게 분포하려는 작용과 중력간의 미묘하고 무질서한 카오스적 경계 작용으로 물질이 응집하여 은하 등의 천체가 우주 역사에 등장하는 시기에 과연 하나님의 손길이 '절대' 존재할 수 없다고 단언할 수 있을까요?

비슷한 이야기입니다만 무질서하게 떠다니는 성간물질이 어떤 예측할 수 없었던 어떤 요인의 작용으로 미세하게 중력 균형이 무너져 내려 결국에는 태양과 여러 행성들이 형성되어 나가는 과정에 신의 손길을 부정할 수 있는 어떤 확실한 우주 법칙이 존재할까요?

초기 우주에 생명의 기원으로 주장되는 여러 가설들이 지금까지 제기되었는데, 원시 수프론 이건 해저 열수구 이론이던 작은 연못가 설이던 요지는 여러 물질과 화합물이 한곳에 뒤섞여 있는 카오스의 상황을 가정하고 있습니다.

요즘 진화론에서 비중 있게 다루어지는 이론이 돌연변이 이론입니다. 최근의 인간과 같은 영장류에게 공통적으로 나타나는 비타민 C 합성 유전자의 비활성화 등, 분자 유전학적인 여러 증거들로 힘을 얻고 있는 이론입니다만 이 역시 유전자 돌연변이와 환경이라는 다분히 카오스적인 요소와의 확률적 인과 관계를 거론합니다.

우주탄생에 대한 현대 물리학적인 가장 주류적인 이론이라 할 수 있는 빅뱅 이론에서는 빅뱅 초기의 조건에서 우주가 현재의 우주로 진화될 수 있는 확률이 어떤 총 같은 것을 무작위의 방향으로 쐈는데 100억 광년 거리에 있는 오백 원짜리 동전에 맞을 확률과 비슷하다는 겁니다. 그래서 나온 이론이 미세조정 우주론(fine-tuned Universe)이라는 것인데, 현대 물리학 법칙에 적용되는 각종 상수들… 대표적인 것으로 예를 들면 우주에 작용하는 4대 힘, 즉 중력, 전자기력, 강한 핵력, 약한 핵력 중, 각각의 세기가 지금보다 조금이라도 값이 달랐다면 현재의 우주로 발전을 하지 못했을 것이라는 이야기이고 그 확률이 그렇게 터무니없이 낮았다는 이야기이지요.

하지만 제가 생각하기에 여기서 중요한 것은 '백억 광년 거리의 오백 원 동전 맞추기'라는 터무니없이 낮기는 해도 '확률이 존재'했다는 것입니다. 어쩌면 그 오백 원짜리 동전에서 정중앙을 맞았을 때와 가장자리에 맞았을 때 이 우주는 또 다른 모습이었을 수도 있었을 것이란 생각도 해봅니다.

어쩌면 그에 따른 물리학적인 당연한 귀결일지도 모르지만 앞서 5장에서 언급한 바 있는 우주배경 복사도 처음에는 아주 균일한 온도 분포를 보이는 것 같았지만 수십만 분의 1도 수준의 정밀도로 측정하면 [그림 3-1] (WMAP 우주배경 복사)에 보이는 것처럼 비 균질 오차를 보인다는 겁니다. 그리고 이 미세한 비 균질성이 지금의 우주를 있게 했다는 것입니다.

즉, 만약 이러한 비 균질성이 없었다면 그냥 우주의 물질도 마치 가스처럼 아주 균질하게 전체 우주에 펼쳐있기만 했을 뿐 물질이 모여서 만들어진 은하도 태양도, 물론 지구도 생성되지 못했을 것이란 이야기입니다. 하지만 아주 정밀하게 보아야만 볼 수 있는, 있을 것 같지도 않은 아주 작은 균질하지 못할 '확률'로 물질을 모이게 만들어 지금 우리 눈에 보이는 우주 천체가 존재할 수 있었다는 이야기입니다.

　우주도 하나의 에너지 대사 체계로서 일정한 정밀도를 가지고 있다고 말씀드렸습니다. 지구가 뉴턴의 만유인력의 법칙에 의해 철저하게 일정한 속도로 태양 주위를 돌고는 있지만 일 년에 수백 또는 수십 분의 일초 정도의 오차가 있긴 있다고 합니다. 물론 태양계라는 어마어마한 규모에서는 정말로 없다고 할 수 있는 수준의 오차이긴 합니다. 하지만 그 없다시피한 그 오차가 억겁의 세월동안 누적되어서 지금의 지구가 있게 되었을 수도 있을 겁니다. 아니면 태양계 초기 혼돈의 시기에 그런 그 미묘한 오차가 어느 중요한 순간에 결정적으로 작용해서 그렇게 만들었을 수도 있고요. 앞부분에서 거론한 예인데 정밀하게 만든 피라미드형 정오면체의 꼭짓점에 당구공을 아주 정밀하게 무게 중심을 잡고 올려놓는다 해도 결국에는 무게 중심을 잃고 어느 방향이든 굴러가게 될 텐데 그 굴러가는 방향은 예측할 수가 없습니다. 하지만 일단 방향이 결정되고 굴러가기 시작하면 그 이후의 상태는 물리학적으로 예측이 가능합니다. 바로 우주는 카오스의 바탕 아래 코스모스의 우주가 얹혀져 있는 것입니다. 바로 우주가 갖고 있는 정밀도 범위 바깥은 코스모스의 세계로 수학적 법칙이 '절대적'으로 작용되지만 그 안쪽은 물론 수학적 법칙이 있기는 하지만 그것은 어디까지나 '확률적'인 법칙이라 인간이 예측할 수 없는 '불확실성'이 존재한다는 것입니다.

　'보이지 않는 손(invisible hand)'이란 용어는 아담 스미스(Adam Smith, 1723~1790)가 경제학 용어로 처음 사용한 것이긴 합니다만 잘은 모르지만 경제라는 것도 카오스적인 성격이 짙은 분야로 여겨지기 때문에 어느 정도는 우주의 이런 측면에서도 사용할 수 있지 않을까 생각됩니다.

우리가 이신론적인 하나님을 인정하지 않는다면 하나님과 우주 및 인간세계 사이의 연결 고리 즉 상호작용을 생각하여야만 할 텐데 그것은 어쩌면 확률이라는 안개에 가리어진 '하나님의 보이지 않는 손'이라고 할 수도 있을 것 같습니다.

> 땅이 혼돈하고 공허하며 흑암이 깊음 위에 있고 하나님의 영은 수면 위에 운행하시니라. － (창세기 1:2)

바로 혼돈 즉 카오스의 세계에는 하나님의 영이 운행하신다는 사실이지요.

그런데 카오스라는 확률의 안개 속에서 움직이시는 하나님의 손을 우리는 어떻게 볼 수 있을까요? 물론 아직까지는 이것을 '과학적'으로 알아볼 수 있는 것은 없습니다. 그것을 볼 수 있었으면 신학과 과학의 경계는 진작부터 없었겠지요. 그래서 지금 우리는 '영적(靈的)'이라는 '아직까지는' 다분히 카오스적인 의미를 갖는 단어를 쓰고 있습니다. 한마디로 인간의 5감(five senses)이 아닌 알 수 없는 '다른 경로'로부터 감지되고 작용되는 사실이라는 것이죠. 그리고 이 영적인 관점에서 이스라엘 민족이 자신들의 역사를 기술한 것이 바로 성경일 겁니다. 그리고 18세기부터 인류 역사에 일기 시작한 과학적 혁명 이후 이 영적인 관점의 서술은 비과학적 서술이라 하여 천대받고 무시되기 시작했습니다.

그래서 홍해가 갈라진 사건도 하나님께서 그렇게 하셨다는 영적인 눈으로 해석하기보다는 그때 마침 태양과 달, 지구 사이에 일어나는 인력작용의 어떤 현상으로 인해 조수간만의 급격한 변화가 있었을 것이라는 나름 '과학적인 해석'을 시도하기도 합니다. 물론 그것이 가능하다면 시도할 만한 가치가 있고 의미 있는 일이기도할 겁니다. 하지만 그 과학적 사건이 '하필' 그 시점에 일어났어야 했느냐 하는 문제만은 아직까지는 영적인 눈으로 볼 수밖에 없는 것 같습니다.

서기 79년에 일어난 폼페이의 비극은 역사적이고 과학적인 사실입니다. 로마에서 그리 멀지 않은 당시에는 로마제국 안에서도 나름 대도시에 속했던 부유한 도시가 인근에 있던 베스비오 화산의 폭발로 하루 만에 잿더미에 파묻히게 되는 희대의 천재지변의 사건이 일어났는데, '하필이면' 그때가 티투스 황제(Titus, 30~81 A.D, 재위 79~81)가 즉위한지 얼마 안 된 시점이었다는 점이 참 흥미롭습니다. 그는 그로부터 몇 년 전 예루살렘을 정복하여 성전을 무너트려 잿더미로 만들고 이스라엘 민족을 세계 각지로 흩어지게 만든 장본인이었습니다. 비록 문외한이지만 제가 보기에는 그에 대한 하나님의 '징벌'일 수 있다는 종교적인 해석이 얼마든지 가능해 보인다는 겁니다.

이러한 '심증'을 더욱 가중시키게 하는 점이, 그 징벌의 현장이 역사에 유사한 다른 사례를 찾아볼 수 없을 정도로 당시의 그 곳 사람들이 얼마나 비참하게 희생되었는지 그들이 죽음을 당하는 순간이 너무나도 생생하게 현장보존이 되어 있어서 2000년이 지난 지금까지 현대를 살고 있는 우리들이 지금도 똑똑히 볼 수 있다는 사실입니다. 아마도 이 사건이 구약시대에 있었다면 하나님의 강력한 징벌에 대한 기록으로서 성경의 어딘가에 중요한 에피소드로 기록되었을 것 같습니다.

물론 '택도 없는 생각'이라고 타박하실 분도 많으시리라 생각됩니다만 반면에 '생각해 보니 일리 있는 이야기네'라고 생각하시는 분들도 없잖아 계시리라 여겨집니다.

이것에 대해서는 필자의 개인적인 생각입니다만 하나님으로부터 지(知), 정(情), 의(意)의 속성을 물려받아 우주의 관찰자로서의 역할을 갖고 있는 인간에게는 개개인의 관점에 의한 '해석의 자유'를 허락받은 것은 아닌가 하는 생각이 있습니다. 물론 그 마음속의 해석을 밖으로 표현하는 것은 또 다른 문제인 것 같습니다만 어떤 사건이나 사물에 대한 해석을 할 때는 개개인이 그동안 쌓아 놓은 지식과 경험 그리고 환경과 문화가 바탕이 되어서 5감이라는 정규 감각 기관을 통해서 들어온 정보가 주로 활용되겠지만 일부 '왠지는 모르겠으나 영적으로 느껴지는 느낌'이 작용할 수도 있다는 점입니다.

이렇게 해석이라는 과정은 다분히 카오스적인 성격이 강한 측면이 있을 수 있겠습니다만 그것을 밖으로 표현할 때는 가급적 '논리적'이라는 코스모스적인 옷을 입히려고 하는 것 같습니다. 아무래도 속에 있는 것을 외부로 드러낸다는 것은 다른 사람에게 내 생각과 이해를 '설득'하기 위함이 큰 이유일 겁니다. 아무래도 내 이야기를 듣는 나 아닌 다른 사람을 위한 것이겠지요. 그런데 그런 자기 해석의 논리화 과정에서 때로는 내가 가졌던 원래의 해석이 조금씩 변질되기도 한다는 것입니다. 그런데 그런 변질의 과정에서 가장 먼저 쳐내는 것이 그 '왠지는 모르겠지만 그렇게 느껴졌던' 그것이 아닐까 합니다. 아무래도 '논리적'이지 아닌 것이니까요. 다른 사람들의 시선을 의식하게 되는 것이죠. 그런데 이 성경구절이 있습니다.

'이르시되 너희는 나를 누구라 하느냐?'   – (마태복음 16:15)

이 성경구절에서 그럼에도 하나님께서는 개개인의 해석을 보고 계신다는 생각이 듭니다. 우주에 대한 관찰자로서의 임무를 개개인에게 부여하신 하나님께서 주시는 질문이 아닐까 하는 생각이 듭니다. 확률이 가지는 속성은 된다는 것도 아니고 안 된다는 것도 아닌 어떻게 보면 참 모호한 것인데 현대과학에서 폭넓게 사용되고 있는 아이러니함이 있습니다. 그런데 확률이라는 안개 속에 혹시 있을지 모르는 하나님의 손길은 그저 확률이라는 덮개로 쉽게 덮여지고 있는 것은 아닌지요.

예수님의 이 질문을 받은 제자들의 반응은 성경에 묘사되어 있지는 않습니다만 상황을 보니 아마도 쭈뼛쭈뼛 묵묵부답이었던 것 같습니다. 예수님과 함께했던 몇 년 동안 산전수전을 겪으면서 그들 마음속에는 이 질문을 받고 뭔가 느끼는 분명한 것이 있었겠지만 아마도 '다른 것'으로 인한 가로막힘을 받고 있었던 것은 아니었을까? 하는 생각이 듭니다. 즉 자신이 느끼던 것에 대한 확신이 없었던 것이겠죠. 이때 베드로가 그 침묵을 뚫고 이렇게 외칩니다.

'주는 그리스도시요 살아 계신 하나님의 아들이시니이다.'

    – (마태복음 16:16)

아마도 베드로가 이 고백을 할 때 상당한 용기가 필요했었을 것 같습니다. 그런 용기가 있는 행동이었기에 예수님께서 칭찬하셨던 것이겠지요. 그 칭찬 끝에 예수님께서는 이렇게 말씀하십니다.

'이를 네게 알게 한 이는 혈육이 아니요 하늘에 계신 내 아버지시니라.'
- (마태복음 16:17)

즉, 인간과 하나님 간에 뭔지는 모르지만 인터페이스 경로가 있다는 겁니다. 신앙적으로 우리는 그것을 '영적'이라고 표현하는 것 같습니다. 다만 그 실체가 불문명하니 어쩔 수 없이 가짜가 많아서 그것을 확실히 구분할 수가 없기는 합니다만 어찌 되었든 그것을 받은 인간은 버리든지 받아들이든지 결정해야 하고 받아들인다면 어떻게 나의 해석에 적용해야할지도 선택해야 한다는 것입니다. 이 선택권은 하나님께서 우주에 대한 관찰자로서의 역할을 주시면서 인간에게 함께 주어진 권한일 겁니다. 다만 그 권한을 관찰자로서 관찰과 해석에 적용하는데 있어 다른 사람의 시선 등의 외부 요인으로부터 영향을 받고 변질된다는 것이 우주의 본질을 올바르게 관찰하는 것에 도움이 될지 아니면 해가 될지는 한번 생각해 봐야 할 문제인 것 같습니다.

과학은 우주의 현상에 대한 사실(fact)만을 전해줍니다. 그것을 보고 누구는 '신의 존재는 물리적으로 발견된 바 없다. 그래서 신은 없다'라는 해석을 내린다면 그는 신이 존재하지 않은 그만의 우주를 품고 사는 것이고, '신의 존재가 과학적으로 확실하게 부정된 바 없다. 그래서 신은 존재한다'라는 해석을 가지고 있다면 신과 함께하는 우주를 그는 살아가고 있는 것입니다. 다만 그가 갖고 있는 해석이 다른 사람의 해석에 강요의 방법으로 영향을 주려 할 때 발생하는 참극과 비극을 인류의 역사에서 많이 볼 수 있다는 점에 우리는 두려움을 느끼지 않을 수 없습니다.

4. 논리적 설계와 물리적 구현

지금까지 양자론에서는 우주는 더 이상 쪼갤 수 없는 시간과 공간에서의 크기가 있다는 것을 이야기했고 카오스 이론에서는 확률로 작동되고 있는 우주와 프랙탈에서는 자기 복제를 하는 우주를 이야기하였고 그리고 바로 직전의 두 절에서 끈 이론과 이신론을 통해서는 우주에는 수학적 바탕이 있음을 이야기했었습니다.

이 부분은 우주를 논하고 있는 3부의 결론으로서 우주는 수학을 바탕으로 하는 '논리적 설계(Logical Design)'의 부분과 그 설계도면을 바탕으로 실제적인 '존재'를 있게 하는 '물리적 구현(Physical Implementation)'의 부분이 있는 것으로 여겨집니다. 이런 제 생각을 대략적으로나마 그림으로 표현한 것이 [그림 3-9]입니다. 즉, 그러니까 논리적 설계도면은 빅뱅 이전에 존재만 하고 있다가 빅뱅이라는 '실제적 사건'을 통하여 '물리적으로 구현'된 것이 아닐까 하는 생각을 해봅니다.

끈 이론이 관측 또는 실험을 할 수 없다는 이유 때문에 물리학계에서도 일종의 '내놓은 자식'의 취급을 받고 있는 것은 "어쩌면 물리적으로 구현되지 않은 우주의 부분을 다루고 있기 때문에 그런 것이 아닐까?"하는 생각을 가지고 있습니다. 하지만 이 말은 달리 생각해 보면 현재의 과학 상태로 보면 그 끈 이론을 통하지 않고는 도저히 물리적인 관측을 할 수 없는 빅뱅 이전의 우주에 대해서 인간이 추론할 수 있는 과학적 방법이 없다는 것은 아닐까? 하는 생각을 해봅니다.

즉 프로그래머가 프로그램을 짜기 위해서는 Java나 Python 같은 프로그래밍 언어가 우선 마련되어 있어야 합니다. 그리고 현대 프로그래머에게는 꼭 필요한 것으로 인식되고 있는 것으로 Frame work라고 하는 것이 있는데, 프로그래밍의 가이드라인을 제공하고 프로그램과 프로그램 간 역할의 연관성과 상호작용에 도움을 주는 것으로 Spring, Grails, Django 같은 것들이 현재 많이 사용되고 있습니다.

그러니까 이것을 적용하면 빅뱅 이전에는 우주에 대한 논리적 설계도가 있었고, '수학'이라는 프로그래밍 언어가 존재했었고, 끈 이론(또는 M이론)으로 표현될 수 있는 Frame work가 마련되어 있었으며 이를 이용해서 프로그래머는 우주라는 소프트웨어를 물리적으로 구현해 내었고 이것을 사용자는 '빅뱅'이라는 단계에서 이 소프트웨어를 작동시켰다는 것입니다. 그리고 그 프로그램을 사용하는 사용자는 '확률'이라는 수학적인 인터페이스를 통해 이 우주라는 소프트웨어를 '컨트롤'하고 있다고 표현할 수 있을 것 같습니다. 그리고 그 우주의 컨트롤과 작동의 최소 단위는 양자역학적 경계선에서 놓여있는 것은 아닐까 하는 상상을 해봅니다.

제4부

유저를 찾아서

이 부분은 결론 부분이라 할 수 있습니다. 전공자도 아닌 사람이 이런 생각과 말을 함부로 할 수 있는지에 대해서 고민도 많이 했었습니다만 어차피 지금까지 장황하게 해왔던 분에 넘친 이야기들도 있었고 그리고 한번 정리해야 하겠다는 생각에 용기를 갖고 하고 싶었던 이야기를 이곳에서 하려고 합니다. 많은 부분에서 전에 했던 내용 반복해서 나올 텐데 정리하고 결론을 내리는 과정이라 이해하시길 부탁드리겠습니다.

제7장 우주정보 시스템

1. 최적화를 따라가는 우주

앞서 1장에서 우주에서 관찰자가 필요하다는 관점이 출현하게 되는 배경에 대해서 전자의 2중 슬릿 실험에 대한 설명과 함께 이미 논한 바 있습니다. 그곳에서 입자가 때로는 파동으로 또 어떨 때는 '파동함수의 붕괴'라고 하는 입자로 그 형태를 수시로 바꿀 수 있다고 했습니다. 이렇게 미시적 세계에서 물질이 카멜레온처럼 형태를 바꾸는 것을 이론적으로 제시한 것이 드브로이(de Broglie, 1892~1987)가 발표한 물질파(Matter wave)라는 이론이고 이를 미국의 두 물리학자 데이비슨(Clinton Davisson, 1881~1958)과 거머(Lester Germer, 1896~1971)에 의한 전자를 이용한 2중 슬릿 실험으로서 증명이 되어 드브로이는 1929년 노벨상을 수상하게 됩니다.

이렇게 이해하기 힘든 과학적 현상을 해석하는데 있어 여러 가지 이론이 있을 수 있는데 그중 하나가 어쩌면 우주는 프로세스의 최적화를 추구하고 있을지도 모르겠다는 생각도 있다고 합니다. 그러니까 우주라는 체계를 컴퓨터에서 돌아가는 하나의 소프트웨어라고 본다면 이는 불필요한 프로세스의 낭비를 막기 위한 '당연한' 장치로 볼 수 있다는 것입니다. 즉 컴퓨터의 중앙처리장치의 프로세스 능력은 일정한 한계치가 있는 법인데 입자라는 형태는 상호작용이라는 프로세스가 진행 중인 상태로 그리고 파동의 형태는 별도의 프로세스가 진행될 필요가 없는 상태라는 것이죠. 여기에서 말하는 프로세스란 정해진 물리학적 법칙이 적용되는 '계산'을 의미합니다. 즉, 다른 입자와의 충돌이나 계측을 위한 전기장 같은 외부 에너지가 작용되는 곳인 경우 그에 따른 물리적 계산에 따라 전자가 움직여야 할 경우에는 입자의 형태가 되어야(즉 하나의 점으로 계산한다는 것이겠죠.) 그 계산량이 최소화된다는 것입니다.

이것을 스타크래프트를 예로 들면 게이머가 어떤 전투기 같은 공중 유닛을 A라는 지점에서부터 B라는 지점으로 이동하라는 명령을 내리면 전투기가 이동을 하게 될 텐데 처음에는 게이머로부터의 조작이 필요 없이 명령에 따라 이동만을 위한 최소 프로세스의 상태로 이동을 하다가 적 지상 유닛으로부터 공격을 받는다든가 하면 피하든지 아니 반격을 한다든지 하는 게이머로부터의 직접적인 조작이 필요하게 될 겁니다. 그런데 게이머의 조작은 분명한 한정적인 자원(Resource)입니다. 다른 수백 개의 유닛들을 조작해야하는 게이머로서는 이미 이동 명령이 내려져 정상적으로 이동 중인 유닛에까지 일일이 조작이 필요하게 된다면 게이머에게는 엄청난 부하가 걸리게 되겠고 그처럼 자원의 낭비도 없겠지요. 그러니까 전투기를 전자라고 하면 명령이 내려진 직후의 전투기는 발사된 상태의 전자로서 단순 이동만 진행될 뿐 다른 별도 프로세스의 '개입'이 필요 없는 상태로 이때는 파동의 형태를 보이며 이동하다가 적의 공격을 받은 전투기처럼 다른 입자와 충돌 같은 것이 일어나게 된다면 그에 대한 물리학적으로 '계산된' 반응을 반드시 해야 하는데 이때는 전자가 입자의 형태로서 그 '계산된' 반응을 하게 된다는 것입니다. 여기서 '계산'은 프로세스를 말하는 것입니다. 즉 단순 이동 중일 때는 그러한 계산을 일일이 할 필요가 없는 것이죠.

 이것은 유사한 프로그램을 짜본 사람이라면 '당연한' 것입니다. 다만 단순 이동 중일 때와 프로세스가 필요할 때를 구분해서 파동에서 입자로 형태를 바꾸는 것은 쉽게 구상하고 적용할 수 있는 아이디어는 아닌 것 같습니다. 바로 이러한 점에서 프로그램을 짜본 사람이라면 '혹시?'라는 생각을 들게 만드는 것이죠. 물론 이것은 과학적 현상을 해석하는 하나의 관점일 뿐으로 아직은 단순한 가설에 지나지는 않지만 일정한 지지층을 가지고 있는, 일방적으로 무시만 받는 이론은 아니라고 합니다.

 그런데 이러한 실험 결과는 우주를 바라보는 관점을 근본적으로 바꿔야했는데 바로 물리학에서 '관찰'이라는 요소에 따라 상태가 바뀔 수 있다는 것입니다. 우리는 일상적으로는 바라보고 안보고의 차이에 따라 결과가 뒤바뀔 수 있다는 이 이야기는 정말 받아들이기 힘든 내용인 것 같습니다. 그래서 아인슈타인은 이러한 주장을 해오고 있던 당시 양자역학 진영의 좌장격이었던 보어(Niels Bohr, 1885~1962)라는 한참 후배 과학자에게 '우리가 달을 보지 않는다고 해서 달이 없다는 것이냐?'라고 하는 유명한 질문을 했다고 합니다.

 후에 아인슈타인은 양자역학 진영의 논리들을 무너트리기 위한 회심의 일격을 가할 요량으로 지금까지도 자주 거론되고 있는 유명한 논문을 발표하는데 바로 'EPR 사고실험'이라고 일컫고 있는 논문입니다. 여기에서 EPR은 논문의 공저자인 아인슈타인과 포돌스키(Boris Podolsky, 1896~1966, 러시아 물리학자), 그리고 로젠(Nathan Rosen, 1909~1995, 유태계 미국 물리학자)의 앞 글자들입니다.

 이 논문의 원 내용 그대로를 설명을 하려면 물리학에 관한 깊은 배경지식이 필요한 내용이라 이를 다른 과학적 사실을 동원해 예를 들어 보겠습니다. 앞선 다른 장에서 '쌍생성(pair production)'을 거론했던 것을 기억하실지 모르겠습니다. 공간에 빛 같은 에너지가 투입되면 에너지는 물질로 변환되어 입자가 생성이 되는데 이때 반드시 두 개씩, 하나는 물질 입자, 다른 하나는 반물질 입자가 생성된다고 합니다. 그리고 쌍생성으로 생긴 물질-반물질 짝은 곧 바로 서로 만나 소멸되며 원래의 에너지 형태로 변환되는데 이것을 쌍소멸(Pair Annihilation)이라고 합니다. 그리고 에너지를 가진 공간에서 쌍생성과 쌍소멸이 무한 반복되는 것을 양자요동(Quantum Fluctuation)이라고 합니다.

아직 이정도 수준의 물리학적 실험 기술이 가능할지는 모르겠습니다만 쌍생성 직후에 새로 만들어진 물질 입자와 반물질 입자를 두 개의 상자에 각각 담아 둔다고 가정하겠습니다. 그리고 실험자는 각각의 입자가 상자에 들어가는 것만 확인할 수 있을 뿐 어느 상자에 물질 입자가 들어간 것인지는 아직은 모르는 것으로 가정하겠습니다.

이런 상황이라면 사람들은 각각의 상자에 들어간 입자가 물질이든 반물질이든 확정적으로 결정되었을 것이고 단지 관찰자가 아직 모를 뿐일 것으로 생각할 것입니다. 마치 당구대 위에 놓여 있는 빨간색 공과 파란색 공을 아주 깜깜한 상태에서 마구잡이로 쳐서 두 개의 상자에 하나씩 집어넣는 상황과 유사한 것으로 보이기 십상입니다.

하지만 양자역학에서는 '관찰자는 아직 알지 못한다'라는 상태를 떠나서 양쪽 상자 어느 것도 물질 입자인지 반물질 입자인지가 '아직은 그 상태가 결정되질 않았다'는 겁니다. 이것은 마치 빨간색 당구공과 파란색 당구공의 상태가 겹쳐서 있다는 것입니다. 그리고 그 불확정의 상태는 누군가 둘 중 아무거나 하나를 열어 보는 순간 결정된다는 것입니다. 그러니까 하나를 열어 보면 나머지 하나는 열어 보지 않아도 그 반대의 물질로 '결정'된다는 것이죠. 아마도 처음 듣는 분들은 '도대체 뭔 소리야?'라고 하실 법합니다. 이른 바 '양자 얽힘(Quantum Entanglement)'이라고 하는 관측하기 전까지는 '상태가 겹쳐져 있다'는 주장으로서 슈뢰딩거(Erwin Rudolf Josef Alexander Schrödinger,1887~1961)는 이 이론을 공격하기 위해 유명한 '슈뢰딩거의 고양이'라는 논문을 발표했고 아인슈타인은 바로 이 EPR 실험 논문을 발표했던 것이죠. 역설적이게도 양자역학 진영을 공격하기 위해서 발표했던 이 두 논문이 지금은 양자역학을 설명할 때 가장 많이 인용되는 유명한 논문이라는 점입니다. 정말 세상일은 알다가도 모른다는 말이 딱 맞는 것 같습니다.

아인슈타인과 다른 두 공저자의 주장은 이렇습니다. 이 두 상자 중 A상자는 지구에 그리고 다른 B상자는 아주 먼 곳 수십 광년 떨어진 곳에 놓았다고 가정하고 A상자를 열었을 때 B상자에게 A상자의 결정된 정보가 전달되기까지 수십 광년이 걸릴 것인데 그사이 누군가가 B상자를 열어 본다면 서로 결정된 상태가 서로 충돌할 수 있다는 것으로 이는 분명한 모순이라고 주장한 것이었죠. 이 논문은 1935년에 발표되자마자 아인슈타인이라는 이름이 가진 무게감이 작용하여 물리학계에서 큰 반향이 일어났는데 이 같은 아인슈타인의 공격에 양자역학 진영에서는 상태의 '비국소성' 등을 내세우며 반격을 가하면서 그들의 주장을 굽히지 않았다는데 그 자세한 내용은 워낙 양자역학의 깊숙한 부분을 다루는지라 더는 깊게 다룰 수 없을 것 같습니다. 다만, 최근의 어떤 정밀한 실험에 의하면 양자역학 진영의 주장이 맞는 것으로 나왔다고 합니다. 뿐만 아니라 이 양자 얽힘 현상은 최근에 세계적으로 각광을 받고 활발한 연구가 진행 중인 '양자컴퓨터'의 작동원리로 적용되고 있다고 합니다.

그런데 좀 어이없다고 느꼈던 점이 아인슈타인이라는 이름이 갖고 있는 무게 때문인지 방금 언급된 양자 얽힘에 관련된 실험의 성공적인 결과를 보도하는 몇 년 전의 기사 제목이 '아인슈타인의 주장이 옳았다'였습니다. 그러니까 EPR 사고실험이 워낙 유명하다 보니 해당 기사의 기자는 아인슈타인이 오히려 양자 얽힘 현상을 주장한 것으로 오해함으로 나왔던 오보였던 것이죠.

그런데 이 양자 얽힘 현상 역시도 프로세스 최적화의 측면에서 해석할 수가 있다고 합니다. 그러니까 에너지가 존재하는 모든 공간에서 지금도 끊임없이 반복적으로 일어나고 있다는 쌍생성과 쌍소멸에서 어느 입자는 물질 입자이고 어느 입자는 반물질 입자인 것을 일일이 지정되어 일어난다면 그것은 어마어마한 프로세스의 낭비가 될 것임은 분명할 것입니다. 그러니까 굳이 상호작용이 필요 없는 일반적인 양자요동 현상에 대해서는 물리학 법칙으로 정해진 '확률'로 깔아버리고 관측이나 측정 등과 같이 어떤 반응이 필요한 아주 특별한 쌍생성의 경우만 입자로 관측되게 만든다는 것이죠.

프로그래머 입장에서 보면 우주를 '하나의 구현된(implemented) 개체(Object)'를 볼 수 있게 하는 현상이 아닐까 합니다. 제가 다른 장에서 이미 설명한 바 있는데요. 기계제작에 있어 정밀도에 적용되는 '공차'라는 개념은 지나치게 높은 정밀도일 때 보이게 되는 여러 부작용들을 막아 주는 일종의 '완충(즉, 정해진 헐거움)' 영역이라고 할 수 있는데 전형적인 '구현단계'에서 생각하게 되는 개념입니다. 즉 이상적인 작동상태를 가정하는 '논리적' 설계단계에서는 굳이 생각할 필요가 없다가 실제로 기계를 제작하는 것을 염두에 두는 '물리적' 설계단계에서 고려되는 설계 요소입니다. 그런데 그러한 기계공학적인 관점에서 양자역학을 보면 그런 공차의 느낌이 든다는 점입니다.

즉 뉴턴의 운동방정식으로 대표되는 거시 물리학에서의 법칙들이 궁극적으로 작고 작은 무한소(無限小)의 영역에 이르기까지 '절대적'으로는 작용하지는 않는다는 점입니다. 그러니까 완전히 다른 물리학이 적용되기 시작하는 일종의 '경계영역'이 있는데 이것은 '공차'라는 개념이 연상되는 것으로 우주가 마치 물리적으로 '구현'된 것이 아닌가 하는 생각을 가지게 됩니다.

그러니까, 같은 이야기의 반복 같습니다만 양자 얽힘이나 물질파 같은 개념 역시도 시스템 개발자의 관점으로는 '프로세스의 최적화'라는 '구현의 흔적'으로 여겨질 수도 있다는 점입니다. 그러니까 '우주는 무제한적으로 논리적이지만은 않다'는 겁니다. 그래서 물리학이 우주를 관찰하고 있는 것이겠지만요.

2. 시뮬레이션 우주론

시뮬레이션이라는 용어는 많이 들어보셨을 줄 압니다. 우리말로 번역하자면 '모의실험(模擬實驗)' 또는 '모의실행(模擬實行)' 정도가 되지 않을까 싶은데요, 많은 분들이 비교적 최근의 기술인 가상현실(假想現實, Virtual Reality - VR)과 혼동하시는 경우를 보았습니다. 우선 실제가 아닌 가상으로 실행된다는 점은 비슷하지만 우선 가장 큰 차이점은 실험자가 있고 실험자와의 상호작용이 있는지의 여부이고 두 번째는 VR기술은 철저한 실험자의 시각과 청각을 차단한다는 점입니다. 물론 두 번째 조건은 시뮬레이션에서도 적용할 수는 있지만 절대적 조건은 아닙니다. 그러므로 첫 번째 조건이 그 의미의 차이를 가르는 요소라 할 수 있는데 시뮬레이션은 '관찰'이 주 목적입니다.

대표적인 것이 '워게임(war game)'이 있습니다. 실제 전쟁을 할 수는 없으니까 현재 우리나라의 군사력과 적국의 군사력 데이터를 가지고 게이머(gamer)라고 하는 실험자끼리 데이터로만 전쟁을 해보는 겁니다. 이 워게임의 개념은 19세기에도 했던 것이기 때문에 꼭 컴퓨터를 필요로 하는 것은 아닙니다만 컴퓨터가 나온 뒤로는 굳이 번거롭게 사람들을 동원할 필요 없이 컴퓨터가 게이머가 되어 워게임 프로그램이 실행이 되고 인간은 단순 관찰만 하고 결과를 바라봅니다. 그래서 우리나라 군대의 취약점을 파악하고 어느 부분을 보완해야 할지를 알아보는 것이 목적이죠.

하지만 VR은 그 프로그램에 사람이 직접 들어가는 것을 말합니다. 그래서 인간의 감각을 통해서 직접 체험을 하는 것입니다. 체험뿐 아니라 자신의 의사결정과 동작을 통해서 프로그램의 진행 상황에 '개입'할 수 있습니다. 서든어택이나 오버워치, 베틀그라운드 같은 일인칭 전투게임(FPS - First Person Shooter)이 이와 비슷할 텐데 일반 모니터와 마우스로 하는 게임이라면 완전한 VR이라 할 수는 없고 HMD(Head Mounted Display)장비를 이용해서 최소한 시각과 청각이 현실로부터 차단당하고 오로지 프로그램에서 제공하는 시각과 청각 그리고 경우에 따라서는 촉각까지 접할 수 있어야 진정한 VR이 되는 겁니다.

요즘 한국 육군에서 실제로 하고 있는 과학화전투훈련도 어떻게 보면 VR로 볼 수도 있을 것 같습니다. 비록 병사 개개인이 HMD장비를 착용하지는 않았지만, 사실 그럴 필요조차 없는 것이 그 훈련장으로 들어가는 것 자체가 시청각 감각은 물론이고 현실 자체가 전투상황에 돌입하게 되기 때문입니다. 다만 병사가 방아쇠를 당기면 실제 전쟁터에서는 총알이 날아다니겠지만 과학화전투훈련장에서는 총알 대신 레이저 광선을 통해서 데이터가 날아가는 것이죠. 그러니까 VR은 VR인데 VR보다 더한 VR이라 할까요? 제가 그 훈련을 실제로 받아본 적은 없지만 모르긴 몰라도 HMD를 이용한 어떤 VR훈련보다도 훨씬 더 생동감 있는 훈련인 것은 분명할겁니다. 그 훈련을 실제로 경험해 보신 분이면 아무리 잘 만들어진 VR게임이라도 시시하게 느껴질지도 모르겠습니다.

그러니까 시뮬레이션 우주론이라는 것은 이 우주 자체를 하나의 거대한 VR프로그램으로 보는 것입니다. 그러니까 우리가 이 우주에서 살아가면서 지금 보고, 듣고, 만지고 하는 모든 감각들이 어쩌면 VR장비 같은 어떤 다른 계통을 통해서 인위적으로 입력되고 있는 것을 우리는 실제라고 생각하고 있는 것이 아닐까? 하는 생각인 것이죠.

그 유명한 '매트릭스'라는 영화가 이러한 가상의 개념을 영화화한 것이겠죠. 물론 이러한 가정을 한 것이라면 한 가지 드는 의문은 우리가 실재라고 알고 살아가고 있는 지금의 이 현실을 가상이라고 한다면 그렇다면 원래의 현실은 어떤 세상인가? 하는 의문을 당연히 가지게 마련입니다. 지금 지구상의 모든 VR을 경험하고 있는 사람들(육군과학화 훈련장 포함해서) 모두는 누구나 분명히 가상과 현실을 확실하게 구분하고 있다는 점입니다. 즉, 지금 가상현실을 체험중인 사람이라면 그 가상의 현실이 너무나도 생생하더라도 '나는 지금 가상현실에 있다'라는 사실은 분명히 자각하고 있다는 점입니다. 제가 생각하기에는 가상현실 VR이라는 용어를 사용하려면 이러한 점이 전제가 되어야 한다고 생각합니다. 그러니까 우리가 VR에 대한 자각을 갖고 있지 않다면 그것은 어디까지나 우리가 살고 있는 현실을 VR이라고 함부로는 말할 수 없다는 것이죠. 그래서 이러한 우주 관점을 가상현실 우주론이나 VR 우주론이라 하질 않고 시뮬레이션 우주론이라고 하는 것인지도 모르지요.

사실 이 시뮬레이션 우주론은 물리학자에 의해서 제안된 우주론이 아닙니다. 닉 보스트롬(Niklas Boström, 1973~)이라는 철학자에 의해서 2001년에 제안된 21세기의 따끈따끈한 우주론입니다. 제안하신 분을 방금 철학자라고 소개하긴 했지만 사실 박사학위는 철학으로 취득한 것은 맞지만 순수하게 철학만을 일관적으로 공부하신 분이 아니고 학사 석사과정에서 수학 컴퓨터과학 물리학 등의 다양한 학문을 부전공으로 공부하신 분이랍니다. 그러니까 이런 우주론을 말씀하실 수 있었던 것이겠죠. 그런데 어떻게 보면 황당하다고 볼 수도 있던 그의 제안에 모든 혁신적인 이야기가 대개 그렇듯 물리학계에서의 대체적인 반응은 '뭔 또 이상한 소리야?'였지만 일부 물리학자들 사이에서 열렬한 지지층이 형성되었던 것이었죠.

그 지지층 중에는 초끈이론을 연구하시던 분들이 많았던 것 같습니다. 앞부분에서 이미 말씀드린 바이지만 그들 역시 물리학계에서 지금은 조금씩 인식이 좋아지고 있기는 해도 실험과 관측이라는 물리학계의 전통적인 연구 수단 없이 오로지 '수학놀음'만을 하고 있기 때문에 물리학계 내에서 어떻게 보면 '따로 노는' 사람들이라 전통적인 물리학적인 방법론이나 관점으로부터 비교적 자유로운 분들이기 때문에 그랬을 것 같은 느낌도 듭니다만 그분들이 그때까지 해왔던 그 '수학놀음' 중에서 이 시뮬레이션 우주론의 한 자락을 설명하는 것으로 여겨지는 부분이 있었기 때문이라고 합니다. 그러니까 그분들이 초끈이론의 일부 수학모델이 내 놓은 결과에서 '이게 뭐지?'하며 골머리를 앓고 있었던 부분이 있었는데 그분들을 이 시뮬레이션 우주론을 들었을 때 '어? 이거 그거 아냐?' 하는 느낌이 드는 부분이 있었던 것 같습니다. 그중에 하나가 초끈이론의 어떤 수학모델을 풀어나가다 보면 현재 프로그래밍 기법에서도 실제로 적용되고 있는 오류 코드를 보정하는데 적용되는 수학적 기법이 그대로 발견된다는 것입니다.

앞부분에서도 물리학과는 전혀 상관이 없이 발표된 어떤 수학 공식이 양자역학에서 입자의 운동이나 힘의 상관관계를 설명하는 공식과 일치하는 경우를 설명한 바 있었습니다만 이번에는 물리학의 한 분야인 초끈이론에서 정말로 뜬금없이 어떤 프로그래밍 기법이 발견되었다는 것입니다. 뿐만 아니라 양자역학적인 여러 현상들 가령 불확정성의 원리나 물질파 같은 물리법칙 등은 프로그램이 컴퓨터에서 작동할 때 컴퓨터의 계산효율이나 자원배분 등에서 안정적인 작동을 보장하기 위한 장치로도 볼 수 있다는 것입니다. 이와 비슷한 내용은 제가 이미 앞부분에서 언급한 내용이기도 합니다.

그리고 다른 장에서 카오스와 프랙탈을 설명하는 부분에서 '부분은 전체의 복제'라는 표현을 사용했었던 것을 기억하실지 모르겠습니다. 지도에서 보이는 강의 모습, 나뭇가지의 모양, 해바라기 꽃에 보이는 해바라기 씨의 배열모습, 나팔꽃 같은 넝쿨식물의 자라나가는 모습, 그리고 심지어 지도에서 보이는 해안선의 모습 등등이 그러한 '부분은 전체의 반복'이라는 프랙탈의 원리가 자연에서 실제로 적용되고 있는 것으로 많은 학자들이 보고 있습니다. 그런데 '재귀(再歸, recursive)알고리즘' 또는 '순환(循環)알고리즘'이라 하여 프로그램 내부에서 자신이 자신을 호출하거나 자신이 속해 있는 부모 프로그램을 자식이 호출하는 프로그래밍 기법이 있는데 이것을 사용하면 정말 뜻하지 않게 프로그램의 로직이 단순해지는 경우가 많기 때문에 프로그래머들 사이에서 아주 흔하게 사용되는 프로그래밍 기법입니다.

컴퓨터 관련학과에 '자료구조론(Data Structure)'이라는 과목이 있는데 여기에서 아주 중요하게 배우는 프로그래밍 기법입니다. 바로 이 기법이 프랙탈의 '부분은 전체의 반복'이라는 이 원리를 구현하는 전형적인 기법인데 조금 전에 나열하면서 거론하였던 여러 많은 자연현상들에서 이러한 프로그래밍 기법이 적용된 사례로 보인다는 것이고 이것을 보고 자연계가 프로그래밍 된 것이 아닌가? 하는 일종의 '심증'이 들게 된다는 것이죠.

이와 같은 심증에서부터 출발된 시뮬레이션 우주론은 조금 과격한 표현을 하자면 이 우주를 마치 하나의 스타크래프트 같은 게임으로 보는 것이고 이 우주를 살아가고 있는 우리 인간은 그 게임에서 '작동' 중인 마린병사 같은 존재라는 이야기입니다. 그런데 저의 좁은 소견일지는 모르겠는데 제가 생각하기에는 이 같은 생각을 하게 되면 반드시 따라와야 하는 의문이 '그렇다면 게이머는 누구인가?'일 것일 텐데 이쪽을 연구하고 계시는 분들 중에 이러한 의문을 공개적으로 표한 분은 아직 없는 것 같습니다. 아마도 누구나 그러한 생각을 가지고는 있지만 '과학'이라는 범주에서 이 같은 의문을 공식적으로 제기한다는 것에는 상당한 부담감이 작용할 것이라는 것은 쉽게 예상할 수 있는 문제이긴 합니다. 하지만 정보체계론을 전공한 저의 입장에서는 우주를 하나의 시뮬레이션 체계로 보는 관점이라면 '유저' 즉 사용자, 스타크래프트 게임으로 봐서는 '게이머'라는 존재는 반드시 필요한 '존재'라는 점입니다.

자, 그렇다면 이 우주를 살아가고 있는 저를 마린병사라고 가정한다면 우리가 바라보고 만지고 듣고 느끼고 하는 과정을 통해서 인식되고 있는 모든 것들이 정말 '실체'일까? 하는 의문이 다가올 수도 있을 것입니다. 뿐만 아니라 이런 의문의 연속선상을 따라가다 보면 결국은 '나'라는 존재에 대해서도 그렇고 더 나아가서 이 우주 자체에 대해서도 같은 의문을 가지게 될 것입니다. 그냥 나에게서 이 우주 그리고 주위에 있는 내 모든 것, 내가 사랑하는 사람들, 내가 살면서 겪고 있는 고생 또는 즐거움 행복 등등 이런 것들이 영화 메트릭스에 나오는 가상현실의 한 장면에 지나지 않을 수 있겠다는 생각도 할 수 있을 것 같습니다.

중국의 노장철학을 집대성한 장자(莊子)라는 분이 어느 날 자기도 모르게 깜빡 잠이 들었는데 자신이 나비가 되어 꽃들 사이를 날아다니는 꿈을 꾸었다고 합니다. 그런데 그 꿈이 너무나도 생생해서 사람인 내가 나비가 되는 꿈을 꾼 것인지 아니면 원래는 나비인 내가 인간이 되어 오늘을 살아가고 있는 꿈을 꾸고 있는 것은 아닌지를 어떻게 구분할 수 있는지를 생각해 봤다고 합니다. 이것을 '나비의 꿈' 또는 호접지몽(胡蝶之夢) 이야기라고 합니다. 한편의 짧은 동화 같은 이야기로 가볍게 듣고 그냥 지나갈 수도 있겠지만 이상하게 그러기에는 자꾸 뒤에서 당기는 어떤 것이 느껴지는 이야기인 것 같습니다. 특히 이 시뮬레이션 우주론을 논하고 있는 지금 이 자리에서는 '내가 정말 사람일까?'라는 생각을 갖게 하는 이야기가 아닐까 합니다.

칸트(Immanuel Kant, 1724~1804)의 유명한 저서 『순수이성비판』이라는 책에 나오는 말이라고 하는데 물자체(物自體, noumenon)와 현상(現像, phenomenon)이라는 것이 있다고 합니다. 우리가 산길을 가다가 먹음직하게 익은 빨간 사과가 하나 떨어진 것을 보았다고 하겠습니다. 마침 배도 출출한 참에 잘됐다 싶어서 냉큼 줍고는 소매로 잘 닦은 다음 한입 물었는데 자연산 사과라 그런지 너무 시고 떫은 맛 때문에 먹을 수가 없는 것이었습니다.

자, 여기에서 '사과'라는 물건에 대해서 내가 느꼈던 '빨간색', '둥근 모양', '딱딱함', '시고 떫은 맛' 이런 것들이 사과라는 물건의 실체의 진정한 모습일까요? 물론 그것들이 사과의 진정한 모습이기 때문에 내가 그렇게 느꼈던 것으로 받아들일 수도 있지만 칸트는 그것들이 사과의 진정한 실체(물자체, noumenon)인지는 잘 모르겠고 다만 그것들이 우리의 감각기관을 통해 들어와서 우리의 뇌에서 종합적으로 구성되어 실체인 것으로 인식되는 하나의 현상(phenomenon)이라고 하였다는 것입니다. 우리가 살고 있는 우주가 만약에 스타크래프트 게임이라는 하나의 시뮬레이션이라면 나는 하나의 프로그래밍 된 객체인 마린병사라는 존재일 것이고 건너편 적 진영에 있는 프로토스의 질럿병사 역시 프로그래밍된 하나의 객체일 수 있는 물자체로서 나는 지금 이곳에서 하나의 현상으로 지금의 현실을 인식하고 있다는 것이 되겠지요. 그러다가 어쩌면 총소리에 나도 모르게 깜빡 잠들었던 내가 화들짝 깨어나 육군과학화훈련장에 있는 나를 발견하고는 내가 마린병사가 되는 꿈을 꾸었던 것인지 아니면 마린병사가 육군과학화훈련장에 와있는 꿈을 꾸고 있는 것인지 헷갈려 할지도 모르겠습니다.

어떻게 보면 칸트는 미래에 시뮬레이션 우주론이라는 어떻게 보면 독특한 우주관이 세상에 등장할 것이라는 것을 미리 알지 않았을까? 하는 생각이 들 정도로 그의 사물과 인식에 대한 물자체와 현상이라는 표현은 시뮬레이션 우주론에 부합한 내용이 아닐까 하는 생각이 듭니다. 그러니까 게이머가 보기에는 질럿이나 마린병사나 컴퓨터 화면상에서만 보이는 실체가 아닌 가상의 프로그램상의 존재이지만 게임 속의 마린병사는 상대 진영에서 보이는 질럿을 나를 공격하고 내 생명을 위협하는 '적'이라는 실체로서 인식하고 있다는 점입니다.

그리고 메트릭스라는 영화에서도 주인공 네오는 자신의 두뇌가 메트릭스라는 프로그램과 연결되어 메트릭스의 세계에서 일어나고 있는 일들 그리고 그곳에서 보고 만지는 물건들, 들리는 소리를 자신의 눈과 귀와 손을 통해 들어오는 것이 아닌 연결 커넥터를 통해서 자신의 뇌로 직접 들어오는 정보만으로 뇌에서 '구성'되어 실재적인 '현상'으로 인식을 하고 있다는 점입니다.

저의 겪었던 일 중에서 이에 대한 힌트라 생각되는 경험을 말씀드리면 저는 90년대 중반에 공군 항공의학 적성훈련원이라는 곳에서 조종사에 대한 항공생리 훈련교관으로 근무를 한 바 있습니다. 당시 제가 담당했던 과목이 비행착각이라는 과목이었는데 비행 중에 일어나는 여러 인지적 단계 또는 신체적 단계에서 일어나는 착각현상을 교육하고 이에 대한 대비훈련을 시키는 것이 주 임무였는데 재미있는 사실은 뇌와 인체의 각각의 감각기관들과 근육 등 운동기관들은 각각 따로 노는 것이 아닌 마치 하나의 시스템처럼 유기적으로 상호 작동한다는 점입니다. 그러니까 하나의 감각 기관에서 들어오는 잘못된 착각 정보가 뇌를 통해서 전신 근육과 운동기관에 전달되고 하나의 착각이 단순한 착각으로 끝나는 것이 아닌 온몸으로 느껴지고 체험되는 하나의 실제적인 '현상'으로 우리 몸에서 작용한다는 것입니다.

한 가지 예를 들면 해군 헬리콥터 조종사가 자주하는 임무 중에 잠수함을 찾기 위해 초음파 탐색장비를 바닷물에 담그고 한참동안 제자리 비행을 하는 디핑(dipping)이라는 임무가 있습니다. 이 임무에는 두 명의 조종사 중 한 명은 제자리 비행의 고도와 자세를 맞추기 위해 전방과 계기를 주시하고 나머지 한 조종사는 아래에 매달아 놓은 초음파 탐색장비가 바닷물에 잘 담겨 있는지 살펴보기 위해 아래를 내려다본다는 겁니다. 그리고 뒷좌석에 앉은 전탐사라는 사람이 초음파 장비에서 수신된 정보를 분석하는 작업을 통해서 잠수함의 위치를 찾는 것이죠. 그런데 헬리콥터는 제자리 비행으로 자세나 위치가 변하지 않았는데도 바다라는 게 파도도 치고 너울도 있기 때문에 바닷물 표면이 오르락내리락 할 때가 있을 것인데 아래를 내려다보는 조종사는 바닷물이 그렇게 올라올 때 비행기가 떨어지는 것이 아닌, 단지 바닷물이 올라오는 것이라는 사실을 뻔히 알고 있음에도 불구하고 마치 몸이 급격하게 떨어지고 있는 착각감을 너무도 강렬하게 느낀다는 것입니다. 그러니까 떨어진다고 느껴지는 그 감각은 이미 예견된 착각으로서 오직 눈을 통해서만 들어온 시각정보일 뿐이고 다른 신체기관에는 이와 관련된 어떠한 자극이 없는 상태인데도 불구하고 단순하게 눈으로만 느껴지는 착각감이 아닌 진짜 롤러코스터라는 놀이기구를 탈 때 떨어지면서 느껴지는 바로 그 느낌을 온 몸으로 분명하게 체감한다는 것입니다.

바로 우리 두뇌는 각각의 감각기관에서 들어오는 정보를 바탕으로 이를 종합하여 하나의 '현상'으로 구성하여 인식하고 반응하는 매우 강력한 기능을 가지고 있다는 사실을 우리는 알 수 있는 것입니다. 우리가 뇌의 이러한 강력한 '구성' 기능을 단편적으로나마 쉽게 체험할 수 있는 것이 바로 아래와 같은 '착시'라는 현상입니다. [그림 4-1]에서 보이는 모든 수평선들은 같은 길이의 완전하게 곧은 직선입니다. 하지만 주위에 무엇이 있느냐에 따라 상대적으로 길게 또는 짧게 보이기도 하고 휘어진 것처럼 보이기도 한다는 사실입니다.

요즘 인터넷상에서 자주 사용되는 '주작(做作)'이라는 말이 있습니다. 없는 사실을 꾸며내서 만든다는 뜻으로서 예를 들자면 실제 일어난 상황이라고 어떤 사진이나 동영상을 올렸는데 사실은 어

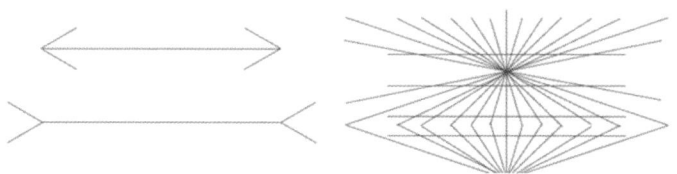

[그림 4-1] 착시를 유발하는 그림들 - 이 그림에 나와 있는 모든 수평 선분들은 같은 길이의 곧은 직선이다.

떤 의도를 가지고 미리 설정된 각본에 따라 미리 섭외된 사람들이 연기한 것을 찍었다는 것이 하나의 예로서 아시겠지만 요즘 인터넷상에서 아주 넘쳐나는 경우이지요. 조회수라는 게 뭔지, 많은 사람들이 그것 때문에 별의 별짓을 하고 있는 것을 볼 수 있는데, 어떻게 보면 우리의 뇌는 사물을 인식하는 데 있어 이 같은 조작을 하고 있다고 볼 수도 있을 것 같습니다. 우리들이 인식하는 것과 실제가 이같이 다를 수 있으니까요. 물론 눈을 비롯한 우리의 감각기관들이 이렇게 쉽게 착각을 유발할 수 있는 구조가 된 데에는 각각의 감각기관에서 들어오는 정보들을 뇌에서 종합하고 해석하는 과정에서 나오는 일종의 부산물 같은 것으로서 당연히 진화론적인 진화의 과정에서 나온 결과들일 겁니다.

즉 이런 식의 착각을 유발하는 지엽적인 부작용은 있겠지만 종합적인 상황인식이라는 큰 틀을 놓고 볼 때는 그러한 인지 메커니즘이 생존과 적응에 유리했기 때문일 것이라는 이야기입니다. 인간의 뇌에서 일어나는 이러한 일련의 인지과정을 연구하는 학문분야가 심리학의 한 분야인 '인지심리학'으로서 제 개인적으로는 공군에서 비행착각 교관으로 있으면서 많은 흥미를 느끼면서 재미있게 공부했던 기억이 있습니다.

그러니까 이것만 보더라도 칸트가 이야기한 '물자체'에 대한 '현상'이라는 개념은 이렇게 현실적으로 인지심리학적인 측면으로 현실적으로 관찰이 가능하며 이것을 좀더 강하게 이야기하면 매트릭스라는 영화가 전혀 황당무계한 이야기가 아니라는 것을 알 수 있습니다. 그렇다면 좀더 앞으로 나가서 이 우주에서 보며, 만지며, 냄새를 맡으며 살아가고 있는 우리는 그러한 감각과 느낌들이 실제적인 것이 아닌 어떤 방법으로 주입된 또는 입력된 정보가 아니라고 말 할 수는 없는 것이겠죠. 그렇다면 '나'라는 존재의 진정한 물자체는 무엇일까요?

3. 우주의 모든 개체(Object)는 정보 단위이다

  이 책을 읽으시는 독자 분께서 이미 보고 오셨는지는 모르겠지만 부록 부분에 이 책이 프로그래밍 관련 기술서적이 아닌데도 객체지향(OOP)이론에 대해 어떻게 보면 필요 이상으로 기술되어 있는 것을 보시고 어쩌면 많은 의문이 들었을 수도 있으리라 생각됩니다. 사실 이렇게 과학을 논하는 자리에서 그래도 정보체계를 전공한 사람이랍시고 어줍지 않은 과학지식을 가지고 있는 사람이 과학이라는 굳건한 상아탑에 엉뚱한 것을 얹어 올리려고 하는 것은 아닌가 하는 의구심이 저에게도 있는 것은 사실입니다. 그런데 제가 배웠던 이론들을 우주라는 창에 덧대서 놓고 보면 참 엉뚱하게도 뭔가 윤곽이 그려지는 느낌이 들었던 것이 이 책을 쓰기 시작하는 계기가 되었습니다.

  일단 우리 눈에 들어오고 감지되는 개체, 즉 탁자, 의자, 벽걸이, 창문 밖 집들, 지나가는 사람 그리고 자동차, 심지어 공기 중에 둥둥 떠다니는 먼지 한 알갱이에서부터 그것을 구성하고 있는 분자와 원자 단위까지 하나하나가 바로 정보 단위(Information Unit)라는 것입니다. 그들 하나하나마다는 현재의 성질과 상태를 나타내는 횡(橫)적인 정보와 그 개체가 지금까지 걸어온 역사(History)를 품고 있는 종(縱)적인 정보도 가지고 있습니다. 그리고 외부로부터의 어떤 움직임이나 자극에 대응하는 어떤 동작(Action)이 있을 수도 있겠죠. 즉, 걸어가고 있는 사람에게 돌멩이가 날아왔을 때, 또는 맞았을 때 어떤 반응 동작이 있을 것입니다. 이런 것들이 모두 프로그래밍의 입장에서 보면 클래스(Class)라는 개념으로 표현할 수 있습니다.

시야를 좀더 넓혀서 지구, 태양계, 은하계, 심지어 우리가 바라보고 있는 우주 전체까지도 하나의 클래스로 볼 수도 있습니다. 물론 인간의 능력으로 그것을 인간만의 방법으로 인간이 인식할 수 있는 형태로 '표현'을 할 수 있을 지는 다른 문제이고 어쨌든 개념적으로는 독립된 클래스인 것은 분명할 겁니다.

이것에 대해선 부록 B장에서 거론한 사실입니다만 클래스와 개체(Object)를 구분할 필요가 있는데 클래스는 붕어빵 틀이고 거기에서 찍어서 나온 붕어빵은 개체라는 비유는 완벽한 표현은 아닙니다만 가장 쉽게 받아들일 수 있는 비유라 생각됩니다. 그러니까 좀더 구체적으로 접근하면 '인간'이라는 개념은 클래스이고 '홍길동'이라는 한 사람의 인물은 개체가 되는 겁니다.

그런데 이 하나하나의 개체는 앞에서 말씀드린 바 있는 '정보의 연속성'이 있다는 점입니다. 불교에서 이야기하는 윤회로 비유해서 말씀드리면 실제로 그럴지 아닐지는 모르겠지만 전생과 다음 생을 하나의 개체라고 하기까지는 아니더라도 적어도 '연결된' 개체라 할 수가 있는가 하는 문제는 바로 전생과 다음 생의 사람이 서로 인식하고 '작용'하고 있는 정보가 있는가? 하는 문제일 겁니다. 그리고 요즘 나오는 영화에서 가끔 다뤄지고 있는 다른 사람과의 '영혼교환'이 (물론 그럴 리는 없겠지만 만약 있다면) 교환 전과 교환 후를 한 사람의 개체로 볼 수 있는가? 하는 문제 역시 '작용하고 인식하는 공유된 정보'의 유무로서 구분할 수 있을 것 같습니다.

그리고 만약에 그렇게 공유된 정보가 있다면 그 정보는 전생에서 다음 생으로 또는 교환 전의 영혼에서 교환 후의 영혼으로 '흘러갔다'라고 볼 수 있을 겁니다. 만약에 그렇게 작용되는 '공유정보'가 없다면 아무리 '윤회'된 영혼으로 많은 증거를 가지고 있다고 한들 그 둘은 완전한 별개의 인생으로 보는 것이 마땅할 것입니다.

여기에서 화성이 블랙홀에 빨려 들어가고 있고 우리가 이것을 지구에서 관측하고 있다는 상황을 한번 가정해 보겠습니다. 아시다시피 블랙홀에 일단 빨려 들어간 모든 물체는 물론이고 빛조차도 빠져나올 수 없습니다. 그만큼 그 내부는 우리의 우주와 완벽하게 차단된 별개의 다른 우주라 할 수 있습니다. 그렇기 때문에 블랙홀에 빨려 들어간 화성은 물리적 뿐만 아니라 정보적으로도 다른 우주에 있게 되는 것이고 우리는 더 이상 화성에 대한 어떤 정보도 얻을 수 없게 될 겁니다.

그런데 이상합니다. 화성을 잡아먹은 블랙홀의 질량이 잡아먹기 전보다 딱 화성의 질량만큼 커진 것이 지구에 있는 우리가 '관측'할 수 있다는 점입니다. '그거 당연한 거 아냐?'라고 생각하실 수도 있지만 달리 생각하면 '그렇다면 블랙홀이 다른 우주라는 말은 사실이 아닌가?'라는 의문이 있을 수 있는 겁니다. 최소한 블랙홀 내부로 '빨려 들어간' 화성의 질량정보 만큼은 우리 우주 쪽으로 '흘러오고' 있기 때문입니다.

이러한 점에 의문을 가지고 아직은 가설의 수준에 있지만 나름대로의 해답을 제시한 사람이 여러분도 잘 아시는 호킹(Stephen Hawking, 1942~2018) 교수입니다. 그의 전공이 블랙홀이라고 할 수 있을 정도로 그는 그의 생애 내내 관측조차도 불가능했던 블랙홀에 대해서 평생을 연구했었습니다. 한 가지 안타까운 점은 그의 사망 직후라 할 수 있는 2019년에 블랙홀이 실제로 관측이 되었다는 사실입니다. 그 전까지는 블랙홀이 실험이나 관측으로는 아직 검증되지 않았다는 사실로 인해 이에 관한 논문이나 이론들이 태산처럼 쌓여 있었다고는 해도 천문학계의 공식 입장은 가설 수준이었는데 드디어 이 관측으로 인해 블랙홀이 실제로 존재하는 하나의 천체로 인정받을 수 있었고 그때까지의 블랙홀에 대한 이론들 역시 가설이 아닌 물리학적인 사실로 받아들이게 됩니다. 그럼으로써 2020년에는 그의 평생 연구 동료였던 로저 팬로즈(Sir Roger Penrose, 1931~)가 그동안의 블랙홀 연구에 대한 공로로 노벨상을 받게 됩니다만 만약 그가 2년 정도만 더 살았더라면 그가 평생을 연구했던 블랙홀의 관측 사진도 보았을 뿐만 아니라 그 역시 아마도 노벨상도 받았을 겁니다. 노벨상이 사후수여(死後授與)를 하지 않는다는 원칙을 왜 가지고 있는지 의문과 아쉬움이 드는 대목이기도 합니다.

호킹 교수는 블랙홀에 빨려 들어가는 것을 단순한 물질만으로 보질 않았고 물질에 대한 '정보'가 빨려 들어간다고 생각했었다고 합니다. 그리고 그 정보가 우리에게는 '사건의 지평선'으로 알려진 블랙홀 표면에 '기록'된다는 것인데 바로 이 표면은 블랙홀 내부의 우주와 우리의 우주가 '공유'하는 공간이라는 사실입니다. 그러니까 블랙홀의 크기(즉 표면적 - 사건의 지평선의 면적)는 블랙홀이 갖고 있는 질량보다도 가지고 있는 정보에 의해 결정된다는 것인데 이러한 그의 이론은 기존의 통념을 넘는 것으로서 사실 저조차도 이해가 잘 되질 않았습니다. 하지만 그의 이론은 중력파를 관측하는 장비인 LIGO(The Laser Interferometer Gravitational-Wave Observatory)에 의해 블랙홀이 충돌할 때 일어나는 중력파 분석을 통해 높은 수준의 신뢰성이 있는 것으로 검증되었다고 합니다.

그런데 그의 이론을 우주 전체로 확대해서 생각해 보면 우리 우주를 '관측 가능한 우주'라는 범위를 놓고 본다면 어떤 특정한 경계가 분명히 있을 것인데 그 경계면을 블랙홀의 사건의 지평선과 같이 우리가 살고 있는 우리 우주의 모든 정보는 그 표면에 기록되는 것은 아닐까 하는 발상을 할 수 있을 겁니다. 그럼으로써 지금 우리 우주는 죽어있는 것이 아닌 지금 관측되고 있는 것처럼 움직임이 활발한 상태에 있기 때문에 그만큼 정보가 증가하고 있는 상태이고 따라서 그 정보를 기록해야할 표면적도 증가해야 하기 때문에 현재 허블의 법칙으로 우주가 팽창하고 있는 것으로 해석할 수도 있다는 것입니다.

정보체계를 전공한 사람의 입장에서 이러한 관점은 우리 우주의 정보가 관측 가능한 우주의 경계면을 통해서 그 밖의 '다른 우주'와 정보를 공유하고 있다는 것으로 앞서 말씀드린 바처럼 이는 우리 우주의 정보는 그 바깥의 다른 우주로 '흐른다'라고 볼 수도 있으며 정보체계론적 관점에서 정보의 흐름은 전적으로 사용자 요구사항(User's Requirement)에 의한다는 사실입니다.

사실 아직은 가설 중의 가설 수준의 이야기이긴 하겠지만 현재로서는 '관측 가능한 우주'가 우리가 우주를 바라보는 우주의 한계라고 하는데 그 너머의 '다른 우주'와의 연결 고리는 오직 '공유된 정보'밖에는 없다는 사실로서 어쩌면 그 보다 넓은 우주를 바라보는 '정보'라는 단 하나의 실마리를 통해서 그 한계를 넘어 우리가 인식할 수 있는 우주의 범위를 넓혀갈 수 있지 않을까 하는 생각입니다. 그리고 어쩌면 그 너머에서 하나님의 실오라기의 끝단이나마 살짝 스치는 것을 접할 수 있는 것 아닐까 하는 주제 넘는 생각도 해봅니다.

4. 궁창

"빛이 있으라."

천지창조의 과정에서 가장 첫 번째로 내리신 하나님의 명령입니다. 저는 물리학자도 신학자도 종교학자도 아니지만 우주의 시작을 빛으로 표현한 이 성경의 구절을 생각하면 할수록 성경이 갖는 신비함과 위대함에 감탄을 하지 않을 수 없습니다. 성경이 순전하게 인간에 의한 창작물이라면 수천 년 전의 사람들이 어떻게 이렇게 광대한 우주가 오직 하나만의 요소, 즉 빛으로부터 시작되었다는 사실을 과연 상상이나 할 수 있었을까요? 이것만큼은 아마도 다른 창세신화와는 분명 다를 것 같습니다. 사실 빅뱅이론에 의하면 이후의 모든 창조과정은 이 빛의 창조 이후에 이미 정해진 과학법칙(즉 코스모스)을 따라 흘러가면서 자연적으로 이루어질 후속과정에 지나지 않는 것 같습니다.

그런 예로서 창세기에는 다음날 하나님께서는 '궁창'과 '물'을 창조하셨다고 기록하고 있는데 궁창을 '공간' 그리고 물을 '물질'로 본다면 일단 공간은 빛이 생겨나면 빛이 지나가는 공간이 동반되어 발생하게 되며 물질 역시 빛의 에너지로부터 음 입자와 양의 입자가 생겨나는 쌍생성에 의해서 물질이 발생하는 현상은 이미 물리학적으로 밝혀진 사실입니다. 다만 쌍생성으로 생성된 대부분의 음과 양의 두 입자는 다시 합쳐져서 에너지 상태로 돌아가게 되지만 10억분의 1의 확률로 양의 입자가 살아남아 현재의 우주를 구성하는 물질을 이루게 되는 것은 앞부분에서 이미 설명을 드린 바 있습니다.

여기에서 생성된 물질이라 함은 우리가 지금 만지고 사용하는 그런 물질이 아니라 전자나 쿼크 같은 기본 입자라는 것들인데 각 입자가 갖는 물리량, 예를 들면 전자가 갖는 질량이나 전하량 같은 물리적 성질을 나타내는 각각의 기본 값들이 너무나도 치밀하고 정밀하게 맞추어져 있어서 각각의 입자가 갖고 있는 기본 물리량의 값이 수백조 분의 일 정도라도 작거나 컸으면 지금 우리가 보고 있는 우주로는 진화되지 못했을 것이라고 물리학자들이 이야기하고 있습니다.

이런 점에서 미세조정 우주(微細調整宇宙, fine-tuned Universe)라는 이야기가 나왔다는 점도 앞부분에서 설명 드린 바 있습니다. 그러니까 이 이야기는 각 입자의 물리량 값이 사전에 철저하게 조정(tuned)된 고정 값의 상태에서 우주가 시작된 것으로 보는 것이 아직까지는 물리학자들이 보는 주류의 관점인 것으로 알려져 있는 이론 외에 또 다른 이론으로 각각의 물리량 값은 우주가 시작되고 나서 일정한 튜닝의 과정이 있어서 최적의 값을 우주 스스로가 찾아가는 원리가 있을 수도 있다는 얘기인데 아직까지는 이에 대한 물리학적 증거를 찾은 것 같지는 않습니다. 하지만 이 이론 역시도 그런 튜닝 과정이라는 또 다른 물리학적 원리(즉 별도의 경로 찾기 알고리즘 같은)가 필요하다는 점에서 '준비'가 필요한 것은 마찬가지로 보입니다. 어쨌든 우주는 철저하게 '계획'된 상태에서 시작된 것일 수 있다는 점이 제 생각입니다.

바로 그 계획이 오직 '빛'만으로 구현이 된 것입니다. 엔트로피라는 것이 우주의 무질서도가 끊임없이 증가하는 것이라 했고 이는 최상의 질서 상태가 있었다는 사실인데 아직까지 과학자들이 이를 해결하지 못했다는 점을 이미 이야기한 바가 있습니다만 바로 이 최고의 질서 상태의 에너지가 바로 '빛'인겁니다. 아이러니하게도 바로 이 빛이 우주의 종말적 형태일지도 모른다고 물리학자들이 추정한다는 사실입니다. 그러니까 우주는 빛으로 시작해서 빛으로 돌아간다는 말인 것이죠. 여기서 말하는 종말 단계는 약 2조년 후로서 현재 우주를 구성하는 모든 물질들이, 심지어 블랙홀까지 호킹 복사(Hawking radiation)라는 현상에 의해서 전자파의 형태로 '증발'될 것이라고 예측하는데 이 전자파라는 것이 결국은 빛과 마찬가지의 존재이지만 뜨겁고 강렬했던 빅뱅의 빛과 달리 아주 어둡고, 차갑고 넓게 흩어진 형태가 될 거라고 합니다.

과학적으로는 빛이라고 할 수도 있지만 열과 에너지를 더해 주는 우리가 알고 있는 그런 빛이 아닌 지금도 우주의 모든 방향에서 관측되고 있는 우주배경 복사(영하 270도)보다 더 차가운 그런 빛 말입니다.

그리고 창세기에서 궁창이라고 표현한 공간 역시도 성경의 특별함을 보여 주는 내용으로 여겨지는데요. 공간을 별도의 창조가 필요했던 분명한 '존재'로 보았다는 점입니다. 우리 앞에 만약 완전 진공 상태로 밀폐된 빈 유리병이 있으면 우리는 그 유리병 속을 그야말로 '진짜(眞) 비어있는(空)' 아무것도 없는 것으로 지금도 거의 모든 사람들이 볼 겁니다. 지금의 사람들도 그런데 수천 년 전의 사람들이야 지금과 다를 바 없겠죠. 그때도 비어 있는 공간은 아무것도 없는 것으로 보았겠고 그 빈 공간은 원래부터 있었던 것으로 알고 있었겠죠.

뉴턴 이전에는 사람들이 사과가 떨어지는 것을 당연하다고 생각했었던 것처럼 말이죠. 하지만 공간의 진정한 의미를 알고 있는 물리학자들이나 좀 다른 의미로 보지 않을까 싶습니다. 아무리 인간이 모든 수단을 동원해서 유리병 속의 모든 것을 빼내어 진공으로 만든다 하더라도 그곳은 주변이 절대 0도가 아닌 이상 복사에너지가 존재하고 그 에너지로부터 입자의 쌍생성과 쌍소멸이 반복되는 이른바 '양자 요동'의 공간이라는 겁니다. 그리고 주변의 복사 에너지를 완벽하게 막는다 하더라도 현대 물리학은 공간 자체가 갖는 에너지가 있다고 보고 있습니다.

공간에너지 또는 진공에너지라고도 하는 것인데 현재 물리학자들이 가장 알고 싶어 하는 '암흑에너지'와 관련되지 않을까 추정하고 있다고 합니다. 이 암흑에너지는 물리학적 관측과 계산을 하면 우주 전체에서 70%가 넘을 것으로 나온다는데 정작 현대 물리학자들은 그 정체가 무엇인지 모른다고 합니다. 심지어 현대 물리학에서 정체를 파악한 우주에너지는 4퍼센트가 조금 넘는 정도라고 하니까 아무리 눈부신 현대과학이라도 우주의 나머지 96퍼센트는 아직도 미지의 영역인 것이죠.

여기에서 한 가지, 뭘 모르는 비전공자의 어줍지 않은 이야기가 될지는 모르겠습니다만 생각나는 이야기를 드리자면, 하드디스크건 옛날의 플로피 디스크이건 모든 디스크 형태의 기억공간은 '포맷(format)'이라는 것이 필요했습니다. 지금은 아예 포맷작업이 필요 없는 반도체 소자로만으로 구성된 SSD(Solid State Drive)를 사용하거나 하드디스크를 사용하더라도 사용자가 직접 이 작업을 할 필요도 없이 대부분 공장에서 아예 포맷이 되어서 나와서 사용자가 이 초기 포맷작업을 직접 하는 일을 별로 없지만 약 십여 년 전까지만 하더라도 하드디스크를 구입하면 반드시 해야 하는 것이었습니다. 이게 도시계획을 할 때 땅을 나누고 번지를 지정하는 것과 비슷한 작업인데 공장에서 방금 나온 디스크에는 전자기 신호를 저장할 수 있는 물질들로 표면만 처리해서 나온 것을 사용자가 실제로 데이터를 저장할 수 있도록 디스크 공간을 구획 정리를 하고 각 구획마다 번지를 기록하는 작업입니다.

그런데 이 포맷작업을 하고 나면 아직 아무 데이터가 기록되지 않은 상태인 데도 기억공간의 꽤 많은 부분이 사라진 것을 볼 수 있었습니다. 예를 들면 분명히 겉표지에는 500메가 디스크라고 써 있는 데도 포맷을 하고서 바로 잔여 기억공간을 알아보면 400메가로 나온다는 것이죠. 물론 포맷방식이나 제품에 따라서 꽤 많은 편차가 있을 수 있습니다. 사실 실 사용자 입장에선 비싼 돈 주고 산 디스크의 피 같은 기억공간이 오분의 일 가까이 쓰기도 전에 사라진 것처럼 보이니 생돈 날라 간 것 같은 아까운 마음 그지없겠습니다만 그 사라진 공간은 번지수를 기록하는데 사용된 거라고 보면 됩니다.

보통 접근경로(Access path)라고 하는 것인데 이런 번지수가 지정되어 있어야 나중에 기록한 내용을 찾아서 읽어 오고 기록할 때는 빈 공간을 찾아서 기록을 할 수 있게 됩니다. 도시계획에서도 각각의 번지를 구획하고 그 번지의 땅에 사람이 갈 수 있도록 최소한 골목길 정도라도 길을 내야 그 땅을 이용할 수 있겠지요. 그래서 도시계획에서도 길(즉 Access path)을 내는데 상당한 면적을 소모할 수밖에 없을 겁니다. 그것과 거의 같다고 보시면 됩니다.

그런데 이 암흑에너지가 혹시 아주 적은 일부분이라도 그러한 접근 경로(Access path)로서의 역할이 있지는 않을까 하는 생각이 든 적이 있었습니다. 이미 앞부분에서 말씀드린 바 있습니다만 우주를 하나의 정보체계로 보는 시각이 물리학계의 일부분에서 일어나고 있는 것으로 보여 집니다.

그것은 양자역학의 등장과 앞에서도 이미 언급한 바 있는 슈뢰딩거(Erwin Rudolf Josef Alexander Schrödinger,1887~1961)의 '음의 엔트로피'라고 하는 물리학에서 '정보'라는 개념이 도입된 이후 초끈이론 등의 계산 물리학 분야에서 제시되는 수학 모델들이 그런 식으로 해석될 수 있는 측면들이 조금씩 물리학계 내에서 알려지고 있는 것 같습니다. 현재로서는 우주에너지의 삼분의 이가 넘는 부분을 차지하면서도 정체가 확실하게 파악된 것도 아니고 그러니 우주 안에서의 역할이 '우주의 가속팽창' 외에는 다른 역할을 추정하는 것이 없는 것 같습니다. 그런데 이것은 '우주의 가속팽창'이라는 천문학적인 관측 결과에 대하여 그 원인을 암흑에너지로 추정할 것일 뿐 아직은 확실한 근거를 가지고 있는 것 같지는 않습니다만 어쨌든 이 우주의 공간을 형성하고 유지하는데 일정한 역할을 하고 있다고는 보고 있는 것 같습니다.

그렇다면 우주를 하나의 포맷된 공간으로 생각할 수도 있는 것 아닐까요? 만약 그렇다면 그 암흑에너지라는 것이 우주라는 정보체계에서 일정한 Access Path로서의 역할을 할 수도 있는 것은 아닐까 하는 생각을 해봅니다. 뭐 상상하는 것은 어디까지나 자유니까 비전공자로서 한번 자유로운 상상의 날개를 펼쳐봤습니다. 도 넘는 내용이 있더라도 용서 바랍니다.

이런 상상에 대해 뒤따를 수 있는 질문이 우주에 과연 Access

path가 필요할까? 라는 질문일 수가 있는데요. 슈뢰딩거 이후 기존 물리학에서 정보라는 개념을 물리학에 도입을 했고 심지어 마치 에너지 불변의 법칙처럼 정보 불변의 법칙이라는 물리학적 법칙이 있다고 하니 정보체계를 전공한 사람의 입장에서는 당연히 Access path는 필요할 것이라는 생각이 듭니다. 지금 이와 관련된 물리학적인 논의가 있는지는 모르겠습니다만 정보는 획득에서 저장 그리고 사용에 이르는 '흐름(Flow)'이 반드시 있어야 합니다. 그래야 정보입니다. 흐르지 않는 정보는 정보라는 이름을 붙일 수 없습니다. 그러기 위해서는 Access path는 반드시 필요한 요소일 것입니다. 그리고 한 가지 더 생각해 봐야 할 것은 일단 이 광대한 우주의 궁창 자체가 이미 하나의 기억공간의 역할을 하고 있다는 사실입니다. 이미 이에 대해서는 1장에서 잠간 언급한바 있습니다만, 몇 년 전 어떤 한 과학 기사에서 '우주에서 빛의 속도는 왜 이렇게 느린가?'라는 주제의 이야기를 했던 것이 기억납니다.

사실 인간의 관점에서는 분명 빛은 엄청나게 빠른 것이겠지만 은하계 정도의 규모만으로 보더라도 엄청 느려터진 속도입니다. 일단 은하계 범위에서만 놓고 봐도 빛의 속도로는 끝에서 끝까지 가는 데만 10만년 가량 걸린다는 것입니다. 그러니까 우주의 범위가 넓어질수록 빛은 상대적으로 느리게 보일 수밖에 없다는 점입니다. 그런데 이 '느린' 빛의 속도 때문에 우리는 100억 년 전 우주의 모습을 관측할 수 있게 됩니다. 이렇게 느린 빛의 속도 때문에 어떻게 보면 우주공간 자체를 하나의 '정보저장소(Data Store)'로서의 역할을 갖고 있다고 볼 수도 있는 것입니다. 즉. 빛이라는 정보 매체에 대한 Access Path로서의 역할을 지금 우주공간 자체가 갖고 있다고 볼 수도 있는 겁니다.

5. 하늘을 펼치셨다

"하나님이 하늘을 장막같이 펴시며 또는 차일같이 펴시며…"

- (이사야 40:22)

"여호와께서 …그의 지혜로 세계를 세우셨고 그의 명철로 하늘을 펴셨으며…"

- (예레미야 10:12)

성경에는 이렇게 하나님께서 '하늘을 펼치셨다'라는 표현이 많이 나옵니다. 지금도 유목민에게서 많이 볼 수 있는 생활양식인데 수시로 이동을 하며 생활하는 사람들이라 그 사람들은 고정된 집이 아닌 천막에서 주로 생활합니다. 그러다 새로운 목초지를 따라 이동할 때면 천막을 거두고 접어놓고 이동을 한 다음 목적한 곳에서 접었던 천막을 다시 펼치게 되겠죠. 그래서 유목민의 문화가 많이 남아있던 구약시대의 이스라엘 민족에게 이러한 '하늘을 펼치셨다'라는 구절은 아주 자연스럽고 이해하기 쉬운 표현이었을 겁니다.

그런데 저는 지금 조금 생뚱맞게 보일 수 있겠지만 이러한 표현을 과학적 이론과 연결시켜 보려합니다. 어떤 분이 보면 성경을 아전인수 격으로 해석하려는 전형적인 창조과학적 모습으로 보실 수도 있겠습니다만 빅뱅이론에서 아주 중요하게 다뤄지고 있는 이 내용이 '하늘을 펼치셨다'라는 이 표현과 너무나도 맞아 떨어진다 생각되기 때문입니다.

허블이 우주가 팽창하고 있다는 사실을 발견한 후 백년 가까운 기간이 지나도록 물리학자들이 아직까지 해결하지 못한 숙제가 하나 있는데 그것은 '우주의 편평성'이라는, 조금 다른 표현을 하자면 '우주는 왜 이토록 균질한가?'라는 문제입니다. 일반 사람들은 '그게 왜 의문이라는 거지?'라는 생각이 들게 만드는 내용인데요. 이러한 의문은 마치 바다를 보고 '바다는 왜 이렇게 수평선을 보일 정도로 편평할까?'라는 생각을 하는 것과 마찬가지로 보일 겁니다.

사실 이러한 의문은 빅뱅이론이 출발점입니다. 빅뱅이론이 아닌 정상우주론의 관점에서는 이 편평성 문제는 의문스러운 문제가 아닐 것이기 때문입니다. 정상우주론(定常宇宙論, Steady State theory)은 '우주는 큰 변화 없이 안정적인 상태로 영원히 존속한다'는 내용으로 한때는 빅뱅이론에 맞서는 20세기 우주론의 두 기둥 중에 하나였지만 '우주배경 복사'같은 빅뱅이론의 관측적 증거들이 연이어 나타나면서 지금은 물리학계에서 거의 폐기된 상태입니다. 그러니까 정상우주론에서는 우주는 '안정적'인 것을 전제로 하고 있음으로서 우주의 균질성에 대해서 큰 의문을 가질 필요가 없었겠지요.

하지만 빅뱅이론은 우주의 시작을 대폭발이라는 격변적 현상에 두고 있기 때문에 폭발 이후에 작용하는 물리학적 4대 힘 등을 고려하여 아무리 계산해 봐도 지금 우리가 보고 있는 것과 같은 우주의 편평함은 나오기 힘들다는 것입니다. 그러니까 4대 힘의 작용을 고려한다면 물질들이 우주의 어느 한 곳 또는 여러 곳에 '뭉텅이'로 몰려 있어야 한다는 것이죠. 저 같은 보통의 사람은 블랙홀 같은 그런 극한의 질량 '뭉텅이'가 우주에 엄연히 존재하는데도 어찌 균질하다는 것이냐? 하는 의문이 들긴 하는데 물리학자들은 은하 수준의 국부적인 관점이 아닌 우주 전체적인 관점으로 보면

'비정상적'일 정도로 균질하다고 합니다. 이러한 의문점에서 빅뱅이론이 우주의 시작점이라면 초기 폭발에 의한 우주의 팽창력은 얼마 안 가 중력에 의한 수축력이 작용하게 되어 구조적으로 어디 한 곳이 찌그러지는 불완전한 구조를 보일 수밖에 없다는 것이었는데 이 문제가 빅뱅이론이 출현한 직후부터 물리학자들을 괴롭힌 난제였다고 합니다. 지금도 물론 완벽하게 해결되었다고 할 수는 없는 상태이지만 그러한 막막한 상황에서 논리적인 돌파구를 마련해 준 것이 '급팽창 우주론'이라고도 하는 '인플레이션 우주론'입니다.

이 이론은 저 같은 비전공자가 보기에는 정말 황당하기 그지없는 내용으로 보이는 것이 빅뱅 초기 수조분의 1초라는 찰나의 시간 동안에 우주는 구슬 정도의 크기에서 수십 광년 정도의 크기로 그야말로 급격하게 그 크기가 커졌다는 겁니다. 어떻게 보면 수렁에서 빠져나오기 위한 고육책 같은 이론이 아닐까 하는 생각이 들게 하는 내용으로 보이지만 수학적으로 너무나도 탄탄한 구조를 갖고 발표된 내용이라서 오히려 발표될 당시는 물론이고 지금까지도 물리학자들에게 많은 지지를 받고 있는 이론이라고 합니다.

[그림 4-2]는 빅뱅이론에 근거한 우주의 역사를 이해하기 쉽게 표현한 그림인데 대폭발 직후 급작스럽게 크기가 커지는 '급팽창'이라고 표시한 부분이 바로 이 시기를 보여 주고 있습니다. 이 시기를 과학적으로 설명하는 것도 지극히 전문적인 부분이라 제 능력의 범위를 벗어납니다만 아직은 '이론'으로서 물리학적으로 확정된 것은 아니라고 합니다. 하지만 빅뱅이론 역시도 많은 관측적 또는 과학적 증거를 가지고는 있지만 아직은 '이론'의 수준입니다. 마찬가지로 인플레이션 우주론 역시 상당한 수준의 과학적 증거

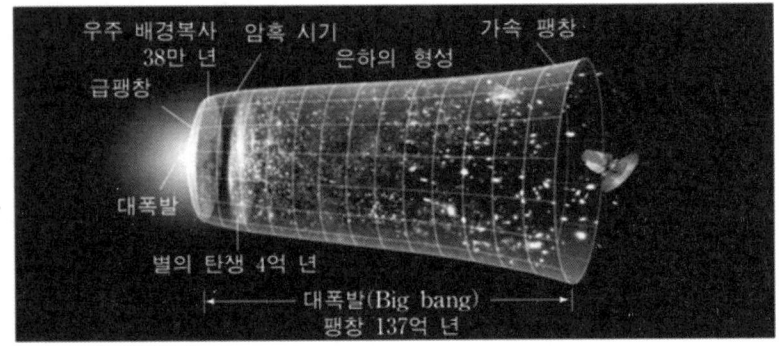

[그림 4-2] 빅뱅 이후 우주의 역사를 묘사한 빅뱅표준모형도.

를 가지고 있다고 합니다.

이 인플레이션 우주론에서 제시하는 논리는 빅뱅 초기에 '인플라톤(Inflaton)'이라는 입자가 존재했을 것이라고 가정한다고 합니다. 물론 지금은 발견되지 않는 입자이기 때문에 '가상'이라는 꼬리표를 달고 있습니다. 정확한 표현인지는 모르겠습니다만 빅뱅 초기에 인플라톤이라는 입자가 스스로를 공간을 확장시키는 에너지로 변환이 되면서 우주는 급격한 확장 가속력을 가지게 되었고 지금의 우주에 남아 있는 그 흔적이 바로 현재 우주의 70퍼센트 정도를 이루고 있는 암흑에너지일 수 있다는 것입니다.

즉, 지금은 존재하지 않는 어떤 다른 입자를 가정하고 있다는 것인데 이 이야기는 결국 현대 물리학에 의해 규명된 4대 힘 외에 제5의 힘을 전제로 하고 있다는 이야기라고 합니다. 즉 물질을 뭉치게 하려는 중력과 반대되는 척력을 가지는 이 가상(아직까지는)의 힘은 현재의 우주에서 70퍼센트 정도의 비중을 차지하고 있을 것으로 추정하고 있는 '암흑에너지'라는 형태로 변형된 것이 아닐까 하는 추정을 하고 있다고 합니다.

2011년에 노벨 물리학상을 수상한 이론이 있는데 이른바 '우주는 점점 더 빠르게 팽창중이다'라는 '가속 팽창 우주론'이라는 것입니다. 이는 허블이 발견한 '팽창우주론'에서 그전까지는 우주팽창의 속도는 중력에 의해 점점 줄어들 것이라는 의견과 이에 대한 반대 이론으로서 현재의 속도가 그대로 유지될 것이라는 두 기둥이 물리학계에서 논쟁 중에 있었는데, 이것을 관측적으로 확인할 수 있지 않을까 하는 생각에 연구자들이 천문학의 자료들을 수집하고 분석하는 연구를 시작했는데 뜻밖에도 우주는 오히려 점점 더 빠르게 팽창중이라는 결과가 나오게 되었다는 겁니다.

이렇게 그때까지의 관념과는 전혀 상반되는 연구결과에 대해 처음에는 '설마'하는 눈으로 바라봤던 물리학자들이 그때까지 제시되었던 암흑에너지에 대한 이론들과 연결되는 점을 발견하고는 오히려 지지하게 되어 지금은 우주론의 주류이론으로 자리를 잡은 것 같습니다. 그러니까 그때까지는 막연하게 '아마도 있을 지도 모른다'라는 수준에 머물던 '암흑에너지'라는 존재에 대한 추정을 '그거 정말 있는 것 같다'라는 수준으로 올려 잡게 만들었다고 할 수 있을 것 같습니다.

즉 뉴턴 물리학에서 '가속'이라는 의미는 힘을 필요로 하는 것이므로 중력이라는 힘을 이겨내는 또 다른 제 5의 힘이 필요하다는 것을 인식한 것인데 이러한 생각에 그때까지는 막연한 추정 수준에 있던 암흑에너지와 빅뱅 초기의 인플레이션 우주론에서 이미 제시되었던 이론들과 연결이 되었던 것 같습니다. 그러니까 많은 물리학자들로 하여금 그 결과를 보고 '아!… 그게 이 이야기였던 거구나…'라는 생각이 들게 만들었던 것 같습니다.

그런데 이런 관점으로 우주를 보게 되면 또다시 일어나는 의문이 있게 되는데 이것은 이전의 의문과 정 반대로 '그렇다면 우주에는 은하와 별들이 어떻게 존재하게 되었는가?' 하는 문제라고 합니다. 그러니까 중력을 이겨내는 제 5의 힘이 존재한다면 이 힘은 우주를 균질하게 하는 힘으로서 우주의 모든 물질을 가스 형태로 균질하게 분포하게 만들어야 하는데 우리가 살고 있고 또한 우리 눈에 관측되는 은하와 별들로 물질들이 뭉치는 것이 오히려 이상하다는 겁니다.

오래전에 읽었던 어떤 과학잡지에서 현재 관측되는 우주를 오븐에서 부풀어 오르고 있는 빵으로 비유한 것을 본 기억이 있습니다. 이 책의 첫 부분 1장에서 [그림 1-1] SDSS 프로젝트에 의해 작성된 우주지도 사진을 보여드린 바 있습니다. 물론 진짜 우주지도는 아니고 이 사진은 개략적인 우주지도의 개념을 나타낸 것이기는 합니다만 여기에서 보여 지는 우주의 단면을 살짝 보여 주는 것이 있는데 마치 빵 내부의 단면처럼 은하가 거의 발견되지 않는 구역인 수억 광년 크기의 거시공동(巨視空洞, void)이 거품처럼 조밀하게 퍼져있고 그 사이를 따라서 은하들이 마치 식물의 줄기와 가지처럼 서로 엮여서 분포하는 모양을 볼 수 있습니다.

그러니까 이것은 마치 오븐에서 빵을 부풀어 오르게 하는 힘과 이에 저항하는 밀가루의 응집력의 조화에 의해서 푹신푹신한 빵이 만들어지는 것처럼 우주를 거시적으로 부풀게 하려는 어떤 힘(현재 학설로는 암흑에너지)과 이에 저항하는 물질들끼리 뭉치려 하는 중력이 조화롭게 작용하여 지금의 우주의 형태가 되었다는 내용이 었던 것 같습니다.

다른 관점이기는 합니다만, 아직은 세계 물리학계에서 공인된 이론은 아닌 것으로 보이지만 서울대학교의 박창범 교수님은 또 다른 힘이라 할 수 있는 제 5의 힘보다는 은하단 규모의 극거시(極巨視)적인 측면에서 어떤 물리학적인 일정 조건을 넘어서면 중력이 서로 당기는 인력이 아닌 서로 밀어내는 척력으로 성질이 바뀔 수 있다는 또 다른 학설을 내놓기도 했습니다. 하지만 어쨌든 인력과 척력 사이의 극도의 좁은 틈으로 아슬아슬한 줄타기 끝에 현재의 안정적인 우주가 존재할 수 있었다는 이야기로서 이 역시도 어쩌면 앞 장에서 언급한 바 있는 미세조정 우주(微細調整宇宙, fine-tuned Universe)의 또 다른 한 형태가 아닐까 하는 생각이 듭니다.

여기에서 이 내용과 연관성이 있을 것 같아서 이쯤에서 꺼내 보는 것으로서 물리학계의 비교적 최근에 제기되었다는 이론을 하나 말씀드립니다. 그동안 정보와 관련하여 블랙홀이라는 천체가 갖는 풀기 어려운 난제가 하나 있었는데 저도 비전공자로서 주워들은 수준에서만 말씀드리면 블랙홀에 빨려 들어간 물체는 다시는 빠져나올 수도 없고 또한 빛조차도 빠져나올 수 없기 때문에 완벽하게 차단된 다른 우주로 빠져나간 것으로 볼 수 있습니다. 그런데 빠져나간 물체의 질량은 블랙홀의 질량에 더해져 우리의 우주에서 뉴턴과 아인슈타인의 방정식에 만족하며 주변 공간에 작용합니다.

그러니까 전체 우주의 질량보존의 법칙에는 위배가 되질 않는다는 겁니다. 하지만 빨려 들어간 물질에 대한 정보는 현재의 물리학으로는 사라지게 되는데 이것이 '정보 불변의 법칙'에는 위배가 된다는 겁니다. 아마도 질량보존의 법칙만큼이나 중요한 그런 법칙이 있나봅니다. 어렵지요…. 무슨 말을 하고 있는지 저 자신도 모르겠습니다만 아무튼 그렇게 이야기한다고 합니다.

앞에서도 이미 이야기한 바이지만 슈뢰딩거가 물리학에서 처음 정보라는 개념을 이야기했을 때 그 바탕이 엔트로피라는 개념에서부터 나온 것이고 이 엔트로피라는, 즉 열역학 제2법칙이라는 물리학에서 최상위에 위치한 아주 중요한 법칙이라는 점은 다른 장에서 이미 말씀드린 바 있습니다. 그러니까 이 블랙홀에서의 '정보증발'은 그러한 엔트로피 법칙이라는 최상위의 물리학 법칙을 흔들거리게 만들 정도로 아주 첨예한 문제인 것으로 저는 이해하고 있습니다.

이러한 물리학계의 난제에 대한 이론으로 최근에 제시된 것이 '사건의 지평선'이라고 일컫는 그러니까 흔히 '블랙홀의 표면'이라고 잘못 알려진 그 선(사실은 2차원의 면입니다)을 넘으면 더 이상 볼 수도, 돌아올 수도 없는 구형 면에 증발된 정보가 보존된(즉 기록된)다는 이론입니다. 아마도 사건의 지평선 표면이라는 그 경계면에서 빨려 들어간 물질에 관한 정보가 우리의 우주와 블랙홀 내부의 우주와 '공유(共有)'되고 있다는 내용 같습니다. 그럼으로써 우리의 우주에서 빨려 들어간 물체의 정보는 증발되지 않았다라고 볼 수 있다는 것이겠죠. 물론 이 이론은 관측이나 실험을 통해서 나온 것이 아니라 그렇게 해석할 수 있는 수학적 모델을 고안되었다는 이야기인 것으로 보입니다. 아마도 그럼으로써 블랙홀에 빨려 들어간 물질의 질량이 우리 우주에서는 사라진 것으로 보이는 것이 아니라 주변 공간(즉 우리의 우주)에 중력으로 '작용'할 수 있다는 이야기인 것 같습니다.

그런데 한 가지 재미있는 사실은 이런 관점을 현재 우리의 우주에 확대하여 놓고 볼 수 있다는 점입니다. 그러니까 우리의 우주를 블랙홀 내부에 있는 것으로 보고 사건의 지평선을 물리학적인 '관측가능의 경계면'으로 놓고 보면 우리 우주의 모든 정보는 그 면에 기록된다는 것입니다. 여기에서 '관측가능의 우주'란 현재의 물리학적 계산으로 우리가 관측할 수 있는 특정 한계점이 존재하는데 그 거리(즉 반경)가 약 465억 광년 정도로 추정한다고 합니다. 그러니까 인간이 관측할 수 없기 때문에(즉 상호작용을 할 수 없기 때문에) 그 거리 너머에도 우주가 연속적으로 있다고 해도 인간이라는 관찰자 입장에서는 완전한 다른 우주로 간주될 수밖에 없다는 것 같습니다.

물리학에 문외한이라 할 수 있는 필자가 비록 최근에 제기된 이론이긴 합니다만 아직 가설에 지나지 않은 이 이론에 흥미를 갖는 이유는 먼저 제가 아는 지식의 범위에서는 아마도 물리학에서 '정보의 기록'을 논하는 최초의 가설이라는 점이고 특히 우주와 우주의 경계면에서 '정보의 공유'를 이야기하고 있다는 점입니다. 그러니까 정보에 관하여 논한 바 있는 앞 절에서 이야기했던 '정보의 저장'에 대하여 물리학적으로 거론한 최초의 이론이 아닐까? 하는 생각이 들어서입니다.

그런데 다른 우주와의 '정보의 공유'라는 개념은 '정보의 흐름'으로 볼 수도 있다는 점입니다. 우리 우주가 갖고 있는 정보가 그 관측 가능 우주 너머의 '또 다른 우주'와 공유가 된다는 것은 우리 우주의 정보가 다른 우주로 '흐른다'라고 표현할 수도 있기 때문입니다. 정보체계론의 관점에서 보면 한 데이터베이스가 다른 두 시스템과 '필요에 의해' 공유되고 있다면 정보는 양 시스템 사이에서 오고가는 '흐름'이 있다고 보는 것입니다. 그리고 그 정보의 흐름은 정보시스템의 관점으로는 '사용자(User)의 필요'와 깊은 연관성이 있다고 이야기하고 있습니다. 사용자의 요구사항(User's Requirement)에 따라 정보 흐름의 방향과 범위가 결정되기 때문입니다. 글쎄요… 혹시? 하는 생각이 저 개인적으로 드는 내용입니다.

6. 확률의 안개 속에 숨겨진 유저 인터페이스

지금까지 이야기한 우주를 하나의 정보체계로 보는 관점이 있게 되면 그 다음 자연스럽게 흘러가는 논의 주제는 과연 무엇을 위한 정보체계인가를 생각 안 할 수 없게 될 것입니다. 좋은 목적이든 나쁜 목적이든 모든 정보체계는 나름대로의 목적과 의미를 갖고 개발을 하게 됩니다. 코흘리개 꼬마들이 심심풀이 땅콩 삼아 짠 간단한 구구단 프로그램조차도 나름 '심심풀이'라는 의미와 목적이 있다는 것입니다.

모든 소프트웨어와 컴퓨터 프로그램 그리고 정보체계들의 의미와 목적을 손에 쥐고 있는 개체가 바로 사용자(User)입니다. 오해하지 마십시오. 개발자(Developer)가 아닙니다. 개발자는 그 시스템을 '만든' 사람인 것은 분명하겠지만 사용자의 요구사항에 따라 그것을 만든 일꾼일 뿐입니다. 물론 개발자와 사용자가 같은 경우도 있습니다만 비교적 소규모의 간단한 경우이고 일정 규모 이상의 시스템에서는 흔히 있는 일이 아닙니다. 그러니까 '사용자 없는 정보체계는 존재하지 않는다'라는 사실입니다. 만약 있다면 그것은 실패한 체계일 것이고 의미 없는 존재일 것입니다.

그렇다면, 이 우주를 하나의 시스템으로 놓고 본다면 과연 그 사용자는 누구일까요? 만약 '이 우주라는 시스템의 사용자는 존재하지 않는다'라는 명제는 이 우주는 의미 없는 실패한 체계라는 것이고 그 속에 살고 있는 우리 인간 모두 실패한 존재라고 보는 것일 겁니다. 사용자가 아직까지 우리에게 관측되지 않았다는 사실만으로 이 우주를 무의미한 존재로 여길만한 권리가 과연 인간에게 있을까요? 그리고 존재한다면 왜 우리가 아직까지 그 존재를

'관측'하지 못하고 있는 것일까요?

 나를 스타크래프트 게임 속의 테란 병사라고 했을 때 게이머의 컨트롤을 인지할 수 있을까요? 사실 그것조차도 사용자의 요구사항의 일부분일 것입니다. 실제 스타크래프트 게임에서 테란 병사는 게이머의 명령에 "Yes, sir"하고 응답을 하는 것이 보이도록 프로그램 되어 있습니다. 하지만 그것은 전적으로 그 게임을 만든 개발자들이 게이머들의 흥미를 불러일으키기 위한 지극히 상업적인 장치일 겁니다. 게이머가 그것의 반대의 경우를 더 선호한다면 당연히 그렇게 개발을 했겠지요.

 만약 한 테란 병사가 어느 메딕 간호장교를 보고 첫눈에 사랑에 빠졌다면 그것은 게이머의 컨트롤에 의한 것일까요 아니면 그냥 지나가는 하나의 우연한 현상일까요?

 우주의 거의 모든 동작들은 이 같은 우연으로 감춰져 있습니다. 다른 장에서 제가 여러 번 이야기한 '확률의 안개'라는 것이죠. 그런데 다른 수많은 메딕 간호장교들이 있음에도 '하필' 왜 그 메딕에게 사랑에 빠진 걸까요?

 우리는 살아가면서 그 뿌연 확률의 안개 속에서 수많은 '하필'을 접하게 됩니다. 그것이 행운의 의미이든 불행의 의미이든 사람과 사람의 만남에서부터 어떤 사건에 휩싸이게 된다든지 인생의 중요한 변곡점에 그 '하필'이 등장할 때가 많습니다. 하지만 아마존에 있을 수십억 마리의 나비 중에서 왜 하필 '그' 나비의 '그' 날갯짓이 허리케인 폭풍으로 발전하는 지는 아마도 아직은 현대과학으로는 확실한 설명을 하지 못하는 것 같습니다.

 그중에서 가장 큰 '하필'은 137억 년 전에 일어난 빅뱅일 것이고 저 자신에게 있어서는 왜 나는 '하필' 우리 부모님 사이에서 6남매의 막내로 태어났는가? 하는 의문일 겁니다. 물론 모두의 '하필'은 다 우연입니다. 그리고 우연이라는 의미는 그 일이 안 일어날 수도 있었는데 일어났다는 것이고 이는 결국 '확률'의 개념을 동원해야 합니다. 우리가 동전을 던지기에 앞서서 미래를 보는 전향적 관점으로는 절반의 확률이 있겠지만 동전을 던진 후는 그 결과를 되돌릴 수가 없고 확률은 더 이상 의미가 없어집니다.

그것이 단순한 동전 던지기라면 그냥 게임으로 웃고 넘어가면 되겠지만 그 확률이 한 사람의 인생이 걸려있는 중대한 문제이거나 사람의 목숨이 달려있는 경우는 단순한 확률로 받아들여지지가 않을 겁니다. 그래서 사람들이 점집을 찾게 되고 종교의 힘에 의지하게 되는 것이겠죠. 아무리 현대를 사는 사람들이 니체에 열광하고 다윈을 추종한다 할지라도 중요한 스포츠 경기가 끝난 뒤의 신문기사는 '승리의 여신은 한국을 향해 미소를 지었다'라는 식으로 나오는 것을 보면 이것을 무미건조하고 단순한 확률로만 보고 싶어 하지는 않는 것 같습니다. 그런데 그것을 이렇게도 볼 수도 있는 것은 아닌지 모르겠습니다. 인간도 역시 하나의 피조물로서 본능적으로 우주의 사용자를 의식하는 것 아닐까 하는 것이죠.

만약 이 우주에 사용자가 존재한다면, 즉 우주를 스타크래프트 게임으로 비교를 한다면, 게이머의 컨트롤은 어떻게 전달되고 작용하는 것일까요? 혹시 사용자의 컨트롤들은 확률이라는 가면을 쓰고 우리들의 생활에서 '작용'하고 있는 것은 아닐까요?

그렇다면 이 말은 이 우주라는 시스템의 사용자의 손은 확률이라는 안개에 가리어진 것은 아닐까 하는 생각을 제가 하게 되는 겁니다. 그리고 그것을 생각할 수 있는 성경적 근거가 다름 아닌 창세기 1장 2절 "땅이 '혼돈'하고 흑암이 깊음 위에 있고 하나님의 영은 수면 위에 운행하시니라"에 나오는 것처럼 물리 법칙에 의한 확실한 절대성이 지배한다기보다는 '확률'이라는 불확실성의 성격을 보이는 '혼돈'의 영역, 즉 카오스라는 단어와 함께 '하나님의 영'이라는 표현이 문장에서 함께 등장한다는 점입니다.

한 가지 재미있는 점은 20세기 후반의 가장 유명한 천문학자 중 한 명이라 할 수 있는 칼 세이건(Carl Edward Sagan, 1934~1996)은 그의 유명한 저서인 '코스모스'에서 우주의 흐름(특히 생명의 흐름)에 이러한 확률적 선택(특히 자연선택)을 거쳐야 한다는 사실에서 '무능한 조물주'라는 표현을 사용하며 우주에는 하나님의 개입이 필요 없다는 주장을 했는데 제가 지금하고 있는 논지는 그와는 정반대되는 결론으로 오히려 그러한 확률적 선택의 순간이 오히려 하나님께서 '과학적'으로 우주의 작용에 개입하실 수 있는 순간이라는 것을 이야기하고 있다는 사실입니다.

그는 신이라면 인간보다는 전지전능해야 할 것이고 우주의 흐름에 있어 확률적 요소가 개입되는 것은 그런 전지전능함과는 어울리지 않는다고 생각했던 것 같습니다. 20세기 위대한 천문학자 중의 한 분의 말에 저 같은 비전공자가 어떻게 감히 토를 달 수 있을지 하는 생각이 들긴 합니다만 이것은 그분의 어떤 과학적 발견이 아닌 우주와 신에 대한 그의 견해에 대한 것으로서 저에게도 나름 반론권이 있다고 생각합니다.

제가 보는 관점으로는 그 역시 "신은 주사위 놀음을 하지 않는다"라는 말을 했던 아인슈타인과 같은 생각을 갖고 있었던 것 같습니다. 그러니까 "신은 그래야만 한다"라는 식의 신에 대한 어떤 자신만의 틀을 가지고 있고 그 틀로 우주를 판단하는 오류를 범하고 있었던 것이 아닐까 하는 생각이 듭니다. 만든 분이 그렇게 만들겠다는데 만들고 있는 것에 대해서 그것 갖고 누가 뭐라고 할 수는 없는 것일 텐데 그걸 바라보는 사람이 자꾸 저렇게 이렇게 만들어야 한다며 선 넘는 훈수를 두고 있는 것이라 할 수 있을 것 같습니다.

그러니까 제가 보기에는 이 우주라는 시스템의 사용자이신 하나님은 이 우주를 이끄시고 컨트롤하시는 분명한 원리원칙을 갖고 있는 것 같은데 그것은 아마도 다스림의 대상인 피조물의 전면에서 자신의 실체를 드러내지 않고 보이지 않는 곳에서 이 우주를 컨트롤 하고 있는 것이 아닐까 합니다. 물론 이것은 어디까지나 원칙이니까 극히 일부의 '예외'가 있을 수는 있을 겁니다. 다스림을 당하는 우리의 입장에서는 우리를 다스리는 분의 모습을 확실하게 보는 것을 원하는 것은 당연한 것일 텐데 하나님은 이 같은 은근한 방법으로 우주를 통치하고 계신다는 것이지요.

사실 스타크래프트 게임에서도 보면 그 게임 화면 어느 구석에서도 그 게임을 컨트롤하는 저의 모습은 전혀 찾아볼 수 없습니다. 하지만 서든어택이나 카운터 스트라이크 같은 게임은 게임화면 자체가 유저의 시점에서 보는 게임 세계의 광경으로서 이 이런 종류의 게임은 유저 스스로가 게임 세계의 일부로 들어가 있다고 볼 수 있겠죠.

스타크래프트 게임에서도 개발자가 그와 같은 1인칭 인터페이스를 제공해 준다면 유저는 게임에서 테란 병사든 아니면 질럿이든 하나의 게임 유닛이 되어 직접 게임에 참여할 수 있을 겁니다. 그러니까 하나님께서도 이 우주를 스타크래프트 게임처럼 전지전능자적 입장에서 컨트롤 하실 수도 있겠지만 어쩌면 스스로 1인칭 인터페이스를 통해서 이 세계의 일부로 들어오셔서 우리 중의 일부로 살아가고 계실지도 모르는 것이죠. 일단 예수님의 사례가 있으니까요.

이 같은 모습에서 예수님께서도 당시의 사회에서 가장 구별됨이 낮은 지극히 평범한 신분으로 이 세상에 인간의 모습으로 태어나신 것일 겁니다. 하지만 이것은 당시 유대인 사회에서 고대하던 메시야의 모습과는 다른 모습이었을 겁니다. 아마도 권세가나 부자의 집안에서 태어나 최고 수준의 교육을 받으며 자라나신 분이었다면 당시의 지식인과 지배층으로부터 그런 무시와 수치를 당하지는 않으셨겠지요. 그 역시 "우리가 기다리고 있는 메시아라면 반드시 이런 모습이어야 한다"는 인간 스스로가 그어 놓은 '금' 때문에 일어난 것이겠죠.

사실 저 역시도 나름 학위를 가지고 있는 사람이라 그런지 어떤 새로운 사실을 주장하는 사람의 이야기를 들었을 때 그 사람이 주장하는 내용이 어떤 지보다는 그 사람의 학력이나 경력을 먼저 들춰보고 싶은 마음이 있습니다. 물론 가짜 뉴스, 거짓 정보가 범람하고 있는 혼탁한 인터넷 세상에서 이것이 정보를 걸러내는 거의 유일한 나름의 방법이긴 합니다만 그런 사실을 주장하고 이야기하는 사람이 관련 학위나 경력도 없는 사람이라면 그가 주장하는 내용이 어떻든지 간에 신뢰감과 흥미가 떨어지는 것은 어쩔 수가 없습니다.

그런 색안경이라면 색안경을 쓰고 있는 저 자신이지만 전공 분야도 아닌 이런 책을 쓰고 있는 아이러니를 저지르고 있지만 말입니다. 지금 같이 인터넷이 깔아 놓은 정보의 홍수의 시대에서 굳이 학교를 다니지 않아도 많은 정보를 얻을 수 있는 시대를 살고 있는 저조차도 그런데 2천 년 전, 사회 계층과 계층 간의 정보 흐름이 차단되었던 시대를 살고 있던 사람들에게는 아마도 더욱 그러했을 겁니다. 지금의 시대와 비유하자면 저기 시골 산골짝 출신의 초등학교만 겨우 나온 한 목수청년이 하는 말에 내가 아무런 편견 없이 귀를 기울일 수 있었을까? 하는 생각을 하면 사실 저도 자신 없습니다.

왜 예수님은 우리가 보기에 편하고 쉬운 여러 길을 놔두고 굳이 그토록 어려운 방법으로 이 땅에 오신 것일까요? 구름 타고 천사들의 우렁찬 나팔 소리와 함께 하늘에서 내려오는 정도까지는 아니더라도 최소한 무시 받지 않을 정도로 당시의 사람들이 바라고 기대하는 메시아의 모습으로 충분히 오실 수도 있었을 텐데 말입니다. 저 역시도 이해하기 힘든 질문입니다만 스스로의 손을 확률의 안개에 감추고 이 광대한 우주를 통치하시는 분을 생각하면 얼추 연결되는 점이 있는 것 같습니다. 다스림을 당하는 우리의 입장에서는 '왜 불필요하게 우리를 헷갈리게 하시는 걸까?'라는 불평이 있을 수 있겠습니다만 어쩌겠습니까? 만드신 분이 그렇게 만들겠다는 데 말입니다.

여기서 조금 굳이 색다르다면 색다른 방향으로 이야기를 돌리고자합니다. 공자와 함께 동양 철학의 시조(始祖)격으로 여겨지는 노자(老子)에 관한 내용인데 그의 가르침을 대표하는 키워드 중의 하나로 '上善若水(상선약수)'라는 것이 있습니다. 굳이 번역하자면 '최고로 좋은 것은 물과 같다'라 할 수 있을 겁니다. 또 다른 노자의 대표 키워드로 많은 분들이 알고 있을 '無爲(무위)'가 있는데 사실 이 두 키워드는 제가 보기에는 결국 같은 것을 이야기하는 것으로 저는 보고 있습니다.

물은 자연 상태에서는 위로 올라가는 법이 없습니다. 그저 중력의 법칙에 따라 아래로 아래로 흘러내려갈 뿐입니다. 가다가 물길이 막히면 그냥 그곳에서 몇 년이던 몇 십 년이던 아니면 몇 백 년이던 그냥 고여 있기만 할 뿐입니다. 체념하고 기다리는 것이 아닙니다. 그냥 기다려야 하니까 기다리는 것입니다.

그리고 결국 막힌 곳이 뚫리고 열리면 다시 그냥 전처럼 흘러갑니다. 그렇게 아무것도 의도하질 않고 뭘 하려고 하는 것도 없이 (즉 無爲) 자기가 가야 할 길을 묵묵히 흘러만 가는 이 약하디 약해 보이는 물로 거대한 산이 깎여 나가고 땅의 모양이 변하고 생명이 모이게 되어 이 지구의 모든 생명을 품고 있습니다. 물이 지구를 다스리고 있다는 표현은 아마도 절대로 과한 표현은 아닐 것입니다. 그리고 물이 중력을 거스르고 위로 올라가는 방법은 단하나, 자신의 모습 즉, 물의 형태를 버리는 수밖에 없습니다. 스스로 물의 형태를 버린 물은 그렇게 하늘로 올라가 구름이 되어 둥둥 떠다니다가 때가 되면 비가 되어 다시 전처럼 땅위에서 흘러내려가게 됩니다.

수천 년 전 노자는 이 물을 보면서 아마도 세상의 많은 이치를 깨달은 듯합니다. 바로 이 우주라는 시스템의 사용자인 하나님이 어쩌면 이와 같은 방법으로 이 우주를 다스리고 계시는 것은 아닐지 생각해 봅니다. 그분이 왜 우리가 바라는 바대로 우리 앞에 나타나질 않으시고 왜 굳이 그분의 손을 확률의 안개에 숨기고 계신지 말입니다.

제8장 하고 싶은 이야기들

1. 우연과 필연

"우주의 기원은 양자역학적 우연이다."

출처는 기억이 나질 않습니다만 어느 인터넷 기사에서 본 내용인데 김용철 교수님이라는 천체물리학 분야에서 국내외적으로 유명한 대학교수님께서 하신 말씀이라고 합니다. 물리학적 표현으로 우연과 필연은 분명한 경계가 있는 것 같습니다. 앞에서도 여러 차례 예를 들어 말씀드린 바이지만 피라미드형 "우주의 기원은 양자역학적 우연이다." 꼭대기에 공을 올려놨을 때 아무리 정밀하게 측정해서 공을 꼭대기 모서리에 올려놓는다 해도 반드시 곧 어느 방향이든지 네 모서리 중의 하나로 공은 굴러 갈 텐데 그 방향이 결정되는 것은 전적으로 물리학적인 '우연'일 겁니다. 하지만 일단 공이 구르기 시작한 후 10초 뒤, 공이 굴러가는 속도와 방향은 당연히 물리학적인 '필연'이 되겠죠. 즉, 물리학적 해석에 있어서 그 수학적 도구에 '확률'이라는 개념이 적용이 되면 아마도 '우연'이라고 보게 되는 것 같습니다.

양자역학에도 확률이 적용됩니다. 그 유명한 '불확정성의 원리'라는 것도 있고 입자물리학의 깊은 심연에는 '양자요동'이라는 무한의 확률의 바다가 있다고 합니다. 저 같은 평범한 사람이 전자 같은 입자가 물질과 진동 사이를 확률적으로 '왔다갔다' 하는 실체라는 말을 도무지 어떻게 이해할 수 있겠습니까만 실제 실험으로 증명된 사실이라 하니 그냥 그러려니 하고 받아들일 수밖에요. 그런데 이 거대하고 광활한 우주가 전자 같이 작고 작은 세계를 해석하는 양자역학의 관점에서 '우연'으로 볼 수 있는 한 사건으로부터 시작되었다는 것입니다.

그것이 바로 빅뱅입니다. 그런데 그 우연에 적용되는 확률이 10의 500승 분의 1… 그러니까 1다음에 0이 500개가 붙은 상상할 수도 없는 큰 수로 1을 나눈 값이라는 겁니다. 뭐… 0이라 해도 무방한 값이겠지만 그래도 분명히 0보다 큰 값인 것은 분명합니다. 이 확률은 빅뱅이 일어날 확률이라기보다는 빅뱅 후 우주가 지금과 같이 안정적인 형태를 가질 수 있는 확률, 그리고 더 나아가 이 우주를 관찰하고 해석할 수 있는 지적 능력을 가진 고등생명체가 '자연적으로' 등장할 수 있는 확률도 포함하고 있다고 합니다. 이러한 확률을 막연한 숫자만으로 이야기하는 것보다 조금 더 실감나는 비유로 말씀드리자면 중력이 없는 우주공간에서 총을 아무 방향이나 놓고 그냥 딱 한발 쐈는데 그 총알이 백억 광년이나 되는 엄청난 거리에 놓여 있는 5백 원짜리 동전에 맞을 확률이라는 겁니다.

그런 말도 안 되는 확률에도 불구하고 그 값이 확실한 0이 아닌 이상에는 현재의 과학적 관점으로는 '우연'이라고 표현할 수밖에 없는 것입니다. 왜냐하면 아직은 이것을 '필연'으로 보게 하는 어떤 과학적 원리를 인간은 아직 발견하지 못했기 때문입니다. 물론 과학자들도 사람인지라 이러한 말도 안 되는 확률을 앞에 놓고 '이 뒤에 뭔가가 있기는 한 것 같아'라는 생각이 들기도 할 겁니다. 그러나 여기에서 섣불리 '그 뭔가'를 단정을 지을 수도 없습니다. 그

'단정'이라는 용어 자체가 지극히 비과학적인 표현입니다. 과학자는 오로지 실험, 관측, 증명 같은 과학적 방법에 의해서만 표현해야 합니다. 제가 앞에서도 누누이 거론한 바 있는 이 우주는 신이 인간에게 던져 준 '문제'라는 관점에서 보면 그 다음에 놓여 있을지도 모를 해답을 인간이 신을 거론함으로서 오히려 스스로가 신의 이름으로 해답을 가려버리는 잘못을 저지를 수 있고 과학과 종교의 역사에서 보면 실제로 그런 일이 많이 있기도 했었습니다.

저는 시험문제를 내신 하나님의 입장에서 본다고 하면 하나님께서도 인간의 이런 모습을 원하지는 않으셨을 거라고 생각하고 있습니다. 바로 그가 우주에 인간이라는 관찰자를 세우신 목적과 이유가 분명히 있을 것이고 관찰자는 끝까지 중립적인 위치에서 우주를 바라보는 것이 관찰자로서의 인간의 역할이라 할 수 있을 것 같습니다. 그 관찰의 끝은 인간이 순수한 과학적인 방법으로 신의 존재를 발견, 즉 증명하게 되면 관찰자로서의 역할로서는 '임무완수'가 아닐까 하는 생각도 듭니다. 그렇게 발견된 신의 존재가 물리적인 형상이던 논리적인 형상이던 상관없이 말입니다.

만약 여러분들이 [그림 4-3]에 나와 있는 것처럼 당구공이 피

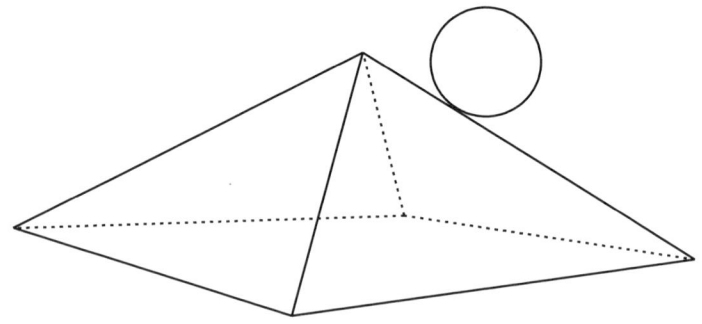

[그림 4-3] 피라미드의 한 모서리를 굴러가는 당구공.

라미드의 평평한 면이 아닌 뾰족하게 튀어나온 모서리를 타고 끝까지 굴러 내려오는 것을 보셨다면 아마도 대부분의 사람들은 '기적'이라고 말할 겁니다. 수억 번, 수십억 번을 꼭짓점에서 굴려도 아마도 이런 경우를 실제로 보는 것은 기대하기 어려울 것이기 때문입니다. 그럼에도 불구하고 과학자들은 이것을 '우연'이라고 말할 수밖에 없을 겁니다. 하지만 그런 말을 하는 과학자도 이런 광경을 직접 보았다면 한사람의 인간이기에 아마도 무척 신기해하기는 할 것 같습니다. 그리고는 하나의 희귀한 사건을 직접 목격한 재미있는 기억으로 그날의 일기장에 적어 놓을 수도 있을 겁니다.

그런데 만약에 그 과학자가 며칠 전 꿈에서 이런 광경을 이미 한번 보았다면 어땠을까요? 물론 과학자로서 '우연'이라고 말했던 것에는 변하지 않을 겁니다. 이를 설명할 수 있는 어떤 다른 과학적 현상을 발견하지 않는 이상 말입니다. 하지만 한사람의 인간으로서 그 과학자는 '이런 일이 내게 왜 일어났을까?' 하는 생각을 하지 않을 수 없을 겁니다.

즉 우연임에는 변함이 없겠지만 '무시할 수 없는 우연'이 되는 겁니다. 물론 이런 종류의 일이 흔하지는 않겠지만 '절대 그런 일이 있을 수 없어!'라고 자신 있게 말할 수 있는 사람은 아마도 드물 것 같습니다. 일어날 확률이 극히 적은 일이 우리 주변에서 실제로 일어난 것을 직접적은 아니더라도 간접적으로 일생 중 몇 번은 보곤 하기 때문입니다.

이런 일이 동서양을 막론하고 꽤 많이 일어나서 그런지 칼 융(Carl Gustav Jung, 1875~1961)이라는 스위스의 정신의학자가 이에 대해 관심을 갖고 많은 연구를 했다고 합니다(조금 다른 이야기이긴 하지만 최근 한국에서 크게 유행하고 있는 MBTI라는 성격심리검사가 바로 이분의 이론에 기반으로 한 것이라고 합니다). 그는 이러한 꿈이나 환상 같은 비현실 심리세계의 현상이 현실 세계와 연결되는 현상을 일컬어 그는 동시성(Synchronicity)이라는 이름을 붙이고 이렇게 우연은 우연이겠지만 '무시할 수 없는 우연'에 대해서 많이 연구했는데 물론 당시 다른 많은 과학자들로부터는 별 과학 같지 않은 점쟁이나 무당 같은 이야기에 많은 무시를 받았다고 합니다. 제가 생각해도 그랬을 것 같습니다.

하지만 그의 이 이론은 참으로 묘하게 양자역학과 연결이 되는 것이 있어서 20세기 후반에 다시 부각되기 시작합니다. 바로 이미 앞에서도 여러 번 언급한 바 있는 '양자 얽힘(quantum entanglement)' 때문입니다. 왜 한 정신의학자의 천대받던 이론이 뜬금없이 현대물리학의 최고의 정수라 할 수 있는 양자역학과 연결이 되는지에 대해서는 지금 이 자리에서 이야기하기가 너무 장황해지는 것 같아서 생략하겠지만 이 두 이론 모두가 '우주 안의 만물들은 서로 연결되어 있다'라는 결론을 낼 수 있기 때문이라는 것입니다.

"신비는 제거해야 할 부정적인 것이 아니라 존재를 구성하는 요소 중의 하나다."

— 베르나르 데스파냐
(Bernard d'Espagnat, 1921~2015, 프랑스의 물리학자, 철학자)

과학적으로 정확히 설명할 수 있다면 그것은 더 이상 신비로운 것이 아닌 '당연'한 것이 되겠지요. 그렇다고 과학적으로 설명할 수 없는 현상이 우리 눈앞에 펼쳐진다면(즉, 실재한다면) 그것을 비과학적이라는 이유로 함부로 무시할 수 있는 것이냐는 겁니다. 만약 축구 경기장에서 경기 중에 한 선수가 차서 제 방향대로 잘 날아가고 있던 공이 갑자기 이유도 모르게 180도 방향으로 꺾여서 골문으로 들어갔다고 했을 때 심판은 그것을 공의 비과학적인 방향 전환이라는 이유로 골이 아니라고 판정할 권한이 있을까요?

당구공이 모서리를 타고 끝까지 내려올 확률은 아마도 무척이나 작은 값일 겁니다. 0이라고 해도 무방할 그런 값이 되겠지요. 그런데 빅뱅이론과 우주진화를 연구하는 학자들이 말하는 것은 빅뱅 이후 현재 우리가 보는 모습의 안정적인 우주로 발전해 온 것은 당구공이 모서리를 타고 내려가는 수준으로 아주 가느다란 확률의 줄을 타고 내려온 것이라고 합니다.

중력이 아주 미세하게나마 조금 더 많이 작용했었더라면 우주는 하나의 거대한 블랙홀 덩어리로 뭉쳐질 수도 있었고 그 반대 방향으로 중력의 작용이 조금이라도 약했더라면 별이나 은하가 생성되질 못하고 그저 희미한 안개처럼 물질이 넓게 펼쳐지기 만 한 그런 우주가 될 수도 있었다는 겁니다.

양쪽 모두 지금 우리가 바라보고 있는 우주로 진화될 확률보다는 훨씬 클 것이라는 것이죠. 그러니까 지금의 우주를 살고 있는 우리 모두는 당구공이 모서리를 타고 내려오는 광경을 직접 목격한 그 과학자와 확률적으로는 별로 다르지 않다는 사실입니다.

그 뿐만이 아닙니다. 당구공이 모서리를 타고 내려올 확률은 모르긴 몰라도 우주에 고등지능 생명체로서의 인간이 자연적으로 존재할 수 있는 확률이라는 10의 500제곱 분의 1보다는 아마도 훨씬 큰 값일 겁니다. 그런데 지금 나라는 존재는 한사람의 인간으로서 이 우주에서 분명하게 살아가고 있습니다. 이 말은 10의 500제곱 분의 1이라는 '과학적' 확률이 나에게 실재한 것이 되어 우연

우주의 소프트웨어 363

은 우연이겠지만 '나로서는 더 이상 무시할 수 없는 우연'이 된 것이지요. 이 말은 저와 우주는 10의 500제곱 분의 1의 확률로 '서로 연결'되어 있다는 이야기 아닐까요? 10의 500제곱 분의 1이라는 값이 물론 어마어마하게 작은 값인 것은 분명하겠지만 절대로 0은 아니니 말입니다. 그렇습니다. 저와 우주는 그 확률만큼의 '동시성(Synchronicity)'을 갖고 있다는 말일 겁니다. '우연'이라는 표현은 그 확률이 작용하는 사건의 시점에서만 할 수 있는 표현입니다. 절반의 확률은 오로지 동전을 던지는 그 시점에만 적용될 뿐인 것이고 던지고 나면 앞면이든 뒷면이든 그것은 되돌리지 못하는 결정된 '필연'으로 바뀌게 됩니다. 이것을 양자역학적으로 해석하는 게 까다로워서 그랬는지 몇몇 과학자들은 앞면으로 나올 때의 우주와 뒷면일 때의 우주가 분리되어 나아간다는 다중우주론을 주장하기도 했지만, 어쨌든 이렇게 무시할 수 없게 된 우연이 '필연'이라고 후향적으로 말할 수 있는 것은 아닐는지요? 그리고 어쩌면 그 작디작은 확률만큼의 가느다란 우연의 끈으로 이 우주라는 시스템의 사용자와 나와는 동시성으로 연결되어 있다는 것은 아닌지 모르겠습니다.

모든 것이 하나님의 창조에 의해서만 이루어졌다고 막무가내 식으로 믿었던 시기를 아이러니하게도 역사적으로는 '암흑시대'라고 일컫고 있습니다. 그냥 눈에 보이는 모든 것에 대해서 묻고 따지지 못하게 하면서 그저 하나님께서 그렇게 만드셨다고 믿기만 하고 그 피조물에게도 심지어 하나님에게도 한발자국도 다가가질 못했던 시대였습니다. 그런데 또 다른 아이러니는 그와 반대로 인간이 갖고 있는 하나님과 우주에 대한 인식이 조금씩 '객관적'으로 바뀌어 갈수록 인간이 우주를 바라보는 안목이 점점 넓어졌다는 점입니다. 그렇게 우주를 조금 더 넓게, 조금 더 깊게 바라볼수록 그전까지는 전혀 바라볼 수 없었던 우주의 진정한 아름다움을 인간은 느끼기 시작했다는 점입니다. 다만 하나님에 대한 그 '객관적'이라는 관점이라는 것이 눈을 하나님으로부터 다른 방향으로 돌리기 시작했다는 것으로서 헤겔(Georg Wilhelm Hegel, 1770~1831)이 19세기의 '시대정신'이 될 것이라고 예견했던 이른바 '세속화(Secularization)'라는 거대한 시대조류 뿐 아니라 코페르니쿠스 법칙이라고 알려진 우주에서 인간과 인간에 관련된 것들에 대한 '특별함'을 하나하나 지워 나가기 시작했던 사고방식의 출발점까지 포함 하는 것일 겁니다.

'우주의 시작은 양자역학적인 우연이다'라는 표현은 지극히 관찰자적인 표현입니다. 어쩌면 그런 말을 한 과학자의 입장에서 보면 차라리 10의 500승 분의 일이라는 확률을 거론하기보다는 차라리 하나님을 거론하는 것이 훨씬 마음이 편했을 수도 있을 겁니다. 그러나 그런 말도 안 되게 작은 확률의 안개 속에도 지금은 상상할 수 없는 또 다른 아름다움이 숨겨 있을 지도 모르는 일입니다.

나비효과… 아마존 정글에서 한 마리 나비의 날갯짓이 카리브해에 거대한 허리케인을 일으킬 수도 있다는 이론입니다. 하지만 그 나비는 자신으로 인해 거대한 태풍이 일어났다는 사실을 전혀 알지도 못한 채 짧은 생을 마쳤겠죠. 당연히 그 나비의 날갯짓과 태풍은 전적으로 과학적인 우연일 것이고 그 확률은 당연히 어마어마하게 작은 값이겠죠. 하지만 누가 알던 모르던 간에 그 나비는 그 태풍을 일으킨 원인이었고 현재의 시점에서 후향적(retrospective) 관점으로 바라보면 그것은 필연으로 볼 수도 있다는 점입니다. 왜냐하면 모든 후향적 관점은 움직일 수 없는 고정된 것을 바라보고 있기 때문입니다. 현재에서 보는 과거는 절대로 바뀔 수 없는 고정된(fixed) 것이기 때문이죠.

'우연'이라 말할 수 있었던 시점은 바로 그 나비가 그 날갯짓을 할 때뿐입니다. 아직 결정되질 않았기 때문이죠. 그런데 이러한 관점은 어떻게 보면 모순으로 여겨질 수 있는 점이 있습니다. 후향적 관점이 과거의 사실을 결정된 것으로 바라보고 있다면 전향적 관점 역시 이미 결정된 것으로 볼 수도 있지 않을까? 라는 점이죠. 미래는 반드시 오고 오늘은 반드시 어제가 되니까요.

이러한 관점에 의한 과학적 모순을 해결하기 위해 제한된 이론으로 다중우주 이론이라는 것이 있습니다. 다중우주라는 이론도 여러 가지가 있고 등장배경 역시 여러 복잡한 것이 있는데 그 출발점은 양자역학의 불확정성의 원리 같은 여러 가지 이해하기 힘든 현상을 인간의 관점으로 해석하기 위한 것이었고 이후엔 또 M이론 같은 다른 요소로 인해 여러 가지가 나오면서 다소 복잡해졌고 지금은 많은 과학적 단서나 이론적 증거도 꽤 제시되고 있다고 합니다. 그러니까 처음의 이 이론이 등장했을 때는 미래가 결정되지 않은 만큼 과거 역시 결정되지 않았다고 보는 이론입니다.

혹시 'Back to the future'라는 영화 시리즈를 보신 분이 있으실지 모르겠지만 그 영화가 이러한 관점으로 이야기가 진행됩니다. 80년대를 살다가 타임머신을 타고 21세기 미래로 간 주인공의 타임머신을 주인공 아버지의 질 나쁜 친구가 몰래 타고 50년대로 돌아가 과거의 자신에게 중요한 정보를 알려줌으로서 80년대의 세상이 바뀌는 내용이 있습니다. 물론 전체 이야기 흐름이 아닌 중간에 나오는 한 부분입니다. 저는 당시 이 영화를 보면서 '이래서 타임머신은 있으면 안 되는 것이겠구나'하는 생각이 들었습니다.

그러니까 어떤 사실의 분기점이 있을 때 우주는 그 분기점만큼 다른 우주로 분기되어 진행한다는 것입니다. 예를 들면 'Sliding doors'라는 영화가 있는데 이 영화는 여자 주인공이 지하철역에서 열려진 전동차 문 앞에서 탈까 말까를 고민하는데 탔을 경우의 이야기와 안 탔을 경우의 이야기가 평행하게 진행되어 나갑니다.

저같이 평범한 두뇌회전율을 갖고 있는 사람이 보면 당최 이해하기가 어려운 영화였죠. 그래서 저는 영화관을 나올 때까지도 무슨 이야기인지 모르고 있다가 같이 갔던 일행 중 저보다 머리 좋은 한사람의 설명을 듣고서야 '아… 그런 영화였구나…'하는 생각이 들었습니다.

그러니까 우주 역시 그런 식으로 갈려서 진행한다는 겁니다. 그래서 평행우주론이라고도 합니다. 처음 언급한 피라미드형 정 오면체 꼭대기에서 당구공을 올려놓는 비유에서는 우주가 네 방향으로 갈려서 진행한다는 것이겠죠. 그러니까 지구만 해도 수십억 명이 살고 있고 각 사람의 일분일초마다 갈라지는 경우가 생길 터이니 뭐 무한에 가까운 우주가 지금 동시에 진행되어 나가고 있다는 것 아니겠습니까? 이게 무슨 황당한 이야기처럼 들리시겠지만 얼렁뚱땅해서 나온 이야기가 아니고 상당한 물리학적, 수학적 근거를 두고 하는 이론이라고 합니다.

그런데 제가 보는 견지에서 이 이론의 가장 큰 허점은 바로 '나'라는 존재입니다. 모든 분들이 알고 있을 데카르트가 한 유명한 말 '나는 생각한다. 고로 존재한다.' 이 말처럼 나는 지금 분명히 단 하나의 존재로서 존재하며 지금의 시간을 지금의 나로서 살아가고 있습니다. 평행우주론의 이야기대로라면 저 역시 지금까지 살아오면서 수많은 분기점이 있었던 만큼 그때마다 수많은 다른 '나'로 분기되어 다른 우주에서 살아가고 있다는 이야기입니다.

그렇다면 '나는 왜 그 수많은 가지로 분기되어 있다는 다른 내가 아니고 지금의 나로 살고 있는가?'라는 질문엔 딱히 답을 줄 수가 없을 것 같습니다. 분명히 나는 내가 지원한 학교에 떨어지지 않고 합격해서 졸업까지 했고 나의 사랑 고백을 거절하지 않고 받아들인 한 여자와 결혼해서 지금까지 살고 있습니다.

후향적으로 보면 분명히 내가 살아온 인생길은 하나의 고정된 경로(fixed path)로 살아왔다는 사실은 도저히 부정할 수 없을 것 같습니다. 물론 그것 역시도 과학적으로는 우연일 겁니다. 그런데 지금 제가 되돌아보는 저의 인생은 30년 전의 일이던, 1초전의 일이던, 그 어느 것도 되돌리거나 다시 재생(reproduce)할 수 없는 완전히 고정되고 고착된 필연의 사건들입니다. 저는 단 하나뿐이기 때문입니다. 그렇게 본다면 다시 반복되는 무한 순환논리가 될지 모르겠습니다만, 미래의 나도 역시 그렇지 않을까요?

> 나는 알파와 오메가요 처음과 마지막이요 시작과 마침이라.
> - (요한계시록 22:13)

지금 우리는 확률의 개념이 포함된 우주법칙의 결과를 '우연'이라고 보고 있고 이것은 아직까지는 과학적으로 타당한 해석일 겁니다. 그러한 결과가 나올 수밖에 없도록 유도해 내는 또 다른 과학 법칙이 등장하기 전까지는 말입니다. 그런데 그러한 법칙이 존재하지 않는다는 것이 증명되면 그것은 순수 확률의 영역이 되어

버리겠죠. 이른바 '카오스(chaos)'라는 것이죠. 그 반대의 개념이 '코스모스(cosmos)'라는 것으로 수학적으로 고정된 결과가 나오는 과학 법칙의 영역입니다. 그런데 과연 코스모스와 카오스 중에서 어떤 것이 지금 우리가 보고 있는 우주의 형태를 이루기까지 절대적으로 작용해왔을까요? 앞에서도 여러 번 거론한 예이지만 피라미드형 정 오면체 꼭대기에 공을 올려놓고 나서 굴러나가는 방향은 카오스에 의해서 결정되지만(즉, 우연) 구르기 시작한 후의 공의 운동은 코스모스의 영역인 것처럼 거의 모든 '초기' 상태는 아마도 카오스의 영역인 경우가 많을 겁니다.

빅뱅 직전의 상태는 아직 쉽게 상상할 수 있는 영역이 아니므로 차치하고, 우주먼지가 은하의 특정 성간 영역에 자욱하게 구름처럼 모여 있는 상태를 생각해 보겠습니다. [그림 4-4]에 나오는 오리온 대성운은 아마도 많은 분들에게 익숙한 천문 영상이지 않을

[그림 4-4] 오리온 대성운
(출처:https://www.messier-objects.com/wp-content/uploads/2015/05/Orion Nebula-infrared.jpg)

우주의 소프트웨어　369

까 싶습니다. 지금도 수많은 별들이 태어나고 있는 이른 바 별들의 산실(産室)이랄 수 있는데 이 그림은 보는 것은 쉬워도 이 영상은 적어도 수십 광년의 영역을 찍은 것입니다. 이 정도의 우주먼지 구름은 우리 은하계만 보더라고 적지 않게 널려 있다고 합니다. 우주먼지를 이루는 알갱이(말이 쉬워서 알갱이이지 작은 것은 분자 수준의 크기에서부터 어쩌면 큰 것은 달 만한 크기 일 수도 있답니다.) 하나하나는 물론 코스모스적인 운동을 할 겁니다.

바로 옆의 알갱이와도 뉴턴의 만유인력의 법칙과 고전 운동역학에 의거한 상호작용을 할 겁니다. 그런데 그런 알갱이가 그 먼지구름 안에 수백, 수천만조(兆) 개보다도 훨씬 더 많이 있다는 겁니다. 이렇게 많은 수의 군집을 이루는 모든 알갱이들에게 그런 코스모스적인 해석을 하기에는 너무 번거롭기도 하고 또 과학적으로도 큰 의미가 없다고 합니다.

그런 대규모 군집은 군집을 전체를 하나의 해석 단위로 봐야하고 그렇게 전체를 관찰했을 때 실제로 알갱이 하나하나를 분석했을 때는 볼 수 없는 새로운 '현상'이 관찰되는데 그것을 '떠오름'이라고 한다는 것은 다른 장에서 이미 설명한 바 있습니다.

대표적인 예로 생명이라는 것도 그런 '떠오름'의 한 현상이라는 사실입니다. 바로 하나하나의 분자와 분자 사이에서 일어나는 다양한 화학반응이 수백 수천억 단위의 분자 집단에 중첩되어 모였을 때 개별 분자 사이의 화학 반응에서는 전혀 볼 수 없었던 새로운 현상이 바로 세포에서 일어나는 생명현상인 것이죠. 그런데 이 '떠오름' 현상은 전혀 코스모스적이 아니라는 겁니다. 물론 완전히 없는 것은 아니겠죠. 피라미드 모형 위에 당구공을 올리는 것처럼 움직이기 시작하면 코스모스적인 성질을 보이듯이 초기 상태에서의 불안한 균형이 깨지기 시작하면 어느 정도 코스모스적인 해석이 가능한 상태의 변화는 분명히 있을 것인데 문제는 '그 시작이 어디에서 어떻게 일어나는가?'라는 어쩌면 가장 궁금한 것에 대해서는 과학적인 예측을 함부로 할 수가 없다는 겁니다. 그러니까 우주먼지 구름의 어느 부분에서 몇 백만 년 뒤면 새로운 별이 탄생하게 될 것이라고 함부로 예측할 수가 없고 세포와 똑같은 물질들을 똑같은 공간에 똑같은 비율로 모아 놓는다고 해서 그것들이 세포가 되지는 않는다는 것입니다. 그 거대한 우주먼지 구름에서 태양 같은 거대한 별이 만들어지는 것은 아마존 밀림에서의 한 마리 나비의 날갯짓과 같이 조약돌만 한 작은 알갱이들 간의 충돌로 시작될 수도 있다는 겁니다. 하지만 그 우주먼지 구름 안에서 매 초마다 수백만, 수억만 회 정도씩 일어나고 있을 그 알갱이들 간의 충돌 중에 과연 어떤 충돌이 새로운 별의 탄생과 연결되는지는 누구도 예측할 수 없다는 것이죠.

이처럼 별의 시작은 바로 코스모스라기보다는 다분히 카오스적인 속성을 보인다는 것입니다. 바로 이 장의 시작에서 인용한 바 있는 "우주의 기원은 양자역학적 우연이다"라고 했던 어느 과학자의 말처럼 "별의 시작은 천문학적인 우연"의 연속에 있는 것이고, 이것이 어디 별 뿐만 이겠습니까? 생명의 시작도 "원시수프에서 일어난 유기화학 상의 우연"이라 할 것이고, 인간의 출현도 "진화생물학적인 우연"이라 말 할 수 있겠지요.

여기에서 나오는 모든 '우연'이란 말은 '0'이라 해도 무방할 만큼의 아주 어마어마하게 작은 확률 값에서 나온 우연이겠지만 아직 '필연'임을 증명하는 과학적 사실을 아직 밝혀내지 못해서 하는 말일 겁니다.

빅뱅이라는 우주의 시작과 생명의 시작 그리고 인간의 시작, 이 모두 아주 작고 작은 확률이었겠지만 어떤 '점화'가 되는 시점은 분명히 있었을 것이겠지만 아직 우리의 과학은 이러한 '점화'의 시점들을 명확하게 서술하지 못하고 있는 것 같습니다. 아직은 아주 짙은 확률의 안개에 감춰져 있는 것 같습니다.

여기에서 이것을 '신앙적' 관점으로 한번 보고자 합니다. 물론 과학의 영역에서 신앙적 관점이나 해석 동원하는 것은 과학자로서의 항복을 뜻한다고는 했지만 어차피 수십억 번의 알맹이 충돌 중에 어느 충돌이 별의 탄생의 시작점이 될지는 모르는 것이 확실하다고 했을 때, 즉, 과학적 해석의 막다른 골목에 이르렀다면 한번 우리가 관찰자로서의 역할 때문에 억누르고 있던 '신을 바라보는 눈'을 한번 들어보자는 겁니다. 어떻게 보면 과학적으로 막다른 골목이라 여겨지는 곳에서는 한 번쯤은 하나님께 눈을 돌려도 되지 않을까 하는 생각입니다. 어쩌면 우주에서 하나님의 손은 확률이라는 안개 속에 감추어진 것은 아닐는지요?

땅이 '혼돈'하고 공허하며 흑암이 깊음 위에 있고 '하나님의 영'은 수면 위에 운행하시니라.

- (창세기 1장 2절)

저는 이 구절에서 카오스(혼돈)는 하나님의 영역인 것을 선언하고 있는 것으로 받아들이고 있습니다. 그러니까 우주에서 일어나고 있는 그 수많은 '우연' 중에 어쩌면 그 중 극히 일부는 하나님에 의한 '확률적 조작'에 의한 것일 수도 있다고 본다면 지금 우리가 살고 있는 태양계 그리고 거기에 속한 지구 역시 하나님에 의해 '지음 받은 것'으로 봐도 무방한 것은 아닐까요?

물론 이런 관점은 전혀 과학적이지 않을 겁니다. 하지만 인간은 '우주의 관찰자'이외에 '존재의 인식'을 할 줄 아는 아직은 유일한 '해석자'로서의 역할도 있다고 보기에 '받아들이는 권한' 역시 있다고 봅니다. 그리고 최소한 이 글을 쓰고 있는 저는 이런 '막다른 골목'에서 '그것'을 '이렇게' 받아들이고 있습니다. 물론 막다른 골목이라는 표현도 성급한 것일 수도 있겠지요. 내일이라도 어느 과학자에 의해서 길을 찾으면 전혀 막다른 골목이 아닐 테니까요.

앞의 다른 장에서도 언급한 내용이지만 태양계 정도의 공간만으로도 관찰자인 인간에게 있어서는 감당하기 힘든 광대한 공간임이 틀림없을 겁니다. 그래서 인류 역사 대부분의 기간 동안 인간이 생각한 우주의 크기는 태양계 정도였습니다. 그 조차도 토성까지였습니다. 그 너머에 천왕성이 있다는 사실을 안 것이 2백년이 조금 넘습니다.

그런데 20세기 들어서 인간이 관찰하는 우주의 크기는 어마어마하게 넓어졌습니다. 지금 인간이 관측하고 있는 우주의 크기는 수백억 광년 단위입니다. 하지만 2백 년 전까지만 해도 태양계를 우주의 전부라 생각했었고 그로부터 백년 뒤에는 그동안 있어 왔던 천문학의 비약적 발전으로 인해 과학적 관점의 우주 크기가 전에 비해 어마어마하게 넓어졌음에도 불구하고 섀플리(Harlow Shapley, 1885~1972)라는 천문학자가 은하계를 몇 만 광년 정도의 크기라고 발표하니까 사람들이 '그가 드디어 미쳤다'라는 반응을 보였다는 점에서 인간이 우주를 바라보는 눈이 그사이 말도 안 되게 넓어진 것입니다. 그런데 그런 은하계조차 지금 우리가 관찰하는 우주의 크기에서는 그냥 한 점일 뿐입니다. 그런 우주의 광대함을 우리는 바라보고 있는 것입니다. 인간에게 관찰자로서의 역할을 맡기기 위해서 우주를 창조하신 것이라면 왜 하나님은 우주를 이렇게 크게, 어떻게 보면 허황될 정도로 어쩌면 불필요하게 보일 정도의 광대한 우주를 만들어 놓으신 것일까요?

주제넘은 의문인 것은 사실입니다만, 저도 학위를 가진 사람으로서 저 스스로를 하나님께서 창조하신 우주를 관찰하고 있는 나름 과학자 중의 한사람이라고 자처하고 있는 저에게는 이 점이 지금 쓰고 있는 이 책을 구상하면서 시작된 매우 오래된 의문이었습니다. 그런데, 이것이 감히 근원적인 해답이 될 수는 없겠지만 '어쩌면'이라는 생각이 들게 하는 한 생각이 있었는데 그것은 "인간의 시선으로부터 하나님 스스로를 '과학적인 확률'의 안개에 감추기 위함이 아닐까?"라는 생각입니다.

지금 어리둥절한 느낌이 드는 분들이 많으실 것 같습니다. [표 4-1]은 드레이크 방정식을 설명하고 있습니다. 이 공식은 우주로부터 지구로 들어오는 전파를 분석하여 외계 고등문명체의 존재 여부를 탐색하는 SETI(외계의 지적생명탐사, Search for Extra-Terrestrial Intelligence) 프로젝트의 창립자 중의 한 명인 프랭크 드레이크(Frank Drake, 1930~2022)라는 천문학자가 제안한 우주에서 고등문명을 이룩할 수 있는 생명체가 존재할 확률을 계산하는 공식인데 보시는 것처럼 공식을 이루는 각각의 확률 항목이 아직은 절대적인 값을 보여줄 수 있는 상황이 아니라 많은 부분에서 인간의 상상력이 더해진 '대충 이 정도 되지 않을까?' 하는 값들입니다. 이 공식은 앞으로 천문학적, 생물학적 관측을 통해서 점점 그 추정 범위가 변

드레이크 방정식
Drake Equation
$N = R^* \times f_p \times n_e \times f_l \times f_i \times f_c \times L$
N = 우리은하 내에 존재하는 인간과 교신이 가능한 문명의 수 R^* = 은하 안에 있는 항성들의 총 수(또는 별들이 생성되는 비율) f_p = 항성이 항성계를 가지고 있을 확률 n_e = 항성에 속한 행성 중 생명체가 살 수 있는 행성의 수 f_l = 그 행성에서 생명체가 발생할 확률 f_i = 발생한 생명이 지적인 생물체로 진화할 확률 f_c = 그러한 지적인 생명체가 탐지할 수 있는 신호를 보낼 수 있을 정도로 발전할 확률 L = 위의 모든 조건을 만족하는 생명체가 존재할 수 있는 기간. 정확히는 교신 기술을 유지하는 시간.

[표 4-1] 드레이크 방정식

하기는 하겠지만 어쨌든 관측 위주의 학문적 성격이 강한 천문학적 관점이 강한 공식으로 보여집니다.

이것과 비교되는 확률을 이 장의 앞부분에서 이미 거론한 바 있는데요 바로 우주에서 양자역학적으로 계산된 인간과 같은 고등 생명체가 자연발생적으로 나타날 확률, 즉 10의 500제곱 분의 1 이라는 다소 터무니없어 보이는 그 확률입니다. 이 확률은 드레이크 방정식처럼 관찰에 의한 후향적 확률 계산이 아니라 각종 물리학적 상수와 양자역학적으로 계산 또는 발견된 빅뱅 시기의 초기 우주 상태로부터 전향적으로 계산된 결과입니다. 양쪽 모두다 아마도 어마어마하게 작은 값이 나올 것은 분명해 보입니다. 아마도 0이라 해도 무방한 값이 나오겠지만 분명히 0은 아닐 겁니다. 현재의 우주에서는 최소한 인간이라는 고등생명체는 존재하고 있기 때문이죠.

인간 스스로가 바라보는 우주에서 자신이 존재할 확률이 크게 나온다면 그렇게 큰 크기의 우주를 필요로 하지 않을 겁니다. 그리고 그렇게 된다면 인간은 아마도 자신의 존재에 대해서 당연한 것으로 바라보겠고 신을 필요로 하지 않게 될지도 모르죠. 그리고 반대로 만약 확률이 0이 되든지 아니면 존재하기에 충분하지 않은 확률의 우주라면 그것은 필연적으로 하나님의 작위에 의해 인간이라는 고등생명체가 존재하는 것이란, 즉 전적으로 신에 의존할 수밖에 없는 인간의 형태가 되겠죠. 그런 우주에서라면 인간의 존재 자체가 하나님의 존재를 증명하는 것이 될지도 모르겠습니다.

하지만 지금 인간은 인간의 존재 확률이 0보다는 크긴 크겠지만 어마어마하게 작은 우주에 살고 있습니다. 그래서 '우주를 관찰할 수 있는 존재의 가능성이 충분해지는 최소한의 크기'가 지금 우리가 관측하고 있는 우주가 아닐까 하는 생각을 하게 되었습니다. 그렇게 되면 인간의 존재에 굳이 신을 연결하지 않아도 되겠지요. 즉 인간에게 '판단의 선택권'을 부여할 수 있는 아주 작은 확률 간극에 놓인 우주가 아닐까 하는 저의 생각입니다. 하나님은 이렇게 우주를 지나치다 싶을 만큼으로 광대하게 만드시기까지 하시면서 그 작고 작은 확률에 하나님의 존재를 숨기고 계시는 것은 아닐까요? 만약 그렇다면 왜 하나님은 이렇게까지 하시면서 스스로의 모습을 확률이라는 안개 속에 인간의 시선으로부터 숨으시려 하는 것일까요?

제가 신학자도 아닌 마당에 이것을 함부로 이야기를 꺼낼 수 있을까 하는 생각도 듭니다만 어차피 주제 넘는 이야기를 여기까지 끌어온 마당에 이야기를 계속 이어 갈까 합니다.

기독교는 그 시작점이 다른 종교에 비해서 매우 특별한 특징이 있는 것 같습니다. 다른 종교는 그 창시되는 시대에 그 창시자는 그래도 최소 중상류층의 사회적 출신으로 수명으로는 천수를 누렸고 그만큼 오랜 시간동안 살면서 특히 당시의 사회적 최상류층

사람들과 상당한 수준의 우호적인 관계 속에 많은 사람들로부터 존경과 인정을 받으며 충분한 시간에 걸쳐 많은 제자들을 안정적으로 길러냈으며 그 제자들 역시 사회적으로 인정을 받고 창시자의 이론과 가르침을 이어받고 그 종교를 널리 펼치는데 정치적으로나 사회적으로나 그렇게 많은 제약이 가해지지는 않았던 것 같습니다.

하지만 기독교는 아시겠지만 창시자가 당시의 사회 수준에서 빈곤층까지는 아니었을지는 몰라도 최소한 지극히 평범하고 그리 내세울 것 없는 가정에서 태어나 30대 초반의 비교적 젊은 나이에 3년이라는 아주 짧은 기간 동안만 활동하였고 그 조차도 당시의 주력 상류계층으로부터 많은 멸시와 탄압을 받았고 결국 그들로부터 범죄자로 몰려 끔찍한 처형까지 당했습니다.

이것으로 끝난 것이 아니라 그의 제자들 역시 억압을 피하기 위해서 지하에서 활동하다가 대부분 사형당하면서 생을 마감했을 뿐만 아니라 그들을 따르던 초기 기독교 신자들에게까지도 로마 제국 차원에서의 몇 백 년 간 이어진 목숨까지 위협하는 온갖 박해와 탄압에도 불구하고 살아남아 결국에 꽃을 피운 종교라는 사실입니다.

세상을 주관하시는 하나님을 바라보는 관점에서 기독교가 왜 이렇게 힘든 출발점을 가지게 되었는지를 한번 생각해 보지 않을 수 없을 것 같습니다. 불교의 부처님처럼 왕자님까지는 아니더라도 명망 있는 귀족 가문 또는 어느 부잣집의 도련님으로 예수님께서 태어나셨다면 그렇게까지 힘들 필요는 없었을 텐데 말입니다. 설혹 좋은 집안에서 태어나지는 않았더라도 이슬람교 창시자처럼 정치적 혁명에 성공하든지 아니면 뛰어난 장사 수완을 발휘해서 금전적으로 풍부한 환경을 만든 다음 종교적인 활동을 시작했다면 아마도 그렇게까지 고생은 안 해도 되셨을 겁니다. 세상을 창조하시고 주관하시는 하나님이시라면 기독교라는 새로운 종교를 시작하는 데 있어 좋은 조건과 환경을 얼마든지 선택하실 수 있었을 텐데 왜 그렇게 낮고 낮은 곳, 가리어진 곳에서 시작하셨을까요?

글쎄요… 저는 잘 모르겠습니다만 하나님께서는 당신의 권위와 권능의 모습을 인간에게 대놓고 내보이는 걸 굳이 원하지 않으시는 것 같습니다. 이 점은 다음 절에서 다시 언급하겠습니다만 제 생각에는 하나님은 어떤 조건이나, 물리적인 힘이나, 사회적인 인식 등에 영향을 받지 않고 인간의 전적인 자유의지만으로 자신을 바라보기를 원하시는 것이 아닐까 하는 생각이 듭니다. 그래서 그런 조건들이 보이지 않고 개입할 수 없는 낮고 낮은 곳으로 스스로를 숨기신 것이라고 저는 생각하고 있습니다.

마찬가지로 우주에서도 자신의 모습을 뻔히 드러내 보이시는 것이 아니라 확률의 안개 속에 자신을 감추기 위해 확률적으로 인간이 존재할 수 있는 최소한의 확률이 보이는 크기의 우주를 만드시고 그 속에 당신의 모습을 감추신 것이 아닐까 하는 생각을 가지고 있습니다. 그리고 이렇게까지 하나님께서 철저하게 스스로의 모습을 확률의 안개에 감추시는 것은 인간의 관찰에 있어서 자신 스스로 때문에 방해가 되지 않기 위함이 아닐까 하는 생각도 해봅니다.

인간 발생 과정의 첫 단계, 즉 엄마의 난자가 아빠에게서 온 정자를 수정하고 난 뒤로부터 난할(卵割, cleavage)이라 일컬어지는 최초의 세포 분열이 일어나기까지의 약 30시간 정도의 시간은 한 사람의 선천적인 속성이 결정되는 아주 중요한 시간입니다. 엄마의 난자 속에서 엄마의 DNA와 아빠의 DNA가 뒤섞여 각자 가지고 있는 유전자가 교환되고 각 유전자마다 엄마 것을 받을 것인지 아니면 아빠의 것을 받을 것인지를 결정하게 되는데 인간이 가지고 있는 수만 개의 유전자마다 이것이 난할이 시작되기 전 30시간 동안에 결정된다고 합니다.

어느 세계적인 생물학자의 강연에서 들은 이야기이지만 DNA의 각 유전자마다에는 일종의 On/Off 스위치 같은 장치가 달려 있어서 해당 유전자가 DNA에 분명히 존재하는데도 Off가 되어 있으면 그 생명체에 그 유전자는 작용을 하지 않는다고 합니다.

대표적인 것이 인간에게는 비타민C를 합성하는 유전자가 다른 포유류 동물처럼 분명히 가지고는 있지만 웬일인지 그 스위치가 영구적으로 꺼져있는 상태라 인간은 비타민C를 외부로부터 섭취를 해야만 한다는 겁니다.

이런 현상은 침팬지 같은 인간의 근연종에서도 동일하게 보이는 현상으로 아마도 그들과 공통의 조상 어디쯤에선가에서 일어난 일종의 돌연변이에 의한 것으로 보는 것이 주류 학설인데 생물학적 진화론의 증거로 자주 거론되는 사실입니다. 그러니까 엄마와 아빠의 유전자 중에서 선택하는 것뿐 아니라 일부 살아있는 유전자자가 비활성화 되기도 하고 조상들에게서 받은 어느 비활성화 된 유전자가 난데없이 활성화되는 경우도 있는데 이에 따라 엄마나 아빠에게는 볼 수 없는 할아버지나 할머니의 어떤 특성이 아기에게 나타나는 경우를 사실 흔하게 볼 수 있다는 것이라는 겁니다. 그러니까 수만 개의 유전자가 엄마의 것 아빠 것이 뒤섞이고 유전자의 활성화 스위치가 수없이 꺼지고 켜지고를 반복하는 그야말로 백분의 몇 밀리 크기의 작은 엄마의 수정된 난자 속에서 일어나는 '혼돈'의 결과물이 바로 '나'인 겁니다. 어쩌면 이것을 하나님이 흙(즉, 혼돈, Chaos)으로 '나'를 빚는 과정이라고 봐도 될 듯싶습니다.

2. 경사 길을 내려가는 우주 그리고 경사 길을 올라가야 하는 인간

엔트로피(entropy) – 물리학자들이 우주의 수많은 과학적 법칙 중 가장 최우선이라고 생각하고 있는 법칙이라고 합니다. 즉, 어떤 실험 결과가 기존에 알려진 다른 법칙을 위배시키는 것으로 나타났을 때는 노벨상을 받을 수도 있는 굉장한 결과로 여겨질 수도 있지만 이 엔트로피 법칙을 위배하는 결과가 나온다면 모두가 '그 실험은 뭔가 잘못된 것 같은데?'라는 의심을 갖는다는 것입니다. 그러니까 하나의 물리법칙은 또 다른 물리법칙으로 대체될 수는 있어도 이 엔트로피 법칙만큼은 대체되지 않을 것이라는 것입니다. 저는 전공자가 아니기에 왜 그런지는 확실히 잘 모르겠지만 아마도 물리학적인 확고한 이유가 있어서 일겁니다.

이 엔트로피 법칙을 한마디로 표현하자면 우주는 방향이 있다는 것이랍니다. 그 방향이란 바로 '우주가 허물어지는' 방향입니다. 물리학적인 표현으로 하면 질서에서 무질서로 향하는 방향이란 겁니다. 한 예로 설탕이 있고 물이 따로 놓여 있다고 할 때 서로가 각자의 영역으로 분리되어 있다는 '질서'가 있지만 어떤 이유로 물이 설탕의 영역으로 흘러들어 가서 설탕이 물에 젖게 되면 이것을 이전과 동일한 질서의 상태로 되돌릴 수 없다는 것입니다. 물론 젖은 설탕을 말리면 어느 정도 되돌릴 수도 있지 않을까 하는 의문이 들 수도 있지만 말리는 행위는 햇빛으로 말리던 드라이 기계로 말리던 그것은 '열'의 공급… 즉 추가적인 에너지가 요구되는 것입니다.

우주도 하나의 '열기관'으로 볼 수 있습니다. 하지만 우리가 알고 있는 엔진과 같은 다른 열기관은 에너지의 외부로부터 공급(input)과 그것을 배출(output)하는 열려 있는 '계(system)'이지만 현재 물리학적으로 보는 우주는 닫혀 있는 계로서 우주 전체적인 에너지의 양은 에너지 보존법칙에 의해 변함이 없으나 그 형태는 다른 형태로 변하기 용이한 에너지의 형태에서 변하기 어려운 형태의 에너지로 변환되어 간다는 것입니다. 즉 변하기가 용이하다는 의미는 정돈이 되어 어느 한곳에 보기 좋게 쌓여 있는 벽돌을 생각해 보겠습니다. 그렇게 잘 정돈되어 쌓여 있는 벽돌의 상태에서 아래에 있는 벽돌 하나만 빼내어도 그 위에 있는 벽돌이 무너져 내릴 수가 있습니다. 하지만 무너져 내린 벽돌들을 다시 처음의 상태로 쌓아 올리는 데는 처음 무너트릴 때 벽돌 하나를 빼내었던 것의 수천수만 배의 에너지를 요구하게 됩니다. 창고 안의 벽돌 개수는 전혀 변한 것이 없는데 벽돌이 놓여있는 형태가 무질서하게 변한 것이죠.

그렇다면 이쯤에서 누구나 드는 생각… 처음에 벽돌을 누가 그렇게 가지런하게 쌓아 놓았는가? 하는 의문이 들게 마련이죠. 그리고 이 질문은 물리학에서도 오랜 기간 안고 있는 숙명의 문제 중 하나라고 합니다.

프로그래머들이 프로그램을 짤 때 쓰는 용어로 '초기값(initial value)'이라는 것이 있습니다. 초기값의 목적과 용도는 매우 다양합니다. 초기값이 주어지지 않았을 때 일어날 수 있는 오류나 혼선을 방지하기 위해 주는 초기값을 컴퓨터를 쓰는 웬만한 분들이라면 들어보셨을 '디폴트 값(default value)'이라고 하고 이러한 디폴트 값이 여럿 모여서 이루어진 프로그램의 설치 직후의 상태를 초기조건(initial condition 또는 initial environment)이라고 합니다.

이러한 각각의 디폴트 값은 많은 경우 사용자가 수정할 수가 있도록 만들지만 어떤 경우는 값을 변한 수 없게 만든 고정값(fixed value)의 경우도 있습니다. 스타그래프트 게임에서 마린병사가 적의 총탄 몇 발을 맞아야 죽는지를 결정하는 소위 '맷집 값'은 프로그래머에 의해서 고정된 초기값으로 주어지는 것입니다. 물론 게임이 시작한 후 사용자가 어떤 지상 유닛을 짓는다든가 또는 업그레이드를 해주든가 하는 게임 상의 추후 조작으로 변경이 가능합니다만 그 변경된 값 역시 프로그래머에 의해서 고정적으로 주어진 값입니다.

현재의 빅뱅이론을 보면 우주는 분명한 초기 조건을 가지고 빅뱅이 시작되었음을 보여주고 있습니다. 즉 우주는 시작부터 그 초기 조건으로 말끔하게 정돈된 우주였고 시간이 지날수록 그 정돈된 상태가 흐트러지고 있다는 것이며 일단 그 흐트러진 상태는 절대 되돌릴 수 없는 불가역적인 특성이 있습니다.

이 말은 우주는 한 방향으로 '흐르고' 있음을 이야기합니다. 정돈된 상태에서 흐트러진 상태로 말이죠. 이것이 열역학 제2법칙 또는 엔트로피 법칙으로서 앞선 다른 장에서 이미 이야기한 바이지만 이 법칙은 다른 물리학의 다른 어떤 법칙보다 우위에 있는 것이라고 한 저명한 물리학자가 언급한 적이 있습니다. 이 엔트로피 법칙에 의해 현재의 물리학의 관점으로는 우주는 처음과 끝이 있는 것으로 보고 있습니다. 다만 그 끝이 영원한 끝인지 아니면 다른 우주의 시작인지는 아직은 모르는 것 같지만 말입니다.

이것을 다르게 표현하면 우주는 경사진 곳에 놓여 있다고 할 수가 있을 것 같습니다. 분명한 방향성을 가지고 있다는 측면에서 말이죠. 우리도 일상생활에서 '시간이 흘러간다'는 표현을 자주 사용하고 있습니다.

그리고 생명체도 '생육하고 번성하라'는 절대명령에 따른 각 생물 종마다 '본능'이라는 경사 길을 내려가고 있는 것으로 저는 생각하고 있습니다. 생물개체 자신을 보존하고 자신이 가지고 있는 DNA를 후세에 전하는 것에 초점이 맞춰진 이 본능에는 어떠한 양보도 없는 것입니다. 아무리 가녀리고 사랑스러운 모습의 어린 초식동물이라도 배고픈 포식자에게는 그저 한 끼의 식사로 무참히 찢길 뿐이고 자신과 방금 황홀한 짝짓기를 함께한 수컷을 암컷 사마귀는 번식을 위한 에너지원으로 눈 하나 까딱 안하고 잡아먹습니다.

지구상의 모든 생명 종에게 자신의 생명보존과 종족보전을 위해서라면 이 같이 냉정하고 경우에 따라서는 잔인해야만 하는 것이 너무나도 당연한 것이고 또한 그래야 하는 것인데 오직 인간만 이런 자연현상을 '끔찍하다'고 생각하는 것 같습니다.

어떻게 보면 하나님은 우주와 자연을 경사진 곳에 놓으셨고 인간 역시 그러한 우주와 자연의 한 부분이기에 그러한 경사 길을 같이 따라 내려가야 하는 것이 당연한 것임에도 하나님은 인간만을 위한 '별도의' 경사진 곳에 놓으신 것이 아닐까 하는 생각이 듭니다. 그 경사는 인간만이 가지고 있는 '지정의(知情意)'라는 속성을 적용시키기 위한 오직 우주에서 인간만을 위한 절대적이고 강제적인 경사 길인 것 같은데 이 경사 길은 다른 경사 길과는 절대적으로 다른 점 하나, 이 경사 길은 내려가는 것이 아닌 인간 자신의 의지(즉, 자신의 에너지)로 '올라가야 한다'는 것입니다. 그 올라가야 하는 경사의 방향을 인간에게 나타내 보이시기 위해 인간만을 위해서 준비하신 것이 바로 창세기에 나오는 '선악과'가 아닐까 하는 생각을 저는 가지고 있습니다.

이러한 인간에게만 주어진 위로 올라가려는 '의지'라는 본능을 보여 주는 경향을 쉽게 볼 수 있는 인간의 행동으로 저는 등산이라는 것을 생각해 보았습니다. 물론 모든 사람에게 주어진 본능은 아닌 것 같습니다만 지구에 살고 있는 생명체 중에 오직 인간만 산꼭대기에 오르고 싶어한다는 것입니다. 물론 산꼭대기에 오르는 야생동물이 아주 없는 것은 아닐 겁니다. '킬리만자로의 표범'이라는 노래가 있는 것처럼 말이죠.

하지만 산꼭대기에 오른 동물들은 아마도 먹이를 따라서 가다가 어쩌다 그곳에 이른 것이거나 자신을 쫓아오는 천적으로부터 도망치다 보니 어쩌다 이르게 된 것일 겁니다. 인간만이 자신의 의지로서 그에 따른 위험과 손해를 무릅쓰고 어떻게 보면 '미련하게' 산을 기어오릅니다. 오죽했으면 산에 왜 오르냐는 기자의 질문에 한 등산가는 "산이 있기 때문에…"라는 답변을 했다는 유명한 이야기가 있습니다만 사실 이 등산가의 답변은 "산이 있다는 이유 말고 다른 이유는 찾질 못하겠습니다"라는 말일 겁니다.

이렇게 위를 바라보고 위로 올라가려는 인간만의 독특한 본능은 서양 사조의 두 개의 축이라 할 수 있는 헤브라이즘과 헬레니즘에서 각각 다른 양상으로 나타나게 되는데 헤브라이즘에서는 하나님을 바라보는 종교적 현상으로 나타나게 되고 헬레니즘에서는 플라톤의 이데아(Idea, 理想)로 대표되는 진리 추구의 욕망으로 발현되는 것으로 저는 보고 있습니다. 그런데 근본이 다른 이러한 서양철학의 두 개의 축은 기독교가 역사에 등장하면서 플라톤의 이데아라는 이상향은 기독교의 천국과 아주 강하게 결합하게 됩니다.

반면에 신이라는 존재는 딱히 부정하지 않으면서도 특별하게 눈길을 주질 않고 일찌감치 돌아서서 자연과 인간을 바라보았던 동양에서는 위를 바라보려는 본능은 크게 나타나질 않았던 것 같습니다. 물론 중국의 4대 발명품 같은 과학 기술이 한동안 서양보다 훨씬 발전했던 적이 있지만 그것은 서양의 진리 추구를 위한 진정한 의미의 과학적인 산물이라기보다는 다분히 인간을 바라보는 관점에서 지극히 '실용'에 입각한 발전이었던 것으로 저는 생각하고 있습니다.

모든 생명체에 있는 '본능'이라는 방향성은 어떤 일정한 방향을 가진 경사에 의한 것이 아닌 '환경에 대한 생존'이라는(즉 '생육하고 번성하라'는 명령에 의한) 모든 생명에게 공통적으로 주어진 '생존'이라는 본능에 의해서 '현재의 환경'이라는 조건에서만 일시적으로 적용되는 방향일 뿐 만약 환경이 변한다면 그 방향이 바뀔 수 있는 방향성인 것으로 생각됩니다.

물이 흘러 내려가다가 오르막길을 만나면 다른 방향으로 바뀌는 것처럼 말입니다. 그리고 그렇게 굴러가는 방향이 서로 충돌하게 되는 경우 경쟁에 의해 하나가 멸종하게 되든지 아니면 방향을 틀어 충돌을 피하든지 하게 되겠지요.

하지만 선악과에 의해서 주어진 방향성은 오직 인간에게만 일방적으로 그리고 고정적으로 놓여있는 경사에 의해 결정되는 것 같습니다. 다만 인간에게는 그 경사 방향으로 마냥 굴러내려 가는 것이 아닌 스스로의 힘으로 그 경사를 거슬러 올라오는 것을 바라시는 것 같습니다. 그렇게 경사에 놓여 있기 때문에 인간은 굴러내려 가지 않으려면 자신의 '지정의(知情意)'의 에너지를 일정 부분 끊임없이 사용해야 할 겁니다.

아마도 그것이 인간에게 '지정의'를 하락하신 대가가 아닐까 생각합니다. 하지만 그런 경사 길에 놓여있는 인간은 어느 쪽으로 가야 굴러내려 가지 않고 올라가는 방향인지 그 방향을 알아야 할 겁니다. 저는 창세기의 선악과가 하나님께서 그 방향의 표시를 위해 최초로 인간을 위해 설정하신 '이정표' 또는 '푯대'가 아닐까 하는 생각을 가지고 있습니다.

이렇게 인간에게만 주어진 올라가야만 하는 경사 길은 힘들 필요없이 굴러내려 가기만 하면 되는 다른 경사 길과는 달리 자신의 에너지를 들여서 올라가야 하는 길이므로 어쩔 수 없이 '유혹'에 노출되게 됩니다. 아예 이러한 경사 길의 존재를 부정하는 유혹에서부터 존재를 인정한다 해도 그 필요성을 무시하는 것 또는 이 오르막길에 들어서는 것을 거부하는 유혹과 오르는 중에도 중단하고 도로 내려가라고 하는 유혹 등등 무척 다양화한 유혹의 형태가 있을 것입니다. 그렇지만 올라가는 것은 오로지 한 방향이겠지요. 그래서 예수님은 이것을 '좁은 문(마태복음 7:13)'이라는 표현을 쓰셨던 것 같습니다.

그렇다면⋯ 여기에서 드는 당연한 의문⋯ 인간에게만 있다는 그 방향성은 왜 주어진 것일까요? 너무나도 당연한 이 질문은 결국 '하나님은 인간을 왜 창조하셨나?' '인간의 존재 이유는 무엇인가?'라는 지극히 원초적이고 형이상학적인 궁극의 질문으로 연결되는 것 같습니다. 그리고 지금 이 글을 읽고 있는 '나'라는 존재 역시 한 사람의 인간이기 때문에 '나는 왜 지금 숨을 쉬며 살고 있는가?'라는 질문과 다름이 없는 것 같습니다. 인간의 역사 이래로 끊임없이 던져졌던 꼬리에 꼬리만 물고 있을 뿐 다람쥐 쳇바퀴 돌듯이 무한으로 논리가 반복되는 원초적이지만 아직은 답을 찾을 수 없는 질문인 것을 이 책을 읽는 모든 분들이 이미 알고 계시리라 여겨집니다.

하지만 '아직은 모름'이라는 이러한 결론엔 항상 뭔가가 개운하지 못하고 허전하죠. 글쎄요… 이렇게 이 글을 쓰고 있는 저 자신도 이런 화두를 이렇게 외람되게 던져놓고 그냥 '나 몰라라'하고 떠나는 것도 참 면구스럽고 무책임해 보여서 뭔가는 입을 열어야 해서 빈칸이나 채울 요량으로 몇 자나마 나름의 생각을 말씀드리자면… 역시 허전하다는 생각이 드시겠지만….

하나님께서 인간을(즉, 나를) 그 경사에 놓으시면서 던지신 말씀이 '내가 널 이곳에 놓은 그 이유를 찾아봐'가 아닐까 하는 생각을 가지고 있습니다. 바로 앞에서 여러 차례 언급한 '관찰자'로서의 인간인 것이지요. 하지만 하나님은 딸랑 인간만 그곳에 놓아두질 않으셨습니다.

인간 이전에 우주를 창조하셨지요. 어쩌면 하나님께서 우주를 인간보다 먼저 만드셨다는 것은 혹시 그 우주 속에 하나님께서 이미 답을 숨겨 놓으신 것은 아닐까요? 양자역학을 비롯한 현대 물리학에서는 '관찰자'가 필요한 우주를 논하는 부분이 오래전부터 있어왔습니다. 관찰이 상태를 결정한다는 '불확정성의 원리'를 비롯해서 심지어 현재는 과학계의 한구석에 놓여있는 비주류 이론이긴 하지만 '인간이론'이나 '시뮬레이션 우주론' 같은 우주가 뭔가 '의도'를 가지고 있는 것이 아닌가 하는 부분이 조금씩 생겨나고 있는 것 같습니다.

바로 그렇게 경사에 놓여있는 인간이 그 경사에서 굴러내려 가지 않기 위해 자신이 갖고 있는 '지정의'의 에너지를 가지고 선악과가 알려 주던 그 방향으로 올라갔을 때 얻은 희미하게나마 볼 수 있는 하나의 열매가 아닐까 하는 생각이 듭니다. 그 선악과를 그 곳에 두신 그분을 의식했든 말든 인간은 지금까지 그 길을 올라왔던 건 아니었을까요?

경사 길을 올라가야 하는 인간에게 다른 생명체에게는 허락되지 않은 두 개의 다른 '눈'을 주셨는데, 바로 '뒤를 돌아볼 줄 아는 눈'과 '올려다볼 줄 아는 눈'이 아닐까합니다. 이것들은 하나님께서 인간에게 허락하신 '지정의(知情意)'의 일부분일 텐데 바로 방향을 잡고 경사 길을 올라가야만 하는 인간에게 첫째 눈은 지금까지 방향을 잘 잡고 왔는지를 두 번째 눈은 앞으로 어느 방향으로 가야 하는지를, 즉 길을 잃지 않게 하기 위해 허락하신 것일 텐데 결국에는 이 두 개의 눈으로 하나님과 우주를 바라볼 줄 아는 '관찰자'로서의 인간이 될 수 있었던 것 같습니다.

이 두 눈 다 복잡하고 어려운 형이상학적 그러니까 신학적, 철학적, 심리학적, 윤리학적 등등의 해석이 가능한 눈들일 텐데 그런 것들에 대해서 저는 문외한이므로 차치하고 정보체계를 전공한 저는 이것을 '지금 내 앞에 놓여있는 정보를 보는 눈'과 이것을 이용한 '보이지 않는 것을 볼 줄 아는 눈'이 아닐까 생각합니다.

과학적 용어를 동원하면 '관측'과 '추론'으로 요약할 수 있지 않을까 생각합니다. 그리고 이것을 또 다시 한 단어로 요약하면 바로 '해석'이 될 겁니다. 지금까지 인류가 관측한 바, 이 우주에서 '해석의 능력'을 갖고 있는 '존재'는 오직 인간 밖에 없는 것 같습니다. 다만 각각의 인간마다 해석의 능력과 방법도 다 다를 것이고 그래서 논쟁과 싸움과 갈등이 있는 것이겠죠. 하지만 궁극적으로 '자신'을 해석하는 능력과 방법이 바로 이 우주에서 진정한 '관찰자'의 역할을 할 수 있지 않을까 생각합니다.

조금 뜬금없는 이야기가 되지 않을까 싶지만 이에 관련해 생각나는 이야기를 조금 할까 합니다.

"기독교는 깊이가 없어…."

젊은 시절 이른 바 유불선에 도교와 기독교까지 '이론적으로' 조예가 깊었던 한 고등학교 선배 분이 청량리의 한 구석진 다방에서 하얀 담배연기를 코로 내뿜으며 뜬금없이 내게 내뱉은 한마디입니다. 워낙 이해 안 되는 말을 두서없이 많이 내뱉던 이른바 '괴짜' 형이었는데 그렇다고 아무도 그 형을 무시할 수가 없었던 것이 간간이 꺼내는 논어 한 구절이나 도덕경 몇 마디로 사람들 기를 곧잘 죽이곤 했었기 때문이죠.

그때도 그 형은 내가 나름 열심히 교회를 다니고 있었다는 것을 알고 있었기 때문에 아마도 나에게 종교적인 일종의 '도발'을 했었던 것이었을 텐데 나는 반론할 생각도 별로 없었고 딱히 대꾸할 말도 떠오르지 않아 그냥 잠자코 앉아 있었기에 더 이상의 대화는 진행되지 않았습니다만 이후에 문득문득 그의 말이 떠오르기는 했었습니다. 그때마다 불교의 고승들이 나눴던 선문답이나 노자의 도덕경에서 이야기하는 알듯 모를 듯한 도의 세계에 비해서 성경 공부시간에 논의되는 이야기들에는 그 같은 '심오함'에서 차이가 난다는 것을 저 역시도 평소에 느끼고 있었습니다.

그러다가 40대 중반이 되어서야 욥기의 어떤 진면목을 느끼게 되면서 '기독교에도 이런 심오함이 있구나…' 하는 생각이 들기 시작하였습니다. 그 형님은 성경의 이곳저곳을 두루 돌아다녔을 테지만 아마도 욥기만큼은 깊게 둘러보질 못했던 것 같다는 생각도 들었었죠. 그렇다고 해서 제가 욥기를 어느 정도 이해했다거나 하다못해 공부를 많이 해서 든 생각은 아니었습니다. 저도 다른 사람들과 마찬가지로 그냥 '어려운 책'으로만 알고 있었고 '피하고 싶은 책'으로만 여겼었는데 어떤 목사님의 설교 말씀 중에 휙 지나가는 한마디가 욥기를 다시 보게 된 계기가 되었습니다.

"욥기는 고난을 사이에 둔 인간과 하나님의 이야기입니다."

높은 스님들이 나누는 화두와 선문답을 저 같은 평범한 사람이 무슨 일말의 깨달음을 실오라기만큼이나마 해서 '심오하다'는 표현을 함부로 하는 것이 아니듯 저는 사실 지금도 솔직히 말해서 욥기를 잘 이해하고 있어서 지금 이를 논하고 있는 것은 아닙니다. 모두 다 아시겠지만 전체적인 스토리는 사실 동화 같은 간단한 이야기입니다. '욥이 힘든 고난을 신앙으로 잘 이겨내서 더 큰 축복을 받고 행복하게 잘 살았다'입니다. 그 정도의 이야기로만 보면 많아야 서너 장 정도의 분량이면 충분하겠죠. 하지만 일단 마흔 두 장이라는 내용에 비해 무지막지하게 확장된 분량부터가 일단 이해가 되질 않았고 그 대부분이 스토리 전개에 별 영향이 없어 보이는 세 친구와 욥의 대화로 채워져 있다는 점도 그렇거니와 그 주고받는 대화의 내용이 맞는 것 같기도 하고 아닌 것 같기도 한 알쏭달쏭한 내용뿐이라는 겁니다.

"도대체 뭐라는 거야?"

성경 특유의 옛날식 문체로 서술된 그 알쏭달쏭한 대화를 한동안 읽다보면 이런 생각이 들면서 쉽게 지치게 됩니다. 이런 대화들에 대해서 조금이라도 이해를 하기 위해서 인터넷 검색을 해보면 마치 정답을 이미 서로 짜 맞춘 듯한 비슷비슷한 해석과 설명만 이어질 뿐 이들의 대화가 욥기의 내용 중에 왜 있어야 하는지 그리고 왜 그것들로 욥기의 대부분의 분량을 차지해야 하는지에 대한 제 근본적인 의문은 해소를 시켜 주질 못 했습니다.

저만 그런 것은 아니었는지 4세기 초대교회의 위대한 교부 중 한 사람이었던 제롬(Jerome, 347-420)조차도 '욥기는 겉이 미끄러운 물고기와 같다. 잡힐 듯하다가도 이내 미끄럽게 빠져나간다'라고 말했다고 합니다.

그런데 이게 올바른 성경해석의 방법인지는 모르겠지만, 세 친구와의 그 기나긴 대화를 실제로 일어난 대화로 보지 않고 그 험한 고난 속에 놓여있는 욥의 마음속에서 일어난 자기 자신과의 대화로 보고 이를 은유적으로 표현한 것이라고 가정한다면 제 경우는 보다 가깝게 다가가는 것을 느낄 수 있었습니다.

즉, 아무 잘못이 없는 자신에게 이유도 모르는 상태에서 덮쳐온 감당하기 힘든 환란과 연속된 고난 속에서 끊임없이 일어나는 하나님과 자신에 대한 회의와 의문들에 대해서 자신이 내 놓는 나름 대로의 답변들을 열거한 것이라고 보면 이 문답들은 처절한 자신만의 몸부림일 수도 있다는 생각도 듭니다. 그러니까 우리가 알고 있는 욥기의 대략적인 스토리는 독자의 눈을 끌어들이려는 두툼한 철학책의 앞뒤 표지일 뿐이고 욥의 마음속에서 일어나는 자신과의 끊임없는 대화가 주 내용이 아닐까 하는 생각이 있습니다. 이러한 심증이 들게 하는 욥 자신의 고백이 마지막 장인 42장에 나와 있습니다.

'무지한 말로 이치를 가리는 자가 누구니이까? 나는 깨닫지도 못한 일을 말하였고 스스로 알 수도 없고 헤아리기도 어려운 일을 말하였나이다.'

- (욥기 42장 3절)

이런 관점으로 보면 결국 인간 누구나가 가질 수 있는 '나'라는 존재에 대한 처절한 의문과 회의에 대한 책으로 볼 수도 있을 것 같습니다. 다만 '나'라는 존재가 '고난'이라는 형태로 투영된 것이 아닐까 하는 생각을 가지고 있습니다. 그리고 이것은 스님들이 속세와 떨어진 구곡심산에서 '나'라는 존재에게 놓여있는 '업보(業報)'라는 무거운 짐을 수많은 번민과 함께 짊어진 채로 '진아(眞我)'를 찾아 처절하게 수행을 하는 모습과 크게 다르게 보이지 않는 것 같기도 합니다.

하지만 하나님은 그러한 욥의 처절한 회의와 번민을 뻔히 보시고도 어떤 반응도 내보이지 않으십니다. 불교의 관점에서라면 '수행의 깊이가 그러한 깨달음에 이르기까지 아직은 부족해서'라고 볼 수도 있겠지만 기독교적 관점으로 본다면 '하나님의 때'에 아직 이르지 않아서라고 표현할 수도 있겠습니다만 다 그 말이 그 말인 것 같은 알듯 말 듯한 말인 것은 마찬가지인 것 같습니다.

그러다가 드디어 38장에 이르러서야 하나님은 욥에게 나타나십니다. 나타나셔서 욥에게 '이건 이랬던 것이고 저건 저랬던 거다.' '이러이러한 네 말은 맞고, 저러저러한 말은 틀렸다'라는 식으로 좀 속 시원하게 말씀해 주시면 어디 태산이라도 무너지는지 일절 그런 설명은 없으시고 다짜고짜

"땅의 기초를 놓을 때에 네가 어디 있었느냐?(4절)"

라는 어떻게 보면 엉뚱한 질문을 시작으로 하나님 자신께서 하신 천지창조 시기이래 우주와 자연에 걸친 하나님의 권위에 대해 38장과 39장 전체에 걸쳐 말씀하십니다. 그야말로 우주 전체 스케일의 동문서답이라고 할 수 있을 것 같습니다.

그리고 흥미로운 건 이렇게 뜬금없어 보이는 하나님의 응답을 욥이 받아들인다는 겁니다. 올바른 표현이 될지는 모르겠습니다만 어마어마한 스케일의 선문답인 것 같습니다. 글쎄요… 혹시 저도 욥이 당한 수준의 고난을 당하고 삼십 몇 장 분량의 처절한 자문자답을 거친다면 38장에서부터 41장에 이르는 하나님의 말씀을 욥만큼 이해할 수 있을지 모르겠습니다.

여기에서 욥기가 불교의 수행과는 다른 결론으로 보일 수가 있는 것이 불교에서는 하나님께서 욥에게 나타나신 것을 우리가 흔히 말하는 '깨달음'으로 여겨질 수도 있다는 사실입니다. 이것은 불교와 기독교 간의 근본적인 교리의 차이일 수가 있는데 불교의 '깨달음'은 수행자의 수행의 깊이에 의해서 '얻어지는 것'으로 보

는 반면 기독교는 이것을 하나님으로부터 허락된 일방적인 '은혜'라고 여긴다는 것입니다.

하나님께서는 욥이 갖고 있는 의문에 대해 답을 주시기 위해서 욥에게 나타나신 것은 아닌 것 같고 다만 그 의문에서 '벗어나게' 하시려고 나타나신 게 아닐까 하는 생각을 저는 갖고 있습니다.

여기에서 감히 불교적 용어를 또다시 쓰자면 '해탈(解脫)'이 되겠지요. 제가 그 의미를 잘 이해해서 이런 표현을 쓰는 것은 아닙니다만 해탈이 '해결(解決)'을 의미하는 것이 아닌 것은 분명한 것 같습니다. '벗어났다' 또는 '초월하다'가 어쩌면 더 적절한 표현이 될 수 있겠네요.

사실 인생은 끊임없는 의문의 연속입니다. 일단 '나'라는 존재부터가 의문이고, 살아가면서도 내가 또는 남이 당하는 억울하고 이유를 알 수 없는 고통과 고난이 가지고 오는 의문의 연속입니다. 전쟁의 폐허에서 그 전쟁과는 아무 관련이 없을 어린아이들의 주검을 보면서 그런 의문이 들지 않는다면 사람이 아니겠지요.

> 예수께서 길을 가실 때에 날 때부터 맹인 된 사람을 보신지라, 제자들이 물어 이르되 랍비여, 이 사람이 맹인으로 난 것이 누구의 죄로 인함이니이까? 자기니이까? 그의 부모니이까? 예수께서 대답하시되 이 사람이나 그 부모의 죄로 인한 것이 아니라 그에게서 하나님이 하시는 일을 나타내고자 하심이라.
>
> – (요한복음 9:1-3)

예수님의 제자들도 다 같은 사람인지라 그와 같은 의문을 가지고 있었고 이에 대해 예수님께 질문합니다. 마치 욥을 찾아온 세 친구들이 가졌던 똑같은 결론… 아마도 당시를 살았던 유대인이라면 똑같이 내었을 결론… 결국 '누구의 죄'로 인한 것이냐? 하는 방향으로 그 의문이 갖고 있는 폭을 나름 좁혀나간 것이었겠죠.

어쩌면 이것이 아주 단순하고 가장 쉬운 방법이었을 겁니다. 그 답을 어느 누구에게 특정적으로 '단정(斷定)'할 수 있었을 테니까요. 하지만 어떤 다른 누구에게는 가장 잔인하고 비인간적인 답이 될 수도 있었을 겁니다. 이렇게 단정적으로 얻은 손쉬운 답으로 인해 중세 마녀사냥으로 수 없이 많은 사람들이 억울하게 희생을 당해야 했고 지금도 이와 유사한 사고방식으로 인한 강요된 희생이 없다고는 말을 못할 것 같습니다. 이렇게 성경은 쉬운 답만을 찾고 있는 우리에게 준엄한 경고를 하고 있는 것 같습니다.

그런데 예수님은 제자들의 그러한 질문에 예상치 못한 답변을 하십니다. 그 누구를 가리키신 것이 아니라 하나님을 향합니다. 어쩌면 당시의 유대교식 사고방식으로는 굉장히 위험한 답변일 수도 있다는 생각이 듭니다. 그 맹인의 고난이 하나님으로 말미암은 것이라는 내용으로 볼 수도 있는 답변이기 때문이죠.

그렇기에 우리는 예수님의 답변은 하나님께서 욥에게 나타나셔서 하신 말씀과 크게 다르지 않는 것을 깨달아야 할 것 같습니다. 높은 스님들 간에 오갔던 화두와 선문답 같이 함부로 단정 지어서도 안 되고, 함부로 이해하려고 해서도 안 되는 것이라는 것처럼 말입니다.

다만 그러한 인간의 원초적인 질문과 의문들을 마주할 때 '눈을 하나님께 두라' 하는 의미가 있는 것은 아닐까 하는 생각을 가지고 있을 뿐입니다. 이것은 이미 앞부분에서 하나님께서 인간을 창조하셨던 이유로 앞부분에서 언급한 바 있는 저의 생각, '내가 널 왜 이 세상에 살아가게 했는지를 한번 생각해 봐'라는 명제와 크게 다르지 않다는 생각이 듭니다.

　아마도 그러한 의문들을 그냥 땅에 묻어 버리라는 의미는 아닐 겁니다. 인간으로서 절대로 그렇게 할 수가 없다는 것을 하나님도 잘 알고 계실 겁니다. 그렇다고 그 의문으로부터 도피하라는 의미는 더 더욱이 아닌 것 같습니다. 생각하면 생각할수록 참 어렵기만 합니다. 그러니 불교에서 해탈이 왜 그렇게 어렵다고 하는지 알 것 같습니다.

　기독교의 역사는 순교(殉敎)의 역사라 할 수 있을 정도로 기독교가 전파되는 곳마다 참혹한 피의 역사를 써내려갔습니다. 그런데 그 피의 역사는 세계 역사에서 다른 예를 찾아보기 힘든 희생자들의 자발적이라 할 수 있을 만큼의 기꺼운 받아들임으로 인한 희생이었다는 점이 놀랍습니다.

　그렇게 그들의 기꺼운 희생을 바라보던 사람들 중에 많은 사람들은 그들이 받은 억압과 강요받은 희생을 두려워하기보다는 그들의 희생 속에서 숭고함을 바라보았고 오히려 많은 사람들이 기독교를 받아들이게 됩니다. 탄압을 통해서 기독교가 퍼져 나가는 것을 막고자 했던 로마제국 지배 계급의 의도를 완전히 역행하는 결과가 나왔던 것이었죠. 심지어 새로이 기독교를 받아들인 사람 중에는 왕족 등 상류 지배층의 사람들도 많았고 심지어 그 중에는 그들을 사자 굴로 몰아 집어넣었던 검찰관과 판사까지 있었다고 합니다. 그때도 그랬겠지만 지금도 일반적인 식견으로는 도무지 이해할 수 없는 현상이었죠. 그야말로 '세상이 감당할 수 없는(히브리서 11:38)' 사람들이었던 것입니다. 비록 300년이라는 상상하기조차 힘든 오랜 인내의 시간이 필요하긴 했지만 결국 로마제국은 기독교를 받아들이게 되었고 심지어 기독교를 국교로 삼기에 이르렀다는 사실은 이미 알고 계실 것입니다.

이것은 "생육하고 번성하라"는 생명에 대한 기본 명령에는 역행하는 것으로 여겨지는 것으로 도무지 이해하기 힘든 이러한 현상은 과연 무엇으로 인한 것으로 봐야 할까요? 신앙이라는 너무나도 형이상학적인 주제가 적용되는 사안이라 함부로 말하는 것조차 조심스러울 수밖에 없지만 어쩌면 그들은 '보이지 않는 그 너머를 볼 수 있어서'가 아닐까 하는 생각을 가져봅니다.

글쎄요⋯ 방금 말씀드린 불교의 '해탈'과는 물론 다르겠지만 아주 별다른 것은 아니지 않을까 합니다. 욥에게 하나님이 나타나셨던 것을 제가 굳이 '해탈'과 비교했던 것처럼 말이죠. 엄밀히 말하자면 '그 너머를 볼 수 있어서'가 아닌 '그 너머를 보여 주셔서'가 더 맞을 것 같습니다. 어쩌면 욥기는 신앙의 '극치의 상태'를 은유적으로 설명한 책일 수도 있을 것 같습니다.

이것을 우주의 관찰자인 인간을 대입시키면, 혹시 지금 이유 모를 고난을 당하고 있는 나 자신도 그분이 창조하신 우주의 일부라는 말씀 아닐까요? 그리고 그 해답은 우리가 바라보고 있는 우주에 숨겨져 있는 것은 아닐는지요?

물론 이런 형이상학적인 답의 추구는 과학적인 관점과는 거리가 먼 것임에는 분명할 것 같습니다. 하지만 혹시 하나님께서는 그 답을 우주 속에 숨겨 놓으신 것은 아닐까요?

이러한 의문의 연속들은 우리가 우주를 바라볼 때 똑같이 일어날 수 있습니다. 인류는 과학을 통해서 다른 학문 분야에서는 얻을 수 없는 절대적이고 확실한 답을 얻을 수가 있었습니다. 해와 달이 왜 뜨고 지는지, 태양은 왜 저렇게 뜨겁고 밝은지, 물질을 쪼개고 또 쪼개면 어떤 것이 나오는지, 그리고 생명이 살아있다는 원리가 조금씩 밝혀지고 있습니다. 모두 1~2백 년 전 만하더라도 꿈도 못 꾸던 '확실한' 해답들입니다. 그 해답들로 인해 인류는 지금과 같은 고도의 문명을 이루게 되었고 그 혜택을 누릴 수 있게 되었습니다. 그렇다고 해서 우리가 지금 욥기가 우리에게 무엇을 이야기해 주고 있는지를 확실하게 이해를 하게 된 것도 아니고 인간이 왜 살아야하는지를 알게 된 것도 아닐 겁니다.

인간이라면 그 질문들에서 누구도 확실한 답을 아직은 가질 수는 없을 겁니다. 하지만 인간이 그 전에 가지고 있던 많은 의문들이 해결된 것만큼은 사실인 것 같습니다. 바로 하나님께서 창조하신 우주를 조금씩 이해해 나가면서 말이죠. 그것처럼 그러한 원초적인 의문들 역시 앞으로 우리가 발견하게 될 우주의 어떤 모습에서 어쩌면 그 실마리를 잡게 되는 것은 아닐까요?

경사진 우주에 놓여있는 인간이기에 인간은 그 경사진 방향으로 흘러가는 시간을 따라서 살 수밖에 없는 존재들입니다. 그리고 하나의 생명체로서 다른 생명체들과 같이 '생육하고 번성'하기 위한 '본능'이라는 또 다른 경사진 방향에 놓인 존재입니다. 인간뿐 아니라 우주의 모든 존재가 그렇게 시간을 따라서 그리고 본능에 따라서 갈 수밖에 없습니다.

하지만 하나님께서는 여기에 인간만을 위하여 또 다른 경사를 만드셨는데 그것은 어떻게 보면 인간에게 우주의 관찰자로서의 역할을 위하여 지정의(知情意)를 인간에게 주신 대가(代價)가 아닌가 합니다만, 하나님은 인간들이 하나님과 자신을 바라보는데 얼마가 됐든 일정한 지정의(知情意)의 에너지가 사용되는 것을 원하시는 것 같아 보입니다. 아마도 그것은 관찰자에게 주어진 의무가 아닐까 합니다. 그냥 인간이 맥없이 흘러만 가는 시선으로 하나님을 바라보는 것, 또는 다른 곳에 시선을 둘 곳이 없어서 선택의 여지가 없어서 할 수 없이 하는 선택, 또는 강요에 의해서 마지못해서 하나님을 바라보는 것, 어떤 형태로든 인간 스스로의 의지 없이 (즉, 知情意의 에너지 소모없이) 하나님을 바라보게 되는 것을 원하지 않으신다는 것 같습니다.

욥이 했던 그 치열한 고뇌와 번민까지는 아니더라도 최소한도의 지정의의 에너지를 소모함으로서 이 우주와 하나님을 관찰하라고 하는 의도가 있으신 것 같습니다. 이것이 이 우주가 이토록 필요 이상으로 광대하게 만들기까지 하심으로서 자신을 확률의 안개에 숨기신 이유이고 예수님이 볼품없는 말구유 위에서 태어나심으로 그 모습을 세상에 드러내지 않으신 이유라고 생각합니다.

하지만 하나님을 보고자 하는 진정한 의지를 가진 인간에게는 그에 대한 응답으로 그에게 자신의 모습을 드러내기는 하셔야 할 텐데 그 방법 또한 대개의 경우 오직 그를 바라보고자 하는 그 한 사람만 알아볼 수 있도록 하는 아주 은밀한 방법으로 나타내 보이신다는 것입니다. 확률의 안개에 하나님의 손을 감추신 만큼 그 응답 역시 그렇게 카오스적인 방법으로 보내주시는 것이겠죠.

믿음이 없이는 하나님을 기쁘시게 하지 못하나니 하나님께 나아가는 자는 반드시 그가 계신 것과 또한 그가 자기를 찾는 자들에게 상 주시는 이심을 믿어야 할지니라.

— (히브리서 11장 6절)

이 성경 말씀처럼 하나님을 찾는 이에게 하나님께서는 '상'이라는 응답을 주신다는 것인데, 하지만 그 응답이라는 것이 다른 사람이 보기에는 환각 같은, 좋게 말해서는 초자연적이거나 초현실적인 또는 감성적인, 좋지 않게 말해서는 주술적인 광경으로 여겨질 수 있는 면이 있다는 것이고 심지어는 응답을 받은 당사자 스스로도 이것을 응답으로 받아들여야 하는지조차 불확실하다는 점입니다.

그래서 '믿음'이라는 용어를 사용하신 것이겠죠. 바로 이런 점에서 비과학적이라 여기게 되는 측면이 있는 것 같습니다. 그래서 과학적인 방법을 동원한 하나님의 존재에 대한 증명이 어려운 것이고 어떻게 보면 인간의 굴레에서는 불가능에 가깝다고 볼 수 있는 것입니다만, 저의 개인적인 생각은 하나님께서 의도하시고 허락하신 어떤 과학적인 통로가 있을 것이라고 '믿고' 있습니다. 다만 아직 인간이 그 통로를 발견하지 못했을 뿐이라는 것이지요. 아주 느리고 더디게 보이기는 하지만 조금씩 조금씩 그곳에 다가가고 있는 것은 아닐까? 하는 생각을 하고 있습니다.

제가 이 시점에서 아주 조심스러운 마음으로 굳이 꺼내고 싶은 제 생각은 지금 많은 교회가(또는 교회 지도층이) 저지르고 있는 실수라면 실수라고 할 수 있는 것이 저는 많은 교회의 성도들에게 성경으로 과학을 가리고 있는 것이 아닐까 하는 생각을 하고 있습니다. 즉, 성경과 어긋나는 것으로 보여지는 과학적 발견들에 대해서 오로지 성경에 대한 믿음만을 강조한 채로 그 과학적 사실에 대한 어떠한 관심이나 탐구도 없이 맹목적인 부정을 하는 것뿐만 아니라 이를 주위 사람들에게 강요에 가까운 주장을 하고 있다는 점입니다.

이미 앞의 다른 장에서도 이야기한 바 있지만 우주와 자연세계 역시 하나님의 언어로서 하나님께서 그분의 손으로 직접 쓰신 것으로서 성경에 비해서 도저히 무게가 덜하다고는 볼 수 없는 이른바 '자연계시'의 한 부분일 수도 있는 것인데 어떻게 성경을 근거로 이를 부정해도 되는 것일까? 하는 의문이 듭니다. 물론 그 과학적 사실을 부정한다기보다는 그 사실에 입각한 해석을 부정하는 것 아닌가 하는 반론이 있을 수 있겠지만 제가 보기에는 이미 많은 확정적인 과학적 사실까지도 그분들이 부정하는(또는 부정되기를 바라는) 리스트에 올라가 있는 것으로 보고 있습니다.

하나님과 그분께서 창조하신 이 우주를 같이 바라봐야만 하는 관찰자로서의 인간은 성경과 우주를 같이 펼쳐서 봐야 하는 것이 그 본분에 맞는 것 같습니다. 물론 같이 바라봤을 때 서로 맞지 않는 것으로, 즉 서로 모순이 되는 것으로 보이는 것이 있을 것입니다. 하지만 그렇게 모순처럼 보인다 하여 둘 중 하나를 부정할 수 있는 권리가 우리에게 있는 지를 생각해 봐야 할 것 같습니다.

욥은 그 치열한 고난의 와중에서도 하나님과 고난이라는 서로 모순되어 보이는 두 가지에 대해서 어느 것도 부정하지 않았습니다. 친구들이 먼 길을 마다하지 않고 도시락까지 싸들고 찾아와서 강요했던 '손쉬운 해답'들을 인정하지 않고 끝까지 그 두 가지를 마음에 품었고 그로인한 마음속의 갈등과 괴로움의 내용이 바로 욥기의 대부분의 내용입니다. 혹시 지금 교회는 그런 '손쉬운 해답'에 너무 의지하고 있는 것은 아닐까요?

'의심'은 죄 또는 죄의 뿌리가 될 수 있겠지만, '의문'은 죄가 될 수 없다고 생각합니다. 욥의 경우에서 이 두 가지를 비교하면 "이렇게 나에게 고난을 주시는 것을 보니 과연 하나님은 나를 사랑하시는 걸까?" 하는 생각은 의심이 되겠지만 "하나님은 나를 사랑한다고 하시면서 왜 이런 고난을 내려 주시는 것일까?" 하는 생각은 의문이 될 것입니다. 즉 의심은 '참(true)' 또는 '거짓(false)'에 대한 것이지만 의문은 '왜(why)'에 대한 것입니다. 즉 의심은 둘 중 하나에 대한 선택을 강요하는 것이지만 의문은 둘 다를 인정하면서 그 이유에 대한 질문일 것이고 이것은 모순과 갈등을 바라보고 있을 때 지정의(知情意)를 품고 있는 인간에게는 아주 자연스러운 반응일 것입니다. 그런데 교회는 지금 과학에 대해서 '의문'을 품고 있는 것이 아닌 '의심'을 하고 있는 것으로 보입니다. 그래서 전혀 근거가 없는 음모론 같은 이야기까지 동원하는 것이겠죠.

그렇게 과학을 부정하는 방향으로 생각하고 싶어 하는 마음이 일어날 때 자신에게 던져야 하는 질문은 "이러한 결론을 내리기까지 얼마나 많은 나의 지정의의 에너지가 동원되었는가?"가 아닐까 합니다. 여기서 말하는 지정의의 에너지는 물론 성경에 대한 것이기도 하겠지만 바로 부정하고 싶은 마음이 있는 과학에 대해서도 같은 비중으로는 다뤄야 할 것 같습니다. 물론 그 정도가 굳이 욥이 당했던 그 처절한 고난의 정도까지는 아니더라도 말입니다. 그것은 어쩌면 인간이 이 우주에서 살아가는 이유만큼이나 성경과 과학이 다르게 보이는 이유 역시도 하나님께서 관찰자 인간에게 던지셨던 질문일지도 모릅니다. 그 질문에 대해 완전한 해답을 얻기까지 우리는 어떤 결론도 성급하게 내리지 말고 그저 모르는 것에 대해서는 "모른다"라고 이야기만 하면 그만인 것이겠죠. 모르는 것을 모른다고 하는 것인데 굳이 "믿음이 부족하다"고 타박할 이유가 있을까요?

知之爲知之 不知爲不知 是知也(지지위지지 부지위부지 시지야)

앞의 다른 장에서 이미 인용한 바 있는 논어에 나오는 내용입니다만 "아는 것은 안다고 하고 모르는 것은 모른다고 하는 것이 안다고 할 수 있는 것이다"라고 해석된다고 합니다. 즉 좀더 쉬운 표현을 하자면 아는 것과 모르는 것을 구분할 줄 알아야 한다는 가르침인 것 같습니다. 모르는 것을 모른다고 하질 않고 아는 척을 한다든가 이를 꽉 물고 알고 있다고 다짐이나 결심을 한다고 해서 그것이 그 의문에 대한 진정한 해답이 될 수 있는 것은 아닐 것입니다. 자신이 겪고 있었던 고난에 대해 그렇게 많은 의문을 가지고 있었던 욥에게 함부로 "믿음이 부족하다"고 이야기할 수 있을까요?

코페르니쿠스 법칙으로 불리는 우주에서 지구와 인간이 특별하다는 관점을 하나씩 하나씩 지워나가는 방향으로 진행되어 오던 지난 수백 년간의 인류지성의 변화양상에서 20세기에 들어서서 양자역학 등의 현대 물리학적 발견에 의한 '우주미세조정론'이나 '인간이론' 같은 '뭔가 특별함이 있을지도 모른다'는 형태로 조금씩 변화하는 징조가 바로 그 해답의 문이 열리는 것이 아닌가 하는 생각을 저는 가지고 있습니다.

빅뱅이론 하면 지금은 과학자들로부터 두말없이 엄청나게 떠받들어지고 있는 이론이지만 이 이론이 제기되던 초창기에는 기존 과학자들로부터 엄청난 비난과 따돌림을 당했다고 합니다. 심지어 아인슈타인은 처음에는 '역겨움을 느낀다'라고 말하기까지 하였답니다. 이유는 간단했습니다. '창세기'가 연상된다는 점이었습니다. 하지만 가장 강력한 증거라 할 수 있는 우주배경 복사가 발견된 이후 지금은 빅뱅이론을 부정하는 '용감한' 생각을 함부로 할 수 없을 만큼 우주론에 있어서는 중심축을 잡고 있는 이론이 되었습니다. 저는 그만큼 현대과학이 하나님께 조금은 다가간 것이 아닐까 하는 생각을 하고 있습니다.

성경은(즉 특별계시라는 창문) 인간에게 주어진 '지정의'의 에너지를 쏟아 부어야 하는 믿음의 대상으로서 하나님을 나타내 보여 주고 있다고 할 수 있는 것처럼 우리가 바라보고 있는 이 우주와 자연은(즉 일반계시의 통로) 논리적 또는 물리적인 하나님의 형상(지극히 일부분의 것이라도)을 언젠가는 분명하게 보여주게 될 것이라고 저는 믿고 있습니다. 다만 아직 그것을 바라보질 못한 것일 뿐일 겁니다.

아이들의 보물찾기 놀이를 위해서 선생님들이 보물을 숲속 곳곳에 숨겨 놓았듯이 하나님도 인간을 위한 해답들을 우주 곳곳에 숨겨 놓으시고 그것을 찾고 있는 우리들의 모습을 숨어서 흐뭇하게 바라보고 계실지 혹시 누가 압니까?

오직 은밀한 가운데 있는 하나님의 지혜를 말하는 것으로서 곧 감추어졌던 것인데 하나님이 우리의 영광을 위하여 만세 전에 미리 정하신 것이라.

- (고린도전서 2장 7절)

3. 우주의 최종 산출물 - 우리들의 이야기

20세기 물리학에서 큰 발자국을 남긴 두 과학자 슈뢰딩거(Erwin

Rudolf Josef Alexander Schrödinger, 1887~1961)와 하이젠베르크(Werner Karl Heisenberg, 1901~1976)는 아인슈타인과 보어로 대표되는 양자역학파와 비양자역학파 간의 논쟁에 있어서 일종의 행동대장의 역할을 했던, 당시에는 소장파 과학자로서 서로를 엄청 싫어했던 것으로 유명합니다만 나중에 밝혀진 바로는 서로 양자역학적 해석에 동원된 수학적 도구가 달랐을 뿐 결국 같은 내용이라는 것이 밝혀졌답니다.

슈뢰딩거는 지금도 물리학 또는 화학전공 대학생들을 끈질기게 괴롭히고 있는 파동함수를 만들어 미시세계 입자의 운동을 '파동'으로 해석했고 하이젠베르크는 행렬역학이라는 독특한 수학도구를 통해 이를 '확률'로 해석한 것인데 일찌감치 아인슈타인 쪽의 줄에 서 있던 슈뢰딩거는 하이젠베르크의 이 '확률'이론을 무척이나 경멸했고 실제로 도시락을 싸고 다니며 하이젠베르크와 격렬한 논쟁을 벌였다고 합니다.

하지만 하이젠베르크가 속한 코펜하겐학파의 '부두목' 격이었던 막스 보른(Max Born, 1882~1970)이 슈뢰딩거의 파동방정식 역시 결국은 확률로 해석될 수 있다는 이론을 내놓자 분노에 가까운 불쾌감을 느껴서 '인류의 심판이 두렵지 않느냐?'라는 내용의 편지를 보내기까지 했다고 합니다. 그는 평생 동안 양자역학에 증오감을 표시했고 경멸했지만 아이러니하게도 지금은 그의 파동방정식은 양자역학을 해석하는데 가장 보편적이고 편리한 도구로 사용되고 있습니다. 심지어 물리학 또는 화학을 전공하는 학부생들이 양자역학에 대한 첫걸음을 슈뢰딩거의 파동방정식으로 시작한다고 해도 과언이 아닐 정도입니다. 슈뢰딩거가 무덤에서 벌떡 일어날 일이지만 그만큼 역설적이게도 그는 양자역학의 일반화에 혁혁한 공로가 있는 것은 확실한 것 같습니다.

그러한 슈뢰딩거는 물리학 외에도 20세기 후반에 이르러서는 정보학과 생물학에도 막강한 영향을 끼치게 되는데 1944년에 출간된 '생명이란 무엇인가?'라는 책을 통해서입니다. 그는 이 책에서 엔트로피의 역함수 또는 상대적 개념으로 역엔트로피 또는 음의 엔트로피(Negentropy, Negative entropy)라는 개념을 적용하여 '생명'이라는 현상을 물리학적으로 설명하는데요. 이 역엔트로피라는 것이 결국은 정보이고 생명체에서 보이는 세대간 유전형질의 전달은 일종의 정보전달로 볼 수 있다는 것입니다. 이에 대한 물리학적 이론을 비전공자인 제가 여기에서 설명하기에는 능력이 되질 않습니다만 슈뢰딩거의 이러한 이론에 영감을 받아 왓슨(James D. Watson, 1928~)과 크릭(Francis H. Crick, 1916~2004)이 생명정보 전달의 매개체로서 DNA 이중나선 구조를 밝힘으로서 현대 생물학의 비약적인 발전에 시작점의 역할을 한 것입니다.

확실한 것인지는 모르겠지만 이 엔트로피와 역엔트로피의 관계를 제가 아는 선에서 설명하자면, 앞에서도 자주 언급한 바 있는 피라미드형 정 오각형 위에 놓인 당구공을 다시 예로 들자면, 피라미드 꼭대기에 놓여있는 당구공은 위치에너지가 있는 하지만 아직은 어느 방향으로 굴러갈지는 '결정'되지 않은 엔트로피가 낮은 상태입니다. 하지만 일단 굴러가기 시작하면 어떻게든 피라미드 네 면 중의 한 면으로 결정되어 굴러가게 되고 이후 다시는 피라미드 꼭대기로 돌아갈 수는 없게 됩니다. 즉, '결정'되기 전 당구공이 가지고 있던 위치에너지는 사라지고 피라미드 네 면 중 한 면으로 결정된 '정보'가 발생한 겁니다. 즉 하나의 질서가 있는 상태에서 그 질서가 가지고 있는 에너지가 작용되면서 무질서의 상태로 전이되는데 이때 에너지가 작용되면서 어떤 상태에 대한 '결정'이 이뤄지게 되고 바로 이 결정이 '정보'라는 겁니다.

그런데 이렇게 엔트로피 변환에 의해 한번 발생된 정보는 완전히 고정된 형태로서 어떠한 과학적 원리로도 바꿀 수가 없다는 것입니다. 즉 한번 발생된 정보는 우주가 소멸할 때까지 영원히 변할 수 없다는 겁니다. 이 말은 결국은 과거에 일어났던 일은 절대로 바꿀 수 없다는 것으로서 너무나도 당연한 사실을 참으로 거창하게 설명한다 생각할 수 있겠지만 사람들에게 당연하다 여기는 것을 불필요하고 번거롭게 보일정도로 과학적으로 설명하는 것이 과학자로서의 역할입니다.

뉴턴은 사과가 떨어진다는 당연한 사실을 설명하기위해 책 한 권을 썼고 알고 계시는 것처럼 그 책이 세상을 바꿨습니다. 그런데 제가 보기에 이 말은 이렇게도 생각할 수 있는 겁니다.

'우주의 최종 산출물은 정보이다.'

이 말에 강한 반감이 드는 분이 있으리라 여겨집니다. 우주가 무슨 정보체계냐? 하는 생각이 들 법한데 바로 그 말을 하려고 하는 것입니다. 우주를 하나의 정보체계로 보는 시각도 일부 과학자들 사이에서 존재합니다. 심지어 양자역학의 아주 중요한 이론인 '불확정성의 원리'를 우주를 하나의 정보체계로 볼 때 체계의 프로세스의 효율성으로 해석하는 관점도 존재합니다.

> Everything we call real is made of things that cannot be regarded as real.

우리가 '실재'하는 것이라 하는 모든 것들은 사실은 '실재'라 할 수 없는 것으로 이루어져있다.

이 말은 20세기 양자역학 시대를 개척한 위대한 과학자 보어(Niels Bohr, 1885~1962)가 한 말이라고 합니다.

어쩌면 나라는 존재는 스타크래프트 게임의 한 마린병사일 수도 있겠다는 생각을 해봅니다. 스타그래프트 게임의 세계에서는 나는 분명 '실재'의 존재입니다. 적들이 접근하면 대응하여 사격하는 본능뿐 아니라 나라는 존재와 주변에 실재하는 존재에 대한 끊임없는 의문을 가지고 연구하고 그에 대한 새로운 사실을 알아내는 능력을 갖고 있습니다. 나는 내가 적에게 쏜 총알은 실재하는 존재로서 총알에 맞은 적은 피를 흘리고 죽는 것을 직접 보았습니다. 나는 그러한 총알의 존재에 대하여 궁금증이 일어나 자세히 연구해 보았습니다. 그러자 그 총알이라는 존재는 겉은 '실재'라는 논리적인 껍데기에 둘러 쌓여있을 뿐 그저 수치적인 '데이터'일 뿐이라는 걸 알게 되었습니다. 그리고 더욱더 깊이 연구해 보니 마린병사라는 실재하는 존재인 나 자신조차도 플립플롭이라 불리는 진동구조로 구성된 일차원 데이터의 연속체임을 알게 되었습니다.

앞의 장에서 '초끈이론'에 관하여 이야기를 할 때 잠깐 언급한 내용입니다만 원자를 쪼개면 양자, 중성자, 전자가 되고 양자와 중성자는 몇 가지 종류의 쿼크로 쪼갤 수 있다고 했습니다. 그런데 이 쿼크를 또 쪼개면 무엇이 나올까요? 이에 대한 정규 입자물리학에서 확실하게 정립된 이론은 아직은 없는 것 같은데 초끈이론에서는 입자를 쪼개고 쪼개면 결국 '칼라비-야우 다양체(Calabi-

Yau manifold)'라는 진동의 형태가 나온다는 겁니다.

 비전공자로서 갖는 의문은 우리가 이해하는 진동이라는 것은 어떤 '실재'적인 것이 떨리는 것, 즉 진원이 있어야 합니다. 기타 줄이라는 물리적 실체를 튕겨야 기타 소리라는 진동이 발생하는 것이고 물이라는 물리적 존재 위에 물결이 퍼지는 것이라는 이야기이지요. 그런데 쿼크라고 하는 입자, 즉 우리가 실재하는 것으로 알고 있는 개체에는 그냥 진동만 존재한다는 겁니다. 어떤 물리적 실체가 진동하는 것이라면 그 실체를 이야기했겠지만 이 지점에서는 그런 물리적 존재를 이야기하는 것이 아니라 차원이나 진동만을 논하고 있다는 점입니다.

 물론 이것은 주류 물리학에서 확실하게 인정받은 이론은 아직 아닌 것 같습니다만 쿼크보다 작은 세계를 설명하는 아직까지는 유일한 이론인 것 같습니다. 잘은 모르겠지만 진동의 세기가 에너지(질량을 포함해서)로 나타나고 진동의 형태가 입자의 속성이나 성질로(즉, 전하량, 스핀 등) 나타내어진다는 것으로 저는 이해하고 있습니다. 물론 초끈이론에서는 그 진동에 대한 어떤 '해석'이 있기는 한 것 같지만 계속 차원이 어떻고 저떻고 그러는데 제가 보기에는 어떤 실재하는 것을 이야기하는 것이 아니라 수학적인 원리나 논리 구조를 이야기하는 것 같습니다.

 이것을 컴퓨터로 밥벌이를 하고 있는 제가 보기에는 그 진동체는 결국은 '데이터'일 수밖에 없지 않은가? 하는 생각을 가지고 있습니다. 아마도 그 진동의 세기와 형태에 따라서 질량이나 전하, 스핀이라는 물리학적으로 실재하는 형태로 우리에게 '관찰' 또는 '작용'되는 것은 아닐까 하는 생각입니다. 이는 결국 데이터 단위체로서의 역할을 하고 있는 것으로 볼 수 있을 뿐 아니라 다른 입자 또는 주위의 에너지와의 상호작용도 있으므로 2장에서 설명한 바 있는 하나의 클래스(Class)로도 볼 수 있을 것 같습니다.

참 어렵습니다. 그래서 과학이 어렵다는 것이겠죠. 한 과학자의 블로그에서 양자역학을 설명하는 부분에서 기억에 남는 문장이 있습니다.

'인간의 이해를 위해 우주가 존재하는 것은 아니다.'

아마도 양자역학을 터무니없는 것으로 지금까지도 꾸준히 제기되는 반론에 대해서 일종의 반론을 제기하는 한 문장인 것 같은데요. 아무리 생각해도 맞는 말 같습니다. 양자역학의 이론들을 보면 정말 기존의 과학적 통념으로는 이해가 가질 않는 부분이 너무 많지요. 입자이기도 하고 진동이기도 하다는 이야기에서부터가 알쏭달쏭한 말이고 보기(관측되기) 전까지는 상태가 결정되지 않았다는 말은 당시의 과학자들에게는 너무도 충격적이었을 겁니다.

그러니 양자역학은 처음부터 인간이 이해할 수 없는 상태로 출발할 수밖에 없었고 이것을 주장한 과학자들조차 그냥 '그러려니…' 하는 마음으로 주장할 수밖에 없었을 겁니다. '신은 주사위 놀음을 하지 않는다'라고 한 아인슈타인 이 말도 알고 보면 '주사위 놀음을 하지 않는 신'이라는 자신만의 관점을 전제로 하고 있음을 알 수 있습니다.

그런데 그 양자역학의 연장선으로 이야기를 쭉 이어 나가다 보면 어쩌면 지나친 비약일 수도 있겠지만 우주는 인간 같은 우주를 관찰하는 존재가 필요하다는 이야기에서부터 영화 '매트릭스'처럼 우주는 하나의 시뮬레이션 시스템일 수도 있다는 이야기까지 나오고 있습니다. 이런 이야기들 중의 하나가 우주를 하나의 정보체계로 이해하려는 관점입니다. 앞부분에서도 이미 거론을 한 바이지만 아주 얼토당토하게 튀어나온 이야기는 아닙니다.

정보체계를 이루려면 기본적으로 세 가지의 구성 요소를 생각해 봐야합니다. 바로 사용자(User)와 프로세스(Process) 그리고 정보저장소(Data Store, 즉 Database)입니다. 물론 여기에 정보이동의 통로로서 인터페이스(Interface)나 네트워크(Network) 같은 것이 들어갈 수가 있겠지만 다 거론하면 너무 복잡해지니까 이 세 가지만 생각해 보겠습니다.

사실 사용자라는 요소는 정보체계 밖의 존재로서 정보체계의 구성 요소에 포함되는 것에 의아함을 가지실 수는 있겠습니다만 사용자가 없는 정보체계는 아무런 가치나 의미가 없기 때문에 이것을 제쳐두고 정보체계를 생각할 수가 없습니다. 사용자가 누구냐에 따라서 그 정보체계의 가치와 방향성이 결정되기 때문입니다. 그리고 프로세스는 정보가 창출되고 처리되는 과정으로서 우리가 흔히 이야기하는 '개발한다'라는 표현은 바로 '프로세스를 구축한다'라는 것으로 이야기해도 무방합니다. 바로 프로그래밍, 소프트웨어, 개발 등등 이런 말들이 프로세스를 두고 하는 것이라고 대체로 말할 수가 있는 것입니다.

마지막으로 정보저장소는 정보가 처리되는 과정에서 발생된 정보를 잠시 또는 장기간 머무르게 하는 역할을 하는 것으로서 어떻게 보면 프로세스의 일부분으로 여길 수도 있지만 보관 중인 정보가 다른 프로세스에서도 사용되어 질 수도 있기 때문에 독립적인 요소로 보는 것이 더 타당할 것 같습니다. 다시 말해서 이 부분은 '정보의 사용'이라는 측면 때문에 사용자의 의도와 목적에 따라 형태가 크게 달라질 수가 있습니다. 즉, 사용자의 의도에 따라 정보저장의 범위와 성격이 의존적으로 결정됩니다.

이렇게 우주를 하나의 정보체계로 보려면 정보체계가 갖는 아주 중요한 두 요소를 생각하지 않을 수 없습니다. 바로 사용자(User)와 정보저장소(Data Store, 즉 Database)입니다. 맞을지는 모르겠지만 우리가 바라보는 우주는 프로세스로 보이기 때문입니다. 아직은 어떤 과학이론에서도 우주라는 정보체계의 사용자와 정보저장소에 대한 것으로 해석될 만한 과학적 언급은 들은 적이 없는 것 같습니다. 물론 DNA라는 과학적 실체가 정보의 저장역할을 하고 있는 것은 확실해 보이지만 이는 프로세스의 과정 중의 생명 부분에서의 극히 일부분으로서 지극히 일시적 저장일 뿐이지 본연의 정보저장소로서의 역할은 아닌 것으로 생각됩니다.

인간은 우주의 한 부분이기 때문에 우주라는 정보체계의 사용자가 될 수 없습니다. 바로 이 부분에서 우리는 신을 거론하지 않을 수 없습니다. 마찬가지로 정보저장소 역시 신을 거론하지 않을 수 없을 것 같습니다. '정보의 사용'이라는 측면에서 본다면 말입니다.

우주를 창조하신 하나님, 그분이 창조하신 우주를 관찰하는 인간… 그리고 그런 인간을 바라보고 계시는 하나님…. 지금 우주를 하나의 정보체계나 시뮬레이션 같은 소프트웨어로서의 성격으로 보는 이론들이 비록 물리학계의 주류 이론은 아닌 것 같긴 하지만 꾸준히 제기되고 있는 것 같은데 아직은 '사용자(User)'를 공식적으로 꺼내지는 않은 것으로 보입니다. 하지만 정보체계를 전공하고 연구하고 있는 사람으로서 이런 종류의 이론들이 계속 거론되다

보면 결국 생각하지 않을 수 없는 것이 바로 '사용자'라는 실체(물리적이던 논리적이던)일 것으로 저는 생각하고 있습니다.

하나님은 그렇게 바라보고 계시는 인간의 모습을 '기억'하고 계실 겁니다. 바로 하나님의 기억 속에 저장된 내용이 아마도 이 광대한 우주의 종착점 이후에도 남게 될 우주의 최종 산출물이 아닐까요?

아직은 인간은 이에 대해 아는 것이 별로 없지만 아마도 먼 훗날이 되겠지만 언젠가는 알게 될 날이 오겠지요.

어쩌면 지금 우리가 바라보고 있는 우주 자체가 하나의 거대한 정보저장소라고 할 수가 있을 것 같습니다. 지금 우리는 망원경을 통해서 몇 십억 년 전의 우주를 바라볼 수 있고 그것을 통해서 빅뱅을 생각하고 빅뱅 초기라는 까마득한 옛날의 우주를 '추리'할 수가 있기 때문입니다.

옛날에 어떤 과학잡지에서 우주의 크기에 비해서 '지나치게 느린 광속'에 대해서 이야기하는 기사를 본 기억이 있습니다. 물론 인간의 입장에서 빛의 속도를 감히 '느리다'라고 표현을 할 수는 없을 것 같긴 합니다만 현재의 과학 수준으로 밝혀진 우주의 크기로 봐서는 빛의 속도가 정말로 지나치게 느리다는 표현은 잘못된 생각이 아님을 알 수 있습니다.

일단 지금의 빛의 속도로는 우리가 살고 있는 은하계를 온전하게 보려면 10만 년의 시간이 필요합니다. 우리가 바라보고 있는 은하계 건너편의 모습은 10만 년 전의 모습이기 때문입니다. 그러니까 200만 광년 건너편에 있는 안드로메다 은하계에서 보는 것과 같은 한 시점에서의 온전한 우리 은하계의 모습을 '파악'하려면 이론 적으로는 10만 년의 시간이 필요하다는 말입니다.

그런데 역설적이게도 이렇게 '느려 터진' 빛의 속도 때문에 우리는 몇 백억 광년 전의 우주를 바라볼 수 있다는 것입니다. 이것을 다르게 표현한다면 우리는 우주 자체를 하나의 거대한 정보저장소로 여길 수도 있다는 사실입니다. 분명한 것은 그 수백억 년 전의 우주라는 정보를 우리가 물리적으로 '액세스(Access)'할 수가 있기 때문입니다. 그리고 그렇게 얻어진 정보를 가지고 우리는 인간들끼리 나눌 수(Sharing)도 있고 책 같은 기록으로 남길 수(Storing)도 있는 우리가 아는 한 우리가 유일한 존재인 것입니다.

문자라는 것이 발명되기 전부터 인간은 그들이 보고 들었던 것을 '언어'라는 전달 매체와 '기억'이라는 저장 매체를 통해서 자신이 갖고 있는 정보를 후세에게 전승을 시켰습니다. 물론 그것이 올바른 정보가 아닐 수도 있었겠지만 어쨌든 그 정보는 지역적이던 시간적으로든 다른 사람들에게 '전달(transferring)'되었습니다. 정보에도 경제학에서 나오는 '수요와 공급의 법칙'이 적용됩니다. 즉, 수요 없는 정보의 공급은 없다는 말입니다. 그 수요는 인간이 가지고 있는 '궁금함'에서 출발합니다. 물론 다른 동물도 '궁금함'의 본능을 가지고 있을지도 모릅니다만 그 궁금함에 대한 '필요의 적극적인 표현'을 할 수 있는 방법을 인간처럼 가지고 있지는 않은 것 같습니다.

결국은 닭이 먼저인지 달걀이 먼저인지의 문제이겠지만 그러한 '궁금함'이 있었기 때문에 인간의 언어가 발전된 것인지 아니면 언어를 가지고 있었기 때문에 '궁금함'이 있었던 것인지는 모르겠지만 언어라는 도구의 출현은 어쩌면 '문자의 발명'보다 더 크게 인간의 역사에 있어서 혁명적인 분수령을 이루는 요소였음은 분명한 것 같습니다. 바로 자녀 세대에 의해서 표현된 그들의 궁금함에 대해서 부모 세대는 자기가 직접 얻어낸 정보이던 아니면 어디서 주워들은 것이든 또는 자기가 만들어낸 것이든 이야기를 해주게 됩니다.

그런데 이런 정보전달의 과정에는 그 정보만 전달되는 것이 아니라 '전달자에 의한 해석'이 같이 전해지게 됩니다. 즉, 이 말은 인간에게는 정보를 '해석'할 수 있는 능력을 가지고 있었다는 점입니다. 바로 '지정의(知情意)'의 능력입니다. 다른 동물들은 정보전달의 능력을 가지고 있을 수도 있겠지만 과연 정보를 '해석'하는 능력을 가지고 있는지는 모르겠습니다. 아마도 없을 것으로 여겨집니다. 이러한 해석의 능력으로 인해서 정보는 가공되어집니다. 그래서 허무맹랑한 신화도 만들어지는 것이겠지만 이러한 해석의 능력으로 인류는 '문명'이라는 것을 이룩하기에 이릅니다.

그러니까 과학이라는 과정 역시도 결국은 관측 또는 실험을 통해서 취득된 정보를 '해석'하는 과정이라고 볼 수 있는 것입니다. 이 '해석'이라는 과정을 통해서 인간의 뇌 속에 최종적으로 남게 되는 것이 아마도 '의미'가 아닐까 합니다. 만약 하나님께서 인간에게 이 우주를 보여주시고 인간으로부터 받아 가시려는 것이 있다면 아마도 그것은 그 '의미'가 아닐까 하는 생각이 듭니다.

"지구가 태양 주위를 도는 것은 기쁜 일도 슬픈 일도 아니다. 아무 의미 없이 법칙에 따라 그냥 도는 것뿐이다. 지구상에서 물체가 1초에 4.9미터 자유 낙하하는 것은 행복한 일일까? 4.9라는 숫자는 어떤 가치를 가질까? 4.9가 아니라 5.9였으면 더 정의로웠을까? 진화의 산물로 인간이 나타난 것에는 어떤 목적이 있을까? 공룡이 멸종한 것에 어떤 의미가 있을까? 진화에 목적이나 의미는 없다. 의미나 가치는 인간이 만든 상상의 산물이다. 우주에 인간이 생각하는 그런 의미는 없다. 그렇지만 인간은 의미 없는 우주에 의미를 부여하고 사는 존재다. 비록 그 의미라는 것이 상상의 산물에 불과할지라도 그렇게 사는 게 인간이다. 행복이 무엇인지 모르지만 행복하게 살려고 노력하는 게 인간이다. 인간은 자신이 만든 상상의 체계 속에서 자신이 만든 행복이라는 상상을 누리며 의미 없는 우주를 행복하게 산다. 그래서 우주보다 인간이 경이롭다."

- 김상욱(경희대 물리학과 교수)의 '울림과 떨림' 중에서

그렇습니다. 바람에 섞여 불어와 내 얼굴에 부딪혀 흩어지는 공기분자 하나하나, 하늘에서 무심하게 떨어져 내 머리 위에 떨어지는 비 한 방울, 걸어가다 내 발 끝에 차이는 돌멩이 하나 등등… 내 주위의 모든 만물들은 그저 그 자리에 있어야만 했던, 그리고 태초부터 정해졌던 우주의 법칙에 의해 무심하게 움직여야만 했던 그냥 무미건조한 물건들입니다.

그렇게 혼이 담겨있을 리 없는 물건들이 모이고 모여 저 거대한 달이 되고 태양을 이루고 또 그것들이 수천억 개가 쌓이고 쌓여 은하계를 이룬들 사실 그것이 나랑은 무슨 상관있겠습니까? 나에게 다가오는 것도 내가 좋아서가 아닌 그저 물리법칙 때문이고 나에게서 멀어지는 것도 내가 미워서가 아닌 그래야 우주의 이치에 맞아서 그랬던 것인데 그런데 신기하게도 인간은 여기에 이와 같은 의미를 주고 있습니다. 어떻게 생각해보면 그렇게 생각하질 않아도 먹고사는 데 별 지장 없어 보이는데 굳이 인간은 달을 서쪽으로 노 저어 가고 있는 조각배로 보기도 하고 사랑하는 사람의 얼굴을 떠올리기도 하고 더 나아가 심지어 하늘의 별들의 운행에서 나의 운명과 길흉화복을 점치기까지 합니다. 왜 그러는 걸까요? 아니, 왜 그래야만 하는 걸까요? 어쩌면 이 역시 우리에게 주

어진 관찰이라는 하나님으로부터의 임무에 같이 묶여 있는 것은 아닐는지요? 아니 어쩌면 이것이 우리에게 관찰자의 임무를 부여하신 최종 목적이 아닐까 하는 생각까지 해봅니다.

옛날 우리나라에서 크게 히트했던 노래의 가사 중에 이런 소절이 기억납니다.

"산다는 건 좋은 거지. 수지맞는 장사잖소? 알몸으로 태어나서 옷 한 벌은 건졌잖소?"

어떻게 보면 허탈하고 허전한 웃음을 짓게 만드는 가사인 것 같습니다. 사실 무덤에 묻힐 때 입고 있는 옷이란 게 땅속에서 육신과 함께 땅에 녹아 들어가 언젠가는 사라질 그런 존재인데 그런 것으로나마 '건졌다'라는 표현을 써야만 하는 것이 과연 인생인가 하는 생각이 들기 때문입니다.

그런데 이 가사에서 저는 '옷 한 벌'보다는 '영화 한 편'이라고 하면 더 멋들어지지 않았을까 하는 생각을 해본 적이 있습니다. 사실 제가 지금 살아가고 있는 인생은 저 자신이 주인공인 영화 한 편으로 생각해도 크게 다른 것 같지는 않은 것 같습니다.

그 영화의 관객은 물론 내 주위의 사람들이 있겠지요. 내 가족들… 친구들… 나의 인생에서 나의 가까운 곳에서 내가 살아가는 모습을 보았던 사람들 그분들도 중요한 제 인생이라는 영화의 관객임에는 분명하겠지만 그분들조차 영화의 처음부터 끝까지 전편(全篇)은 보질 못했을 겁니다. 인간의 존재로서 내 인생이라는 영화의 전편을 관람한 관객은 오직 '나' 혼자일 겁니다. 가장 중요한 관객은 주연 배우였던 바로 나 자신이라는 것입니다.

영화 전편을 관람한 유일한 관객인 나는 내 인생이라는 영화를 어떻게 바라볼까요? 재미있고 웃기고 감동스러운 영화일까요? 스릴 있고 박진감 넘치는 스펙터클한 영화일까요? 그저 팝콘 한 통 정도 분량의 의미 정도만 가지고 있는 'Time Killing' 용도의 영화일까요? 어쩌면 이 영화가 끝나면 이 영화의 감독님과 이야기 나눌 기회가 있을지 모르겠습니다. 그분이 아마도 나 이외의 이 영화의 전편을 관람한 또 다른 관객이겠죠. 내가 바라본 내 인생이라는 영화에 대해서 그분과 아마도 꽤 긴 시간동안 이야기할 수 있기를 기대하고 있습니다. 아마도 그럴 기회가 있겠지요.

그분이 내 인생이라는 영화를 그분의 아카이브에 저장하실 것인지 아니면 쓰레기통에 던지실지… 그분이 결정하시게 되겠죠.

> 여호와 하나님이 흙으로 각종 들짐승과 공중의 각종 새를 지으시고 아담이 무엇이라고 부르나 보시려고 그것들을 그에게로 이끌어 가시니 아담이 각 생물을 부르는 것이 곧 그 이름이 되었더라.
> – (창세기 2장19절)

하나님께서 아담에게 각종 생물들에게 이름을 부여하는 '특권'을 두셨던 것처럼 각 사람에게는 자신이 바라보고 있는 만물에게 의미를 주는 '권리' 역시 주셨을 것으로 저는 믿고 있습니다. 주위의 만물뿐 아니라 주변에 만나고 보는 사람들도 역시 자신의 관점에서 보는 의미가 있을 것입니다. 그 의미가 내 인생의 시간 동안에 모이고 엮어지면서 내 인생이라는 영화을 이루고 그것이 하나의 정보 단위가 되어 하나님으로부터 '심사'를 받게 될 것으로 믿고 있습니다. 내 인생의 최종 산출물로서 말이지요. 그리고 그 심사에서 통과되면 그분의 아카이브에서 '영원히' 보존되겠지요.

4. 생육하고 번성하라

하나님께서 인간을 포함해서 모든 생명체에게 내리신 유일한 명령입니다. 이 명령에 의해 지구상의 생명체는 자연생태계라는 특정한 형태의 균형 잡힌 체계가 이루어집니다. 플라톤 이후의 모든 서양철학은 플라톤 철학의 각주에 지나지 않는다고 화이트헤드(Alfred North Whitehead 1861~1947)가 말한 바 있습니다.

이 플라톤 철학의 가장 중요한 키워드 중 하나는 '이상(理想, Idea)'이라고 할 수 있습니다. 그런데 화이트헤드의 이 말에 비추어보면 플라톤 자신이 속한 헬레니즘의 철학뿐 아니라 또 다른 서양문화의 기둥 헤브라이즘의 기독교 사상에도 절대적으로 영향을 미쳤다고 할 수 있는데, 그의 이상주의 사상은 기독교에 '하나님의 창조과정은 완벽하다'라는 관점을 가지게 된 것입니다.

즉 창세기에 하나님께서 '보시기에 좋았더라'라는 말씀으로 하루마다의 창조과정을 매조지하시는 것을 '그가 창조한 모든 것들은 완벽했다'라고 해석하게 만들었던 것입니다. 하지만 제가 보기엔 그 말씀은 '모든 것이 하나님께서 의도하신대로 창조되어 만족하셨다'라고 해석하는 것이 더 옳은 해석이 아닐까 생각합니다.

앞에서도 우주는 10억분의 일 비율로 완벽하지 못한 입자의 대칭구조 때문에 존재가 가능하게 되었다고 언급한바 있고 그 이후 엔트로피 법칙이라는 '우주는 허물어져 가고 있다'는 다분히 '불완전'해 보이는 속성을 가지고 있다고 말한 바 있습니다. 하나님께서는 이 우주에 의도하신 불완전함을 끼워 넣으셨던 것입니다. 플라톤의 이상주의적인 관점에서 보면 이것은 도저히 받아들일 수 없는 이야기일 수 있습니다.

하나님께서 창조하신 우주가 불완전하다니… 하지만 우리 주위 그리고 이 지구상에 있는 생명체들을 보겠습니다. 그가 창조하신 자연생태계는 이상주의적 관점이 기대하는 완벽하게 서로가 화합하고 서로 도우며 조화로운 것이 아닌 오직 자신의 생존과 종족보존을 위해서 생존경쟁이라는 서로를 잡아먹고 치열하게 싸우고 투쟁하는 것을 통해서 균형을 이루는… 플라톤의 이상주의적 관점으로는 뭔가 성에 차지 않는 그런 자연을 우리는 보고 있습니다.

플라톤과 그의 사상을 지지했던 사람들의 이상주의적 관점으로는 태양계의 행성의 궤도는 그들이 완전 도형이라 생각했던 둥근 원이어야만 했고 모든 행성은 어떤 흠집도 용납될 수 없는 매끈한 구슬 모양이었을 것으로 여겼었습니다. 더구나 모든 하나님께서 창조하신 피조물들이 살고 있는 지구는 당연히 우주의 중심에 있어야했고 다른 모든 우주 천체는 지구의 시녀들에 지나지 않는다고 생각했었습니다.

물론 어떠한 과학적, 논리적 근거에 의해 수립된 사고방식은 아닙니다. 그저 인간의 상상에 의해서 인간이 설정한 상상의 세계에 우주를 집어넣은 것에 불과합니다. 그런데 이 플라톤의 이상론은 기독교에 들어와서는 인간의 상상의 세계를 뛰어넘어 하나님이라는 절대적인 존재와 결합되어 신선불가침의 영역이 되어버리고 말았습니다. 그리고 이러한 관념은 최소한 기독교라는 종교 안에서는 지금도 유효하게 계속되고 있는 것으로 보입니다.

그중에 중요한 한 현상이 바로 '진화론'을 바라보는 기독교의 시선일 것 같습니다. 기독교 특히 창조론 진영에서의 관점은 '하나님의 창조 사역은 그 자체가 완전해서 변할 수 없는 것'이라는 겁니다. 그래서 '인간은 원숭이로부터 진화되었다'는 논리에 극심한 반감을 보이게 되는 것 같습니다. 그런데 저는 개인적으로 창세기에 진화론의 근거가 되는 성구가 있다고 봅니다. 어쩌면 지나친 비약으로 비쳐질 수도 있는 말이라는 점 저도 잘 알고 있어서 이것을 지금 논하기가 매우 조심스러울 수밖에 없는데 어쨌든 말을 꺼낸 김에 계속 이어나가겠습니다.

하나님이 그들에게 복을 주시며 이르시되 생육하고 번성하여 여러 바닷물에 충만하라. 새들도 땅에 번성하라 하시니라.
- (창세기 1장 22절)

이 구절을 몇 자로 좀더 축약하면 '생육하고 번성하라'가 되겠죠. 이 명령은 모든 생명체에게 주어진 명령입니다. 한 문장이지만 여기엔 두 개의 기본 명령이 있는 것 같습니다. '생육'은 생명체 각 개체의 생존본능을, '번성'은 각 생명체에게 주어진 생식본능을 말하는 것 같습니다. 그런데 이것을 다시 하나의 명령, 즉 본능으로 다시 압축할 수 있을 것 같은데 바로 '자손'을 남기려는 본능입니다. 생육은 결국 자손을 남기기 위해서는 자신이 살아남아야 하기 때문이죠. 자손을 남기려는 본능이 자신의 생존 본능보다 우선하다는 사실은 거의 모든 생명체에서 볼 수 있는 일반적인 현상인 것으로 보입니다.

이처럼 '번성'이 '생육'보다는 우선적인 명령인 것으로 보이는데 그런 관점에서 생물계를 바라보면 거의 모든 생물의 생장에너지가 여기에 집중되어 있는 것처럼 보입니다. 특히 식물이 그러한 것 같은데 사람이 식용으로 먹는 식물의 기관은 정말 많은 비중으로 '번성(즉 번식)'을 담당하는 기관이 차지하고 있다는 것을 알 수 있습니다.

식물로서 인간의 주식이라면 동서양을 막론하고 쌀 아니면 밀인데 모두 씨앗입니다. 그 뿐만이 아니라 과일이나 오이, 호박, 고추 등등 모두 씨앗을 전달하기 위한 유인 기관입니다. 그리고 식물계를 대표하는 아름다움의 대명사, 초록색 일색뿐인 산천초목에 철마다 빨간색, 노란색, 파란색의 원색으로 아름답게 치장을 하는 꽃들도 거의가 번식을 위한 기관입니다.

동물계는 또 어떨까요? 사마귀는 암컷과 수컷 간의 교미를 마치게 되면 암컷이 수컷을 포식한다고 합니다. 그러니까 사마귀 수컷은 목숨 걸고 교미를 하는 겁니다. 이런 걸 보면 저도 남자입니다만 모든 동물계에서 수컷의 운명은 참으로 애처로운 것 같습니다. 그런데도 수컷은 암컷과 교미를 위해 온갖 노력을 다합니다. 이뿐만이 아닙니다. 공작이나 꿩 같은 새는 수컷이 암컷보다 훨씬 화려하고 눈에 띄는 색깔을 지녔습니다. 오로지 암컷의 선택을 받기 위해서입니다.

모든 동물계에서 수컷들의 본능은 자신의 유전자를 가능하면 '많이' 퍼트리는 것이고 암컷의 본능은 자신이 낳은 자손의 높은 생존율을 바라는 마음에 '강하고 우수한' 유전자를 받고 싶어한다는 것입니다. 이러한 암컷과 수컷 간의 본능의 조화로 암컷에게는 자연적으로 강하고 우수한 유전자를 가진 것으로 보이는 수컷을 선택할 수 있는 '선택권'이 주어지게 되는 것이죠. 그리고 그 암컷들이 갖는 수컷을 향한 요구 사항은 강하고 우수한 유전자 외에도 자손 양육의 책임이 있는 자신을 위한 '보호'와 '희생'을 요구하는 것입니다. 그래서 수컷 공작과 꿩의 화려함은 천적들로부터 위험에 처해있는 상황이 되면 암컷을 위해 자신이 우선적인 희생을 기꺼이 당하겠다는 다짐에 대한 보증인 셈입니다. 그러면서 암컷 자신은 눈에 띄지 않는 보호색을 갖고 있습니다. 수컷의 입장으로 보면 참 배신감 느끼게 하는 건데 그게 본능이니 뭐 어쩔 수가 없는 거겠죠. 내가 배신감 느낀다고 안하게 되면 다른 수컷이 숨 가쁘게 달려들어 올 테니까 말이죠.

　사슴의 뿔도 마찬가지입니다. 숲에서 사는 사슴에게 뿔의 존재라는 게 참으로 역설적으로 보입니다. 숲속에서의 생존에 전혀 도움이 되지 않기 때문이죠. 사슴의 뿔은 내가 보기에는 천적으로부터 공격당했을 때 방어를 위한 무기가 되기도 하겠지만 그보다는 천적으로부터 쫓기게 되었을 때 암컷보다 수컷이 먼저 잡히게 하기 위한 장치인 것으로 생각됩니다. 그 뿔 때문에 천적의 눈에 잘 띌 수밖에 없을 것이고 도망가다가도 나뭇가지에 걸릴 확률이 높기 때문이죠. 여러모로 수컷은 애처롭기만 한 운명인 것 같습니다.

　제가 석사 과정에 있을 때 인구학을 수강한 적이 있었는데 '참으로 절묘하다'고 생각되는 사실이 있었습니다. 지금은 모르겠습니다만 그 당시(80년대 중반) 정상적인 출산시점의 남녀 성비는 100 대 107 정도로 남자가 많다는 겁니다. 이것은 인공유산 같은 어떠한 인위적인 성비조작이 없는 순수 자연 상태일 때 그렇다는 겁니다. 그런데 남자아이들은 테스토스테론이라는 호르몬으로 인해서 여자아이들보다는 활동적이고 과격하며 모험심이 많기 때문에 아무래도 사고나 질병을 당할 확률이 높기 마련이고 그렇기 때문에 결혼 적령기 이전의 사망률이 여자아이들 보다 높다고 합니다. 그럼으로써 결혼 적령기쯤의 남녀 성비는 균형을 이루게 된다는 거죠. 이점에서 뭔가 '보이지 않는 손'이 작용하는 것이 아닌가 하는 느낌을 제가 받았던 것입니다.

그리고 이후의 연령에서는 오히려 여자 인구가 많게 되는 성비 역전현상이 발생하게 되고 그 상태가 계속 이어지게 되어서 여자의 평균 수명이 남자보다 많게 되는 것이랍니다. 이런 점에서도 남자도 어쩔 수 없이 생물학적으로 '수컷'이다 보니 여러 면에서 수컷의 애처로움을 느끼지 않을 수가 없는 것 같습니다.

이러한 수컷의 운명은 하나님으로부터 태초에서부터 주어진 것일까요? 아니면 암컷과 수컷 간의 본능의 조화로 인한 것일까요?

모든 생명체에게 주어진 '생육하고 번성하라'는 명령은 모든 생명체들에게 부여된 최고의 상위명령(Supertype command)이라 할 수 있고 이러한 명령에 따라 각 종마다 생활 습성이나 환경에 따라 다양한 실행 전략을 수립하고 그에 따른 세부적인 하부명령(Subtype command)으로 실제 그들의 행동과 습성에 적용되는 것 같습니다. 모든 것이 각 생물 종마다 '번성'이라는 목표로 그렇게 전략을 수립하기 때문에 가능하게 된 것이라 할 수 있죠. 마치 수많은 생물 종 간에 일어나고 있는 일종의 전략 게임 같은 것 같습니다. 프로그래머의 관점으로 보면 기가 막힌 '자기변형' 알고리즘입니다. 컴퓨터 프로그램으로 치면 코드 스스로가 '번성'이라는 목표를 위해 자신의 코드를 바꿔 나가는 일종의 인공지능적인 성격이 있는 것 같습니다. 결국 생존에 성공한 코드가 남아서 후손을 남기게 되니 '성공학습'의 특성이 있는 인공지능 로직이죠. 3장의 [그림 2-3]에서 이미 보여드린 바 있듯이 이런 원리를 응용한 실험적인 프로그램도 세상에 많이 시도된 바 있고 사실, 제가 보기에는 그 영향력의 크기에 비해 그렇게 크게 어렵거나 복잡한 알고리즘이 아닐 걸로 생각됩니다. 그런데 그렇게 '생각보다' 간단한 로직으로 이 지구상의 수천만 종 아니 어쩌면 수억만 종일 수도 있는 생물 간의 균형과 조화가 지금도 절묘하게 이루어지고 있는 겁니다.

저는 한사람의 프로그래머로서 하나님께서 모든 사항과 동작들에 대해서 일일이 미리 지정하는 방식인 하드코딩(hard coding)이라는 졸렬하기 그지없는 프로그래밍 방식으로 세상을 창조하셨다고는 보질 않습니다. 우주에 있는 수억만 개의 은하와 그 은하에 소속된 수천억에서 수십조 개의 별들과 어쩌면 수십 또는 수백조 일 수도 있는 행성들 하나하나를 하나님께서 직접 조각하시고 디자인하셨다고 보는 관점은 프로그래머로서 도저히 용납할 수 없을 것 같습니다. 물론 전지전능하신 하나님이시니 그렇게라도 굳이 하신다면 하실 수 있었을 겁니다.

그런데 프로그래머인 저에게는 그러한 방식은 하나도 감동스럽지 않습니다. 다만 그 정도로 이 우주를 그 정도의 엄청난 노고를 쏟아부으시면서까지 창조하셨다는 점에서 '감탄'과 그에 따른 '감사'함은 느꼈을 것 같기는 합니다만 속된말로 그런 '노가다' 방식의 일을 보면서 나오는 감탄은 노동의 양에 따른 혀를 내두른다는 점의 감탄일 뿐이지 작품을 만들어가는 과정에 대한 질적인 위대함에서 느껴지는 진정한 의미에서 오는 따른 찬사는 아닌 것 같습니다.

그렇습니다. 하나님의 창조는 진정으로 완전합니다. 하지만 여기서 말하는 '완전하다'는 의미는 창조의 결과물이 완전하다는 의미는 아닙니다. 앞에서도 이미 여러 번 말한 바와 같이 하나님은 의도적으로 불완전함을 그가 창조하신 우주에 집어넣으셨습니다. 일단 엔트로피라는 허물어지고 있는 우주도 그렇고요, 입자와 반입자의 대칭성도 완전하질 않습니다. 그리고 모든 생명체는 시간이 지남에 따라 늙게 되고 결국 죽음에 이를 수밖에 없다는 점에서도 생명체는 완전하다고 볼 수는 없을 것 같습니다.

완전하다는 의미는 하나님의 창조 프로그램이 완전하다는 것일 겁니다. 그럼 프로그램이 완전하다는 것은 어떤 의미일까요? 다른 관점이 있을 수 있지만 소프트웨어 개발 방법론을 공부했던 제가 보는 견해는 일단 사용자의 모든 요구 사항이 빠짐없이 '구현' 되어야하고, 결함이 없고 유지 보수가 필요 없는 프로그램을 말하는 것일 겁니다. 앞선 다른 장에서 설명한 바이지만 일반적으로 소프트웨어는 개발보다 유지 보수에 더 많은 비용이 소요됩니다.

지금에선 아무리 완벽하다고 해도 시간이 지나면서 변해 버린 환경과 조건 등으로 인해 어떠한 형태로든 소프트웨어는 유지 보수를 받아야 합니다. 하지만 하나님의 창조 프로그램은 그 자체가 완전하여 '빛이 있으라'라는 명령 이후 코드의 추가 또는 변경 같은 어떠한 형태의 유지 보수나 수리가 전혀 필요 없는 완전한 프로그램이라는 것을 이야기하는 것일 겁니다. 다만, 그분이 창조하신 우주라는 시스템의 유일한 사용자로서 '사용자에 의한 조작'을 위한 인터페이스 계통은 존재하리라 생각하고 아마도 그 계통은 확률의 안개 속에 숨겨져 있을 것이라는 것은 앞에서 이미 이야기한 바 있습니다.

태초에 '빛이 있으라.' 이 한마디의 명령만으로 빛에서 '몇 가지' 물질들이 나오고 그 물질과 물질 간에 미리 정하신 '몇 가지'의 조화(상호작용이라고 하는)만으로 이 우주가 만들어지고 결국에 지금 우주를 바라보고 있는 '나'라는 존재까지 이르게 되는 하나님의 그 아름답고 완전한 알고리즘에 형용할 수 없는 '감격'을 느낍니다.

그리고 무엇보다도 인간으로 하여금 하나님께서 이 우주를 어떻게 창조하셨는지를 대략적으로나마 '이해'할 수 있게 하신 것은 하나님께서 인간을 얼마나 사랑하는지를 알 수 있을 것 같습니다. 어쩌면 아버지가 먼 훗날 언젠가 그의 자녀들이 찾아서 읽게 되는 것을 기대하며 몰래 어딘 가에 숨겨둔 편지가 아닐까 하는 생각이 듭니다.

우리가 '하나님은 그렇게 하셨을 것이다'라는 전제를 갖는 것은 인간이 하나님에 대한 추측과 상상일 가능성이 많을 것입니다. 그것 자체가 잘못된 것은 아니겠지요. 그런데 그 추측과 상상이 잘못하면 "하나님은 그러셔야만 한다"는 형태로 생각이 변질될 수 있고 더 나아가서는 심지어 "그러셔야만 하나님이라 할 수 있다"라는 마치 하나님에 대한 일종의 '자격' 같은 것을 세우기까지 하는 것 같습니다.

저 역시 인간으로서 참람(僭濫)하기 그지없는 표현이라는 것을 알고 있습니다만 이 지구상에서 전혀 이런 일이 없다고 얘기는 못할 것 같습니다. 제가 생각하기엔 세상에서 종교라는 이름으로 일어나고 있는 수많은 비극이 아마도 여기에서 시작되는 것은 아닐까 하는 생각을 갖고 있습니다. 그러한 생각들이 '믿음이라는 가면'을 쓰게 되면서 일어나는 비극들이지요.

바리새인들도 굳건한 종교적인 믿음을 가진 사람들이었지만 그 믿음 때문에 예수님을 볼 수 있는 눈이 가려져 있었고 결국 그들에 의해 예수님께서 십자가에 못 박히시게 됩니다. 그리고 제가 보기에는 지금도 지구상에서 일어나고 있는 수많은 테러가 이러한 '믿음이라는 가면' 때문에 일어나고 있는 것 같습니다.

바로 하나님을 인간이 만든 틀에 '가두는' 게 되어버리기 때문에 그렇게 된 것 아닌가 하는 생각을 하게 됩니다.

중세 천문학자와 이 시기의 교회는 '하나님의 창조물은 완전하다'는 생각을 갖고 그에 따라 행성의 궤도는 그들 스스로 완전한 도형일 것이라 여겼던 원형이라는 생각에 붙잡혀 있었고, 모든 하늘의 천체는 완전하고 흠 없이 매끈한 구슬 같은 구체일 것이라고 생각했고, 지구가 우주의 중심일 것이라는 천동설에 집착한 나머지 위대한 과학자 갈릴레이를 탄압했던 것처럼 말이죠.

케플러는 그의 스승 티코 브라헤가 남긴 방대한 관측 자료를 해석하는데 당시의 이러한 우주에 대한 선입관 때문에 불필요하게 많은 시행착오를 겪을 수밖에 없었습니다. 그래서 거의 실패의 문턱까지 갔던 그는 마침내 그때까지 그토록 집착했던 원형 궤도를 포기하고 나서야 올바른 해석을 할 수 있었습니다.

이처럼 하나님을 바라보는 우리의 잘못된 시선이 오히려 하나님을 바라보는 올바른 시선을 가로막고 있는 것은 아닐까요? 아마도 그러한 것을 염려하셔서 하나님께서는 눈에 보이고 손으로 만져지는 어떤 형태의 우상도 허락하지 않으셨던 것이 아닐까 생각합니다.

5. 돌아온 탕자

돌아온 탕자의 이야기는 아마도 예수님께서 예화로 하신 말씀 중에서 가장 유명한 이야기들 중 하나일 것으로 여겨집니다. 앞장에서 이미 했던 이야기이지만 결론을 내리려고 하고 있는 이 장에서 다시 한번 거론할까 합니다.

주인공 탕자로 이야기되는 둘째 아들의 못된 행동도 이해하기 힘든 면이 있지만 저는 오히려 아버지가 더 이해하기 힘들었습니다. 아버지에게 자기 몫의 유산을 미리 떼어 달라는 그 버르장머리 없기 그지없는 요구에 아버지는 결국 그것을 내어줍니다. 두 눈 시퍼렇게 뜨고 정정하게 살고 있는 자신을 그냥 미리 죽은 셈 치겠다는 것인데 아버지로서 자식에게 어마어마한 모욕을 받은 느낌이었을 것 같습니다.

글쎄요… 웬만한 아버지라면 그 아들을 시쳇말로 '비 오는 날 먼지 나도록' 뭘 하기까지는 아닐지라도 아마도 호적에서 지우고 집에서 쫓아내었을 것 같습니다. 그래도 주위 사람들은 웬만하다고 이해를 했을 듯합니다. 물론 성경에는 중간중간에 생략된 내용이 많이 있을 것 같습니다만 아버지 마음이야 한 가지일 텐데 그 아버지라고 그러고 싶은 마음이 없었을까요? 아마도 다른 아버지들처럼 혼도 내보고 호통도 치고 경우에 따라서는 매를 들었을 수도 있겠죠. 하지만 어떤 이유에서인지는 몰라도 결국엔 두 손 두 발 다 들고 '그래… 니 마음대로 해봐라' 하는 포기하는 심정으로 재산을 요구대로 내주고 아들을 떠나게 한 것이었겠죠.

탕자도 처음부터 탕자는 아니었을 겁니다. 산간 오지 벽촌에서 땅이나 파고 양들을 먹여야 하는 삶이 자신의 미래가 될 것임이 눈에 뻔히 보이는 상황이니 마음이 답답하고 미래가 갑갑했겠지요. 그러다 잠깐 눈을 돌려 바깥세상을 바라보다가 자기가 생각하기에는 나름 참신하고 기발하다 생각되는 장사 아이템을 발견하고 당장 떼돈을 벌 수 있을 것 같은 생각에 그날부터 아버지에게

졸라댔을 겁니다. 그렇게 아버지는 둘째 아들의 시달림에 결국 두 손 두 발 다 들고 아들의 요구대로 유산을 미리 떼어서 준 것이겠죠. 하지만 세상이 그렇게 만만한 것이 아니니 이리저리 사기도 당하고 장사도 실패하고 그랬던 것이었겠죠.

이런 식으로 이야기를 풀어나가니 아마도 많은 분들이 어디서 많이 들어본 이야기로 들릴 법도 할 것 같다는 생각이 듭니다. 지금도 부잣집 아들과 아버지 사이에서 적잖이 일어나는 이야기가 아닐까 생각합니다.

이 부분에서 조금 다른 이야기를 한번 꺼내볼까 합니다.

요즘에도 고등학교 윤리시간에 헤겔(Georg W. F. Hegel, 1770~1831)의 변증법을 중요하게 다루고 있는지는 모르겠습니다만 제가 고등학교를 다니던 이른바 '유신정부' 시대에는 '반공(反共)' 이데올로기가 일반적인 윤리와 도덕 교육보다 우선시하였던 시절이라 마르크스가 자신의 공산주의의 이론 전개에 중요하게 인용하였던 변증법에 대한 내용을 여러 차례 들었던 기억이 납니다.

한 가지 아이러니는 당시의 반공 이데올로기에 대한 교육 내용은 그저 맹목적인 주입식 교육에 지나지 않았다는 점입니다. 아무래도 반공을 교육하려면 공산주의의 핵심 원리를 분석하고 "어디어디의 이러이러한 내용이 저러저러한 이유로 잘못되었다"라는 방식의 교육이 올바른 방식일 텐데 그러려면 공산주의에 대한 핵심 원리를 일목요연하게 설명할 필요가 있어야 하겠죠. 그런데 그랬다가는 19~20세기의 수많은 젊은 지성들이 그랬던 것처럼 오히려 공산주의의 '논리적 매력'에 빠지게 만드는 어마어마한 역효과가 야기될 수도 있다는 데 문제가 있었던 것 같습니다. 물론 고등학교 과정이라는 깊이의 제한이 있어서 그랬을 수도 있겠지만 당시의 반공 이데올로기 교육에는 몇 가지의 단편적인 용어와 그에 대한 아주 최소한의 설명만을 하고 넘어가는 느낌을 받았습니다. 그러고서는 오로지 북한(당시에는 북괴라고 했습니다)이 나쁘다. 중국이 나쁘다 소련이 나쁘다 식의 내용을 단순 반복적으로 이야기하는 내용이었던 것으로 기억됩니다.

고교시절에도 그랬고 졸업을 하고 재수하면서 당시 예비고사(지금의 수능시험)를 준비하며 윤리과목의 중요한 부분이어서 이것을 다시 공부해도 어떤 일관된 연결점 없이 조각조각이 따로 노는 느낌만 들었습니다. 그냥 당시 고교 고육의 전형적인 폐해라 할 수 있는 '이해는 개나 줘버리고 닥치고 외우기만 하는' 식의 맹목적인 용어의 암기만 요구하는 그런 느낌을 받았습니다.

그중의 하나가 '정(正)-반(反)-합(合)'으로 대표되는 헤겔의 '변증법'입니다. 입시를 준비하면서 맹목적으로 '헤겔', '변증법', '정반합' 이렇게 외우기만 했지 이것이 어떤 내용인지 그리고 이것이 공산주의에 있어서 왜 중요한지에 대해서는 당시의 교과서나 참고서에서 이를 이해하기 쉽게 설명하는 부분은 보질 못했던 것 같습니다. 그리고 실제 시험문제나 참고서에서 나온 문제에서도 이것에 대한 이해를 필요로 하는 수준의 문제를 본 것 같지도 않습니다. 그러니까 학생들의 이해를 딱히 기대하지도 않으면서 교과 과정에 용어들만 포함시켰다는 것인데 저는 아직도 이점이 이해가 되질 않습니다.

그러다가 고교 졸업 후 10년쯤 지나서 철학을 전공하신 분으로부터 이에 관한 강의를 들을 기회가 있었는데 마르크스는 헤겔의 변증법적 논리 전개를 이용하여 그의 공산주의가 인류 최종의 완성된 철학 체계임을 '증명'한 것으로 보이게 만들었고 이런 치밀한 그의 열정적인 논리 전개에 당시의 많은 지성인들이 열광을 했었다는 겁니다. 마르크스 철학은 한 사람이 생각한 것이 맞을까 싶을 정도로 양과 깊이에 있어서 상당히 방대하다고 하는데 그 중에서 변증법에 대한 것만을 제가 이해하고 기억하는 선에서만 말씀드리면 올바른 비유가 될지는 모르겠습니다만 동서고금 막론하고 인류 역사에서 뿌리 깊은 군주제를 정(正)의 정치 체제로 보고 이에 군주제가 나타내는 모순에 반대하여 민주 정치가 나타나게 되어 이를 반(反)으로 보는데 이 역시 여러 가지 모순이 나타나게 됨에 따라 가장 모순이 없는 새로운 합(合)의 정치 체제로서 사회주의(공산주의)를 주장했다는 겁니다.

물론 말만으로 사람을 혹하게 하는 것도 재주라면 엄청난 재주일 텐데 마르크스 스스로도 자신의 주장 속에 또 다른 많은 모순이 숨어 있었다는 사실을 미처 몰랐던지 아니면 알아도 숨겼던 건지는 알 수 없지만 그 또 다른 숨겨진 모순으로 인해 20세기의 인류가 겪었던 격랑은 이미 알고 계시리라 여겨집니다. 하지만 그의 공산주의로 인해 기존의 자본주의도 많은 손질이 가해졌던 것을 생각하면 나름 세계사적으로 많은 기여와 의미가 있었던 것임은 사실일 것 같습니다.

사실 19세기의 자본주의는 어떻게 보면 사람들로 하여금 사람보다 돈을 좇아가게 만드는 인간성 상실의 잔인한 사조로 볼 수도 있는 것이, 한 예로, 방직 기계 아래에서 실이나 부품 교환을 하기 위한 공간을 여덟 살 미만의 작은 아이들만 들어갈 수 있는 공간으로 설계를 했다는 겁니다. 그 정도로 그 당시 아동 노동은 당연한 것이었고 그나마 영국 정부에서 아동 노동자를 위한 법이라고 나름 큰 맘 먹고 만든 것이 밤 아홉시 이후 12세 미만 아동의 노동을 금지하는 법이었다고 합니다.

이것만 봐도 당시의 노동자들의 삶이 어떠했을 지는 짐작이 가고도 남음이 있는 것 같습니다. 마르크스는 당시 자본주의의 심장이라 할 수 있던 대영 제국의 수도 런던에서 이러한 현실을 목도하고 공산주의라는 그의 이상을 꿈꾸게 되었던 것 같습니다.

어쨌든 정-반-합의 논리는 워낙 방대한 철학사상 체계 중의 하나로서 저 같은 비전공자가 이를 쉽게 설명할 수 있는 내용은 아닙니다만 제가 이해하고 있는 선에서 최대한 간단하게 말하자면 헤겔 철학의 출발선은 절대정신(geist)이라는 것을 이야기하는데 언뜻 보면 플라톤이 말하는 이데아(idea) 같기도 하고 동양철학의 리(理)나 도(道)를 이야기한 것 같기도 하는 어떤 관념적인 절대성을 두고 인류의 역사는 그 방향으로 흘러가게 되는데 기존의 역사 진행 방향을 '정(正, 정립, these)'으로 하고 이것을 대립 또는 대체하는 방향을 '반(反, 반정립, antithese)'으로 한다면 '정'과 '반'의 대립과 투쟁 또는 타협의 과정에서 새로운 대안이 됐든 아니면 일종의 절충안이 됐든 제3의 안으로서 '합(合, 종합, synthese)'이 도출된다는 것 같습니다. 그리고 이 '합'이 일정 기간 안정적으로 정착이 되면 이것이 또 다른 '정'이 됨으로서 같은 방식의 역사 진행에 있어 순환이 되는 방식으로 이후에 반복된다고 하는 논리라는 겁니다.

여기에서 다시 처음으로 돌아가서 탕자의 이야기를 이러한 변증법의 논리로 바라볼 수 있지 않을까? 하는 것이 제 생각입니다. 즉 탕자가 아버지의 집을 나오기 전까지의 단계를 '정'으로 보고 아버지의 재산 중에서 자신의 몫을 챙기고 집을 나온 이후를 '반',

그리고 쓰디쓴 세상을 경험하고 빈털터리로 다시 집에 돌아간 것을 '합'으로 볼 수 있지 않을까? 하는 생각입니다. 그렇다면 '합'은 다시 '정'으로 되돌아간 것이지 제3의 상태라고 볼 수 없다고 반론을 제기하실 수 있을 겁니다. 물론 외형적으로만 봤을 때는 그렇게 생각할 수도 있겠습니다만 집을 나갈 때의 아들과 다시 돌아올 때의 아들이 과연 같은 아들일까를 생각해 보면 쉽게 이해할 수 있을 것 같습니다.

> 아들이 이르되 아버지 내가 하늘과 아버지께 죄를 지었사오니 지금부터는 아버지의 아들이라 일컬음을 감당하지 못하겠나이다.
> – (누가복음 15장 21절)

집을 나갈 때의 아들은 아버지의 유산을 미리 달라고 당당히 졸라대기까지 했던 아들로서의 권리를 강하게 주장하던 아들이었습니다. 하지만 돌아올 때의 아들은 이것을 완전히 포기하는 것을 볼 수 있습니다. 그리고 무엇보다 돌아온 아들은 자신은 느끼고 있었는지는 모르겠습니다만 집을 나가기 전에는 가지고 있지 않았던 것을 가지고 있었습니다.

바로 세상에 대한 '지식'과 '경험'입니다. 그것들은 집에만 계속 있었다면 얻기가 매우 어려운 것들이었을 겁니다. 바로 세상의 가장 밑바닥의 생활까지 하면서 얻은 경험이었을 테니까요.

그리고 또 하나, 그가 아버지를 바라보는 '눈'이 달라졌다는 겁니다. 집을 나가기 전까지는 그는 그의 아버지에 대해서 깊이 생각해 본적이 없었을 겁니다. 어쩌면 모든 자식들이 그러할지도 모르겠습니다. 여기서 잠시 제 이야기를 해보겠습니다.

저 역시도 아버지에 대해서 깊게 생각하지 못하고 있다가 불혹이라는 나이에 들어서 어머니가 돌아가시고 나서야 아버지를 새롭게 바라보기 시작했던 것 같습니다.

그날은 어머니 장례를 무사히 마친 다음날이었습니다. 서울에 살던 다른 형, 누나들은 이틀 뒤에 있을 삼우제에 다시 모이기로 하고 각자 자신들의 집으로 돌아갔지만 미국에서 급거 귀국했던 둘째 누님과 당시 대구에 살고 있었던 저는 아버지 댁에 남아 하루 종일 하릴없이 시간만 보내고 있었습니다. 그런 우리 남매의 모습이 보기 안 좋으셨는지 아니면 아버지도 50년 넘게 함께했던 당신의 동반자를 먼저 떠나보낸 헛헛한 마음을 달래보려 하셨는지 저희 남매를 차에 태우시고는 자동차 바퀴가 굴러가는 대로 아무데나 가실 요량으로 무작정 자동차 여행을 떠나게 되었습니다. 그 분의 시대를 살았던 아버지들이 대개가 그랬듯 아버지 역시 육남매나 되는 대가족을 먹이고 키워야 하는 무거운 짐을 홀로 지셔야 했던 그 고단함에 저녁 늦게 집에 돌아와도 우리 형제들과 대화할 시간도 없었을 뿐더러 그 중에 막내였던 저는 아버지를 더욱 어렵게 바라볼 수밖에 없었던 것 같습니다. 그러니 아버지와 함께한 추억이 있을 리 없었고 그 전까지는 아버지는 그저 다가가기는 커녕 말씀 한마디를 건네는 것조차 어려웠던 것으로 기억됩니다.

그런 아버지의 옆자리에 앉아 정처 없이 자동차 바퀴 굴러가는 대로 가는데 막내아들이라고 무슨 말이라도 꺼내기는 해야겠는데 도무지 무슨 말로 시작을 해야 할지 몰라 어색한 침묵만 계속되는 터에 아버지께서 말씀을 먼저 시작하셨습니다. 특별한 말씀은 아니었고 옛날 아버지 어린시절부터 당신이 자라고 살아오셨던 이야기⋯ 누가 묻지도 않았는데 당신 혼자서 담담하게 독백하듯이 나오는 그 이야기는 당연히 막내아들인 저는 물론이고 다른 형제들도 들어보지 못했을 법한 이야기였습니다.

그렇게 말씀이 없으시고 자식들에게 무뚝뚝하게만 대하셨던 아버지가 갑자기 그렇게 당신의 이야기를 풀어내시는 모습이 새롭기는 하면서도 마음 한곳에 왠지 모를 허전함과 쓸쓸함이 느껴졌습니다. 난생처음으로 그런 아버지의 모습에서 다소 죄스러운 표현일지는 모르겠습니다만 가여움을 느꼈다고 할까요?

일제시대라는 암울한 시대에 강원도 골짜기의 가난한 빈농의 아들로 태어나 2차 대전 기간의 일제시대와 광복 후의 혼란기 그리고 6.25전쟁 등등 어떻게 보면 우리나라 역사에서 가장 혼란스러웠을 격동기를 두 주먹 불끈 쥐고 맨몸으로 헤쳐 나와야만 했던, 뿐만 아니라 그런 와중에 6남매를 남부럽지 않게 키워냈던 그 노고가 그제야 조금이나마 느껴졌던 것 같습니다. 그리고 워낙 잔정이 없으시고 자식들 앞에서 무뚝뚝하셨던 분이라 아버지의 사랑을 느낄 기회가 없었던 것 같은데 제 나이 마흔이 넘어 그 날이 되어서야 아버지는 막내아들인 저를 사랑하셨음을 느낄 수가 있었습니다. 이심전심(以心傳心)이란 것이 실제로 있더군요.

이듬해 저는 한국을 떠나 미국으로 건너와 십수 년을 살고 있다가 4년 전에 아버지마저 돌아가시고 장례를 마치고 돌아오는 길, 코로나 초반의 어수선했던 시기였던지라 비행기는 텅 비어있다시피 했던 컴컴한 비행기 안에서 아버지와의 유일한 추억이라 할 수 있는 그 날의 기억들을 하나하나 떠올리며 한참을 울었습니다.

그때의 그 추억조차 없었다면 자식으로서 울기야 울었겠지만 아마도 조금은 무미건조한 울음이 아니었겠나 하는 생각을 가지고 있습니다. 아버지와 자식으로서의 감성적인 교류는 제 기억으로는 그때가 유일했고 제 마음에 비쳐진 아버지의 모습은 그 이전과 이후는 매우 다르게 느껴질 수밖에 없었던 것 같습니다.

이제 탕자의 이야기로 다시 돌아와서, 집에 돌아온 탕자 역시 마음에 비쳐진 아버지의 모습이 이처럼 집을 나가기 전과는 다를 수밖에 없었을 것이라 생각됩니다. 사실 아버지에게는 그동안 나이가 늘어난 것 외에는 바뀐 게 별로 없었을 겁니다. 바뀐 건 사실 아들이 바뀐 거죠. 세상의 밑바닥이라는 구렁텅이까지 내려갔었던 그 경험이 그를 바뀌게 만들었던 것이겠죠.

이제 이쯤에서 하나님을 바라보는 인간의 관점 역시도 언젠가는 그런 식으로 바뀌게 되지 않을까 하는 섣부른 생각을 한번 해보려고 합니다.

흔히들 말하는 코페르니쿠스의 법칙이라고 하는 그의 지동설 이래 과학의 발전과 함께 인류는 인간과 인간의 주변에 대한 특별함을 하나씩 지워 나가는 경향이 있어왔습니다. 지동설로 인해 지구가 우주의 중심이라는 특별함을 지운 것부터 시작되었다는 의미에서 이것을 코페르니쿠스의 법칙이라고 한다고 합니다.

물론 어떤 과학적인 법칙을 말하는 것은 아닙니다. 그렇게 지구에 대한 특별함을 지우고 나서는 인간은 인간 스스로 우주에서 인간이 갖고 있는 특별함을 지워 나가기 시작했습니다. 그것이 인류 역사에 그렇게 나쁘기만 했던 것은 아닌 게 그 연장선상에 근대 민주주의를 출현시키게 된 어떤 사상적 배경으로 작용했다는 점입니다. 바로 계몽사상이죠.

하지만 그쯤에서 멈췄으면 좋았으련만 이렇게 한번 시작된 사조는 인류역사 속으로 거침없이 질주해 들어오기 시작합니다. 이른바 세속주의(secularism)라고 하는 거대한 사조로 밀려들어오기 시작한 겁니다. 일단 진화론이 등장하여 생물학적인 측면에서 인간의 특별함을 지우게 되고, 유물론이 등장하면서 하나님께서 인간에게 '특별히' 부여하신 지정의(知情意)의 고유한 능력을 그저 인간 신체에서 일어나는 단순한 물질대사로 인한 것으로 여기면서 인간의 윤리적, 영적, 심리적 등의 형이상학적인 가치를 스스로 부정하게 됩니다. 그로 인한 결과물이 공산주의라는 것은 이미 앞에서 설명한 바입니다. 다만 공산주의는 그러한 사조로 인한 역사적인 열매 중의 하나일 뿐이고 이데올로기를 떠나 인간의 특별함을 지워 나가는 사상적 경향은 19세기 유럽 문명권 지식인 계층의 일반화된 생각으로 정착되었던 것 같습니다. 그러니까 인간 스스로를 지구상의 평범한 중생(衆生, 바로 짐승의 어원입니다)으로 격하시킨 것이죠.

이렇게 지구상에서 특별함이 사라진 인간에게는 신은 더 이상 필요 없는 존재로 여기게 됩니다. 니체(Friedrich W. Nietzsche, 1844~1900)가 말한 것처럼 인간이 신을 죽인 것이죠.

바로 인간이 신을 맹목적으로 따르고 받들던 시대(정, 正)에서 스스로 신으로부터 뛰쳐나온 것(반, 反)이라 할 수 있을 것 같습니다. 마치 집에 있으면서 아버지의 보호를 아무 생각 없이 당연하게 받아들이면서 살던 아들이 어느 날 갑자기 자기가 챙길 것을 챙기고 뛰쳐나왔던 것처럼 말이죠.

글쎄요… 그렇게 집을 뛰쳐나왔던 아들이 산전수전 고생을 거치고 결국에 집으로 돌아왔던 것처럼 인간이 결국엔 스스로 신에게로 돌아가게 될 것(합, 合)이라고 생각한다면 너무 섣부를까요?

제가 19세기의 유럽을 살아보질 않아서 모르겠습니다만 제가 느끼기에는 그 시절 요즘말로 가방끈께나 길다고 자부하던 고학력자들의 모임에서 누가 신을 인정하는 내용의 이야기를 꺼낸다면 아마도 요즘 말로 하면 '갑분싸(갑자기 분위기 싸해짐)'라고 하는 분위기가 아니었을까 하는 생각이 듭니다.

그리고 신을 부정하는 식의 이야기를 해야 일종의 지식인으로서 '가오'가 있어 보이는 아마도 그런 분위기가 아니었을까 생각합니다. 그러면서도 왕의 대관식은 큰 교회나 성당에서 하나의 성대한 종교 행사로서 치러졌고 결혼식과 장례식 역시 매우 '종교적'인 형식으로 진행되었을 겁니다. 그러니까 인간의 어떤 '필요'에 의한 외형적이고 형식적인 신을 찾았을 뿐 그 외의 경우는 철저하게 신과 경계선을 그어 놓은 것이라 할 수 있을 것 같습니다.

그러니까 종교는 그저 그들에게는 하나의 고급스런 장식품이었던 것 같습니다. 이른 바 세속화(secularization)라고 하는 것이죠. 그리고 그러한 분위기는 아마도 지금까지 계속되고 있는 것 같습니다. 이런 분위기가 인간의 지성을 주도적으로 지배하고 있는 상황에서 언젠가는 인간의 눈이 다시 하나님을 향하게 될 거라는 저의 이 말은 어쩌면 정말 섣부르고 위험한 말일 수 있다는 생각이 저 역시도 듭니다. 그만큼 지금으로서는 생각하기 어려운 말을 제가 지금 하고 있는 것일지도 모르겠습니다.

집을 나가려는 아들을 억지로 붙잡지 않았던 아버지처럼 하나님도 당신의 손길에서 벗어나려는 인간을 굳이 말리지는 않으셨던 것으로 보입니다. 그 이후의 인류 역사에서 이러한 세속화를 제지하기 위한 하나님의 개입으로 볼 수 있는 어떤 역사적 사건이

제가 보는 관점에서는 아직까지는 없기 때문입니다. 어쩌면 이것은 '그래 너희들 어디 잘되나 보자' 하는 식의 단순한 관망만을 하시는 것일 수도 있고, 아니면 어떤 특정한 목적을 가지시고 기다리는 것일 수도 있을 겁니다. 만약 단순한 관망이 아니라면 그 '특정한 목적'은 무엇일까요?

인간이 신을 떠나게 되는 과정도 비슷한 것 같습니다. 인간은 지금의 과학 수준으로 볼 때 알량하기 그지없는 당시의 과학적 지식을 밑천 삼아 기세등등하게 하나님의 손에서 벗어나려 했던 것이었죠. 그래서 진화론도 나오고 유물론도 나오고 그 결과 그들이 하나님보다 더 떠 받들던 과학이 무기로 변모해서 두 번의 세계대전으로 그 전까지는 생각할 수 없었던 수백, 수천만 명의 목숨을 잃게 만드는 결과를 초래하는 것도 모자라 자신들을 수십 번은 멸망시킬 수 있는 원자폭탄을 바닥에 깔고 살아가고 있습니다.

그뿐만 아니라 인류가 하나님의 품을 떠나기 시작했던 시점이라 할 수 있는 산업혁명의 시기 이후의 눈부신 과학문명의 거대한 부산물인 지구온난화의 영향으로 지금 전 세계는 기상이변과 해수면 상승으로 과연 50년 후의 인류가 지금처럼 문명을 유지하며 살 수 있을 지를 장담할 수 없는 시기에 봉착되어 있습니다.

그런데 제가 보기에는 더 큰 문제는 이것이 단지 시작에 불과할지도 모른다는 점입니다. 어쩌면 차라리 몇 년 안에 끝나는 3차 세계대전이 오히려 나을지도 모르겠다는 생각이 들 정도입니다. 사람들은 인공지능과 그에 따른 고도의 정보화 사회를 유토피아 같은 낙원의 시대를 꿈꿀지도 모르겠지만 오히려 그것들이 인류를 막다른 골목으로 몰아가고 있는 것일 수도 있는 것입니다. 최근에 개봉되는 미래과학 영화들을 보면 공통적으로 미래의 사회를 음침하고 어둡고 스산한 분위기에 극단적으로 분리된 사회와 계층을 다루고 있다는 점입니다.

그만큼 암묵적으로 사람들은 인류의 미래를 그 정도로 부정적으로 바라보고 있다는 것이겠지요. 그리고 저 자신이 생각해도 그 영화 작가가 아무런 근거도 없이 독단적으로 시나리오를 그런 식으로 쓴 것은 아닌 것 같다는 생각이 드는 것도 사실입니다. 하지만 탕자가 '돼지 쥐엄열매'라도 먹어야 하는 극한의 바닥상태일지라도 아버지에게로 돌아갈 것을 결심을 했던 것처럼 제발 인류도 파멸의 몇 발자국 앞에서라도 그들의 이러한 문제들을 풀 수 있게 되기를 바랄 뿐입니다. 어쩌면 그런 막다른 길에 있을 때 유일한 탈출구가 인류가 논리적으로든 물리적으로든 부정할 수 없는 하나님을 발견하는 것일지도 모르는 일이죠.

매일 대문 앞에 나와 아들을 기다리던 탕자의 아버지의 그 초조한 마음처럼 어쩌면 하나님도 안절부절하는 마음으로 우리를 바라보고 계실지 모르겠습니다.

하지만 어쩌면 저만 그렇다고 생각하고 있는지는 모르겠습니다만, 그리고 아직은 하나님이나 인간과 직접적으로 결부시키지는 않고 있는 것으로 여겨지고는 있습니다만 현대 물리학의 연구 결과를 바라보고 있는 시선에서 '뭔가 있는 거 아냐?'라는 관점이 조금씩 생겨나고 있는 것 같습니다. 그리고 이러한 생각이 조금씩 더 커져서 인류문명이 낳은 그 수많은 문제들로 인해 막다른 길로 달려가고 있는 인류의 유일한 탈출구가 어쩌면 진정한 하나님의 모습을 인류 스스로가 찾아내는 것은 아닐까 하는 생각을 막연하게나마 하고 있습니다.

　20세기 과학의 커다란 기둥이라 할 수 있는 양자역학에서는 우주는 관찰자를 필요로 하는 것으로 볼 수 있는 연구 결과들을 보여주고 있습니다. 이에 관해서는 이미 앞부분에서 여러 사항에 대해서 이야기한 바 있으므로 여기에서 더 이상 언급하지는 않아도 될 듯싶습니다. 물론 그것은 물리학적 해석상의 수많은 결론 중의 하나일 뿐이고 확정적인 과학적 법칙은 아니지만 지동설로서 신으로부터 눈을 돌리기 시작했던 시작점을 제공했던 과학이 역설적이게도 돌렸던 눈을 다시 신을 향하게 만드는 것은 아닐지 저는 생각하고 있습니다.

　인간은 확실히 우주의 관찰자로서 특별한 것은 맞기는 한 것 같습니다. 이 책의 첫 부분 1장에 나와 있는 [그림 1-1]은 SDSS(Sloan Digital Sky Survey) 계획에 의해 작성된 우주지도입니다. 물론, 이 모습은 그저 개략적인 개념만을 보여줄 뿐 실제 우주지도는 3차원으로 수십억 광년에 이르는 광대한 공간을 컴퓨터 모형으로 그 형태를 갖고 있습니다.

　이 SDSS 프로젝트는 이미 종료가 되어 그 데이터가 세계 천문학자들의 연구에 지금도 매우 긴요하게 사용되어지고 있고 더 나아가 우주 망원경을 동원한 수백억 광년 규모의 대폭적으로 확대된 우주지도를 위한 새로운 프로젝트가 진행되고 있다고 합니다. 그런데 이렇게 광대한 수십억 광년 규모의 우주지도의 중심은 분명 지구입니다. 수백 년 전 코페르니쿠스의 지동설이 등장하면서 지구는 우주의 중심 자리에서 내려와야 했지만 이 지도에서만큼은 분명히 지구가 중심입니다. 실제로 지구가 우주의 어느 위치에 있는 지는 지금으로서는 어느 누구도 알지 못하고 또한 그것이 실제 어떤 의미를 지니고 있는지는 모르겠지만 분명한 것은 지구는 우리가 관찰하고 있는 우주의 중심이라는 점입니다.

지구가 '물리적'인 우주의 중심은 아닐 수 있겠지만 인간의 사고 영역 안에서만큼은 지구는 우주의 '논리적'인 중심인 것은 부정할 수 없을 것 같습니다.

과학으로 점차 밝혀지고 있는 우주에서 관찰자로서의 역할… 그리고 우주에서 아직까지는 유일한 관찰자인 인간… 그러한 인간이 우주에서 등장하기까지의 확률 10의 500제곱분의 1이라는 확률….

이러한 사실들이 무엇을 의미하고 있는지는 아직은 피상적이고 안개에 휩싸인 것 같은 어렴풋한 생각뿐이겠지만 언젠가는 조금씩 그 안개가 걷혀나갈 것이라고 저는 감히 생각하고 있습니다. 역설적인 것은 이렇게 어렴풋하게나마 떠오르고 있는 사실들은 인간들이 하나님으로부터 시선을 다른 곳으로 돌렸을 때야 비로소 보이기 시작했다는 겁니다. 즉, 인간이 하나님으로부터 눈을 돌린 다음이 되어서야 인간 스스로가 이 우주에서 관찰자로서의 역할을 찾아낸 것이라 할 수 있다는 것이죠.

바로 하나님의 갖고 계셨던 그 '특별한 목적'이란 인간이 '우주의 관찰자'로서의 역할을 갖고 있음을 스스로 찾게 되는 것을 바라시는 것은 아닐까요? 그리고 그렇게 '우주의 관찰자'로서의 인간이 다시 하나님을 바라보게 되는 것을 기다리고 계시는 것은 아닐까요?

아마도 탕자의 아버지는 언젠가는 그가 집으로 다시 돌아올 것이라는 것을 알고 있었을지도 모릅니다. 하지만 아버지는 매일 노심초사(勞心焦思)하는 마음으로 문밖에 나와 기다렸습니다. 왜일까요? 아들이 그 험한 세상에서 사고를 당하건 아니면 다른 안 좋은 이유로 돌아오지 못하게 될까 봐 걱정했던 것이겠죠. 이는 그런 식으로 집을 나간 아들을 둔 부모라면 당연한 것이겠죠.

어쩌면 하나님께서도 그러실지 모르겠습니다. 집 나간 인간들이 그가 하락하신 과학으로 원자폭탄까지 만들어 놨으니 왜 걱정이 안 되시겠습니까? 아버지가 탕자에게 내어준 '유산'의 일부 때문에 탕자는 세상에 나가 처음에는 윤택하고 즐겁게 살 수 있었지만 결국 그것 때문에 세상의 구렁텅이에 떨어졌듯이 하나님은 그가 인간에게 허락하신 과학이 처음에는 인간에게 이전 시대에는 꿈도 꾸지 못할 신천지로 인도한 반면 그 과학으로 말미암아 결국에는 스스로를 파국으로 몰고 가는 것이 아닌가 하는 점을 가장 걱정하고 계실 것 같습니다.

과연 인간은 그렇게 가지고 있는 과학의 무거움을 견디지 못하고 스스로 자멸의 길을 택하게 될지 아니면 안전하게 아버지의 집으로 돌아오게 될지는 아마도 먼 훗날의 일이기에 아무도 장담할 수 있는 일은 아니리라 여겨집니다. 그런데 어렴풋이 또는 뜬금없는 말일지는 모르겠는데 그 파국의 길을 피하는 유일한 길이 어쩌면 인간이 하나님을 '재발견'하는 것이 아닐까 하는 생각을 가져봅니다. 그리고 하나님께서 '확률의 안개' 속에 숨기신 손으로 몰래 도와주고 계신지도 모르지요.

이 부분에서 생각나는 것이 있어서 잠시 다른 이야기를 하고 지나가고자 합니다. 앞선 9장 초반부에 드레이크 방정식(Drake Equation)을 설명하면서 SETI(외계의 지적생명탐사, Search for Extra-Terrestrial Intelligence) 프로젝트에 대해서 잠깐 언급하고 지나간 바 있습니다만, SETI 프로젝트에서는 우주에서 오는 비자연적 신호를 탐색하는 수동적 활동만 있는 것이 아니고 적극적으로 우리의 신호를 우주로 보내는 능동적 활동도 포함됩니다. 대표적인 것이 1974년에 헤라클래스 성단을 향하여 인류 신호를 보낸 아레시보 메시지(Arecibo message)가 있었는데 당시 이를 우려하고 반대하는 목소리가 많았다고 합니다. 그 논리 중 하나로서 상당한 설득력을 가지고 있었던 것이 어둠의 숲의 가설(Dark Forest Hypothesis)이라는 것이 있습니다. 만약 내가 깊은 숲 속에서 길을 잃은 상태에 있다면 큰 소리를 질러서 도움을 요청하는 것이 과연 도움이 될지 혹은 오히려 나를 더 큰 위험을 초래하게 될지는 아무도 모른다는 것입니다. 다시 말해서 인류가 보낸 신호를 듣고 찾아오는 외계문명이 과연 선한 문명인지 아니면 극악무도한 정복 문명인지를 알지 못한다는 말인 것이죠. 상당히 일리 있는 걱정인 것으로 여겨집니다만 저는 다른 소견을 가지고 있습니다.

그것은 최소 수 광년 거리의 성간공간(星間空間) 사이에서 통신과 더 나아가서 여행이 가능할 정도로의 고도화된 문명계라면 이미 어느 정도 신뢰할 수 있는 수준의 윤리성은 가지고 있을 가능성이 높다고 생각되기 때문입니다. 과학문명은 마치 날이 시퍼런 칼과 같은 것이어서 적재적소에 적절한 방법으로 사용하면 많은 유익을 볼 수 있지만 철모르는 어린아이나 극악무도한 강도가 이를 갖게 되면 오히려 끔찍한 결과를 보게 될 수도 있다는 것입니다. 그래서 그것을 다루는데 충분한 윤리 수준에 도달되지 못한 문명계는 자신들이 가지고 있는 과학기술에 기인한 모순과 갈등을 극복하지 못하고 조기에 파멸에 이르고 말 것이라는 것이 제 생각입니다. 현재 인류가 겪고 있는 위기가 아마도 가장 좋은 예가 될 것 같은데 어쩌면 지금 인류의 과학문명 수준은 인류 자신의 윤리수준에서는 감당하기 어려운 상태가 아닌지 참으로 염려됩니다. 그래서 과연 50년 뒤 혹은 100년 뒤의 인류가 현재처럼 존속할 수 있을지에 대해서 장담할 수 없는 상태에 있다는 것은 많은 사람들이 느끼고 있는 사실일 겁니다. 우리의 윤리 수준(또는 영적 수준)에서 혁신적인 도약만이 지금 인류가 처해 있는 위기를 극복하는 유일한 길이 아닐까 하는 생각을 가지고 있습니다. 만약 하나님께서 지금 우리 앞에 나타나셔서 단 하나의 소원을 말하라고 말씀하신다면 다른 무엇보다 이것을 간구해야 하지 않을까요?

다시 탕자의 이야기로 돌아가면, 탕자의 이야기는 여기서 마무리가 되어도 아무런 문제가 없을 것 같은데, 어떻게 보면 전체적인 내용의 흐름에서 볼 때 불필요해 보이는 부분이 끝부분에 추가가 되어 있습니다.

바로 맏아들의 이야기이죠. 맏아들은 이 이야기에서 마지막 부분까지 전혀 언급이 없다가 이야기를 마무리하는 부분에서 정말 뜬금없이 등장합니다. 사실 맏아들이 나오는 부분을 삭둑 잘라내도 이야기 진행에 영향을 주는 부분은 없는 것처럼 보여집니다. 그렇다면 이 이야기를 들려주시는 예수님의 분명한 의도가 있을 것 같은데 어떻게 보면 이 부분이 탕자의 비유 이야기에서 가장 이해하기 힘든 부분이 아닐까 하는 생각이 듭니다.

이 부분에 대해서 몇 년 전 제가 출석하고 있는 교회의 담임목사님의 설교가 떠오릅니다. "맏아들 역시도 또 다른 탕자"라는 말씀이었습니다. 그의 말썽꾸러기 동생과 달리 아버지를 도와서 집과 가업을 지키고 아버지를 끝까지 보필한 맏아들을 탕자라고 하니 일반적인 생각으로는 의외의 말씀으로 당시에는 들렸습니다.

하지만 그는 집에 돌아온 동생을 그의 아버지와 같은 마음으로 사랑으로 받아들이지 않았고 오히려 아버지가 동생을 그토록 사랑했다는 것을 이해하질 못했으며 그런 마음을 아버지에게 직접적으로 쏟아부어 아버지의 마음을 아프게 했다는 점에서는 그 역시 탕자라는 말씀이었습니다. 충분히 납득이 가는 내용인 것 같습니다.

어쩌면 탕자의 이야기를 인류의 과학과 연결시켜 바라보면서 이야기하고 있는 저의 관점에 보면 어쩌면 맏아들은 혹시 교회를 비유한 것일지도 모르겠다는 생각을 해 봅니다.

개인적인 억측이 될지는 모르겠습니다만, 하나님께서 이 우주를 창조하셨다면 이 우주를 관찰하는 학문은 언젠가는 결국 물리적으로든 아니면 논리적으로든 하나님을 발견하게 될 것으로 생각하고 있습니다. 적절한 비유가 될지는 모르겠지만… 그것은 어떤 범죄 현장에서 관련된 모든 흔적과 증거는 결국엔 범인을 향하는 것과 마찬가지 이치일 겁니다.

탕자가 결국 아버지 외에는 갈 길이 없다는 결론에 도달하는 것처럼 인류도 결국 하나님이 아니면 다른 길이 보이지 않는 어떤 결론에 언젠가는 이르게 될 것이라는 '또 다른 믿음'을 갖고 있습니다. 물론 이 믿음도 아직은 다분히 비논리적일 것입니다. '믿음'이라는 용어 자체가 그렇지요. 그러나 내가 보는 견지에서는 백 년 전과 비교해 보더라도 인류는 이러한 하나님의 뜻에 반의 반의 반걸음 정도는 다가간 것으로 볼 수도 있을 것 같습니다. 그것도 인류 지성이 하나님을 떠나는 구실을 만들어 주었던 과학이라는 길로 말이지요. 만약 그렇다면… 참… 엄청난 아이러니가 아닐 수 없는 거겠죠.

| 에필로그 |

너는 나를 누구라 하느냐?

아무래도 에필로그라는 일종의 감상이나 후기 같은 내용을 담는 곳이니 이곳에서 부담없이 저의 신앙에 관한 이야기를 해보고자 합니다. 일종의 흔히들 말하는 '간증' 비슷한 내용이 될 텐데 거부감이나 부담이 된다면 굳이 읽지 않으셔도 될 것 같습니다. 이미 제가 이 책에서 하고 싶은 말들은 이미 다 마쳤으니까요. 그래도 이왕 여기까지 오셨으니 조금 불편하시더라도 끝까지 읽어주셨으면 하는 마음은 이 글을 쓴 사람으로서 당연히 가지고 있습니다.

저의 인생에서 나름 신앙다운 신앙의 시작이라고 생각되는 것을 가지기 시작한 때가 고등학교 1학년 때 교회 중고등부 수양회 때부터였습니다. 그전까지는 신앙이라기보다는 그저 어떤 특별한 생각이나 흥미 없이 다니다 말다를 반복했던 것 같습니다. 굳이 교회를 가게 하는 동기 부여 비슷한 것이라면 당시 사회에서 청소년기의 남녀학생 간의 교류가 인정되던 거의 유일한 장소였다는 점입니다.

지금 생각해도 70년대 이전에 청소년기를 보냈던 사람들은 어떻게 그 시절을 보냈었는지 당시의 청소년기의 학생들에겐 정말로 심한 사회적 억압과 감시 비슷한 것을 받았던 것으로 기억됩니다. 어쩌다 길에서 여학생과 잠시 이야기를 나누는 것에도 주위를 지나가는 어른들의 눈총을 받아야 했었습니다. 하지만 교회는 그런 눈총을 의식하지 않아도 되는 당시 몇 안 되는 곳 중 하나였습니다. 그래서 학교 선생님 중에는 교회를 질 나쁜 학생들이 연애질이나 하러 다니는 곳이라고 생각하는 분들이 적잖게 있었고 그런 분들에게 어쩌다 교회 다닌다고 이야기하면 헌법에 종교의 자유가 엄연히 보장된 나라이다 보니 뭐라고는 못하겠고 무슨 날라리 학생 보는 듯이 못마땅한 표정으로 얼굴이 구겨지곤 했던 일이 기억납니다.

그런 교회가 갖고 있는 일종의 특권이라면 특권에 이끌리어(솔직히 말씀드리면 여학생에 대한 호기심 때문에) 교회를 가더라도 한두 달 다니다 보면 사실 별것도 없었고 그러다 보니 더 이상 재미도 못 느끼고 그래서 발걸음을 끊고 그랬던 것 같습니다. 그러다 여름방학이 되었고 당시 방학은 저에겐 '비교회 시즌'이라 당연히 교회에 발길을 끊었었는데 우연찮게 '수양회'라는 것을 간다는 소식을 들었습니다.

그때는 그것을 '수영회'로 잘못 알아들어서 며칠 동안 단체로 물놀이하러 가는 것인 줄 알고 귀가 번쩍 열리는 마음에 열심히 수영복과 물안경 같은 물놀이 기구들을 챙기고 달려갔는데 웬걸, 버스는 물과는 점점 멀어지면서 오히려 깊은 산속으로 들어가더니 정말 초라하기 그지없는 그때까지 생전 들어보지도 못했던 기도원이라는 곳에서 내리는 것이었습니다. 지금 생각해도 정말 얼마나 황당스러웠는지… 이건 아니다 싶은 마음에 당장 돌아가려고 해도 워낙 깊은 산속이라 나 혼자 따로 돌아갈 수도 없어서 나는 꼼짝없이 3박4일 동안 잡혀 있어야 했습니다.

그리고 더 황당했던 것은 첫날부터 저녁 먹고 잠자기 전까지 밤마다 산기도라는 것을 올라가라고 하는데 하필 그때가 달조차 뜨지 않는 시기라 유난히 깜깜했던 칠흑 같은 밤에 산속에 뿔뿔이 흩어져서 들어가서는 모두들 소리를 고래고래 지르면서 울고불고 그야말로 난리를 벌이는 것이었습니다.

그런 생난리 중에 나는 거듭 당하는 황당함에 경황이 없어 거의 혼이 나간 상태로 한 시간 동안 멍하니 하늘만 바라보다가 첫날 산기도를 마쳤습니다. 그때 하늘을 올려다본 것은 보고 싶어서가 아니라 내가 볼 수 있는 것은 오로지 하늘의 별들 밖에 없었기 때문입니다.

서울에서 줄곧 살아왔던 저에게 그 정도의 깜깜한 밤은 정말 처음이었습니다. 코앞에 놓인 내 손바닥조차 보이지 않을 정도이니 정말 아무것도 보이질 않았었죠. 다만 하늘의 별은 그야말로 장관이었습니다. 서울 같은 곳에서는 절대 볼 수 없는 그런 밤하늘이었는데 서는 그때 하늘의 은하수를 처음 보았습니다. 그 이후의 내 인생에서 그 정도로 많은 별로 가득 찼던 아름다운 밤하늘은 보질 못했던 것 같습니다.

그렇게 별들만 우두커니 바라만 보다가 첫 날 산기도는 그렇게 보내게 되었고 둘째 날 아침부터 이런저런 예배에 성경공부에 별 생각 없이 지루하고 재미없는 일과를 보내고 저녁 먹고 또다시 어김없이 산에 올라갔는데 그때는 전날에는 없던 궁금함이 생겼습니다.

왜 저 학생들은 지금 저렇게 울고불고 난리를 치고 있는지를 말입니다. 그리고는 그저 하릴없이 하늘만을 바라보고 있는 저 자신이 일종의 소외감 같은 느낌이 들었는데 그렇다고 해서 저도 따라서 같이 울고불고 난리를 칠 생각은 전혀 없었습니다. 그렇게 전날처럼 우두커니 하늘만 보며 앉아 있는데 갑자기 내가 우주에 혼자 둥둥 떠 있는 것 같은 느낌이 드는 것이었습니다.

훗날 내가 공군 조종사들이 받는 특수 훈련 중에 하나인 항공생리 교관이 되었을 때 감각 차단(sensory deprecation)이라는 현상이 벌어지면 그런 착각감을 느낄 수 있다는 사실을 알게 되었지만 당연히 이때는 그걸 알 리가 없어 신기하게만 여겨졌었죠. 사실 보이는 것이 없는 깜깜한 밤중이었으니 시각에 들어오는 자극이 최소화되었을 터이고 이런 상황이 장시간 계속되면 그런 일이 일어날 수 있다고 합니다.

한국에서는 일상생활에서 그런 현상을 거의 경험할 수 있는 경우가 많지는 않을 것 같은데 미국 중서부의 끝없이 펼쳐진 옥수수밭이나 사막 지역 같이 지나가는 경치의 변화가 거의 없는 길을 몇 시간 동안 계속 혼자 운전해야 하는 특히 트럭 운전사들에게서 많이 보고되는 현상입니다. 실제로 이것으로 인한 교통사고도 적지 않다고 합니다. 캄캄한 밤하늘만 몇 시간 동안 바라봤던 것이었으니 그런 느낌이 들기 딱 좋았던 상황은 맞았던 것 같습니다. 그렇게 혼자 우주유영(宇宙遊泳)을 하는 듯한 느낌을 나름 즐기고(?) 있는데 갑자기 번개처럼 한 성경구절이 뇌리를 스치고 지나가는 것이었습니다.

여호와 우리 주여 주의 이름이 온 땅에 어찌 그리 아름다운지요. 주의 영광이 하늘을 덮었나이다.

— (시편 8:1)

지금 생각해도 당시 저의 눈앞에 펼쳐져 있는 그 수많은 별들의 장면과 이렇게 딱 맞는 성경구절이 또 다른 곳에 있을까 싶은데,

교회를 별 흥미 없이 다니다 말다를 반복했던 제가 언제 성경구절을 일부러 외우려고 하거나 했겠습니까? 그런데도 이 구절은 완벽하게 저의 뇌리를 스쳐지나 갔습니다. 그렇다고 저에게 아주 낯설기만 한 구절은 아니었습니다.

그때보다 몇 달 전, 모처럼 드렸던 주일예배 중에 읽었던 교독문의 구절이었는데 그때는 내용이 꽤 시적으로 아름답게 느껴져서 다른 때와는 다르게 몇 번 되풀이해서 읽어 보기는 했었지만 예배 끝나고는 바로 잊었던 구절이었습니다. 하지만 그때는 느닷없이 이 구절이 내 머리를 몇 번이나 스쳐 지나가면서 눈앞에 가득 펼쳐진 캄캄한 하늘의 별들이 마치 한 발짝 내게 다가온 것처럼 느껴졌습니다. 물론 밤하늘은 전혀 바뀐 것이 없었을 텐데 그것을 바라보고 있던 저 자신이 바뀐 것이었겠지요. 그제서야 저는 주위의 다른 학생들처럼 하늘에 대고 소리를 질렀습니다.

"당신은 누구 십니까?"

물론 아무 답도 들을 수 없었습니다. 그저 주위의 다른 학생들의 기도 소리뿐이었습니다. 여러 번 같은 질문을 똑같이 고래고래 소리 지르며 물어보았지만 아무런 대답을 들을 수 없었습니다. 갑자기 얼마나 소리를 질러 댔는지 목소리가 쉴 정도였습니다. 이내 지친 마음에 "내가 미쳤지…" 하는 체념하는 마음이 들었는데 갑자기 마음속으로 올라오는 음성 같은 것이 느껴졌습니다.

"내가 이 별들과 너를 지어냈느니라."

저는 지금도 이 순간이 망망대해 같이 끝없이 캄캄하지만 무수한 은하수 위의 별들이 빛나던 우주 공간에서 하나님과 단둘이 나눈 첫 대화로 기억하고 있습니다.

제가 이것을 경험하고 열성적인 기독교인이 되었다면 정말 한 편의 드라마 같은 이야기가 완성될 뻔했겠죠. 하지만 그때의 나의 감격은 수양회 기간 동안만 반짝했고 수양회에서 돌아오고 저는 다시 예전의 나로 돌아왔습니다.

물론 60이 넘은 지금까지 신앙을 갖고 있는 것을 보면 인생의 어느 시점에선 가는 분명 그런 계기가 있었을 것인데 그게 이런 종류의 드라마틱한 에피소드 때문이 아니고 다름 아닌 고3 때 대학입시에서 떨어지고 재수하면서였습니다. 그러니까 저라고 신앙을 받아 드린 계기가 그 기도원에서의 일처럼 그런 고차원적인 것에 있었던 것이 아니었고 그저 그 당시 내가 겪고 있던 인생의 절박함 때문이었던 것이었습니다.

옛날 어머니들이 새벽에 정한수 떠놓고 아들 낳게 해달라고 달님에게 빌었던 거나 그런 간절한 마음을 안고 무당을 찾았던 거와 별반 다르지 않은 이유였던 겁니다. 하지만 그렇게 인생의 절박함을 느낄 때 무당이나 다른 점집 같은 데를 찾질 않고 다시 하나님을 찾을 수 있었던 것에는 기도원에서의 그 경험이 무시 못 하게 작용은 했던 것 같기는 합니다. 왜냐하면 어쩌다 하늘의 별을 볼 때마다 기도원에서의 그 일이 문득문득 떠올랐으니까요. 물론 지금도 그렇습니다.

그렇게 세월이 지나서 결혼도 하고 아이도 낳고 늦깎이로 공부를 시작해서 박사도 되고 생각지도 못하게 미국까지 건너와서 전 세계 최대 규모의 의학연구소에서 나름 '과학'이라는 작업에 참여

하고 있으면서 점점 그 우주 너머에서 저에게 그 한마디 말씀을 들려주셨던 하나님이 궁금해졌습니다. 사실 그 사건 때문이었는지는 몰라도 재수하면서 물리학과로의 진학을 정말 진지하게 생각을 하고 있었고 심지어 원서를 사놓기까지 했었습니다. 하지만 전혀 뜻하지 않게 별 기대도 없이 부모님의 강한 권유 때문에 내키지 않은 마음으로 원서를 넣었던 사관학교에 뜻밖의 합격이 되는 바람에 다른 방향으로 이후의 인생이 진행되었지만 말입니다.

그래도 재수하던 시절에 갖고 있던 물리학에 대한 미련이 많이 남았었는지 일하는 틈틈이 관련되는 서적도 사서 보기도 하고 과학관련 기사가 보이면 몇 번이고 읽어보고 그랬는데 그렇게 얄팍하게나마 풍문으로 들었던 과학 지식이었지만 전혀 별개의 것으로 여겨지던 저의 전공 분야이자 직업인 프로그래밍과 우주의 접점이 조금씩 보이는 것이었습니다. 물론 그것들 대부분이 아직은 가설 수준의 이야기였지만 말입니다. 어쩌면 하나님도 나와 같은 프로그래머일 수도 있다는, 어쩌면 섣부르다고 할 수 있는 하나의 지레짐작에 지나지 않을 수도 있겠지만 이런 생각에 이르렀을 때 느꼈던 감격은 이루 말할 수가 없었습니다.

세계 어느 곳으로 가나 밤에 고개를 들어 하늘을 보면 시각에 문제가 있는 사람이 아니라면 누구나가 별들을 볼 수 있습니다. 물론 바라볼 수 있는 범위는 이 광대한 우주에서 작은 점에 지나지 않는 지극히 좁은 영역의 구석진 곳에 놓인 별들이겠지만 각 사람에게 하나님께서 열어 주신 우주를 향한 창이라 할 수 있겠지요. 거기에 조금 더 관심을 가진 사람이라면 개인적으로 천체 망원경을 구입해서 취미삼아 좀더 넓고 깊게 바라볼 수도 있겠고 더 나아가서 천문학과 또는 물리학과로 전문적으로 이 우주를 심도 있게 관찰할 수 있는 길로 들어갈 수도 있을 겁니다. 어떠한 형태로든지 자신이 바라보고 있는 이 우주를 관찰하는 사람 스스로에게는 나름대로 이 우주를 해석할 '권리'가 있다는 것입니다. 그것이 단순히 주술적인 것이든, 하나의 허무맹랑하기 그지없는 몽상에 지나지 않던, 아니면 지극히 과학적인 것이든 그것은 자유이겠고 그래서 바라보고 나름 해석하고 판단하는 것에는 수백 만 가지가 있을 수도 있을 것입니다. 하지만 하나님께서 이 우주를 창조하신 분이라면 그분이 원하는 방향은 오로지 하나이겠지요.

아직은 어느 방향이 옳은 방향인지는 아무도 모를 것입니다만 제가 믿고 있는바 한 가지 확실한 것은 아마도 하나님께서 일부러 감추진 않으셨을 거란 겁니다. 관찰자 누구에게나 열려 있는 것이겠죠. 그리고 하나님은 집 대문을 열어 놓고 집 나간 탕자 아들을 기다리는 초조한 심정으로 누가 빨리 그 길을 찾게 되기를 기다리고 계실지도 모릅니다. 아니 어쩌면 그 길은 이미 과학적 방법으로 발견되었을 지도 모릅니다. 우리가 아직 눈치를 못 챈 것일 수도 있다는 것이죠.

그리고 그분이 창조하신 우주에서 살아가고 있는 우리에게 이 우주를 해석하는 것보다 우리가 이 우주에서 한때 살았었다는 흔적을 남기기 원하고 계실지도 모릅니다. 우주를 바라보고 해석하는 그 시각이 바로 이 우주에서 살아가고 있는 '나'에 대한 존재의 해석일 수 있기 때문입니다. 그것이 우주의 관찰자로서의 역할을 인간에게 허락하신 이유일 수도 있다는 생각이 듭니다.

내가 이 우주에서 살았었다는 '흔적', 물론 그것은 내 무덤일 수도 있고 '사람은 죽어서 이름을 남긴다'라는 속담처럼 우리 가문의 족보에 올려진 내 이름 석 자가 될 수도 있겠지요. 하지만 그것들은 백만 년 천만년이 지나도 남는 그런 진정한 의미로서의 흔적을 남길 수 있을지는 누구도 장담을 할 수 없을 겁니다. 하지만 수십 또는 수백수천 억년이 될지는 모르지만 이 우주의 마지막 종착역까지 그러한 흔적을 간직할 것이라고 말하는 물리법칙이 있습니다. 바로 '정보보존의 법칙'입니다.

잘은 모르겠습니다만 이 정보보존의 법칙은 물리학 법칙 중 최우선의 법칙이라고 하는 '엔트로피 법칙'과 같은 지위에 있는 법이라고 합니다. 그러니까 질서도가 감소하는 만큼의 정보가 증가한다는 것인데 이 법칙이 위반되면 동시에 엔트로피의 법칙에도 위반된다는 말인 것 같습니다.

송구스럽게도 저는 비전공자이기 때문에 이것을 어떤 구석이라도 이해를 해서 지금 이런 말을 하는 것은 아닙니다. 다만 물리학적으로 정보라는 개념은 존재하고 이것은 시간이 지남에 따라 우주의 무질서도(엔트로피)의 증가와 함께 이 우주의 정보도 같이 증가한다는 것입니다. 이렇게 증가된 정보는 어디로 흘러가는지 또 어디에 저장되는지는 물론 알려진 바가 없지만 어쨌든 현대 물리학은 '정보'에 대해서 이야기하고 있다는 것입니다.

즉 '나'라는 하나의 정보개체 역시 이 우주의 일부인 것만큼은 확실하므로 나를 구성했던 원자의 입자 단위 하나하나까지 우주의 물리법칙에 따라 매 순간 순간마다 정보는 발생하고 있다는 것일 겁니다. 그리고 하나님을 믿고 있는 저는 이 정보들이 하나님의 데이터베이스에 저장될 것으로 믿고 있습니다.

이것은 마치 내가 방금 즐긴 스타크래프트 게임이 하드디스크에 그대로 저장되어서 언제든지 나는 그 게임을 돌려서 볼 수 있게 되는 것처럼 보이기도 합니다. 그래서 내 하드디스크에는 내가 즐겼던 수많은 스타크래프트 게임의 기록들이 남아 있을 것입니다만 어느 날 나는 하드디스크를 열어보다가 수많은 게임 기록들이 어지럽게 널려 있는 것을 보고 정리를 해야겠다 마음먹고 하나하나 열어 봅니다. 어떤 것은 "야, 이 게임은 정말 드라마틱했네!"하며 지우기 아까운 것을 넘어 몇 번이고 다시 되돌려 보며 재미있어 하는 그런 게임 기록들도 있을 것이고 또 어떤 것들은 "뭐야? 이런 게임은 누가 보면 내가 창피해지겠네…"라는 생각이 들어 냉큼 지우게 되는 그런 기록도 있을 것입니다.

그런데 이런 것을 연상하게 되면 마태복음 13장에 나오는 예수님의 알곡과 가라지의 비유가 떠오릅니다. 과연 내가 이 우주에서 살면서 만들어냈던 정보들은 과연 이 우주의 유저에게 냉큼 지워야할 기록이었을까요? 아니면 그분의 아카이브에 영원히 남기고 싶은 기록일까요?

나는 하나님의 존재에 대해서만큼은 한사람의 정보체계론 학자의 입장에서 '모든 유효한 정보시스템은 유저가 존재한다'는 관점 아래 유저가 존재하지 않는다면 이 우주는 무효한 것이 되니 최소한 내가 이 우주를 살아가고 있고 또한 생생하게 지금 보고 있습니다. 그러므로 최소한 '무효하다고는 볼 수 없는' 이유가 분명하므로 하나님은 분명 이 우주라는 시스템의 유저로서 '존재'하실 것임을 나는 확신하고 있습니다. 이것이 고등학교 1학년 시절 멋모르고 따라갔던 수양회에서 캄캄한 밤하늘 우주 속에서 처음 하나님의 실체를 경험했던 그 시간 이래 40년 넘게 관찰자의 입장에서 거듭 거듭 생각했던 저의 결론입니다.

저의 이 같은 말에 많은 분들이 거부감을 느끼실 수도 있고 또는 말도 안 되는 이야기한다고 타박하실 수도 있을 겁니다. 그것은 하나님께서 각 사람에게 주신 관찰자의 역할로서 그것은 자유일 것입니다. 하지만 어쩌면 수년 후가 될지 수십 년 후가 될지 또는 그보다 훨씬 뒤의 수백 년 후가 될지는 모르겠습니다. 하지만 물리적이든, 아니면 논리적이든 아니면 지금의 과학적 표현과는 다른 어떤 방법이나 원리를 통해서 이 우주의 사용자, 즉 하나님의 분명한 과학적 형체를 인류가 접하게 된다면, 그러니까 그러한 그분의 분명한 과학적 형체를 우리의 면전에서 '직접' 접하게 된다면 우리는 어떻게 해야 할까요?

그분의 지정의(知情意)라는 그분의 형체 일부를 우리에게 주시면서 창조자와 피조물이라는 주종관계라기보다는 관찰자라는 '동등한' 계약자로서의 지위를 우리에게 허락하셨던 그분 앞에서 계속적으로 관찰자로서의 동등한 계약적 지위를 하나님께 요구해야 할 것인지, 아니면 호렙산에서의 모세처럼 두발에 신고 있던 신발을 벗고 몸을 조아려야 할 것인지 우리는 각자 생각해 봐야 할 것입니다. 한 가지 확실한 것은 어쩌면 '관찰'이라는 논리적 행위의 막다른 골목일 수도 있는 과학적 하나님을 대면하게 되는 그 순간이 과연 인간이 '관찰자'로서의 지위가 계속 유지가 될 수 있는 상황인지는 한번 깊은 고민을 해봐야 할 것 같습니다.

"너는 나를 누구라 하느냐."

– (마태복음 16:15)

관찰자로서의 마지막 막다른 골목에 서있는 인간에게 던져진 이 질문에 대해 과연 관찰자의 입장에서 답변을 해야 할 것인지 아니면 피조물의 입장에서 답변을 해야 할 것인지… 이런 만약의 상황을 한 번쯤은 생각해 봐야 할 것 같습니다. 어쩌면 이것이 우주를 창조하시고 우주의 관찰자로서 인간을 세우시고 그 관찰자에게 요구하시는 최종의 보고서가 아닐까 하는 생각을 가져봅니다. 그것이 인간에게 관찰자의 지위를 허락하셨던 그분의 목적일 수도 있겠지요.

우주에서 자신의 모습을 분명하게 드러내 보이시면서 이 관찰 보고서를 요구하시면 모든 보고서가 너무나도 뻔하고 진부한 내용만 나오게 되는 것을 우려하셨는지, 그래서 하나님은 그 창조물 가운데에서 확률의 안개 속으로 스스로의 모습을 숨기고 계신 것일지도 모르겠습니다.

부록

개념정립

컴퓨터와 소프트웨어

이 부분은 이 책의 내용을 이해하는데 필요하거나 도움이 될 것 같은 사전 지식을 제공하고자 컴퓨터와 프로그래밍에 대한 내용 개략적으로 설명하는 부분이 되겠습니다. 물론 이에 관해서는 이미 현대사회를 살아가는데 꼭 필요한 지식으로서 기본 상식화된 지 한참 되었기 때문에 많은 분들께는 불필요한 부분이 아닐까 하여 생략할까 싶었는데 글쓴이만이 가지고 있는 독특한 관점도 존재할 수 있다는 생각이 들어서 부록으로 편집하였습니다.

혹시 이미 익숙한 내용으로 굳이 필요가 없다고 여겨지는 분들은 그냥 넘어가셔도 이 책의 본문 내용을 이해하는 데는 큰 지장이 있을 것으로 생각되지는 않습니다.

| 부록 A장 |

컴퓨터라는 나라

1. 컴퓨터 나라의 몇 마디 말을 배워봅시다

컴퓨터에 대해서는 이미 일반적인 상식화가 된 시대를 모두가 살아가고 있기 때문에 이 책을 읽으시는 분들은 컴퓨터에 대해서 일정 수준 이상으로 이해하고 계실 것으로 생각됩니다만 그래도 돌다리도 두드려보고 건너자는 심정으로 우리가 살고 있는 세계와는 완전히 다른 컴퓨터라는 별개의 세계에 대해서 나름대로 이해하고 있는 것에 대해 이야기할까 합니다.

어느 나라 말을 가장 빨리 배우는 방법이 누가 뭐라 해도 그 나라에 살아보는 것 아니겠습니까? 하지만 컴퓨터라는 나라는 그저 인간의 개념 속에서만 존재하는 나라일 뿐이라서 안타깝게도 우리가 직접 살아볼 수 없는 나라입니다.

뭐 여행이 다를 것 있습니까? 옛날 구수하게 할아버지께서 들려주시던 옛이야기만으로도 우리는 여행을 다녀온 기분을 얼마든지 낼 수 있었지 않습니까?

먼저 여행을 떠나기 전에 몇 마디 말부터 배우고 가겠습니다. 보통 어느 나라를 여행하기 전 그 나라의 간단한 몇 마디 말은 배우고 가는 것이 대개의 경우이니까요. 컴퓨터 나라라는 것은 애초에 존재하지도 않았던 것을 인간들이 개념적으로만 만든 나라라서 말은 영어 같고 한국말 같은데 실제로 쓰이는 용례는 전혀 다른 것들이 많이 있습니다. 먼저 그런 것부터 집고 넘어가죠.

소프트웨어와 하드웨어

정말 많이 들어왔던 말이죠? 우리 주위에 다반사로 쓰이고 있는 말이라서 아무런 의심이나 거리낌 없이 접하고 사용하는 말입니다만 정작 그 본질적인 면을 정확하게 이해하고 계신 분은 그리 많지 않은 것 같습니다. '하드웨어(Hardware)'라 하면 '장비' 하면 바로 의미가 통합니다. 하지만 '장비'라는 것도 사실은 하드웨어의 일부분에 지나지 않습니다.

만약 전화기만 있다고 해서 전화를 걸 수 있습니까? 전선이 연결이 되어 있어야지요? 그 연결된 전선도 하드웨어입니다. 자 그럼 연결을 했으니 전화를 걸 수 있겠네요? 천만에요. 전기가 없는데요. 그 전기 같은 동력도 하드웨어입니다. 좌우지간 컴퓨터를 돌리기 위해서 소요되는 것 중 소프트웨어를 빼고 난 모든 것들은 하드웨어라 보시면 크게 다르지 않을 겁니다. 개중에는 하드웨어도 아니고 소프트웨어라 하기에는 어중간한 '펌웨어(Firmware)'라는 것이 있어 그 둘을 칼로 무 베듯이 싹둑 자를 수 없게 만듭니다만 그것은 전문가들이나 고민할 문제이고 우리같이 평범한 사람들은 그렇게 쉬운 쪽으로 이해하시면 됩니다.

자! 그렇다면… 그 다음은 '소프트웨어(Software)'인데요… 만져지고, 볼 수 있고, 느껴질 수 있는 하드웨어에 비해서 소프트웨어는 그 개념을 정확히 이해하기가 상대적으로 어렵습니다. 약 2~30여 년 전으로 기억됩니다만 우리나라의 일부 컴퓨터 전문가

들 사이에서 무슨 국수주의의 바람이 불었는지 컴퓨터 용어를 순 한글로 표현하려는 움직임이 있었습니다. 힘이 많이 부치셨는지 요즘은 뜸합니다만 그분들이 소프트웨어와 하드웨어를 '무른 연모'와 '굳은 연모'로 번역하셨더라고요.

갖고 있는 본질적인 개념은 전혀 고려하지 않은 채 사전적으로만 번역한 것이죠. 그런 종류의 번역은 아무런 의미가 없는 것으로 저는 생각하고 있습니다. 거듭되는 말씀입니다만 컴퓨터는 인간에 의해서 기본개념부터 창조되어진 피조물입니다. 그러니 대부분 그 전에는 인간세계에서 존재하지 않았던 개념들에 대해 없던 단어들을 만들며 나아갈 수밖에 없었습니다. 그리고 그런 새로운 개념을 뭐라고 불러야 할지는 오직 그 개념을 만든 사람들이 갖고 있던 철학과 경험과 생각에 의해서 결정될 수밖에 없었겠지요.

무지의 소치에 의한 철없는 생각인지는 모르겠지만 그런 방식의 번역은 큰 의미가 없는 것으로 여겨집니다. 'Arithmetic' 같은 용어는 우리나라 말로 '연산'하게 되면 사전적 의미뿐 아니라 개념적 의미까지 연결되기 때문에 번역에 의미가 있겠지요. 하지만 'Software'를 '무른 연모'라고 하는 것처럼 개념적인 의미전달 없이 사전적인 번역만 하는 것은 아무런 의미가 없이 오히려 혼란만 가중시키게 됩니다. 이는 마치 다른 나라 사람들이 새로운 섬을 발견해서 붙여 놓은 섬 이름을 굳이 번역하려는 이상한 모양과 마찬가지가 아닐까 하는 생각이 듭니다.

이런 번역 문제 때문에 말이 도중에 옆으로 샜습니다만 'Software'와 가장 근접된 개념적 의미를 가진 말을 우리말에서 굳이 찾으려 한다면 저는 '재주'라는 말을 내놓고 싶습니다. 여러분이 세계적으로 유명한 피아니스트의 공연을 보러 가실 기회가 있으시면 관찰해

보십시오. 피아니스트가 손이 세 개라서 피아노를 그렇게 잘 치는 것입니까? 그렇다면 괴물이 피아노를 치는 것이겠죠.

그 역시 여러분과 같이 눈 두 개, 팔 두 개, 다리 두 개, 머리 하나 신체 구성 부분의 개수는 다 똑같다는 것이지요. 그렇지만 그들은 여러분들에게는 없는 분명한 무엇이 있기 때문에 그렇게 피아노로 여러분보다는 엄청 돈을 잘 벌고 있는 것이겠죠? 그것이 다름 아닌 '피아노 연주'라는 '재주'를 그는 갖고 있기 때문입니다.

그럼, 그 피아니스트는 어떻게 그의 '재주'를 갖게 된 것일까요? 물론 기본적인 재능이 있어야 했겠지만 그 스스로의 피나는 '훈련'과 '학습'의 과정으로서 그 '재주'는 만들어진 것입니다. 하지만 컴퓨터의 '소프트웨어'는 프로그래머(Programmer)라고 하는 인간이 컴퓨터에게 일일이 하는 방법을 가르쳐 주고 알려 주는 '프로그래밍(Programming)'의 과정을 거쳐서 만들어집니다. 그리고 그렇게 컴퓨터에게 가르쳐 준 내용들을 적어 놓은 문서를 '프로그램(Program)'이라고 하지요.

하지만, 엄밀히 말하자면 그 피아니스트가 갖고 있는 '피아노 연주'라는 '재주'는 '소프트웨어'가 아니라 방금 전에 언급해 드린 바 있는 '펌웨어'에 보다 더 근접해 있습니다. '펌웨어(firmware)'란 '하드웨어에 갇혀있는 소프트웨어'라고 할 수 있습니다.

게임기의 롬팩이나 세탁기 또는 자동응답 전화기에 내장된 프로그래밍 기능들이 다 이에 속하는데, 그 피아니스트의 훌륭한 '재주'를 다른 사람에게 그대로 전달해 줄 수 있습니까? 아니죠? 그가 갖고 있는 피아노 연주라는 재주는 그의 몸에만 머물다가 그 피아니스트가 죽으면 그와 함께 땅속에 묻혀 영영 사라지게 될 것입니다. 그야말로 '하드웨어에 영영 갇혀 있을 수밖에 없는 소프트웨어'인 셈이지요.

그에 반해 컴퓨터의 소프트웨어는 무한 복사, 무한 배포가 가능한 것입니다. 그래서 동일 조건의 컴퓨터라면 어느 컴퓨터에 설치해서 실행을 해도 똑같은 기능이 발휘되고 똑같은 결과가 나오게 됩니다. 바로 이 소프트웨어가 컴퓨터를 한낱 '전자계산기'가 아닌 진정한 의미의 컴퓨터가 되게 하는 핵심 요소인 것입니다. 만약 소프트웨어 없이 컴퓨터가 만들어진다면 우리는 '워드프로세서용' 컴퓨터 따로, '계산표 작성용' 컴퓨터 따로, 게임용 컴퓨터 따로(게임기가 바로 이것이지요.) 구입했어야 했을 겁니다. 바로 이 소프트웨어 때문에 컴퓨터는 천의 얼굴을 가지게 되었고 만능의 용도를 가지게 된 것이지요.

'물리적(Physical)'과 '논리적(Logical)'

컴퓨터와 관련된 책을 읽다보면 물리적으로 어떻고 논리적으로 어떻고 하는 말들을 많이 합니다. 그렇지만 물리학이나 논리학 같은 학문과는 아무런 관련성이 없는 내용인 것처럼 보이는데 말입니다. 간단하게 말씀드리면 '물리적'이라는 용어는 하드웨어 입장에서 보는 관점, '논리적'은 소프트웨어 입장에서 보는 관점이라고 말씀드릴 수는 있습니다. 그러나 그것이 그렇게 간단하게 구분 지을 수 있는 것이면 저희가 왜 이렇게 구차하게 설명을 하려하겠습니까? 쉽게 말하자면 그렇지만 경우에 따라서는 이 용어는 지극히 상대적인 관점에서 사용되어지고 있습니다. 그러니까 그렇게 단순하게만 이해하였다가는 상대적인 관점에서 이 용어가 사용되어질 때 이해하기가 매우 어려워지죠.

우선 소프트웨어적인 관점이 무엇이고 하드웨어적인 관점이 무엇인지를 이해해 봅시다. 여러분들이 10테라짜리 하드디스크 하나를 샀다고 합시다. 보통 완전 조립된 컴퓨터를 사시면 그럴 필요는 없겠습니다만 만약 기존의 컴퓨터에 하나를 더 달고 싶어서 따로 하드디스크를 구입하시는 경우는 설치과정이 조금 복잡할 수가 있습니다. 요즘에는 Plug-and-play기능이 워낙 강해서 사실 대부분의 경우는 절차에 맞게 꼽기만 하면 바로 사용할 수가 있습니다. 그래서 이것을 자신의 취향에 맞게 제대로 셋업 해보신 분들보다는 아마도 안 해보신 분들이 더 많을 것으로 여겨집니다.

자, 그 하드디스크를 사신 분은 10테라라는 어마어마한 기억용량을 관리하기가 쉽지 않을 것처럼 느껴져서 이것을 둘로 나누어서 쓰기로 했습니다. 이것을 '파티션(Partition)'이라고 합니다. 그러니까 사과 한 개를 반으로 나누어 먹는 것과 비슷합니다. 그렇다고 해서 하드디스크를 진짜 반으로 싹뚝 잘라서 사용한다면 큰일 날 일이고요 하드디스크의 영역을 나누어서 각각 부분의 주소 지정을 달리함으로서 나누어 쓰는 것입니다.

재미있는 것은 이렇게 나누어진 하드디스크는 실제로는 하나의 하드디스크지만 컴퓨터는 완전하게 분리된 두 개의 하드디스크로 취급한다는 것입니다. 이런 경우 하드웨어적인 입장 즉, 물리적으로는 하나의 디스크이지만 컴퓨터(소프트웨어)의 입장 즉, 논리적으로는 두 개의 디스크로 인지하고 사용한다는 것입니다.

여기에서 눈치가 빠르신 분들은 낌새를 알아차리셨을 것 같은데 '물리적'이라 함은 다분히 인간의 방향에서 바라본 것이고요 논리적이라 함은 컴퓨터의 입장 특히 소프트웨어의 방향에서 바라본 것입니다. 그러니까 하나의 개념에 대해서 인간 쪽의 방향에서 바라보면 물리적인 것이 되는 것이고 컴퓨터의 입장에서 바라보면 논리적인 것이 되는 것이지요.

자, 그러면 그렇게 파티션으로 둘로 나누어진 하드디스크를 보다 컴퓨터 안쪽으로 들어가겠습니다. 그렇게 나누어진 디스크 하나하나마다 사용자는 디렉토리(또는 폴더)를 만들 수 있습니다. 아까는 파티션이 하드디스크에 대한 논리적인 분할이라고 말씀드렸습니다만, 여기에서는 디렉토리가 하나의 파티션에 대한 논리적 분할이기 때문에 같은 파티션에 대해서 논하는 것인데도 디렉토리에 대해서는 물리적인 입장을 갖는다는 것입니다.

즉, 물리적인 하드디스크를 논리적으로 나눈 것이 파티션이었으면 디렉토리는 물리적인 파티션을 논리적으로 나누어서 사용하고 있는 것이죠. 같은 파티션인데도 어디서의 관점으로 보느냐에 따라서 물리적 개념이 되기도 하고 논리적인 개념이 되기도 하죠.

차츰 설명이 되겠습니다만 컴퓨터는 개념적인 구성 자체가 계층성(hierachy)을 갖고 있기 때문에 이렇게 관점의 변화가 생기는 것입니다. 그래서 컴퓨터 관련서적에서 논리적이니 물리적이니 하는 문구를 보시면 특정한 개념에 연연해하지 마시고 어떤 관점에서 그런 용어가 사용되었는지를 생각해 보셔야 정확하게 이해가 되실 것입니다.

인터페이스(Interface)

이 말도 많이 들어보셨으리라 여겨집니다. 하지만 이 용어 역시 다방면에서 폭넓게 사용되고 있는 용어라서 똑 부러지게 무어라고 말씀드릴 수가 없습니다. 하지만 개괄적으로 말씀드리면 '물리적인 것을 논리적인 것으로, 논리적인 것을 물리적인 것으로' 전환시켜 주는 일종의 장치입니다. '장치'라고 표현하니까 일종의 하드웨어로 이해하실까봐 말씀드립니다만, 여기에서의 장치는 하드웨어적인 장치는 물론 소프트웨어적인 장치도 포함됩니다.

　이러한 인터페이스라는 개념이 등장하게 된 이유는 컴퓨터 나라의 '말'과 그것을 사용하는 인간의 '말'이 다르기 때문입니다. 여기서 간단하게 '말'로만 설명하였을 뿐이지, 사실 수를 세거나 계산을 하는 방식 그리고 특정한 사안에 대한 판단의 방법 등이 근본적으로 인간과는 다릅니다. 그렇게 모든 것이 다른 인간과 컴퓨터의 의사소통의 통로로서 '인터페이스'의 개념을 갖고 계시면 일단은 50% 정도는 이해하신 것으로 간주하셔도 됩니다. 여러분이 키보드에서 'A'(논리적인 값) 키를 눌렀을 때 화면에서도 역시 'A'라는 글자가 나오지만 컴퓨터 내부에서는 전혀 다른 모양의 코드 값(물리적인 값)으로 전환되어 처리됩니다.

　그럼 나머지 50%는 뭔가요? 이것이 그렇게 말처럼 간단하지만은 안다는 것을 말씀드리기 위해서 그 50%라는 여분을 남겨놓았습니다. 그 50%라는 여분을 완전히 이해하기 위해서는 사실은 컴퓨터가 갖는 '계층성'을 이해하셔야 합니다.

　그러니까 여러분이 컴퓨터의 키보드에서 'A'라는 키를 눌렀을 때 모니터 화면에서 'A'라는 글자가 보이기까지는 그 시간은 비록 순간이라고 하더라도 키보드→ 바이오스→ 운영체계→ 해당소프트웨어→ 바이오스→ 비디오인터페이스카드→ 모니터로 이어지는 수많은 단계를 거치게 됩니다. 각각의 계층과 계층마다에도 서로의 의사소통을 위한 인터페이스 방식이 각각 존재합니다. 물론 각각의 계층은 하드웨어가 다를 수도 있고 생산회사나 개발회사가 다르기 때문에 '사전에 정해진 규칙과 원칙'에 의해 제품을 만들어 조립을 해야합니다. 그렇지 않으면 소프트웨어의 기본 원칙인 '무한 복사'의 원칙이 제약을 받게 되고 제각각의 모양으로 컴퓨터는 지금처럼 널리 보급되지 못했을 것입니다. 따라서 각각의 계층에 적용되는 인터페이스마다에는 수없이 많은 국제표준들이 얼기설기 연결되어 많은 사람들이 하나의 사용법에 의하여 컴퓨터를 사용할 수 있는 '범용성'을 확보할 수 있는 것입니다. 컴퓨터 하나에도 그런 정도인데 인터넷과 같은 컴퓨터와 컴퓨터 간에 연결을 하는 경우에는 훨씬 더 많은 국제표준이 적용되고 있는 것을 알 수 있죠.

그러니까 여러분이 컴퓨터를 다루실 때마다 만지시고 보시는 키보드, 마우스, 모니터, 프린터 등등이 인터페이스 장비라고 할 수 있습니다. 하지만 여러분들이 만지고 보는 것보다 훨씬 복잡한 인터페이스가 컴퓨터 내부에 설치되어 작동되고 있다는 것을 알고 있어야 할 겁니다.

운영체계(Operating System, OS)

컴퓨터를 사용하시면서 이 '운영체계'에 대해서 개념을 파악하고 계시면 컴퓨터의 상당 부분은 이해하고 계시는 것으로 간주하셔도 좋을 정도로 무척 중요한 개념입니다. 다소 끔찍할 수도 있겠지만 '시체'를 비유해서 설명해 보겠습니다.

의료인들은 일반인보다는 시체를 자주 접하게 되죠. 특히 의과대학에서는 시체해부가 중요한 실습과목에 포함되어 있습니다. 시체를 해부해 보는 이유는 살아 있는 사람들과 거의 똑같은 신체구조와 장기를 갖고 있기 때문일 것입니다. 만약 사람이 죽음으로서 신체구조와 장기 등에 커다란 변화가 있게 된다면 시체해부는 지금처럼 중요한 실습과목으로 작용되지 않았을 것입니다. 손 두 개, 다리 두 개, 눈 두 개, 간도 그 자리에 있고 허파도 그 자리에 있습니다. 물리적 조건은 거의 모든 것이 살아있는 사람과 다를 것이 없는데 이상하게도 '그 무엇'이 없기 때문에 죽은 사람과 산 사람이라는 엄청난 차이가 있게 되는 것입니다.

생명체에 있어서 '그 무엇'은 '생명'이라는 것이라면 컴퓨터에게 있어서는 바로 '운영체계'입니다. 따라서 컴퓨터는 하드웨어적으로 온전하게 구비되어 있다고 하더라도 이 '운영체계'가 없으면 아무런 쓸모가 없게 됩니다. 시체와 마찬가지가 되는 것이죠.

사람의 '생명'이나 컴퓨터의 '운영체계'라는 개념은 물리적으로 존재하는 것이 아닌 무형의 개념적 존재이기 때문에 하드웨어가 아닌 소프트웨어적인 존재입니다. 그렇다면, 소프트웨어를 조금 전의 비유처럼 '재주'라는 개념으로 이해했던 것을 볼 때, 바로 '운영체계'나 '생명'이라는 소프트웨어는 '살아 있을 수 있는 재주'라고 할 수 있겠죠.

여러분들이 많이 들어오셨을 법한 MS-DOS, Windows, macOS, Unix, Linux 등은 바로 이러한 운영체계 소프트웨어의 이름들입니다. 재미있는 것은 하드웨어 구성은 같은 회사에서 같은 날에 만들어진 같은 모델의 컴퓨터로서 외형이나 내부 구성품 모두가 똑같은 컴퓨터라 할지라도 사용하는 운영체계에 따라서 전혀 다른 컴퓨터가 된다는 것입니다.

그러니까 그 둘 중 하나는 윈도우(Windows)를 그리고 나머지 하나는 리눅스(Linux)라는 운영체계를 깔았다면 물리적으로는 같은 컴퓨터이지만 논리적으로는 완전히 다른 컴퓨터가 되어버립니다. 그러니까 다른 정도가 윈도우만을 알고 있는 사용자가 리눅스 컴퓨터에 있는 자료를 복사해 오는 아주 간단하고 단순한 일조차도 일일이 배워야만 가능하다는 것이고 심지어 그것이 가능할 것이라는 것조차 완전히 장담할 수 있는 일이 아니라는 것입니다.

자, 여기에서 운영체계라는 소프트웨어가 어떻게 컴퓨터를 살아 숨 쉬게 만드는지를 알아봅시다. 우리가 흔히 소프트웨어를 컴퓨터에 '설치(Install)'한다고 하는데요. 그것은 다른 매체에 기록된 소프트웨어를 하드디스크에 작동하기 쉬운 상태로 복사해 놓는 것을 의미합니다.

운영체계 역시 다른 소프트웨어와 마찬가지로 그런 설치 과정을 거쳐야 합니다. 즉, 하드디스크에 미리 기록을 해놓아야 합니다. 그리고 컴퓨터를 껐다가 다시 켜면 컴퓨터 내부에서 운영체계를 식별하고 불러내는 프로그램이 작동해서 하드디스크에 기록되어 있는 운영체계를 주기억장치(Main Memory, 다음 장에서 설명할 것입니다)로 복사를 합니다. 사실 모든 소프트웨어가 다 마찬가지인데 하드디스크에 기록된 소프트웨어는 아무런 역할도 하질 못합니다. 바로 주기억장치라는 곳으로 복사가 될 때야 비로소 그 소프트웨어는 작동하기 시작하는 것입니다.

이제 주기억장치로 자리를 옮긴 운영체계는 작동을 시작하게 되고 곧 그 컴퓨터의 왕 노릇을 하게 됩니다. 말뿐인 왕이 아니라 진짜 왕같이 다스립니다. 다른 하드디스크에 있는 다른 소프트웨어를 불러내어 그들을 부려먹는가 하면, 각각의 소프트웨어가 메모리 같은 컴퓨터 내의 어떤 자원을 사용하려면 반드시 이 운영체계로부터의 결재(즉, 자원의 배당)가 떨어져야 합니다.

보통 우리는 왕에 대한 것은 일반의 것과는 조금 다르게 말하지 않습니까? 왕한테는 밥도 '수라'가 되질 않습니까? 이 운영체계라는 것도 마찬가지여서 일반 소프트웨어가 주기억장치에 복사되는 과정을 일컬어 '로딩(Loading)'한다고 하는데요. 좀 짐짝을 다루는 듯한 냄새가 나지요? 그 귀하신 운영체계가 주기억장치로 행차하는 것을 무엄하게 그렇게 부를 수는 없었는지 그것만큼은 '부팅(Booting)'이라고 부릅니다. 또 그만큼 중요한 것이 쓸모없는 고철덩어리 같은 것에 생명을 불어 집어넣는 과정인데 그 정도는 불러 주어야지요.

성경에 보면 하나님께서 인간을 흙으로 빚으시고 코에 생기를 불어넣었다고 하잖습니까? 바로 그 과정이 부팅이라고 생각하시면 거의 같습니다. 그러니까 흙으로 하드웨어를 먼저 만드시고 그 다음 운영체계를 부팅하셨던 것이죠. 그러니까 인간도 컴퓨터를 만들면서 자기도 모르게 하나님의 방법을 사용한 것입니다.

가만, 그렇다면? 운영체계가 왕이라고 한다면 컴퓨터를 쓰는 사람은 운영체계의 신하가 되는 겁니까? 천만에 말씀입니다. 인간은 컴퓨터의 주인이고 컴퓨터를 다스리는 존재이지 컴퓨터 나라에 포함되는 존재는 아닙니다. 그렇다면 컴퓨터에게 있어서 인간은 어떤 존재이겠습니까? 그 나라에 포함되어 있지 않으면서 그 나라를 다스리는 존재라면?

그렇습니다. 인간은 컴퓨터에게 있어서는 신과 다르지 않습니다. 컴퓨터 나라에서 그들의 신을 어떻게 감히 '인간'이라는 호칭을 쓰겠습니까? 지극히 무엄하게도 말입니다. 컴퓨터 나라에서는 그들의 신을 '사용자(또는 유저, User)'라고 부릅니다. 그러니까 우리가 만지는 키보드나 마우스 같은 입력장치는 컴퓨터 나라 입장에서 보면 그들의 신들로부터 명령을 받고 신탁을 드리는 신전과 비슷한 존재라 할 수 있을 것입니다.

2. 컴퓨터 나라의 정부기구

컴퓨터 나라의 정부기구는 대략 [그림 A-1]에 보시는 바와 같습니다. 이 그림은 대략적인 윤곽선만을 그린 것이 되므로 상세한 것이 설명될 때는 부분적으로 달라질 수도 있다는 점을 이해하시기 바랍니다. 그리고 그 정부기구라고 빗대어 표현하고는 있지만 사실은 하드웨어의 대략적인 구조입니다.

'그림 소프트웨어는 뭐냐'라는 의문을 가지시는 분이 없잖아 있을 것 같은데 각각의 소프트웨어마다는 그것을 만든 프로그래머가 각각 다른 목적과 생각, 기능을 가지고 만든 것이 되기 때문에 그 구조가 천차만별로 다양하기 때문에 이와 같은 하나의 단순한 그림으로 그 구조를 표현하기는 사실 불가능합니다. 규모가 큰 소프트웨어의 경우 이것의 작동법을 배우는 것이 하나의 학문 분야가 될 정도로 방대한 경우도 많습니다.

자, 그럼 정부조직에 대한 설명을 시작하겠습니다. 그림에서 보시는 바와 마찬가지로 컴퓨터는 크게 CPU라고도 불리는 중앙처

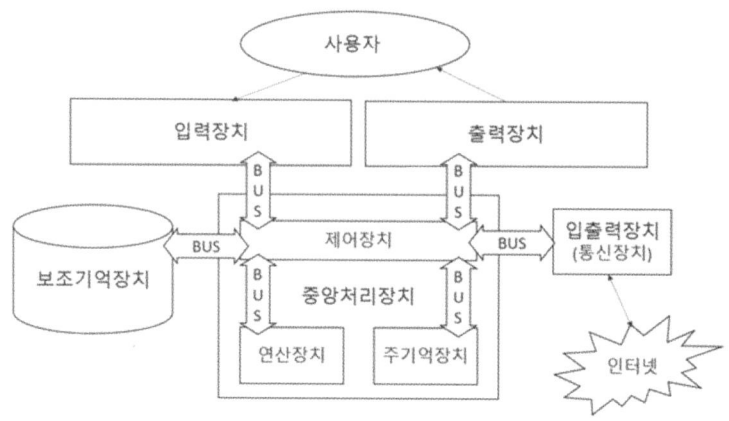

[그림 A-1] 컴퓨터의 개략적 구조

리장치(Central Process Unit)와 주변장치(Peripheral Devices)로 나눠집니다. 여기에서 평소에 컴퓨터에 대해서 관심을 갖고 계셨던 분이라면 '어? CPU라면 컴퓨터의 핵심 소자를 이야기하는 것인데?'라는 의문을 가지실만합니다. 쉽게 설명 드리자면 넓은 의미의 CPU와 좁은 의미의의 CPU가 있다고 생각하시면 됩니다. 하지만 최근에는 넓은 의미의 CPU 개념은 점점 희박해져 가고 있는 것이 사실입니다. 이 그림에서의 CPU는 넓은 의미의 CPU로서 최근에는 '본체'라는 말로 대체되어 가고 있기는 합니다만 그조차도 본래의 CPU 개념과는 약간의 차이가 있습니다.

그렇다면 '왜 이와 같이 한물간 방식으로 설명을 하는가?'라는 의문을 가지실 법도 합니다만 그 이유는 현대의 발전된 컴퓨터 형태가 고전적인 형태로부터 발전되어진 것이기 때문에 일반적이고 보편적인 이해를 위해서는 이런 방식으로 설명되어질 필요가 있다는 것이기도 하거니와 최근의 컴퓨터에 관련된 용어들이 가장 많이 보급된 PC 위주로 설명되어지는 경향이이 있기 때문에 컴퓨터 전반에 관한 공통적이고 보편적인 개념을 설명할 수 없다는 것입니다.

우리가 데스크탑 장비, 흔히 PC에서 '본체'라고 불리는 장치는 종래의 CPU 개념에서 보조기억장치를 더한 개념입니다. 그리고 노트북 또는 랩탑이라는 개념은 또다시 거기에 더해 필수적인 입출력장치를 붙여서 크기를 압축시킨 것입니다. 개인용 컴퓨터(PC) 시대 이전만 하더라도 하드디스크나 플로피디스크 등은 전부 본체와는 별개의 장비였습니다. 그러니까 '중앙처리장치'라는 개념은 명확했죠. 지금도 대형 컴퓨터에서는 보조기억장치는 별개의 장비로 분리되어 있습니다.

(1) 중앙처리장치(CPU: Central Process Unit)

연산장치(Arithmetic unit) 또는 마이크로프로세서(Microprocessor)

이러한 '중앙처리장치'는 연산장치, 주기억장치, 제어장치의 세 부분으로 구분이 가능한데 이중 연산장치가 앞서 언급한 좁은 의미의 CPU입니다. 전자 소자 기술이 하도 발달이 되다 보니까 과거 연산만을 하던 기능에서 주기억장치적인 기능과 제어장치적인 기능이 일부 흡수되어 고전적인 '연산장치'라는 호칭만으로는 그 기능을 설명할 수가 없게 되었기 때문에 CPU라는 호칭을 사용하게 된 것입니다. 사실 전자 소자로서의 정확한 명칭은 마이크로프로세서(Microprocessor)입니다. 때에 따라서는 주프로세서(Main Processor)라고도 부르기도 합니다. 고전적인 호칭이라 할 수 있는 '연산장치'만으로는 사실 그 자체가 '컴퓨터 기능을 한다'라고는 말할 수가 없었습니다만 마이크로프로세서는 그 자체만으로도 컴퓨터 기능을 수행할 수가 있습니다.

요즘 웬만한 세탁기는 사용자가 세탁 몇 분, 헹굼 몇 분, 탈수 몇 분 등으로 나름대로의 '프로그래밍'이 가능합니다. 그것은 그 세탁기에 마이크로프로세서가 내장되어 있기 때문에 가능한 것입니다. 어디 세탁기뿐입니까? 자동응답 전화기, 핸드폰, 예약취사가 가능한 전기밥솥 등등의 가전제품 등에는 마이크로프로세서가 내장되어 있기 때문에 엄밀히 말하면 이것들도 사실은 컴퓨터입니다. 사실 1946년에 개발되었던 무게가 40톤이 넘었던 세계 최초의 컴퓨터가 그 가전제품에 내장된 마이크로프로세서보다 더 좋은 성능을 갖고 있다고 이야기할 만한 것이 하나도 없습니다.

그렇게 중요한 핵심 소자이기 때문에 이 마이크로프로세서는 그야말로 그 컴퓨터의 얼굴입니다. 우리가 컴퓨터의 성능을 논할 때 자주 쓰는 몇 비트(Bit) 컴퓨터니 속도가 몇 메가헤르츠(MHz)니 하는 말들은 사실 마이크로프로세서의 성능 단위입니다. 마이크로프로세서의 성능이 결국 그 컴퓨터의 성능으로 대표되는 셈이고 따라서 CPU라는 호칭도 자연스럽게 따라온 것이죠.

그렇다면 이 마이크로프로세서의 기능과 역할은 무엇일까요? 그것을 한 마디로 말씀드릴 수는 없습니다. 그것만으로도 대학에서 두어 학기 과목이니까요. 고전적인 '연산장치'라는 호칭에서 알 수 있듯이 물론 연산이 가장 중요한 기능이기는 합니다. 하지만 컴퓨터가 계산만 하는 것이 아닌 것처럼 그게 다가 될 수는 없습니다. 한 마디로 말씀드리면 '컴퓨터에 들락거리는 모든 데이터는 필수적으로 마이크로프로세서에서 반드시 처리 과정을 거친다'라고 생각하시면 되겠습니다. 앞부분에서 '운영체계'에 대해서 장황하게 설명을 늘어놓았습니다만 그 '운영체계'라는 것이 다름 아닌 '마이크로프로세서를 다루고 제어하는 소프트웨어'이다 라고 생각해도 크게 어긋나는 것은 아닐 것 같습니다.

여기에서 마이크로프로세서의 성능 측량 단위를 보겠습니다. 요즘의 컴퓨터 제품의 카탈로그를 보면 CPU의 제품명만을 내세우는 게 대부분이라 잘 볼 수는 없는 것 같은데 몇 년 전만 하더라도 제품 명세를 보면 제일 먼저 '64Bit CPU 1.4GHz' 등과 같은 문구가 보였을 것입니다. CPU는 요즘 마이크로프로세서를 일컫는다는 것은 이미 언급한 내용이고요 64Bit라는 것은 마이크로프로세서 내부에서 데이터의 1회 처리 단위로 생각하시면 됩니다.

서울에서 고속도로를 타고 내려올 때 처음 만나는 톨게이트가 궁내동 톨게이트입니다 지방에 사시는 분도 서울 신세를 안질 수가 없기 때문에 최소한 몇 번 정도는 지나셨을 것으로 여겨집니다. 고속도로가 4차선이라고 해서 톨게이트 부스를 4개만 만들면 어떻겠습니까? 안 밀릴 때야 괜찮겠습니다만 차량이 많이 몰리면 병목 현상이 아주 심해지겠지요? 그 톨게이트 부스의 개수의 개념이 바로 CPU에서의 Bit 개념과 비슷합니다. 좀더 전문적으로 말씀을 드리면 CPU 연산회로의 가산기(덧셈기계) 채널이 64개가 있다는 것입니다.

'왜 하필 덧셈 기계냐?' 하는 의문이 드실 겁니다. 컴퓨터라는 물건이 할 수 있는 것은 원초적으로 본다면 오로지 덧셈밖에 없다고 생각하셔도 됩니다. 심지어 뺄셈이나 나눗셈도 다 덧셈으로 처리합니다. 요즘 와서 인공지능이니 자동화니 하면서 컴퓨터가 할 수 있는 것이 어마어마하게 많아진 시대를 살고 있습니다만 그것은 다 인간이 그 하는 방법들을 덧셈만으로 컴퓨터에게 일일이 설명을 해줘서 그런 겁니다. 바로 '프로그램'이라는 것이 그 해야 할 일들을 컴퓨터가 알아듣기 적합한 방식으로 '나열'한 것이라 할 수 있는데 그조차도 컴퓨터는 바로 알아듣지 못하기 때문에 그 프로그램들은 '컴파일(compile)'이라는 과정을 거쳐서 기계어라는 컴퓨터가 최종적으로 알아들을 수 있는 '더하기' 같은 아주 몇 가지 명령어들만으로 구성된 '목록(즉, 실행 파일)'으로 번역된 다음 마이크로프로세서에게 전달되어 실행이 되는 것입니다.

그러니까 64Bit 컴퓨터가 64개의 가산기 채널이 가지고 있기 때문에 마이크로프로세서에게 전달된 이러한 명령들과 데이터들은 64개 단위로 나뉘어 처리되게 되는 것입니다. 그러니까 톨게이트 부스가 많을수록 교통량이 적을 때는 차이를 못 느끼다가도 차량이 많이 몰릴 때가 되면 지체 현상이 적어지는 것처럼 CPU의 Bit 수가 많을수록 대량의 데이터를 처리할 때 처리 속도가 빨라질 수밖에 없는 것이죠.

그렇다면 1.4GHz는 또 무엇일까요? 'G'는 Giga의 약자이므로 대충 10억을 뜻합니다. 그런데 'Hz'는 우리가 학교 다닐 때 물리시간에 배워서 알고 있는 바로는 진동수의 단위인데 왜 CPU의 단위에 끼어들어 있는 것일까요? CPU 역시 각각의 고유진동수를 가지고 있습니다. 이것을 CPU Clock이라고 하는데, CPU 안의 연산회로는 그 진동 단위에 따라 1회 데이터를 처리합니다. 좀더 이해하기 쉽게 설명하자면 마이크로프로세서는 클록이 한 번씩 떨릴 때마다 각각의 가산기 채널에 데이터들을 밀어 넣어 처리시킨다고 생각해도 될 것 같습니다.

그러니까 1.4GHz는 CPU의 데이터는 14억분의 1초 단위로 처리된다는 이야기가 되겠죠. 지금의 톨게이트처럼 각각의 차량의 요금이 처리되면 바로 출발하는 것이 아니고 무슨 이유에서 건 10초 단위로 해서 파란 불이 켜질 때만 출발한다고 가정한다면 이해가 빠르실 것입니다. 그렇다면 이러한 CPU Clock 단위가 빠르면 빠를수록 그 처리 속도가 빠르다는 것이겠네요? 맞습니다. 바로 직접적으로 물리적인 CPU의 처리 속도를 나타냅니다.

주기억장치(Main Memory)

방금 전에 '요즘의 가전제품도 컴퓨터와 다름이 없다'는 설명을 드렸었는데 그럼 우리가 보통 컴퓨터라고 불리는 것과는 무슨 차이가 있는 것일까요? 다름 아닌 주기억장치가 있느냐 없느냐 하는 것입니다. 바로 주기억장치가 있음으로 해서 진정한 컴퓨터가 될 수가 있는 것입니다. 앞 장에서 '펌웨어'를 설명했죠? '하드웨어에 가두어져 있는 소프트웨어'라고 설명했을 텐데요. 그것은 같은 프로그램이라도 ROM(Read Only Memory)이라는 기억 소자에 담겨 있으면 소프트웨어가 아닌 펌웨어라고 불려집니다.

그렇다면 또 ROM이 뭔지를 설명 드려야 되는데…. 기억 소자도 무척 많은 종류가 있습니다만 크게 ROM과 RAM으로 나눌 수 있습니다. ROM(Read Only Memory)은 어려운 말로 표현한다면 '비휘발성' 기억 소자입니다. 기록하기가 다른 기억 소자에 비해 쉽지는 않습니다만 일단 기록이 되고 나면 전원을 꺼도 기록 내용은 사라지지 않습니다. 거의 영구적이죠… 이에 반해서 RAM이라는 기억 소자는 원래 명칭이 Random Access Memory라는 점에서도 알 수 있듯이, 그야말로 마구잡이로 읽고 쓰고 지울 수 있는 소자입니다.

기록, 수정, 삭제가 매우 간편하게 됩니다만 기록 내용은 전원이 공급되고 있는 동안만 간직할 수 있습니다. 어려운 말을 쓰면 '휘발성'이라고 하죠. 여러분 중에는 한참동안 워드프로세서 작업을 하고 있는데 갑자기 전원이 꺼지면서 작업했던 내용들을 일순간에 날려버린 경험들이 있으실 것 같은데 그것은 주기억장치가 RAM으로 구성되어 있기 때문이죠. 물론 RAM 중에도 비휘발성 특성을 갖는 소자도 있습니다. S-RAM(Static RAM)이라고 하는데 이에 대해서는 보조기억장치에 대해 이야기할 때 다루도록 하겠습니다. 어찌됐든 문서작업이던 그림을 그리는 작업이던 컴퓨터 화면을 보면서 작업한 내용들은 일단은 이 주기억장치에 기록된다고 보면 됩니다. 그러다가 '저장' 또는 'Save'라는 명령으로서 하드디스크 또는 SSD 같은 비휘발성 기억공간에 영구적으로 저장이 되는 것입니다. 지금이야 그런 실수를 방지하는 장치를 대부분의 소프트웨어가 갖추고 있긴 하지만 그렇지 못한 경우 '저장' 명령을 잊어버리고 소프트웨어의 작동을 끝낸다든지 하면 몇 시간

동안 잠도 못 자고 작업했던 내용을 날려버리는 악몽 같은 경우를 경험하신 분들 적잖이 있으리라 여겨집니다. 그래서 우리가 컴퓨터를 고를 때 'RAM 16GB' 같은 문구를 자주 보는데 그것은 주기억장치가 RAM으로 구성되어 있기 때문에 주기억장치를 RAM이라는 말로 쓰이기도 하기 때문입니다.

자, 펌웨어 이야기로 다시 돌아옵시다. ROM에 기록된 내용은 복사, 삭제, 수정 등이 매우 어렵습니다만 일단 저장이 되면 거의 영구적으로 보존이 되기 때문에 그런 가전제품 등에는 프로그램을 ROM에 담게 됩니다. 따라서 비록 우수한 마이크로프로세서를 그 가전제품이 갖고 있다고 해도 사용자가 임의로 다른 프로그램을 그 마이크로프로세서를 통해서 작동시킬 수는 없습니다. 그러니까 평생 공장에서 만들어 놓고 심어진 프로그램만 작동되는 것이죠.

하지만 컴퓨터는 주기억장치라는 것이 있음으로 해서 여러 가지 다양한 프로그램을 작동시킬 수가 있게 됩니다. 한마디로 말하자면 주기억장치는 '소프트웨어가 작동되는 공간'입니다. 하드디스크에 아무리 정성스럽게 소프트웨어를 설치해 놓는다 할지라도 주기억장치에 올려놓지 않는 이상은 아무런 역할도 하질 못합니다. 심지어 그 위대한 '운영체계'조차도 그 자신 하나의 소프트웨어이기 때문에 주기억장치의 신세를 안질 수가 없습니다. 바로 컴퓨터의 전원을 올리면 시작하는 '부팅'이라는 과정은 보조기억장치에 잠자고 있는 운영체계가 주기억장치에 행차하여 터를 잡고 앉는 과정이라는 것은 앞서 설명된 내용입니다.

이러한 주기억장치의 용량은 마이크로프로세서의 성능 다음으로 그 컴퓨터의 성능을 측정하는 중요한 기준이 됩니다. 물론 주기억장치가 크면 클수록 크기가 큰 소프트웨어를 실행시킬 수가 있을 것이고 또한 여러 개의 소프트웨어를 한꺼번에 동작시킬 수도 있어서 여러모로 편리하기도 할 것입니다. 하지만 주기억장치에서 소프트웨어가 작동이 될 때는 그 소프트웨어만 로딩되는 것이 아니라 필요한 데이터까지 가지고 와야 합니다.

만약 주기억장치 용량이 작아서 소프트웨어만 로딩되고 딸린 데이터는 충분하게 로딩되지 못하는 경우 그 소프트웨어는 작동 중에 수시로 데이터를 저장하고 읽어오는 동작을 매우 빈번하게 해야 하고 이럴 때 마다 그 소프트웨어는 일순간이나마 작동을 멈추기 때문에 작업하는 사람은 이럴 때 짜증이 보통이 아니게 되죠. 아마도 많은 분들이 경험한 일이라 여겨집니다.

여기에서 기억용량을 나타나는 단위를 말씀드리자면 우선 '0'과 '1' 만을 기억하는 가장 작은 기억공간으로서 Bit라는 단위가 있습니다. 그리고 이 Bit가 8개가 모이면 1Byte라고 해서 영문 한 글자를 적을 수 있는 기억공간을 나타냅니다. 그러니까 '0'과 '1'의 조합 8개를 모아서 영문 한 글자를 나타내 보자고 약속을 한 것인데, 예를 들면 '01000001'으로 'A'를 나타내는 것입니다. 이러한 약속을 아스키 코드(ASCII, American Standard Code for Information Interchange)라고 하는데 거의 컴퓨터의 역사만큼이나 오래된 코드 체계입니다. 이 Byte라는 단위가 모든 기억공간의 크기를 나타내는 단위로 쓰이고 있는데 1000byte(실제로는 1024byte)를 1KB(킬로바이트)로, 백만 byte를 1MB(메가바이트)로 그리고 10억byte는 GB(기가바이트), 심지어 최근에는 1조byte를 말하는 TB(테라바이트)까지 일상적으로 쓰이는 단위가 되고 있습니다. 90년대 후반으로 기억되는데 당시에 정말 큰 마음먹고 2GB짜리 하드 디스크를 구입하고 나서 느꼈던 뿌듯한 마음을 생각하면 그동안 컴퓨터의 자료 저장기술은 세상이 뒤집혀질 정도로 발전한 것이죠.

사실 현대 첨단의 기술이라 일컬어지는 AI나 빅데이터 같은 기술은 이 같은 대용량 데이터 저장기술(Mega storage technology)의 뒷받침이 없었으면 실현하기 어려운 기술이었을 겁니다. 90년대만 하더라도 데이터 저장공간은 지금보다는 훨씬 많은 비용을 요구했었습니다. 그래서 그때까지만 하더라도 Backup이라는 용어는 효용 가치가 떨어지는 데이터(가령 퇴직자의 인사 기록이나 탈퇴한지 오래된 은행계좌 정보 같은 비활성 데이터)를 보다 비용이 저렴한 저장매체(CD나 자기테이프 같은)로 옮기는 작업을 뜻했습니다. 그래야 그 기업체가 꼭 필요한 활성데이터를 하드디스크에 담아둘 수 있었기 때문이죠.

물론 만약의 사고에 대비해서 모든 데이터를 테이프로 보관하는 의미도 있긴 있었지요. 하지만 저장공간의 가격이 훨씬 저렴해진 지금의 시대는 만약의 경우를 대비해서 데이터와 시스템을 통째로 실시간으로 복제하는 개념으로 사용되어지고 있죠. 그러니까 구차하게 백업이고 뭐고 할 것 없이 당장의 필요성이 없어 보이는 비활성화된 데이터들까지 그냥 하드디스크에 내버려두는 겁니다. 그러다 용량이 모자라게 되면 그냥 하드디스크 하나 더 끼워 넣어서 확장시키고, 뭐 이런 식인 것이죠.

사실 요즈음 우리가 쉽게 말하긴 하지만 테라바이트 수준의 저장공간이면 아무리 세계적으로 큰 은행이라도 문자나 숫자만으로 구성된 데이터라면 수백 또는 수천 년 동안 쌓인 거래 정보라도 다 채우긴 힘들 겁니다. 그런데 이렇게 하나의 데이터베이스에 과거 불필요했던 것으로 보였던 데이터까지 무지막지한 자료가 쌓이다 보니 과거에는 생각지도 못했던 '통계학적인 가치'가 눈에 보이기 시작했던 겁니다. 그야말로 전수(全數) 데이터의 위력을 체감하기 시작한 것이죠. 최근 들어 많은 관심을 받고 있는 Chat GPT

같은 각종 AI 서비스들은 이러한 전수 데이터베이스들을 바탕으로 인공지능적으로 학습된 과정을 거친 것들인데 이같이 저렴한 정보저장기술이 없었다면 실현되기 힘들이었을 겁니다. 물론 그만큼의 검색기술의 발전이 없었다면 불가능했었겠지만요.

다시 본론으로 돌아와서 1메가바이트 공간이라는 것이 우리가 일상생활에서 사용하는 백만 자를 뜻하는 것은 아닌데, 한 예로 'I am a Korean.'이라는 문장의 글자 수를 우리는 일상적으로 10자로 세는데 반해 컴퓨터는 이것을 빈칸과 끝의 마침표까지 합쳐서 14자로 셉니다. 여기에 한글이나 한문이 들어가는 경우라면 훨씬 더 복잡해집니다. 그러니까 컴퓨터에 관한 언론보도나 광고를 볼 때 흔하게 볼 수 있는 어느 회사가 새로 개발한 RAM 소자는 영한사전 100권의 분량을 한꺼번에 저장할 수 있다는 내용은 약간의 과장이 있을 수 있다는 것입니다.

그렇다면 어떻게 컴퓨터는 '0'과 '1'을 기억하는 것일까요? 이 같은 기억 방식은 하드디스크나 CD 같은 기억 매체나 ROM이나 RAM 같은 소자에 따라서도 많이 다른데 지금은 주기억장치를 설명하는 부분이므로 RAM의 경우로서 이야기하려합니다. 물론 이에 대해 지금 설명을 하려는 것은 '컴퓨터 구조학'이라는 아주 전문 분야에서 다루는 내용으로서 이 분야 전문 서적도 아닌 본서에서 이 내용을 다루는 것은 불필요하게 너무 깊이 들어왔다는 느낌도 저 역시 듭니다

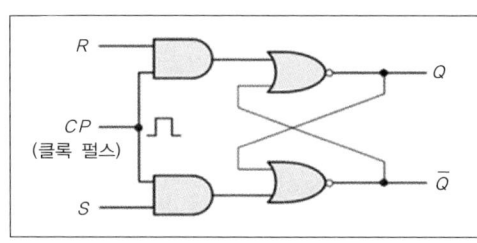

[그림 A-2] RS Flip-Flop 회로도

만 이 책의 본문 5장과 9장에서 이에 관하여 언급하는 부분이 여러 번 있어서 이에 대한 이해를 돕기 위해서 이곳에서 다루는 것이니 번거롭다 느끼시더라도 양해를 바랍니다.

[그림 A-2]는 RAM이라는 기억 소자에서 최소의 기억용량인 1Bit (한 단위의 2진법 공간으로서 0또는 1만을 기억하는 공간)의 저장 공간의 역할을 하는 플립플롭(Flip-Flop)이라는 회로를 개략적으로 보여 주고 있는 그림인데요. 반원 모양이나 초승달 모양은 AND나 OR같은 논리 구조를 전자공학적인 방법으로 작동하게 하는 이른바 논리 회로를 표현한 것입니다.

이에 대한 자세한 설명은 이 책의 범위를 벗어나는 것으로 생략하기로 하고, 다만 '0' 또는 '1'을 기억하는 원리는 연산 장치 부분에서 설명된 바 있는 마이크로프로세서 클록 펄스와 함께 신호가 R단자로 입력되는지 또는 S단자로 입력되는 지에 따라 두 개의 회로가 서로의 꼬리를 잡고 있는 구조 때문에 어느 한 방향으로 전류가 맴돌이를 하게 된다는 것입니다. 그리고 그 맴돌이의 방향에 따라 각 클록 펄스가 있을 때마다 클록 펄스의 전류는 현재의 맴돌이 전류에 따라서 Q 또는 $\overline{Q}$로 나가게 되어서 이것으로 '0' 또는 '1'로 읽을 수 있게 되는 것입니다. 그래서 이 플립플롭 회로가 8개가 모이면 1Byte의 기억공간이 만들어지는 것이고 그 8개 한 조의 묶음이 1백만 개가 모이면 1메가바이트의 기억공간이 마련되는 것이죠.

제어장치

제어장치는 한마디로 말씀드리면 한 가정의 엄마 역할을 한다고 생각하시면 대충 이해가 빠르실 것입니다. 최근의 가정의 모습으로는 이러한 비유가 조금 다를 수 있겠지만 글 쓰는 이가 살았던 시대의 평균적인 관점을 기준으로 말씀드리는 것임을 양해 바랍니다. 엄마가 있으면 아빠가 있을 법한데 그럼 아빠 역할은 무엇이 하죠?

당연히 가장 중요한 하드웨어 구성품이라 할 수 있는 CPU라고 생각하시겠죠? 천만의 말씀입니다. 바로 '운영체계'가 아빠 역할을 합니다. CPU나 주기억장치가 아무리 중요하다 하더라도 운영체계가 다루는 조작의 대상에 지나지 않습니다. 집안에서 엄마의 역할이 얼마나 많습니까? 요즘에는 많이 달라졌다고는 해도 그래도 집안에서 하는 일의 가짓수를 보면 엄마가 제일 많은 것은 사실이죠? 제어장치가 그렇습니다. 그래서 그런지 PC의 구성부품 중에서 제일 크고(케이스는 빼고요) 제일 복잡하게 보입니다. 그게 뭐냐구요? 그 부품 이름에도 엄마라는 의미가 담겨 있습니다.

'Mother Board'라고 하죠. 사실 올바른 호칭은 'Main Board'가 더 정확할 것입니다. 하드웨어의 찬란한 스포트라이트는 CPU와 RAM이 받고 있어서 컴퓨터를 구입할 때 Main Board는 컴퓨터를 잘 아는 사람조차 주요 관심 사항에서 조금 멀어져 있는 것이 사실입니다. 정말 우리 집에서의 엄마처럼 '조용한 내조' 만을 하고 있기 때문이죠. 하지만 부실하고 적합하지 못한 Main Board를 선택하게 되면 아무리 비싼 CPU와 RAM을 장착한다고 해도 그 성능을 절반 정도밖에 발휘하지 못하게 될 수도 있습니다.

대기업체에서 완제품으로 생산되어 판매되는 컴퓨터는 그럴 일이 별로 없는데 개인이 나름대로 조립을 한다든지 또는 컴퓨터 가게에 세부 사항을 주문해서 구입하는 경우에는 그런 일이 자주 눈에 띕니다. 사실 컴퓨터를 생산한 기업체에서 CPU나 RAM은 대부분의 경우 다른 기업체에서 생산한 것을 받아서 조립한 것이기 때문에 그 구조나 기능이 다른 회사에서 생산된 컴퓨터와 별반 차이가 나질 않습니다만, 그 기업체에서 독자적인 Know-how를 갖고 따로 설계해서 만드는 부품은 Main Board와 케이스밖에 없다고 생각하시면 됩니다. 본체를 갖고 있는 장비의 경우 정말 다른 것은 그 두 가지밖에 없다고 보면 크게 어긋나지는 않을 겁니다.

우리 집의 엄마처럼 Main Board는 정말 하는 일이 많습니다. 그 중에 가장 중요하다 할 수 있는 일, 바로 앞에서 이미 언급한 바 있는 '부팅(booting)'은 이 Main Board가 수행하는 것입니다. 주기억장치는 RAM으로 구성되어 있기 때문에 컴퓨터 전원을 키더라도 주기억장치는 텅 비어 있게 되어 할 수 있는 것이 아무것도 없습니다.

누군가 하드디스크에 잠들어 있는 '운영체계'를 흔들어 깨워서 그것을 RAM에 고이고이 모셔와야 컴퓨터는 무슨 일이라도 할 수 있게 되는 것입니다. 그런 일을 누가 하느냐 하면 Main Board에 내장된 BIOS(Basic Input Output System) 프로그램이 수행합니다. 전원을 끄더라도 프로그램 내용이 사라지면 안 되니까 ROM 기억소자에 기록하는 것이고 그 때문에 ROM-BIOS라고 불려집니다. 일단 전원이 켜지면 아침에 엄마가 제일 먼저 일어나는 것처럼 ROM-BIOS는 잠자리에서 일어나 일단 집안을 깨끗이 청소합니다. 바로 운영체계가 납시어야할 RAM을 한번 점검하는 것이죠.

사실 그보다 먼저 하는 일이 있는데 가장 먼저 챙겨야 할 것이 사실은 아빠인 '운영체계'보다도 컴퓨터에게 있어서의 하나님이라 할 수 있는 '사용자'를 위한 조치부터 최우선적으로 해야겠죠? 그것이 바로 비디오 기능(이것이 콘솔이라는 개념입니다)의 점검입니다. 다른 모든 것이 구비되어 있고 잘 수행되고 있다 할지라도 모니터에서 그 결과를 사용자가 보질 못한다면 정말 아무 소용이 없겠죠? 그래서 모니터와 연결시키는 장치인 비디오 카드를 점검해서 이상이 있으면 더 이상 부팅을 진행시키지 않습니다.

그래서 컴퓨터를 켰을 때 제일 먼저 나타나는 메시지가 비디오 카드 점검 결과에 관한 메시지입니다. 그 다음 RAM을 깨끗이 정돈시키고 다음 모셔올 운영체계가 다스리고 관할하게 될 컴퓨터의 각종 부품과 자원들에 대한 점호를 실시합니다. 하드디스크, 키보드, 프린터, 마우스 등등 이렇게 딸린 식구들을 점검을 한 다음에서야 비로소 '운영체계'님을 하드디스크로부터 RAM으로 모셔옵니다. 일단 모셔오면 식구들 점호 결과를 보고한 다음 운영체계로부터의 지시와 명령을 아주 충실하게 따릅니다.

제어장치에서 굉장히 중요한 개념으로서 'BUS'라는 것이 있습니다. 바로 컴퓨터 내부에서 데이터가 다니는 길이라고 생각하시면 되겠습니다. 자동차가 다니는 길에 차선이 있는 것처럼 Bus는 Bit라는 단위로 그 크기와 용량을 표시합니다. 방금 전 마이크로프로세서를 설명하면서 마이크로프로세서에서 적용되는 Bit 단위를 톨게이트에서 톨게이트 부스의 숫자로 비유하며 설명한 것이 기억나실 것입니다.

'Bus'에서의 Bit 단위는 바로 톨게이트 전후에 연결된 고속도로의 차선 수로 생각하시면 아주 적절합니다. 서로가 별개이기는 합니다만 고속도로를 넓게 만들고 톨게이트를 좁게 만드는 것이나 톨게이트를 넓게 만들고 고속도로는 좁게 만드는 것이나 비효율적인 것은 마찬가지이고 제대로 된 성능을 발휘하기가 힘들 것입니다. 바로 이 점 때문에 마이크로프로세서와 Main Board는 적당하게 궁합이 맞는 것으로 맞추어야 하는 것입니다. 그러니까 중앙처리장치 내부에서의 데이터 교환이건 주변장치와의 데이터 교환이건 컴퓨터 내부에서 이동되는 모든 데이터는 이 'Bus'라는 길을 통하지 않을 수는 없는 것입니다.

(2) 주변장치

보조기억장치

사실 열 손가락 깨물어 안 아픈 손가락이 없듯이 컴퓨터 구성품 중에서 중요하지 않은 것이 어디 있겠습니까? 하지만 주변장치 중에서 제일 중요한 것을 고르라면 누구나 보조기억장치를 들 것입니다. 그래서 PC에서는 보조기억장치가 본체에 편입되어 종래의 '중앙처리장치'라는 개념을 다소 혼란스럽게 만들기까지 하고 있습니다. 사실 아무리 우수한 성능의 '중앙처리장치'라도 보조기억장치가 구비되어 있지 않으면 아무 역할도 수행하지 못합니다. 부팅되기 전에 그 귀하신 '운영체계'가 어디엔가는 머물러 있어야 부팅이 되도 되는 것인데 보조기억장치가 없으면 어디에도 머물 곳이 없습니다. 그래서 아무리 보조 기억장치가 주변 장치로 분류된다 할지라도 그 중요성은 '중앙처리장치'와 버금갑니다.

여러분들이 아시는 것처럼 대표적인 보조기억장치로는 요즘은 거의 사용을 하질 않지만 간편 휴대용 메모리로서 컴퓨터 대중화에 많은 기여를 한 바 있는 플로피디스크 드라이브 그리고 가장 중요한 대용량 메모리의 대명사 하드디스크 드라이브 그리고 하드디스크의 역할을 대체해 나가고 있는 최신의 대용량 메모리인 SSD, 그리고 SSD와 비슷하지만 소용량의 휴대성을 가지고 있는

USB 드라이브, 그리고 지금은 거의 사라졌지만 한때 염가의 휴대용 대용량 메모리로서는 거의 유일했던 CD 또는 DVD ROM 드라이브 등 여러 가지가 있습니다. 여기에서는 컴퓨터의 역사에 있어서 가장 오랜 기간 동안 대용량 보조기억장치의 역할을 하고 있는 하드디스크를 위주로 해서 설명을 드리겠습니다.

지금은 Plug-and-play기술이 많이 발달해서 방금 구입한 하드디스크를 바로 컴퓨터에 연결해서 사용하는 것이 하나도 이상하지 않은데 십몇 년 전에는 이게 쉬운 일이 아니었습니다. 몇 가지의 조치가 사전에 필요한데요. 우선은 CMOS라고 하는 메인보드에 있는 주변장치 연결목록에 등록을 해서 새로운 하드디스크가 장착되었다는 사실을 알려 주어야 했었습니다. 주민등록에서의 '전입신고'와 비슷한 절차라 볼 수 있었죠. 이뿐 아니라 '논리적'과 '물리적'에 관한 설명을 드릴 때 파티션을 예로 들어 설명 드렸었죠? 그 우선 그것을 해야 했고, 그런 다음 최종적으로 '포맷(Format)'을 해야 사용할 수 있는 상태가 됩니다.

포맷은 최종적으로 디스크에 내용이 저장될 수 있도록 주소를 지정하는 작업을 말합니다. 만약 여러분이 다른 지방에 살고 계시는 친지 분을 찾으러 간다고 했을 때 그분이 살고 계신 곳에 대한 아무런 정보도 없는 상태에서 찾아 갈 수는 없죠? 최소한 주소는 갖고서 찾아 가야죠? 따라서 주소가 지정되어 있지 않은 상태에서 아무리 많은 데이터를 저장한들 그것은 저장하지 않은 것만도 못합니다. 정작 필요한 순간에 찾아서 사용하지 못하기 때문이죠. 따라서 데이터가 디스크에 기록이 되고 나면 반드시 디스크 내부에서는 그 기록한 장소의 주소를 반드시 기록합니다. 그 주소가 기록되는 곳이 'FAT(File Allocation Table)'라는 곳이지요. 그러니까 우리는 그 파일의 이름만을 알고 입력합니다만 디스크 드라이브는 그 파일명에 대한 주소를 FAT에서 찾아내어 해당 지점을 액세스해서 내용을 '운영체계'에게 전달해 주는 것입니다. 그러니까 만약에 FAT가 손실을 입으면 어떻게 될까요? 그 디스크에 기록된 모든 내용은 기록은 되어 있으되 읽을 수 없는 상태가 되어 데이터는 멸실된 것이나 마찬가지가 되어 버리죠. 그만큼 중요한 정보이기 때문에 최근의 운영체계는 각각의 디스크마다 FAT를 두 개씩 갖는 'Dual FAT' 방식을 채택하고 있습니다.

여기에서 방금 전에 배웠던 물리적과 논리적인 개념을 한번 실습하고 넘어 갈까요? 데이터는 디스크에서 파일 단위로 관리되는 것은 대부분의 독자들이 알고 계시리라 여겨집니다. 그러한 파일을 인간적인 관점에서는 파일명으로 구분 짓고 있습니다. 만약 우리가 파일을 구분할 때 '5,134번지에서 시작해서 31,000바이트 분량을 갖는 파일'이라는 물리적 관점으로만 구분한다면 얼마나 어렵고 불편하겠습니까?

하지만 우리는 그 파일을 'ABCD.DAT'라는 이름을 주고 논리적으로 구분함으로서 편리하게 그 파일의 데이터를 활용할 수 있게 되는 것이죠. 다른 예를 들어볼까요? 땅위에 일정한 지점을 표시하는 방법 중에 가장 절대적이고 확실한 방법은 '위도 37도 18분 12.23초, 경도 133도 20분 34.12초'같이 표기하는 방법이죠. 가장 확실한 방법이기 때문에 군사적 목적이나 과학적 탐사, 항해, 항공 분야 등에서는 이렇게 지점을 표기합니다. 하지만 확실한 방법이라고 해서 일상생활에 이렇게 표기를 했다가는 아마도 여러 사람 돌아 버릴지도 모릅니다. 그래서 만들어 낸 것이 '주소'입니다. 'ㅇㅇ시 아무개구 ××동 123번지' 등과 같은 방식으로 인간 나름대로 땅에 논리적인 선을 긋고 땅 이름을 정해 버린 것이죠.

디스크에서 이렇게 번지를 지정해 주는 것을 '포맷(Format)'이라고 합니다. 그럼 파티션은 뭘까요? 그것은 번지를 지정하기 전에 어디서부터 어디까지를 '××동'이라고 구분 짓는 작업과 비슷합니다. 여기서 경도와 위도로서 지점을 표기하는 방식이 물리적 표기이고 주소로 표시하는 것은 논리적 표기인 것은 아시겠죠?

자, 그런데 우리가 친구네 집에 놀러갈 때 '우리 ××동 123번지에 놀러가자!'라고 이야기한다면 조금 정신이 헷갈리는 친구이든가 지나치게 똑똑한 친구이든가 할 겁니다. 대개의 경우 '삼돌이네 놀러 가자!'라고 하지요. 이것이 우리가 흔히 쓰고 있는 파일명과 비슷한 개념입니다. 여기에서는 주소가 물리적인 개념으로 '삼돌이네'라는 지칭은 논리적인 개념으로 표현되는 것이죠.

만약에 우리가 편지를 보낼 때는 우체부 아저씨라는 제3자가 '삼돌이네' 하면 알아 듣지 못하니까 편지봉투에는 주소를 또박또박 써야 하는 것이지요. 즉, 서로 다른 논리적 개념과 물리적 개념을 소통하게 만드는 '그 무엇'이 필요한데 그 개념을 통칭해서 우리는 '인터페이스(Interface)'라고 말하고 있습니다. 이 인터페이스라는 개념은 서로 다른 개념을 소통하게 만드는 '중계자' 또는 '연계자'의 역할을 합니다. 사실 여러분이 인간과는 전혀 다른 성질을 갖는 컴퓨터를 인간의 글자와 표현방식으로서 다룰 수 있는 것은 수 없이 많은 인터페이스 단계를 컴퓨터 내부에서 거치기 때문입니다.

입력장치

여러분이 컴퓨터를 비싼 값을 주고 구입하셨다 합시다. 그 컴퓨터에는 최신의 운영체계도 설치해 놓았고 아주 구하기 어려운 우수한 성능의 소프트웨어도 설치가 되어 있습니다. 그리고 전원을 꼽고 부팅도 잘해 놓아서 컴퓨터를 사용하는데 만반의 준비가 되어 있습니다. 아차! 그런데 키보드와 마우스를 꼽아 놓는 것을 깜빡 잊어버렸습니다(PC에서는 대개의 경우 부팅시 하게 되는 주변장치에 대한 '점호' 때 연결이 안 된 것에 대한 경고만 주어질 뿐 부팅은 정상적으로 이루어집니다).

컴퓨터는 사용자의 명령에 따라 움직입니다. 정말 명령에 살고 명령에 죽습니다. 그런데 전제 조건은 사용자가 명령을 내릴 수 있어야 한다는 것입니다. 여러분이 컴퓨터에 대고 아무리 소리를 고래고래 지르고 회초리로 때리면서 명령을 내린다 할지라도 컴퓨터는 꿈쩍도 하지 않습니다(음성인식 입력장치가 설치되면 그것도 가능합니다만 대개의 경우는 그런 장치가 없지요?). 즉, 인터페이스가 있어야 한다는 것입니다. 지금은 기술이 발전해서 'Plug and play'라는 개념으로 그냥 꼽기만 하면 바로 사용할 수 있습니다만 초창기의 컴퓨터는 키보드와 마우스를 연결하지 않고 부팅이 된 경우라면 연결해서 다시 부팅을 해야 했었습니다. 입력장치가 연결되지 않은 상태에서는 사용자는 컴퓨터에 어떤 명령도 내릴 수 없으므로 부팅의 의미가 없었기 때문입니다. 따라서 입력장치는 사람에게 있어서는 감각기관과 마찬가지의 존재로서 컴퓨터에 가해지는 수용 가능한 모든 자극을 받아드리는 장치입니다. 우리의 눈으로 소리를 들을 수 없고 귀로서 볼 수 없듯이 글자는 키보드, 영상정보는 스캐너 또는 디지털 카메라, 소리는 마이크 등등의 각각의 입력정보의 성격에 맞는 입력장치가 필요합니다.

출력장치

우리가 일반적으로 사용하는 컴퓨터의 경우 가장 필수적이고 대표적인 출력장치는 모니터라고 할 수 있을 것 같습니다. 입력장치에서의 키보드와 출력장치에서 모니터가 없는 컴퓨터라면 사람으로 치면 벙어리와 장님과 다르지 않을 겁니다. 글자 그대로 모니터라는 단어 자체에서 나타내 주고 있듯이 지금 컴퓨터가 무엇을 하고 있는지를 알려면 그리고 그것이 내 의도에 맞게 작동을 하고 있는지를 알려면 이 모니터가 반드시 필요하겠지요. 이러한 모니터 뿐만 아니라 가상현실 시현장비인 HMD(Head Mounted Display) 같은 인간의 시각을 통해서 정보를 제공해주는 Display 장비와 음성이나 소리를 출력하는 스피커나 이어폰, 에어팟 등도 중요한 출력장치가 되겠지요. 그리고 또 다른 대표적인 출력장비로서 프린터가 있을 수 있겠습니다. 지금이야 그 정도까지는 아니지만 초창기 컴퓨터가 사무실에서 업무용으로 사용되기 시작할 때만 하더라도 모든 사무가 전적으로 종이에 의존하는 형태였기 때문에 종이 낭비가 엄청 심했었습니다.

보고와 회의 같은 모든 의사결정 과정에서 필요한 모든 정보를 프린터를 통하여 종이로 출력한 형태로 제공되었었습니다. 이후 이메일이 등장하면서 정보의 전달 또는 배포를 굳이 종이를 거치지 않아도 되었고 많은 업무 절차들이 전산화되면서 최근에는 프린터의 중요성이 점점 줄어들고는 있지만 종이라는 확실한 물리적 정보매체가 갖는 특성이 있기 때문에 프린터라는 출력장치가 사라지지는 않을 것으로 생각됩니다.

입출력장치(컴퓨터 통신장치)
  사실 요즘에는 메인보드에 내장된 경우가 대부분이라 이것을 별도의 주변장치 중의 하나로 설명하는 것이 맞지 않는 것으로 보는 분도 계실지 모르겠습니다만 사실은 이 장비도 아주 중요한 입출력 장비로 취급해야 할 정도로 중요한 장비입니다. 바로 컴퓨터와 컴퓨터를 인터넷망을 통해서 연결시켜서 정보를 주고받을 수 있도록 하는 장비인데요. LAN(Local Area Network) 연결 장비나 또는 Wifi 같은 무선 인터넷 연결 장비입니다. 지금이야 기술이 워낙 발전해서 이것을 별도의 장비로 여기고 있지는 않지만 이 연결 장비들이 무척 비싼 고급 장비였던 시절이 있었습니다. 바로 요즘 같은 인터넷 시대를 가능하게 만든 장비라 할 수 있죠.

어떻게 보면 인터넷 연결이 안 되어 있는 컴퓨터는 옛날의 타자기(타자기도 한때는 첨단의 사무기기였습니다)보다 조금 더 다양한 기능을 가진 단순 사무기기나 가정용으로는 집에서도 놀 수 있는 게임기에 지나지 않았을 지도 모릅니다. 그러다가 PC통신이라는 모뎀과 전화선을 이용한 컴퓨터 통신이 보편화되고 또 다시 몇 년이 되지 않아 LAN 카드를 통한 고속인터넷 그리고 또 몇 년이 지나니 Wifi 같은 무선 인터넷 연결이 등장하더니 급기야는 지금과 같은 스마트폰과 5G같은 거의 만능에 가까운 컴퓨터 통신 시대를 인류는 누리고 있습니다.

이 같은 일들이 3~40년의 기간 동안에 이루어진 일들입니다. 이러한 통신망의 발달로 지금 지구상의 모든 컴퓨터는 서로 연결되어 있다고 해도 과언이 아니게 되었죠. 지금 이 시대를 살고 있는 인류 개개인을 컴퓨터에 전적으로 의존하게 만든 장비라 할 수 있고, 또 이렇게 놓고 생각해 보면 이 컴퓨터 통신장치라는 주변장치는 컴퓨터라는 기계의 활용성을 가장 혁신적으로 변화시킨 장치일 것입니다.

| 부록 B장 |

소프트웨어는 어떻게 개발되는가?

1. 프로그래밍이란?

　당연한 이야기이겠지만 프로그래밍이란 '프로그램을 짜는 것'이죠. 그렇다면 '프로그램이란 무엇인가?'라는 질문에 연결이 될 텐데 프로그램은 간단하게 말해서 컴퓨터에게 일을 시키기 위해서 컴퓨터가 알아들을 수 있는 말로 적어 놓은 일종의 '작업명세서'입니다. 그런데 문제는 이 컴퓨터라는 물건이 할 줄 아는 것이라고는 오로지 덧셈밖에 없다는 것이 문제인 것이죠. 그러니까 그 작업명세서는 오로지 덧셈으로만 작성되어야 한다는 겁니다.
　직장에서 어떤 과장님이 부하 직원에게 두 번째 캐비닛에 있는 내년 예산서류를 가져오라고 지시하면 직원은 그 말만으로도 충분히 그 과장님이 요구하는 서류를 찾아서 갖다 줄 것입니다. 그런데 똑같은 작업을 로봇에게 지시한다고 하면 그런 한마디의 지시만으로도 가능할까요? 물론 어떤 로봇이냐에 따라서 다르겠지만 보통은 "두 번째 캐비닛으로 가서 캐비닛 문을 열고 서류철 하나하나를 꺼내서 표지에 '20XX년도 예산'이라고 적힌 서류철을 가지고 오라"라고 아주 구체적으로 지시를 해야 할 것입니다. 이런 일련의 지시 내용들을 세부 절차적으로 나열한 것이 하나의 프로그램이라 할 수 있습니다. 물론 사람에게는 불필요할 정도로 너무 지나치게 구체적인 지시이겠지만 로봇에게는 이 마저도 건너뛰는 것이 너무 많은 지시 내용입니다. 일단 꺼내서 표지를 읽어본 다른 서류들을 다시 집어넣으라는 지시가 없으므로 캐비닛 앞에는 다른 서류철들이 수북하게 널브러져 있을 것이고 캐비닛 문은 그냥 열린 채로 있겠죠.

나 편하자고 로봇에게 일을 시킨 것인데 오히려 뒤치다꺼리는 일이 산더미처럼 많아질 수도 있겠지요. 그래서 로봇에게는 아래와 같은 내용(즉 프로그램)으로 지시해야 할 것입니다. 이 내용들은 실제의 컴퓨터 프로그램이 아닌 가상코드(Pseudo code)라고 하는 모의로 작성된 프로그램입니다.

```
100:  다음 캐비닛으로 간다.
110:  두 번째 캐비닛인가? 아니면 100으로 돌아가라.
120:  캐비닛 문을 연다.
130:  선반 처음 부분부터 본다.
140:  다음 서류철을 꺼낸다.
150:  표지를 읽는다.
160:  20XX년 예산인가? 아니면 도로 집어넣고 140으로 돌아가라.
170:  서류철을 바구니에 넣는다.
180:  캐비닛문을 닫는다.
190:  과장님 책상으로 간다.
200:  서류철을 과장님께 전해준다.
210:  작업 끝
```

아마도 프로그래밍을 해보지 않으신 분들은 이러 방식의 업무 지시가 너무 지나치다는 생각이 들 법도 할 것 같습니다. 하지만 이 마저도 로봇이 '간다' '꺼낸다' '읽는다' 같은 지시들을 알아듣는 다는 가정 하에서 작성된 겁니다. 이조차도 알아듣지 못하는 로봇이라면 '꺼낸다' 같은 행위를 어떻게 하는지 알려주는 또 다른 세부 프로그램을 짜야 합니다. 하지만 그래도 명색이 로봇이니 아마도 그 정도의 명령은 이해하는 수준에서 공장에서 만들어졌을 것으로 가정은 할 수 있겠지요.

로봇도 하나의 컴퓨터라 할 수 있으므로 그 로봇이 작동하는 하나하나는 프로그램에 의해서 작동하는 것입니다. 그 프로그래밍의 수준이 '오른손 집게손가락을 1도 위로 움직여라' '왼팔을 1센티 오른쪽으로 움직여라' 같은 수백수천 세부동작 명령어의 조합으로 겨우 '물건을 들어라'라는 하나의 행동명령을 실행할 수 있게 되는 것이죠.

그런데 좀더 컴퓨터의 깊은 곳으로 가면 컴퓨터가 알아들을 수 있는 명령어는 오로지 '더하기'밖에 없습니다. 인간의 눈으로 보면 바보도 그런 바보가 없겠지만 다만 명령을 실행하는 속도는 가히 빛의 속도라 할 수 있을 정도로 빠르고 실수 없이 정확하게 실행됩니다. 이러한 이유는 마이크로프로세서에는 더하기만을 하는 회로밖에 없기 때문입니다. 그래서 컴퓨터에 가해지는 모든 명령들은 결국 더하기 명령들로 분해되어 마이크로프로세서에 입력 및 실행되는 것으로 이해하셔도 크게 다르지 않습니다. 심지어 뺄셈과 나눗셈도 덧셈으로 분해되어 실행됩니다.

그렇게 마이크로프로세서가 직접 알아듣는 수준에서 작동되는 프로그래밍 언어를 '기계어(machine language)'라고 합니다. 이 기계어는 마이크로프로세서가 알아듣는 유일한 언어이기 때문에 기계어로 작성된 프로그램이 있으면 어떤 저항도 없이 무조건 실행됩니다. 그 실행되는 원리는 물리적 논리적을 떠나서 컴퓨터의 가장 밑바닥이라 할 수 있는 전자공학적인 원리에 의해서 작동됩니다. 그래서 만약 기계어로 직접 프로그램을 짜려고 한다면 마이크로프로세서를 비롯한 컴퓨터 회로들의 전자공학적인 작동원리를 어느 정도는 이해하고 있어야 가능합니다. 당연히 전자공학과 컴퓨터 구조학에 대해 상당한 식견이 있는 사람이나 가능한 일입니다.

바이러스 프로그램 같은 많은 악성코드들은 이러한 기계어 형태로 작성되어 있기 때문에 마이크로프로세서는 자신에게 해로운 내용의 지시인데도 이를 즉시 실행합니다. 이런 기계어로 구성된 악성코드를 만드는 해커들은 당연히 천재 정도의 사람들인 것이겠죠. 이러한 기계어는 오로지 마이크로프로세서라는 전자회로에 맞춰진 언어이기 때문에 순수하게 2진법 숫자로만 구성되어 있어서 전문가가 아닌 일반사람들이 보기에는 정말로 알아들을 수 없는 진정한 외계어입니다. 그래서 아무리 전문가라고 하더라도 이를 유지하고 관리하는 것도 보통 힘든 일이 아닌 것이죠.

아무나 기계어로 프로그램을 만드는 것이 아니라면 저 같은 평범한 프로그래머들은 Java나 C++, Python 같은 보편적인 프로그래밍 언어를 사용하여 프로그램을 만들게 됩니다. 이 언어들은 대부분의 명령문들이 평범한 영어단어에 기반함으로서 해당 프로그램 언어들을 배운 사람이라면 가독성(Readability)이 보장되기 때문에 관리유지가 가능합니다.

위에서 하나의 예로 제시된 서류철을 찾아오라는 가상의 프로그램 정도의 가독성 정도라 생각하셔도 되는데 분량이 많고 구조가 복잡한 프로그램이라면 이 마저도 단순하게 읽는 것만으로 프로그램의 내용을 파악하는 것도 결코 쉬운 일이 아닙니다.

그렇다면 사람이 이해할 수 있는 단어들로 구성된 평범한 프로그램을 컴퓨터는 어떻게 알아들을 수 있느냐? 하는 의문이 생길 겁니다. 당연히 덧셈만을 할 줄 아는 컴퓨터는 그런 프로그램을 직접적으로는 이해하질 못하겠죠. 그래서 컴퓨터가 알아들을 수 있는 유일한 언어인 기계어로 번역을 하는 과정이 필요한데 그것을 컴파일(Compile)한다고 하고 그렇게 번역을 해주는 소프트웨어를 통칭해서 컴파일러(Compiler)라고 합니다. 그러니까 Java언어로 만들어진 프로그램을 실행하기 위해서는 Java 컴파일러가 필요한 것이고 이렇게 컴파일러를 통해 생성된 기계어 파일을 실행파일이라고 합니다.

Windows를 사용하는 컴퓨터를 보면 '.exe'로 끝나는 이름을 가진 파일들을 많이 볼 수 있는데 이러한 파일들이 바로 실행파일인 것이죠. 물론 운영체계 또는 프로그래밍 언어마다 실행파일의 이름은 여러 가지 다른 형태를 가질 수 있습니다.

지금 이 글을 쓰고 있는 사람의 직업이 프로그래머이다 보니 프로그래머의 직업을 희망하거나 자신의 일에 프로그래밍이 필요하신 분들로부터 "어떻게 하면 프로그램을 배울 수 있나요?" 같은 질문을 많이 받는 것 같습니다. 사실 수십 년간 프로그래머로 살아오면서 제 직업과 관련하여 많은 분들을 만나왔지만 전산학이나 컴퓨터 공학을 전공하신 분이라 해서 "프로그램을 잘 짠다"는 보장을 하질 못한다는 사실은 이미 여러 차례 경험한 바입니다. 하지만 전공과 전혀 상관없이 개인적인 흥미로 프로그램을 취미 삼아 공부하신 분들 중에 천재 수준의 프로그래밍 실력을 갖고 계신 분도 많이 있습니다. 컴퓨터와 소프트웨어 개발 역사에 큰 발자국을 남기신 분들 중에 그런 분들이 의외로 많습니다. 속칭 '비전공자' 분들이지요. 그러니까 프로그래밍 실력은 그와 관련된 공부의 양과는 그렇게 크게 비례하지 않는다는 것이 저의 생각입니다. 그래서 그런 질문을 받을 때마다 제가 되묻는 질문은 "수학을 좋아하십니까?"입니다.

'잘하는 것'과 '좋아하는 것'은 엄연히 다른 문제입니다. 특히 한국은 대학입시라는 제도 때문에 수학을 좋아한다고 해서 그것이 수학점수와 꼭 연결되지는 않는다는 사실을 아마도 잘 알고 계실 것입니다. 지금 프로그래밍에 관한 이야기 중에 웬 난데없는 수학 얘기인가 하는 생각을 가지실 법도 합니다만 일단 컴퓨터라는 물건 자체가 수학이론들을 전자회로로 구현하여 만든 것이라는 하나의 '수학적인 산물'인데다가 프로그래밍이라는 과정 자체가 하나의 주어진 문제를 단계 단계별로 나누어 해결해 나가는 인간의 '사고 과정'이 수학의 문제풀이 방식과 매우 흡사하기 때문입니다.

아주 간단한 예로서 "올해 1월 1일이 월요일이라는 가정 하에 100년 후의 달력을 프린트로 출력하라"는 과제가 떨어졌을 때 하루 정도만 배운 사람이라도 이를 해결하는 사람이 있는 반면 몇 년을 공부한 사람도 쩔쩔맬 수가 있습니다.

이 과제는 올해의 달력을 출력할 수 있으면 몇 년 후의 달력이든 이것을 반복 실행하면 됩니다. 다만 프린트 출력을 100년 후의 것만 하면 되는 것이지요. 이렇게 어떤 문제가 주어졌을 때 문제를 세부적으로 분해하여 이를 조합 및 반복 실행함으로서 해결방법을 찾아낼 줄 아는 능력이 프로그래머들에게는 요구됩니다. 그래서 Java 프로그램을 공부한다고 Java 책 한권을 사서 첫 장부터 시작해서 끝 페이지까지 형광펜으로 밑줄 그어가면서 그리고 명령어 하나하나를 외워가면서 착실하게 공부하는 사람은 혹시 시험성적은 잘 나올 수 있을지 몰라도 프로그래머의 적성과는 오히려 맞지 않을 가능성이 높을 것이라고 저는 생각하고 있습니다.

프로그래밍 실력은 외국어와 마찬가지로 프로그램언어도 실제로 책에 나와 있는 내용을 실제로 적용하고 사용할 줄 알아야 합니다. 그래서 그 Java 책에 나와 있는 예제 프로그램을 독수리 타법이나마 직접 타이핑해 가며 입력하고 이것을 실행해 보고 에러가 나오면 이를 하나하나 해결해 나가는 것을 실제로 시도해 보는 사람이 프로그래밍과 적성에 맞는 사람일 것입니다. 그리고 조금 더 바란다면 그렇게 책에 나온 예제 프로그램을 이렇게도 바꿔보고 또 저렇게도 돌려보고 하는 여러 가지 시도를 할 줄 아는 사람은 다른 사람보다 프로그램을 무척 빠르게 배울 것 같습니다.

이 책을 컴퓨터를 공부하는 사람들을 위한 책이 아니므로 프로그래밍에 관해서는 이쯤에서 끝내려고 합니다. 이에 대해서 더욱 상세한 내용을 원하시는 분은 관련된 다른 서적을 보시든가 인터넷 페이지를 방문하시면 될 것 같습니다.

2. 객체지향이론(Object Oriented Method)

OOP(Object Oriented Programming), 즉 객체지향이론은 한마디로 말씀드리면 '어떻게 프로그램을 만들어야 쉽게 또 효율적으로 유지관리를 할 수 있는가?'를 연구하는 '개발방법론'의 한 줄기 이론입니다. 그러면 그전에 개발방법론을 먼저 설명 드려야 하겠네요.

컴퓨터라는 용어에서만 봐도 알 수 있듯이 초창기 컴퓨터의 주용도는 수치계산에 있었습니다. 지금의 휴대용 전자계산기에 간단한 프로그래밍 기능이 주어진 것이라 생각하면 크게 다르진 않을 겁니다. 초창기 컴퓨터는 무게는 수십 톤이나 됐지만 지금의 이공계 대학생들이 쓰고 있는 이 공학용 전자계산기보다 좋다고 할 것이 없는 그런 수준이었습니다. 그러니 한 번의 수치계산을 위해서 프로그램이라는 것을 만들면 그것을 다시 사용한다는 개념조차 없었습니다.

그런데 이후 이 컴퓨터의 용도가 다양해지고 복잡해지면서 프로그램이 재사용되는 경우가 많아 졌고 또한 다른 컴퓨터로 복사되어 실행되는 경우도 많아졌습니다. 그래서 자연스럽게 다른 사람이 만들어 놓은 프로그램을 받아서 사용하는 경우가 많아지면서 자신의 용도에 맞게 수정하여 사용하려는 요구도 많아졌는데 이 시점에서부터 많은 문제점이 나타나기 시작합니다.

다른 사람에 의해서 재사용될 수도 있다는 것을 염두에 둔 프로그램이 아니었기 때문에 고치긴 고쳐야 하겠는데 도무지 어디를 어떻게 고쳐야 할지를 모르겠던 겁니다. 다른 사람은 고사하고 그 프로그램을 개발했던 사람조차 몇 달 정도의 시간이 지나면 그 내용을 정확하게 파악할 수 없는 경우도 많았습니다. 그래서 많은 전문가들에 의해 프로그램의 재활용성을 높이기 위해서 이런 이런 방식으로 프로그램을 만들자는 제안이 여러 차례 이뤄지게 됩니다. 그렇게 해서 시작된 기술 분야가 개발방법론(Develop Methodology)이라는 것이고 이것이 하나의 학문 분야로 정립된 것이 소프트웨어 공학(Software Engineering)이라는 과목입니다.

7, 80년대만 하더라도 개발방법론에 있어서는 마치 춘추 전국시

대처럼 누구누구의 이론이라면서 여기 저기 제안된 개발방법론이 많았지만 90년대에 이르러서 OOP가 등장하면서 지금까지 그 기조에서는 큰 변동은 없고 다만 문서의 명칭이나 그림으로 표현하는 방식 등에서 지엽적인 약간의 변화가 있었을 뿐입니다. 특히 이 시기에 만들어진 JAVA나 C++ 같은 OOP 기반의 개발언어는 지금까지도 폭넓게 사용되고 있으며 이후에 개발된 언어들도 기본적으로 OOP의 개념이 적용되었습니다. 그만큼 이전의 것에 비해서는 이론의 완벽성이 있는 것으로 여겨지고 있습니다.

소프트웨어 시스템은 한번 개발이 되었다고 해서 끝이 아닙니다. 오히려 본게임이 남아있는 셈인데 바로 '유지보수(Maintenance)'라는 단계입니다. 여러분이 사용하고 계시는 소프트웨어마다에는 버전이 명시되어 있습니다. '2.0'이라던가 '3.5.1' 등의 숫자로 표시하는 경우가 일반적이긴 합니다만 '2007년 형'처럼 마치 자동차의 연식처럼 표기하는 경우도 있고 MS-Window의 'XP'나 'ME'처럼 별도의 모델명을 부여하는 경우도 있습니다만 이 모두가 이전의 소프트웨어와는 어느 부분에서엔가 다르다는 것을 표시하는 것만큼은 분명합니다.

물론 그 다른 점이 우선은 '결점보완'이나 '성능향상'에 있는 것이기도 하겠지만 무엇보다도 '새로운 환경의 적용'이라는 측면이 강합니다. 환경이라는 것이 새로운 기술의 등장이나 인터넷 기술의 발달 등과 같은 기술적 환경도 있을 것이고 국가적 법령이나 제도의 변화도 무시 못 할 환경 요소이기도 합니다만 무엇보다도 사람의 사고방식이나 취향이 바뀌는 것이 가장 큰 환경변화 요소입니다. 결국 소프트웨어는 사람이 쓰는 것이기 때문입니다. 그러면 이렇게 환경이 바뀔 때마다 소프트웨어도 그에 맞춰서 바뀌어져야 하는데 이게 생각처럼 쉽지가 않다는 게 문제이지요.

여러분 중의 많은 분들은 '이미 만들어져 있는 소프트웨어에 수정을 조금씩 하는 것이 무엇이 어렵겠냐?' 하는 생각이 드실 법도 합니다. 저 자신도 그랬으니까요. 그런데 막상 해보면 그렇지가 않다는 것을 단번에 느끼게 됩니다. 정말 '이러느니 차라리 새로 만드는 게 낫겠다'하는 생각이 굴뚝같이 날 정도입니다.

유지보수라는 단계의 많은 부분이 '남이 짠' 프로그램을 열어보고 '고칠 것을 고치는' 작업입니다. 그러려면 그 '남이 짠' 프로그램의 내용이 이해가 되어야 고치든지 말든지 할 텐데 이게 생각처럼 쉽지가 않다는 것이 문제입니다. 우선 생각하는 방법이 사람마다 다르기 때문이지요. 그래서 '이왕 개발하는 거 개발 단계에서부터 유지보수가 편한 방식으로(즉 다른 프로그래머에게 쉽게 이해가 되는 방향으로) 프로그램을 짜자' 하는 것이 바로 '개발방법론'이라는 기술 분야가 등장하게 된 이유입니다.

그래서 '어떻게 하면 유지보수가 편할까?'하고 이 궁리 저 궁리 하느라고 처음에 그렇게 많은 방법론들이 쏟아져 나왔던 것이었는데 제가 이해하고 있는 견지에서 이런 명제에 대한 해답을 두 가지 항목으로 압축하자면, 첫째가 프로그램을 가능하면 작은 단위로 쪼개서 개발하여 이를 구조적(Structural) 조립하고(아무래도 프로그램이 작다는 것은 간단하고 이해하기가 쉽다는 얘기가 되겠지요.), 둘째가 고칠 때는 '한곳만' 고치게 하자는 것입니다.

여기서 '고칠 때 한곳만' 고친다는 개념은 대규모 프로그램을 다루어 본 사람이 아니면 참 이해하기 어려운 개념일 것 같은데, 이해를 위한 하나의 예로서 군대에서의 계급을 생각해 보겠습니다.

군인은 계급에 따라서 참으로 많은 것이 달라집니다. 봉급도 달라지고 입는 옷이며 심지어는 먹는 것에까지 그 대우하는 것이 달라지는데 문제는 계급이 고정된 것이 아니라는 겁니다. '진급'에 의해서 계급이 달라질 수 있는데 한사람이 진급할 때 마다 봉급프로그램도 바꿔야 하고 옷을 보급하는 프로그램도 바꿔야 한다면 참으로 성가시고 복잡하겠지요.

그리고 더 복잡한 문제는 다른 것은 다 바꿨는데 봉급프로그램은 바꾸지 않아서 이전 계급으로 봉급이 나왔다면 성가신 일이 더 생기겠지요. 즉 진급이라는 일(즉 환경요소의 변화)은 딱 한 번 일어난 일인데 프로그램은 많은 부분을 바꿔야 하는 일이 생길 수가 있는 것이지요. 이런 현상은 계급이라는 데이터를 사용하는 각각의 프로그램들이 계급을 직접 다루지 말고 필요할 때 마다 인사 프로그램에서 계급 데이터를 읽어 와서 쓰면 생각보다 손쉽게 해결이 되는 문제입니다. 하지만 이렇게 하려면 프로그램을 개발할 때 봉급시스템, 인사시스템, 보급시스템 등을 높은 곳에서 한 눈에 바라볼 줄 아는 '안목'이 필요하겠지요. 그리고 그런 '안목'에서부터 체계적으로 시스템을 구성해 나갈 줄 아는 '체계화'의 방법 역시 필요할 겁니다.

이러한 높은 수준의 '안목'과 '체계화'된 방법을 프로그램 개발 단계에 수용하기 위해서 OOP에서는 세 가지의 중요한 특성을 제공하고 있습니다. 바로 정보은익(Encapsulation)과 상속성(Inheritance) 그리고 다형성(Polymorphism)인데 바로 이것이 OOP의 세 가지 핵심 개념이고 이 책에서 제가 진화론을 설명하려는 도구로 동원하려고 하는 개념들입니다. 사실 이런 개념들은 이전 프로그래밍 기법과는 기질적으로 상당히 다른 점이 많은데 이런 개념적 차이점들이 이전 시대의 프로그래머들이 OOP에 적응하는데 상당한 어려움을 느끼게 됩니다.

아무래도 본론 부분에서 이 세 가지의 OOP의 특징적 개념들을 인용한 일이 많을 것 같아서 이에 대한 간략한 설명을 먼저하고 제 본론에 들어가도록 하겠습니다.

가. 정보의 은익(Encapsulation)

본격적인 설명에 앞서서 [표 B-1]에 클래스 예제를 보여주고 있는데 여기를 보면 속성(Property)과 방법(Method)이 나오는 것을 볼 수 있습니다. 속성은 이 클래스 전체에서 활용되는 데이터 또는 변수라고 생각하셔도 되고 방법은 하나의 동작을 나타내는 프로그램이라고 생각하시면 되겠습니다.

'은익'이라는 용어 때문에 '감추다' 또는 '가리다'라는 의미로 들리는 분들이 많이 있으리라 여겨집니다. 물론 그런 의미도 있지만 '굳이 알 필요가 없다'라는 의미가 오히려 더 적절할 것 같습니다. 아래의 [표 B-1]의 예시 프로그램에 나와 있는 '나'라는 클래스에 '나이 알아보기()'라는 방법은 '나'만을 위한 방법이 아니라 '내 나이'를 필요로 하는 다른 사람에게 알려 주기 위한 방법임을 아실 겁니다. 굳이 나 자신을 위해서 그런 방법을 만들 리는 없겠지요. 그렇지만 '운전면허따기()'라는 방법은 전적으로 나 자신이 해야만 하는 나 자신만을 위한 방법입니다.

그렇다면 그런 방법이 다른 사람에 의해서 작용되어진다면 문제가 있겠지요. 그렇기 때문에 나 이외의 다른 사람이 이 방법을 작용시키게 되는 것을 막기 위한 장치가 필요할 텐데 그것이 정보은익이라는 개념입니다.

- **클래스(Class)와 객체(Object)**

먼저 정보은익에 대해서 설명하기 앞서서 '클래스(class)'와 '객체(object)'에 대해서 먼저 말씀드려야 할 것 같습니다. 클래스라는 것은 꼭 그런 것은 아니지만 프로그래머가 짠 프로그램 자체로 보시면 대충은 맞을 것 같습니다. 실제로 대부분의 OOP 프로그램은 'class'라는 하나의 구문으로서 프로그램이 구성됩니다.

이에 비해서 '객체'라 함은 클래스를 바탕으로 생성된 실제로 컴퓨터의 기억공간에서 존재하여 작동이 되고 있는 소프트웨어적인 '실체'를 말합니다. 이해를 돕고자 '스타크래프트' 라는 게임을 예를 들어보겠습니다. 이 게임을 즐기시는 분들에겐 모를 리 없는 것으로서 '마린'이라는 병사가 있습니다. 그런데 이 마린은 하나만 만들어지는 것은 아닙니다. 게이머의 취향에 따라서는 수백 명의 마린을 만들 수도 있습니다.

제가 이 게임을 만든 사람은 아닙니다만 모르긴 몰라도 스타크래프트를 만든 프로그래머는 '마린'의 역할을 하게끔 하는 프로그램 즉 클래스를 분명히 하나만 만들었을 겁니다. 그런데 실제 게임 화면에서는 수백 명의 마린이 제각각 돌아다니고 있습니다. 바로 화면에서 돌아다니는 것은 마린이라는 '객체'이지 프로그래머가 만든 클래스는 아닌 것입니다. 하지만 클래스가 없이는 객체는 만들어 지지 않습니다.

바로 클래스라는 것은 개체의 생성 및 작동 개념을 정의해 놓은 것으로 객체를 찍어내기 위한 일종의 '틀'입니다. 그러니까 마린이라는 클래스는 붕어빵 틀이고 게임 화면에서 돌아다니는 각각의 마린병사(객체)는 그 붕어빵 틀에서 찍어낸 각각의 붕어빵들로 이해하면 크게 다르지 않을 것으로 생각됩니다. 이 틀을 통해서 찍어낸 객체는 프로그래머가 클래스에 수록한 '속성'과 '방법'의 한도 안에서 작동됩니다.

- 속성(Property)과 방법(Method)

OOP 이전의 전통적인 프로그래밍 용어로는 '속성'은 전역 변수(Global variable)로 '방법'은 서브루틴(Subroutine)이라는 개념과 상당히 유사합니다. 즉 '속성'은 그 클래스 내의 어느 '방법'에서나 별도의 선언 없이도 값이 보존되고 사용할 수 있는 일종의 변수입니다. 방법은 그 클래스가 수행하는 특정한 역할을 구성하는 하나의 동작을 정의해 놓은 것으로서 프로그래밍 코드는 대부분 이 방법 안에 들어가게 됩니다.

글을 쓰면서도 프로그래밍 개념을 모르시는 분들에게는 막연하게 들리겠다는 생각이 들어서 아무래도 추가 설명을 해야 할 것 같습니다. 클래스란 결국 여러 개의 속성과 방법들로 구성되어 있다는 것인데요. 속성이라는 것은 그 클래스 자체에 대한 일종의 데이터이고 방법은 그 클래스가 수행하는 동작을 정의해 놓은 것입니다. 좀더 이해가 쉬운 표현을 빌리자면 영어의 문법에서 'be'동사와 일반 동사로 비유할 수 있습니다. 즉 be동사는 속성을 일반동사는 방법을 표현한다라고 말씀드릴 수가 있는데요. 한 예로, 'I am a student'라는 문장은 be동사를 이용해서 '나'라는 클래스가 '학생'이라는 '속성'을 갖고 있음을 나타냅니다. 그리고 'I study'라는 문장(굉장히 어색한 영어문장이라는 것은 알지만 어쨌든 예로 드는 겁니다)은 '나'라는 클래스가 '공부한다'라는 하나의 동작을 서술하는 것으로 이것을 '방법'으로 비유할 수 있을 것 같습니다.

바로 이 공부라는 것도 하나의 동작이기 때문에 '책상에 앉는

다. 필요한 책을 꺼낸다. 책을 펼친다. 책을 읽는다.' 등과 같은 일련의 절차가 있을 것인데 이들 하나하나를 프로그래밍 코드로 보면 되겠습니다.

더욱더 이해하기 쉽게 앞에서도 비유로 언급하였던 스타그래프트의 마린병사를 예로 들겠습니다. 제가 스타그래프트를 개발한 사람은 아니지만 프로그래머로서 마린병사를 보면 하나의 속성값으로 보이는 것이 '맷집'값입니다. 그러니까 적군의 공격을 받았을 때 어떤 손상을 받았을 것인데 스타그래프트 게임에서는 각각의 유닛마다 일정한 맷집값을 초기값으로 주고, 적으로부터 공격을 받았을 때 상대 무기의 화력에 따라서 그 값을 빼 나가다가 맷집 값이 0이 되면 그 유닛은 파괴 또는 전사로 처리되어 게임 화면에서 사라지게 하는 것이죠.

그리고 테란 병사라는 클래스가 갖고 있는 '방법'으로는 우선 '이동하기'가 있을 것이고 적을 만났을 때 '공격하기'가 있을 것이겠지요. 또한 같은 테란의 다른 객체인 '메딕'이라는 객체는 마린병사가 갖고 있지 않은 '치료하기'라는 방법을 가지고 있어서 이 방법이 실행되면 상대 태란 병사의 맷집 값을 올려주는 것일 겁니다.

아래의 [표 B-1]은 이러한 '나'라는 개체가 클래스로 표현되는 것을 하나의 예로 가상 코드로 나타내 보인 것입니다. 물론 여기에서 보이는 것처럼 '나'를 나타내는 속성은 이름이나 생년월일만 있는 것은 아니겠지요. 예는 예일 뿐입니다. 이곳에 나타내어진 '나'의 속성에는 운전면허번호가 아직 없습니다. 그래서 '운전하기()'라는 방법은 아직 활성화가 되질 않았습니다. 운전면허번호가 얻어지기 위해서는 '운전면허따기()'라는 방법이 한번 이상 실행이 되어야 합니다.

```
클래스 '나'
{
    속성: 이름='홍길동'
    속성: 생년월일=1992년 1월 1일
    속성: 운전면허번호=없음

    방법: 나이_알아보기()
    {
        값 보내기 (오늘날자 - 생년월일)
    }
    방법: 운전하기()
    {
        if (운전면허번호=없음) 작업끝; 되돌아가기
        시동을 건다.
        ... 기타등등...
    }
    방법: 운전면허따기()
    {
        if (방법:나이_알아보기() < 18세) 작업끝; 되돌아가기
        학과시험을 친다.
        if (불합격) 작업끝; 되돌아가기
        기능시험을 친다.
        if (불합격) 작업끝; 되돌아가기
        운전면허번호='서울-123456'
    }
}
```

[표 B-1] 클래스 예제

나. 상속성(Inheritance)

원래 COBOL이나 FORTRAN같은 2세대 개발언어로 컴퓨터를 공부하기 시작한 제가 40 가까이 되는 늦은 나이에 객체지향 개발방법론을 공부하면서 겪었던 가장 큰 어려움이 바로 이 '상속성'을 이해하는 것이었습니다. 그만큼 이전 세대의 개발 개념과 비교했을 때 혁신이라 할 수 있을 정도로 가장 큰 차이를 보이는 특성이고 객체지향 이론의 가장 큰 대표적인 특성입니다. 그리고 지금 이 자리에서 어쩌면 별 상관도 없어 보이는 이런 이야기를 구구절절하게 하는 이유도 사실 이 상속성을 이해시켜 드리기 위함입니다. 이 책 본문 중 3장의 내용을 보신 분들은 아시겠지만 지금부터 말씀드리는 상속성에 대해서 언급한 내용이 적잖이 있었습니다.

앞에서 말씀드린 COBOL이나 FORTRAN 같은 2세대 개발언어에서 개별 프로그램은 마치 독립된 레고 블록처럼 그냥 필요하면 용도에 맞게 가져다 쓰는 개념이었습니다. 그런데 Java나 C++ 같은 객체지향언어에서는 부모-자식 관계 같은 '계층성'을 가지게 됩니다. 그러니까 2세대 개발언어에서는 다른 프로그램의 로직을 쓸 때는 그냥 레고 블록처럼 가져와서 쓰면 되었지만 객체지향언어에서는 하나의 자식 프로그램을 불러오면 부모 프로그램까지 '자동적으로' 딸려오게 됩니다. 부모 프로그램뿐 아니라 만약 할아버지 증조 할아버지 프로그램이 있으면 이들 모두 같이 딸려오게 됩니다.

[그림 B-1]은 그러한 클래스 간 상속관계를 하나의 예로서 보여주고 있는 것인데요. 내가 대학생이라는 클래스를 내 프로그램에 가져와 쓴다면 대학생이 갖고 있는 속성과 방법뿐 아니라 그 조상 클래스까지 같이 가져오게 되는 것입니다.

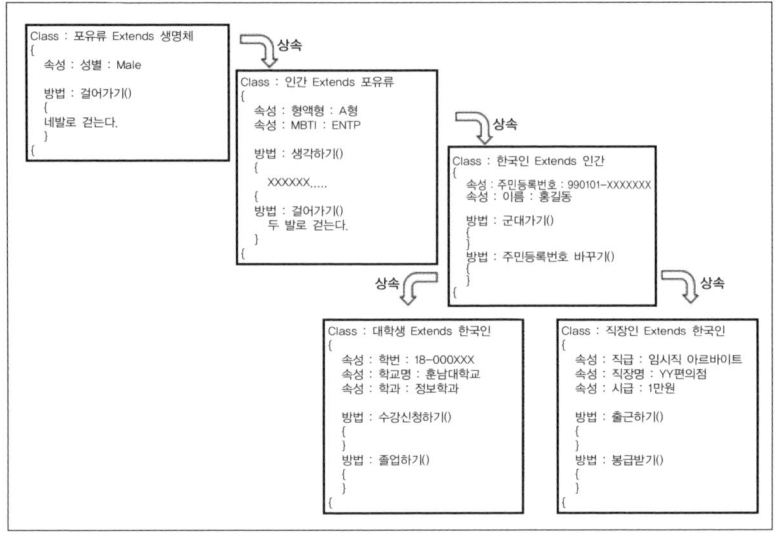

[그림 B-1] 클래스 상속관계의 예

    그러니까 '대학생.군대가기()'라는 프로그래밍 코드는 과거 2세대 개발 언어라면 대학생이라는 클래스는 '군대가기()'라는 방법을 갖고 있지 않고 있으므로 에러가 발생하여 사용을 할 수 없었겠지만 객체지향 개발 언어에서는 자신의 클래스에는 없는 방법일 지라도 조상 클래스들을 찾아서 있으면 가져와서 얼마든지 사용할 수 있게 됩니다.

    많은 분들이 '그게 뭐가 다른 건데?'라는 의문이 들 걸로 여겨집니다만, 일단 그만큼의 에러 현상을 방지하게 되므로 프로그래밍에 융통성이 있겠고요. 그보다도 프로그램의 유지보수 측면에서 강력한 강점을 제공하게 되는데 바로 앞부분에서 이미 거론한 바 있는 하나의 변화 요인에 대해서 '한 곳만 고치는' 것이 가능하게 됩니다. 직장인이든 대학생이든 주민등록번호는 반드시 필요한 항목일 텐데 이 주민등록번호가 어떤 이유에서 건 바뀌어야 할 상황이 온다면 이전 세대의 언어에서는 '대학생'과 '직장인'에서 개별적으로 각각 주민등록번호를 바꿔야 했겠지만 이 객체지향언어에서는 '한국인'이라는 하나의 클래스만 불러서 고치면 '대학생'이나 '직장인'에서는 따로 신경 쓸 필요가 없다는 점입니다.

다. 다형성(Polymorphism)

다형성에 대해서는 이 책의 다른 부분에서는 크게 인용되지 않을 것 같기 때문에 간단하게 설명만 하고 가겠습니다. '다형성'이라는 단어의 어감 그대로 여러 형태를 가질 수 있다는 것인데 [그림 B-1]에서 보면 같은 '걸어가기()'라는 같은 이름의 두 방법을 찾아볼 수 있습니다.

바로 '포유류' 클래스와 '인간' 클래스에서 같이 갖고는 있지만 내용은 다른 것을 볼 수 있습니다. 즉, 동일 클래스 안에서 또는 부모자식 간 클래스 사이에서 '같은 이름의 속성이나 방법'이 있을 수 있다는 것입니다.

만약 '대학생' 클래스를 호출해서 '걸어가기()'라는 방법을 실행시킨다면 자신의 클래스에서는 가지지 못하는 방법이므로 조상 클래스를 거슬러 올라가면서 찾을 텐데 먼저 발견한 가까운 조상 클래스의 방법이 실행된다는 겁니다.

즉 포유류가 가지고 있는 '걸어가기()'라는 방법은 다른 포유류의 대부분 자식 클래스들은 이를 상속받아서 그대로 네발로 걸어가는 것이겠지만 인간은 이것을 자신만의 방법으로 두 발로 걷는 방법으로 재정의 되었고 이것이 그 자식 클래스들에게 상속되었다는 것입니다. 이것을 다형성 기법 중의 하나인 오버로딩(Overloading)이라고 합니다. 이 역시도 책에서 글자로만 설명드리면 그저 그런 이야기로 들리겠지만 실무 프로그램 개발 현장에서는 매우 긴요하고 편리한 프로그래밍 기법입니다.

그리고 또 다른 다형성의 기법으로 오버라이딩(Over-riding)이라는 것이 있는데 동일 클래스 안에서도 같은 이름의 방법이 있을 수 있다는 것으로서 이 책에서 다루기에는 다소 불필요하게 장황해지는 느낌이 있어서 자세한 설명은 생략하도록 하겠습니다.

찾아보기(Index)

⟨숫자⟩

2중 슬릿 실험(Double-slit experiment) 44, 46, 47, 311
2중진자(double Pendulum) 244, 245

⟨영문⟩

BIOS(Basic Input Output System) 488
Bus 489, 490
CMOS 491
DNA 나선구조 모형 90
EPR 사고실험 313, 316
Evolving Virtual Creatures 105
FAT(File Allocation Table) 491, 492
FPS(Frames Per Second) 236, 238
HMD(Head Mounted Display) 318, 319, 495
LIGO(The Laser Interferometer Gravitational Wave Observatory) 333
M이론 239, 272, 273, 308, 366
N체 문제(N Body Problem) 245
Plug-and-play 468, 491, 494
RAM(Random Access Memory) 91, 481, 482, 485, 486, 487, 488, 489
ROM(Read Only Memory) 481, 488
ROM-BIOS 488
SETI(외계의 지적생명탐사) 374, 444
Sloan 우주지도(SDSS, the Sloan Digital Sky Survey) 32, 40, 442
WMAP(윌킨슨 마이크로파 비등방성 탐색위성) 203, 204, 300

⟨ㄱ⟩

가니메데 35
가모프(George Gamow, 1904~ 1968) 201, 202, 214
가상현실(假想現實, Virtual Reality - VR) 317, 318, 319, 320, 495
갈릴레오(Galileo Galilei, 1564~ 1642) 122, 123, 124, 135, 148, 162, 163, 167, 189, 228
감각차단(sensory deprecation) 451
갑골문자 295
강태공(姜太公) 295, 296, 297, 298
강한 핵력(강력, strong force) 67, 193, 212, 218, 264, 266, 267, 300
개발방법론(Develop Methodology) 503, 504, 505, 506, 513
개발자(developer) 82, 83, 350
객체(object) 100, 278, 282, 509, 511
객체지향 78, 96, 108, 111, 329, 503, 513, 514
거머(Lester Germer, 1896~1971) 47, 311

우주의 소프트웨어 517

거시공동(巨視空洞, void) 346
경로탐색 알고리즘 99
계문강목과속종(界門綱目科屬種) 106
계층성(hierachy) 469, 470, 513
공리(公理, Axiom) 22, 147, 202, 204, 241, 242
공차(公差, Tolerance) 225, 231, 232, 286, 316, 317
공통속성(common properties) 114
과학혁명(Scientific Revolution) 189
과학화전투훈련 319
관측 가능한 우주 333
광전효과(光電效果, Photoelectric effect) 46
괴델(Kurt Gödel, 1906~1978) 21, 22, 23, 125, 127, 151, 215
구현(Implementation) 89, 115, 117, 227, 236, 239, 286, 287, 307, 317, 426
그레고리력 123, 124
기계어(machine language) 479, 499, 500, 501
기대승(奇大升, 1527~1572) 285
김상욱 교수 416
김용철 교수 358
끈 이론(String Theory) 67, 263, 269, 270, 271, 272, 273, 274, 277, 283, 286, 308
끌개(attractor) 247, 248, 259, 260, 261

〈ㄴ〉

나비의 꿈(胡蝶之夢, 호접지몽) 324
나비효과 248, 293, 365
노자(老子) 126, 127, 240, 242, 243, 297, 298, 356, 390
논리적 설계(Logical Design) 286, 287, 307, 308
뉴턴(Isaac Newton, 1643~1727) 37, 41, 44, 50, 132, 139, 152, 208, 337, 407
니체(Friedrich Nietzsche, 1844~1900) 133, 150, 151, 152, 157, 438

〈ㄷ〉

다윈(Charles Darwin, 1809~1882) 112, 134, 148, 152, 153, 163
다중우주 364, 366
다형성(Polymorphism) 507, 515
단진자(Single Pendulum) 244
데스파냐(Bernard d'Espagnat, 1921~2015) 362
데이비슨(Clinton Davisson, 1881~1958) 47, 311
데카르트(Rene Descartes, 1596~1650) 24, 367
도덕경(道德經) 126, 389, 390
도버재판 161, 162, 165
동시성(Synchronicity) 362, 364
드레이크 방정식 374, 375, 444

드레이크, 프랭크(Frank Drake, 1930~2022) 374
드브로이(de Broglie, 1892~1987) 46, 140, 311
디랙, 폴(Paul Dirac, 1902~1984) 197, 211
디폴트 값(default value) 382
떠오름 현상 234, 235, 370

〈ㄹ〉

러셀(Bertrand Russell, 1872~1970) 205
로젠(Nathan Rosen, 1909~1995) 313
르메트르(Georges Lemaître, 1894~1966) 15
리비트 곡선 76
리비트, 헨리에타 스완(Henrietta Swan Leavitt, 1868~1921) 76, 77
리정다오(李政道, Tsung-Dao Lee. 1926~) 212
린네(Carl Von Linne, 1707~1778) 106, 111

〈ㅁ〉

마르크스(Karl Marx, 1818~1883) 133, 430, 431, 432, 433
마르틴 루터(Martin Luther, 1483~1546) 123, 177, 182

마이크로프로세서(Microproces sor) 93, 237, 477, 478, 486, 500
마이클 비히(Michael J. Behe, 1952~) 164, 165
막스 보른(Max Born, 1882~1970) 405
망델브로(Benoît B. Mandelbrot, 1924~ 2010) 259, 260
망델브로 집합(Mandelbrot set) 259, 260, 261
맥스웰(James Clerk Maxwell, 1831~1879) 264
맬더스(Thomas R. Malthus, 1766~1834) 249
맹인모상(盲人摸象) 54
메인보드(Main Board) 487, 491, 495
멘델레예프(Dmitriy Mendeleev, 1843~1907) 253
무위(無爲) 356
물리적 구현(Physical Implementation) 286, 287, 307
물리학의 4대 힘 67, 218, 300, 342, 344
물자체(物自體, noumenon) 324, 328, 329
물질파(Matter wave) 46, 47, 251, 311, 321,
뮤온(μ)입자 276, 277
미세조정론(Fine-Tuning theory) 37
밀라노 칙령 119

⟨ㅂ⟩

박창범 교수 346
반감기 255, 256
반야심경(般若心經) 210
반전자(反電子) 210, 211
발머(Johann Jakob Balmer, 1825~
  1898) 221, 222
발머 계열(Balmer serise) 222
방법(Method) 105, 508, 510, 511,
  515
베네치아노(Gabriele Veneziano,
  1942~) 268
베타(β)파 방사선 266
베타붕괴 266
변증법 430, 431, 432
보스트롬 닉(Niklas Boström,
  1973~) 320
보어(Niels Henrik David Bohr, 1885
  ~1962) 50, 127, 222, 250, 280,
  313, 408
보어 원자모형(Bohr model) 222
보이지 않는 손(invisible hand) 301,
  301, 302, 423
보조기억장치 93, 776, 490
부팅(Booting) 474, 482, 488
분젠 버너(Bunsen burner) 222
불완전성의 정리 125, 126, 127, 155,
  215
불확정성의 원리(uncertainty princ-
  iple) 16, 21, 23, 50, 186, 251,
  256, 286, 321, 358, 366, 387, 407
브랜든 카터(Brandon Carter, 942~)

185
블랙홀 268, 331, 332, 333, 336,
  342, 347, 348, 363
비행착각 326, 328,
빅데이터(Big Data) 484

⟨ㅅ⟩

사건의 지평선(Event horizon) 268,
  332, 348,
사용자(User) 16, 323, 349, 350, 411,
  412, 458, 474, 488
사용자의 요구사항(User's Require-
  ment) 333, 349, 350, 351
사피엔스(Sapiens) 189
살람(Muhammad Abdus Salam,
  1926~1996) 266
삼체문제(Three Body Problem) 244
상대성이론 25, 181 ,223, 267
상동(相同, homology) 110, 111
상사(相似, analogy) 110
상선약수(上善若水) 356
상속(inheritance) 86, 114, 115, 116,
  514
상속성(Inheritance) 507, 513
상위 클래스(Super type class) 108,
  109, 111, 114
새옹지마(塞翁之馬) 146. 243
생물계통도 109, 111
섀플리(Harlow Shapley, 1885~
  1972) 75, 77, 373

서브라임(sublime) 193
성경의 무오성(聖書無誤說, Biblical inerrancy) 167, 171, 175, 183
세속화(世俗化, secularization) 26, 152, 157, 365, 439
세이건, 칼(Carl Edward Sagan, 1934~1996) 31, 40, 101, 102, 240, 257, 353
소프트웨어(Software) 461, 464, 466, 467, 468, 478, 497, 501, 505
소프트웨어공학(Software Engineering) 86, 504
속성(Property) 508, 510, 515
수학 원리(Principia Mathematica) 205, 277
순수이성비판 324
순환(循環)알고리즘 322
슈뢰딩거(Erwin Schrödinger, 1887~1961) 49, 208, 256, 315, 339, 340, 404
슈뢰딩거의 고양이(Schrödinger's cat) 49, 255, 257, 315
슈바르츠(John Schwarz, 1941~) 268
스코프스 재판(Scopes Trial) 161, 162, 163, 167
시뮬레이션 88, 104, 105, 260
시뮬레이션 우주론 317, 319, 320, 321, 322, 324, 325, 388, 410, 412
신의 베틀(The Loom of God) 140
심스, 칼(Karl Sims, 1962~) 105
쌍생성(pair production) 210, 252, 254, 314, 335
쌍소멸(pair annihilation) 210, 212, 213, 232, 314, 316, 337

〈ㅇ〉

아담 스미스(Adam Smith, 1723~1790) 301
아레시보 메시지(Arecibo message) 445
아리스토텔레스 119
아스키 코드(ASCII, American Standard Code for Information Interchange) 483
아시모프(Isaak Asimov, 1920~1992) 130
아우구스티누스 120
아인슈타인(Albert Einstein, 1879~1955) 25, 46, 50, 67, 127, 250, 267, 272, 405, 410
아퀴나스, 토마스 (Thomas Aquinas 1224~1274) 13, 178
아타나시우스(Athanasius, 296~373) 176
알고리즘(Algorithm) 66, 69, 275, 283, 426
암흑물질(dark material) 185
암흑에너지(dark energy) 185, 241, 337, 339, 344, 345, 346
앙드레 느뵈(André Neveu, 1946 ~) 269
약한 핵력(약력, weak force) 67, 212,

219, 264, 265, 267, 300
양자 도약(quantum jump) 222
양자 얽힘(Quantum Entanglement) 256, 315, 316, 317, 362
양자역학(Quantum Dynamics) 16, 50, 127, 267, 286, 308, 313, 315, 316, 403, 408
양자요동(Quantum fluctuation) 210, 314, 316, 358
양자중첩 16
양전닝(楊振寧, Chen-Ning Franklin Yang, 1922~) 212
어둠의 숲의 가설(Dark Forest Hypothesis) 445
에딩턴(Sir Arthur Stanley Eddington, 1882~1944) 217
엔트로피(Entropy) 215, 216, 217, 336, 348, 380, 382, 406, 407, 419, 456
연산장치(Arithmetic unit) 477, 478, 486
열반경(涅槃經) 54
열역학 제2법칙 216, 348, 382
영지주의(靈知主義, Gnosticism) 175
예쁜꼬마선충(C-elegans) 116, 117
예정론(Predestination) 289
오리온 대성운 369
오버라이딩(Over-riding) 516
오버로딩(Overloading) 515
오일러(Leonhard Euler, 1707~1783) 193, 199, 268
오일러의 등식(Euler's identity) 198,
오일러의 수(Euler's number) 199

오직 성경(Sola Scriptura) 177, 124
와인버그(Steven Weinberg,1933~) 266
왓슨(James D. Watson, 1928~) 90, 406
우젠슝(吳健雄, Chien-Shiung Wu, 1912~1997) 212, 213
우주선(Cosmic ray) 276
우주의 편평성 342
우주팽창론 15, 129
운영체계(Operating System, OS) 470, 471, 472, 473, 478, 482, 487, 488, 490
워게임(war game) 318
위튼(Edward Witten, 1951~) 272
윌라드, 달라스(Dallas Albert Willard, 1935~ 2013) 55
윌리암스 박사(Robert Williams, 1940~) 72
윌슨(Robert Woodrow Wilson, 1936~) 201, 214
유레카(eureka) 193
유물론(Materialism) 31, 152
유발 하라리(Yuval Harari, 1976~) 189
유저(User) 16, 309, 323, 350, 354, 457, 474
유지보수(Maintenance) 66, 98, 505, 506 514
유진 위그너(Eugene Paul Wigner, 1902~1995) 209
유클리드 공간 203, 204
유클리드 우주망원경(Euclid

telescope) 34
음의 엔트로피(Negentropy, Negative entropy) 339
의료정보학(Medical Informatics) 27, 83, 85
이기이원론(理氣二元論) 285, 286
이상(Idea, 理想) 298, 385, 419, 433
이신론(理神論, deism) 157, 186, 285, 288, 290, 291, 293, 302, 307
이황(李滉, 1502~1571) 285
익투스(ichthys) 134
인간원리(anthropic principle) 38, 185
인샤알라 70
인위 선택(Human Selection) 102
인터럽트(Interrupt) 59, 96, 98,
인플라톤(Inflaton)입자 344
인플레이션(cosmic inflation) 299, 343, 344, 345
일반계시(General Revelation) 13, 131, 178
일인칭 전투게임(FPS - First Person Shooter) 318
일체유심조(一切唯心造) 56

〈ㅈ〉

자료구조론(Data Structure) 322
자연계시(Natural Revelation) 131, 178, 180, 401
자연선택(Natural Selection) 102, 353

자유의지 145, 378
장자(莊子) 128, 146, 242, 243, 323
재귀(再歸, recursive) 알고리즘 322
젊은 지구 창조론 166, 168, 170
정경화(正經化, canonization) 176
정반합((正反合) 431
정보은익(Encapsulation) 507, 508, 509
정보저장소(Data Store) 340, 411, 412, 413, 414
정상과학(normal science) 166, 180
정상우주론(定常宇宙論, Steady State theory) 342
정원(正圓)운동설 138
제논(Zénón of Elea, BC490? - BC430?) 227, 229
제롬(Jerome, 347~420) 391
제어장치 486, 487
존 스튜어트 밀(John Stuart Mill, 1806~1873) 57
죄성(罪性) 124
주기억장치(Main Memory) 473, 477, 480, 483
주기율표 253
주문왕(周文王) 295
주변장치(Peripheral Devices) 476, 490, 491, 495
주소지정(addressing) 93, 468
중력자(graviton) 267
중앙처리장치(CPU, Central Process Unit) 476, 477, 490
중용(中庸) 30
지적설계론 159, 160, 164

지정의(知情意) 71, 137, 145, 172, 180, 191, 281, 284, 304, 384, 386, 388, 398, 399, 402, 404, 415, 438, 458
진화론주의 134, 135, 136, 148

〈ㅊ〉

창발(創發) 234
천지인(天地人) 30, 59, 82
초기값(initial value) 382
초기조건(initial condition) 382
초끈이론(superstring theory) 239, 271, 280, 320, 408
초대칭(supersymmetry) 271
최외각전자(最外殼電子) 234
추상적 클래스(Abstract Class) 114
추상화(Abstraction) 106, 108

〈ㅋ〉

카론(Charon) 35
카오스(khaos, χάος) 224, 225, 240, 243, 246, 249, 257, 260, 286, 293, 307, 369, 372
칸트(Immanuel Kant, 1724~1804) 324, 325, 328
칼 앤더슨(Carl David Anderson, 1905~1991) 211
칼 융(Carl Gustav Jung, 1875~1961) 361

칼라비-야우 다양체(Calabi-Yau manifold) 278, 279, 408
캐스트 어웨이(Cast away) 155
캘빈, 존(Jean Calvin, 1509~1564) 289
컴파일러(Compiler) 501
컴퓨터구조학(Computer Architecture) 281, 485, 500
케페이드형 변광성 76
케플러(Johannes Kepler, 1571~630) 65, 138, 140, 141, 187, 193, 207, 268, 277, 428
코스모스(cosmos, κόσμος) 31, 101, 240, 241, 257, 262, 286, 301, 334, 353, 369
코페르니쿠스(Nicolaus Copernicus, 1473~1543) 18, 26, 31, 42, 152, 365, 403, 442
코흐(Helge von Koch, 1870~1924) 258,
쿤, 토마스(Thomas Samuel Kuhn, 1922~1996) 180
쿼크(quark) 235, 265, 270, 276, 335, 408
크릭(Francies Crick, 1916~2004) 90, 406
클래스(class) 108, 111, 114, 115, 118, 278, 330, 410, 508, 509, 510, 513, 514, 515, 516
클록펄스(CP, clock pulse) 237, 485, 486

⟨ㅌ⟩

타우(τ)입자 276, 277
타이타닉호 154, 262
탈레스(Θαλής, Thales, 625BC~546BC) 298
탐색의 범위(Span of searching) 100, 101
템플릿(Templet 또는 Template) 116
토마스 영(Thomas Young, 1773~1829) 44, 47
토폴로지(topology) 93, 103, 110
통일장 이론(Unified Field Theory) 67, 232, 263, 266
트리 구조(Tree structure) 108
특별계시(Special Revelation) 13, 178, 179, 180, 191
특수 상대성의 원리 52, 140
특이점(Singularity) 141, 213, 238
티코 브라헤(Tycho Brahe, 1546~1601) 65, 138, 139, 193, 207, 268, 277, 428
티투스 황제(Titus, 30~81 A.D, 재위 79~81) 303

⟨ㅍ⟩

파동방정식(wave equation) 208, 405
파라미터(Parameter) 85
파티션(Partition) 468, 469, 491
패러다임의 전환(paradigm shift) 180, 181, 182

팬로즈, 로저(Sir Roger Penrose, 1931~) 332
펌웨어(Firmware) 464, 466, 480, 481, 482
페아노(Giuseppe Peano, 1858~1932) 204, 228
펜지어스(Arno Allan Penzias, 1933~) 201, 214
편모세포 164
편재유전자(遍在遺傳子, ubiquitous gene) 118
평행우주 367, 368
포돌스키(Boris Podolsky, 1896~1966) 313
표준모형(standard model) 275, 276
프랙탈(Fractal) 258, 259, 261, 322
프로그램(Program) 466, 479, 488, 498, 507, 509, 513, 516
프로세스(Process) 69, 98, 166, 311, 312, 313, 316, 317, 411, 412
플라톤 119, 120, 138, 139, 148, 298, 385, 419, 420, 433
플랑크 시간 236, 238, 239
플로렌(Fullerene) 48, 49
플립플롭(Flip-flop) 237, 281, 283, 408, 486
피그말리온(Pygmalion) 291
피에르 라몽(Pierre Ramond, 1943~) 269

〈ㅎ〉

하드웨어(Hardware) 464, 466, 467, 472, 475, 487
하드코드(Hard code) 66, 69, 70
하드코딩(hard coding) 425
하위 클래스(Sub type class) 108, 109, 111
하이젠베르크(Werner Karl Heisenberg, 1901~1976) 405,
핵력(Nuclear force) 265
핵반응(nuclear reaction) 265
핼리, 에드먼드(Edmond Halley, 1656~1742)68, 69
허블 딥 필드(Hubble Deep Field) 72
허블(Edwin Hubble, 1889~1953) 15, 72, 73, 147
허블의 법칙(Hubble's Law) 33
헤겔(Georg Wilhelm Hegel, 1770~1831) 133, 152, 157, 365, 430, 431, 433
헤브라이즘 119, 120, 298, 384, 385, 419
헤이께(平家) 게 101, 102
헬레니즘 119, 120, 122, 384, 479
현상(現像, phenomenon) 324, 325, 326, 327
혜자(惠子) 128
호킹(Stephen Hawking, 1942~2018) 67, 331, 332, 336
화이트헤드(Alfred North Whitehead, 1861~1947) 22, 119, 205, 419

확률의 안개 80, 240, 302, 305, 350, 351, 352, 356, 357, 365, 372, 374, 376, 378, 399, 426, 444, 459
환원불가능의 복잡성(irreducibly complex) 164, 165
회당(synagogue) 172, 173